日本農業の
生産構造と生産性

Production Structure and Productivity
of Postwar Japanese Agriculture

戦後農政の帰結と国際化への針路

Yoshimi Kuroda
黒田 誼

慶應義塾大学出版会

本書の出版に寄せて

　私は黒田誼氏がスタンフォード大学の Food Research Institute の大学院生であった頃からの知己である。彼は勉強熱心で研究に生涯を賭ける意気のある学生であった。その後の長い学術生活を通じて黒田氏は日本農業に関するたゆみなき研究を続けてこられ，その成果がこの著書に結実したのである。私は農業こそ日本産業の，否，日本文化の基幹であると思う。故にこの著書の到来を歓迎する。日本農業の計量分析は，政府が農産物の生産量及び価格に関して様々な統制を行っていることに加え，日本農業の様々な特殊性により，大変難しいものであると思う。この困難にもかかわらず，黒田氏は最新の計量経済学の手法を駆使して，大いに価値ある成果を得られた。

　この著書の対象とする時期，1957–97 年における一つの顕著な現象は家畜生産の急激な上昇であった。家畜生産は穀物生産に比べてより少ない労働力を必要とするため，農業部門から工業部門への労働人口の移動をもたらした。日本文化の源泉は農地にあるから，この人口移動は日本文化の変革をもたらす可能性がある。勿論，この問題はこの著書の対象外であるが，いずれの日か取り上げられることを望む。

　この著書のもう一つの重要な結論は，小規模農業の生産性は大規模農業に比べて必ずしも劣っていないという事実である。黒田氏によれば，これは次の様な誤った政策によってもたらされたという。(1) 小売価格の保証，(2) 休耕地指定，(3) 必要経費への助成金，(4) R＆E 計画。黒田氏によれば，農業政策の設定者は，大規模農業に対して報償を与え，大規模経営による能率改善を目指すべきだという。同時に，政府は農地価格の上昇を招くような

様々な制度的制約を除去し，土地の自由な流動性を助成すべきだという。この結論は現在の TPP 論争に対しても重要な意義を持つ。

　結論として，私は，この著書を日本農業のすべての研究者に強く推薦したいと思う。

2017 年 3 月

Edward Ames Edmonds Professor of Economics (Emeritus)

Stanford University

雨宮 健

本書の出版に寄せて

　EU との経済連携協定（EPA）にせよ，環太平洋パートナーシップ協定（TPP）にせよ，貿易自由化交渉において日本農業は，大きな足かせになっている。もし交渉が決裂してしまえば，自動車輸出等，日本経済の「強み」が発揮できないことになり，日本経済は莫大な損失をこうむることになる。それではなぜ，日本農業は生産効率が低く，国際競争にはとうてい打勝てそうもないのであろうか。それは運命的で，いかんともしがたいことなのであろうか。

　こうした問いに答えるためには，日本農業の生産関数がどのように変化してきたか，またそれをもたらした原因は何かを突き止める必要がある。黒田誼教授が，研究者人生をかけて戦後の日本農業の生産構造と生産性の解明という問題に取り組まれ，本書を上梓されたことは，日本農業を改革しようと考えている全ての人々にとって福音といえる。本書を読めばわかるように，黒田教授はこの問題に対し多面的かつ総合的に，厳密な数量分析を駆使して全容の解明を図っている。その最も重要なファインディングは，大型機械化の進展とともに，日本農業に規模の経済性が生まれたにもかかわらず，非効率な小農から効率的な大農に，農地が動いていないということである。日本を除く全ての先進国では，大農は小作人であり，小さな農家から土地を借りて大規模経営を実現している。日本はそれができていない。これでは，日本農業が非効率になるのは当たり前である。

　本書の重要な結論は，（1）米価支持政策，（2）生産調整政策，（3）農地法による農地の流動化阻止が，非効率な小規模農業を温存させてしまったとい

う重大かつ深刻な事実である。米価が高ければ，非効率な小農生産でも採算が取れてしまう。しかも米価が高く設定されれば，生産が刺激されて過剰生産になる。1970年ごろには年間消費の3分の2にも達する過剰米が倉庫にあふれ，コメをドブに捨てるような政策が実施されていた。それでは余りにも無駄が多いので，コメを作らないと補助金がもらえるという生産調整政策が導入された。規模の経済性があるのだから，意欲と能力のある農家に土地を集約して規模を拡大すれば生産効率が上がるときに，コメの生産調整はそれを阻止してしまったのである。政府としては，生産効率があがって過剰米が増えることは不都合であったから，生産効率の改善は望んでいなかった。それに追討ちをかけたのが，農地の貸借や売買を不必要に制限する農地法の存在である。それもまた，効率的な農家が土地を借りて規模拡大することを妨げてしまった。

　もし日本農業を国際競争力のある産業にしようとするのであれば，政府による市場介入は廃止されるべきである。今では，米価は市場で決定されるようになっている。しかし，生産調整は実施されており，それが品不足を人為的に作り出し，米価を下支えする構造になっている。農地の市場も，自由な市場からは程遠い。本書は，日本農業に関心のある人々や農林水産省のスタッフの方々には是非，読んでいただきたい啓蒙書である。

　そればかりではない。本書は，韓国，台湾，中国，インドの農業に関心のある方々にとっても必読書である。韓国や台湾は日本のあとを追うように，非効率な小規模農業を温存し，食料自給率を大幅に下げている。そのまたあとを追っているのが中国である。中国は急速な経済成長のおかげで，賃金が上昇し，農業における労働費が急上昇している。しかし，社会主義の名残で土地は農民のものではなく，勝手に売買ができないばかりか，貸借ですら自由にできない。そしてインドが，中国のあとを追っている。インドでは，農地改革が実施され，農地を貸していると小作人に農地の所有権が移転してしまうリスクがある。そのため，土地の貸借市場は不活発である。しかしそんなことをしていると，中国農業もインド農業もやがて「日本農業」化し，世界中から食料を輸入するようになるであろう。両国の総人口は27億人に近い。もし両国が食料の大輸入国になれば，食料価格が高騰し世界中の人々，特に

少ない所得の多くを食料に支出している貧しい人々は，困窮することになる。

　本書は，日本を代表する農業経済学者からの貴重な贈り物である。どうやって日本農業を強くするか，どうしたら中国農業やインド農業が弱体化するのを防ぐことができるのかを私達に考えさせてくれる，かけがえのない作品である。

　　　　2017 年 7 月

　　　　　　　　　　　　　　神戸大学大学院経済学研究科特命教授

　　　　　　　　　　　　　　大塚 啓二郎

本書の出版に寄せて

　本書は黒田誼先生が2013年にPalgrave Macmillanから2分冊で出版された *Production Structure and Productivity of Japanese Agriculture* の翻訳書である。日本人が英語で書かれた自著を翻訳するのは珍しい。その背景には，日本の農業経済学に対する黒田先生の強い危機感があると思われる。

　黒田先生は多くの論文を英語で世に出され，国際的にも高い評価を得ている学者である。そのことは国内の多くの経済学者にもよく知られている。しかし，日本語で書かれた論文・著書は極めて少ない。満を持して書かれたのが，本書と同じ慶應義塾大学出版会の『総合研究　現代日本経済分析』シリーズの一冊として2015年に出版された『米作農業の政策効果分析』である。そこには，理論との整合性を徹底的に追求した計量・実証分析の優れた成果がちりばめられている。なお，本書は翌2016年には上記 *Production Structure …* の姉妹編として，同じくPalgrave Macmillanから *Rice Production Structure and Policy Effects in Japan: Quantitative Investigations* というタイトルで出版され，世界的に高い評価を博している，ということも付記しておきたい。

　この米作に関する日本語著書の出版は，黒田先生の研究姿勢を少し変えたのではなかろうか。黒田先生は，日本の農業経済学の水準の高さを世界に示すには英語で論文を書いて発信しなければならない，と常日頃から言われていた。それを先頭に立って実践してきたのが黒田先生ご自身であった。しかし，その後継者は必ずしも育っていない。そのもどかしさと，日本の農業経済学の衰退に対する危機感が黒田先生を自著の翻訳に駆りたてたように思

える。

　すなわち，世界への発信は十分果たしてきたが，果たしていないのが国内の農業経済学者の育成と同朋研究者への叱咤激励である。英語の論文ではよく理解できないかもしれない国内の研究者に，よくわかる日本語で「黒田実証経済学」を語りその水準の高さを示し，一人でも多く，一日でも早く黒田の領域にたどり着け，と檄を飛ばしているのが本書である。

　本書は徹底した日本農業の生産分析である。そして，それは伝統的に日本の農業経済学者が大きな貢献を果たしてきた分野でもある。戦前の神谷慶治や大川一司に始まる農業生産構造の計量分析は，戦後，土屋圭造らの生産関数による実証分析で開花し，速水佑次郎，山田三郎らによって経済発展の分析に結合され多くの成果を生み出した。一連の生産分析は多くの研究者を惹きつけ，新谷正彦，秋野正勝，加古敏之らによって，受け継がれていった。

　そうした中で，すい星のごとく日本の農業経済学界にさっそうと登場したのがスタンフォード帰りの黒田先生であった。黒田先生の研究は，生産関数に関する情報は双対理論により利潤関数から得られることを利用し，後者の計測を通じて様々な農家行動を明らかにした。農家は生産者でもあり消費者でもあるという，農業経済学ではおなじみの主体均衡理論をみごとに実証して，驚きと感嘆をもって迎えられた。すなわち，農家は消費者としては効用を最大化し，生産者としては利潤を最大化すべく合理的に行動していることが実際に定量的に示されたのである。

　黒田先生のその論文は 1978 年に発表されたものであるが，翌 1979 年の『農業経済研究』で荏開津典生・石田正昭による「農業における数量経済分析の展望」で早くも取り上げられ，主体均衡理論と生産関数との結合を「econometrics としてきわめて望ましいものである」と高く評価されている。

　黒田先生のその後の活躍は本書にちりばめられている多くの文献が示す通りである。また，多くの後輩たちが黒田先生の仕事に刺激され，利潤関数や費用関数の計測を通じて日本農業の生産構造を明らかにしていった。しかし，現在，この分野を引き継いで日本農業の生産構造の解明に取り組んでいる研究者は多くない。農業経済学が対象とする研究領域の拡大や，学際的研究の進展といったことがある一方で，日本の農業経済学では狭い範囲の研究に

終始し，木を見て森をみない論文が増えている。そこに黒田先生の危機感がある。

　本書はそうした日本の農業経済学の現状に，一石も二石も投じる効果を持つと思われる。特に，TPP（環太平洋連携協定）や農協改革といった近年の農政の変化に対して，日本農業がどのように対応していくのかを知るためには，精緻なモデルと頑強な計量分析が欠かせない。本書は後半でそれを行っている。先に述べたように，農家は合理的に行動する。そうした農家の行動が政策によっていかに歪められているか。そのことを知ることなしに，いかなる政策論も無意味である。合理的な農家行動の分析に裏打ちされた政策論もまた本書の魅力である。

　かつて，ノーベル経済学賞を受賞した T. W. シュルツは，開発途上国の農家に対し，「彼らは貧乏であるが，効率的である」と言い，「貧乏であるのは人的資本が不足しているからだ」と喝破した。黒田先生は本書で，「日本農業は衰退しているが，農家は合理的である。衰退しているのは政策が農家行動を歪めているからである」と言っているように思える。何が問題なのか，それを解決するにはどうすればよいのか。本書を片手に多くの読者が日本農業のこれからについて議論に加わることを期待したい。

　　2017 年 6 月

西南学院大学経済学部教授
東京大学名誉教授
本間 正義

本書の読後感
—— 草稿の校正・推敲をお手伝いさせていただいて ——

　本書は，私の恩師である筑波大学名誉教授の黒田誼先生が，20 世紀後半の約 40 年間における日本の農業（北海道と沖縄県を除く）の生産構造と生産性に関する特性をあらゆる角度から実証的に分析された研究集大成である。黒田先生は，2013 年に Palgrave Macmillan から先生のおよそ半世紀にわたる研究の集大成第 1 号となる *Production Structure and Productivity of Japanese Agriculture: Volume 1 Quantitative Investigations on Production Structure, Volume 2 Impacts of Policy Measures* を，そしてさらに，2015 年には慶應義塾大学出版会より研究集大成第 2 号となる『米作農業の政策効果分析』とその英語版である *Rice Production Structure and Policy Effects in Japan: Quantitative Investigations* をこれまた Palgrave Macmillan から翌年の 2016 年に間髪を入れず出版された。本書は，2013 年に出版された英語版研究集大成第 1 号である 500 ページ以上にもおよぶ厖大な著書の日本語翻訳本である。

　本書は，生産関数を古典的な制約条件が厳しい C-D 関数や CES 関数などではなく，1970 年代初期にアメリカで開発され爆発的に応用されてきたトランスログ関数を用い，その双対性（Duality）を利用して費用関数および利潤関数アプローチが駆使されているものである。そして，その中でミクロ経済学の様々な理論を展開・応用し，検証されている。正直，私は農業経済学の分野においては門外漢であるが，黒田先生から 2016 年夏に校正―推敲をしてもらえないかというお話を頂き，恩師の出版のお手伝いができることを大変嬉しく思い二つ返事でお引き受けした。そして，500 ページを上回る日

本語翻訳版集大成草稿を頂き，英語の原書と照し合せ始めたとき，これは大変な作業だということが判明した。それでも不完全ながらではあるが，なんとか半年でこの膨大な草稿の校正—推敲をするという一大プロジェクトを成し遂げることができ，私のような者にこのような紙面まで書かせて頂けることに心底から感謝をいたしますと同時に恐縮をいたしている次第であります。また，日本農業の生産構造と生産性という巨大なテーマを15章ものサブテーマに分割し，膨大なデータを駆使して計量的に分析された優れた研究力とStanford仕込みの高い英語力で世界に発信されている国際的研究者としてのKURODA Yoshimi先生に敬服するものであります。

　本書は農業経済学という一つの分野に留まるものではないことは，一読して頂けたらおわかりになると思う。詳細かつ本格的に読もうとすれば計量経済学の一定の知識が必要ではあるが，各章の最初に書かれている「序」と章末にある「要約と結論」を読むだけでも読者に驚くべき結果を教えてくれることが多々あるはずであることを保証するものである。もちろん，それは各章の内部で仮説を数理的に展開され，定量的に分析されていることから導かれたものである。また通読してわかることであるが，本書は経済学における，テーマは何であれ，実証分析を学ぶ大学院生および研究者ひいては政策立案者のための大変優れた教科書としても必携の良書であることを確信するものである。日本農業という誰にも身近な対象と一般的に流布されている諸説の信頼性を定量的に分析され，経済政策の有効性までも検証されている経済学の専門書は本書以外ではそうは見当たらないはずであると言っても過言ではない。そういう意味で，本書はより深く経済学を学びたい方に是非お勧めしたい1冊であると確信している。

　先日，トランプ米大統領のTPP離脱発言により行く末が不透明になっているTPPではあるが，農業に限らず世界が単一市場化していくことはグローバル化という意味で必然的であろう。日本農業は歴史的にみて国際的に"弱い産業"であった。狭い耕地面積，家族労働と兼業化，政府や農協による一括買い上げによる生産物の価格支持政策，食糧として神聖な領域であるとされる米作，そしてそれを守る減反政策や様々な補助金政策などが日本農業の特質として考えられてきた。近年，農業法人の増加と特定農産物のブラン

ド化，農産物のネット通販，「道の駅」やスーパーにおける直販などが我々の目に見える形で実現してきている。いわゆる "強い農業" へのチャレンジが進展しているようにも思える。また高齢化社会に伴い，小規模農家の働き手の高齢化や耕作放棄地の増加，一部ではあるが熟練した農業作業者の減少に伴い人工知能を用いた果樹の選別システムなどの導入が見られている。このように必然的にではあるが，変わりつつある日本農業の様々な形態や問題を新しい分析手法を用いて定量的に実証し，精査・検証されたのが本書である。また，減反政策，補助金政策，生産物価格支持政策などの農業を保護する政策が日本農業に対して如何なる効果を及ぼしてきたのかについても定量的に検証されている。たとえば，米の価格支持政策は直接的には米の生産量を増加させるばかりでなく，一方で，畜産物の生産量を減少させる作用を持っていたという大変意義深いファインディングを定量的にされている（第11章）。また，データとして実態把握が難しい農業の労働賃金や土地価格をシャドウ価格という概念を用いて計測し，定量分析を行っている数少ない研究である（第8および9章）。分析期間が20世紀後半のおよそ40年間であり，日本農業が変化しうる過渡期をそのデータベースの後半において含んでいるため21世紀に向けての提言もみられることも大変興味深い。個人的な希望であるが，このような実証的分析を21世紀のデータで行なえばいかなる結果が得られるのか是非見てみたいと正直思った次第である。著者である黒田先生以外，誰も実証的に解明しえなかった戦後高度成長期から低成長期に向けての日本農業の生産構造や生産性に関わる特性が，21世紀にどのように変化しているのかを，さらに実証的に分析して頂きたいと願うものである。

　私事で恐縮ではあるが，私は黒田先生が筑波大学社会工学系に着任された翌年（つまり，1979年）に入学し，大学4年時の卒業論文の指導教官を学生は私一人であったが快くお引き受けして頂いた。計量経済学の基礎的な知識（統計値の見方やダミー変数などの扱い方など）や実証分析の基礎的な理論と応用を教えて頂いた。また，先生の研究室にお邪魔すると，先生はいつも英語で何か文章を書かれていた。大学院では生産関数についての英語の論文などをゼミでご指導頂いたことを鮮明に記憶している。よもや，将来，先生の生産関数を用いた研究書の校正—推敲をさせて頂くことになるなどとは当時は

考えもしないことであったはずである。また，黒田先生はテニスが大変得意でStanford時代もかなりやられていたそうである。筑波大学社会工学系には教員と大学院生からなる「黒田杯」と呼ばれるテニストーナメントがあり，先生がテニスをされているお姿を何度も拝見した。先生は研究者としてばかりでなく，スポーツにおいても秀でている文武両道な方であることをご紹介させて頂くものである。

2017年2月

専門学校サンテクノカレッジ研究員

深澤 克朗

はしがき

　本書は，2013 年に Palgrave Macmillan から刊行された筆者による研究集大成処女作である *Production Structure and Productivity of Japanese Agriculture: Volume 1 Quantitative Investigations on Production Structure, Volume 2 Impacts of Policy Measures* の日本語翻訳版集大成である。この元の英語版で見つけた誤植などはすべて修正したが，本文の内容の大幅な変更をしたり，新しく章や節を加えたりあるいは落としたりするような大幅な改訂を施すことは行っていない，ということをまずはお断りしておきたい。

　ただし，雨宮健スタンフォード大学名誉教授，大塚啓二郎神戸大学大学院経済学研究科特命教授（政策研究大学院大学名誉教授）によるご寄稿の日本語版は必ずしも英語版をそのまま日本語に翻訳なさったものではなく，本書の日本語翻訳版集大成が日本で発刊されるというこの機会に，特に，日本人読者に向けてお忙しい時間をお割きいただき新たに日本語でお書き下さったものである。さらに，この日本語翻訳版集大成では，新たに，本間正義東京大学名誉教授にもご寄稿をお願いした。本間教授は齋藤勝宏准教授とともに，2014 年度の本間－齋藤ゼミで上記の英語版をゼミの教科書として用いて下さり，大学院生とともに全編を読了しゼミにおける活発な議論の踏み台として下さった方であり，序言を書いていただくにはきわめてふさわしい教授であると考え，お忙しい中をお引き受けいただけないだろうかとお願いしたところ快諾していただいた次第である。これら雨宮教授，大塚教授，および本間教授には心より感謝申し上げたい。さらに，特筆すべきは，深澤克朗サンテクノカレッジ研究員は，筆者が筑波大学大学院で教鞭を執っていた初期の

時代（1970年代末から1980年代初期）の教え子の一人であり，「黒田先生の研究のお手伝いができるなんて光栄です」とまで言っていただき，2016年9月から2017年2月まで，この日本語翻訳版集大成の執筆に当たって最初から最後の1行に至るまできわめて丁寧かつ厳密な校正と推敲を多忙な時間の合間を縫ってやっていただいた。この深澤君の文字通り献身的なご助力のお陰で本日本語翻訳版集大成の完成度が相当高まったことは間違いない。教員冥利に尽きるとはまさにこのようなことを言うのであろう。筆者とすれば感謝の気持ちで一杯である。そこで，筆者は深澤君に，「一字一句も逃さずせっかく全編を完読していただいたのだから，コメントなり読後感なり何か一筆書いて欲しい」とお願いして，彼の「本書の読後感」を書いていただいた次第である。

　これらの多少の変更は加わったものの，以下の翻訳は基本的には原文に忠実に従ってなされたものであることを最初にお断りしておきたい。また，最初に告白しておきたいのだが，筆者にとり，本書を書き上げることはきわめて困難かつ厳しいことであった。筆者はこれまで，筆者の母国語の日本語であれ，他のいかなる言語であれ一度も著書を書いた経験がなかったからである。

　さて，本書の目的は，1950年代初期以降1990年代にかけてアメリカにおいて開発され急速な発展を遂げてきた，双対理論，フレキシブル関数形，および指数理論などの分析道具を用いることによって，20世紀後半の日本農業の生産構造と生産性に関する，首尾一貫しかつ統合された，頑健でかつ信頼性の高い定量的分析を中心に据えた著書を著すことにある。

　まず，筆者は，1957−97年に対して，トランスログ総費用（Total Cost: TC）関数，可変費用（Variable Cost: VC）関数，および可変利潤（Variable Profit: VP）関数の推計パラメータに基づいて，戦後日本農業の生産構造と生産性の定量的分析を遂行することに焦点を当てることにする。次に，筆者は，生産物価格支持政策，減反政策，生産物の選択的拡大化政策，投入要素補助金政策，および公的農業試験・研究および普及活動政策のような重要な農業政策が，20世紀後半において，小規模で非効率的かつ低生産性によって

特徴づけられる農業生産から大規模で高効率的かつ高生産性の農業生産への構造変換にいかなる効果を及ぼしたのか定量的に評価したい。

　少々大げさな表現ではあるが，筆者のこのような学術的な野心は，中嶋千尋京都大学名誉教授，故田中修神戸大学教授を中心とし，その他の同様の学術的興味を抱いていた研究者達によって，日本における農業経済学分野において開発され発展されてきた，企業－家計複合体としての農家の理論の実証的研究への適用に強い興味を抱いてきたことにある[1]。

　ここで，筆者のこの分野における学術的な野心について，その背景を簡潔に述べておくことにしたい。筆者は，とにかく，アメリカで経済学の基礎から勉強することに強い願望を抱いていた。特にスタンフォード大学の Food Research Institute（FRI：食糧研究所）[2] に入り，筆者の研究上の興味をより体系だった方法で追求することに強いあこがれを抱いていた。筆者は，農業経済学だけではなく，ミクロおよびマクロ経済学，計量経済学，生産および消費経済学，国際経済学および開発経済学，労働経済学，成長経済学，経済

---

1)　実際のところ，この理論を用いると，競争的労働市場が存在するならば，生産者としての農企業と，その最大化された利潤が外生変数として導入される効用関数に分離される。この農家の経済行動理論の詳細は，丸山（1989）および Jorgenson and Lau（2000）に述べられている。この理論の実証的適用は，Lau and Yotopoulos（1971, 1972, 1973）の一連の多数の利潤関数の理論的展開および台湾，トルコ，韓国，マレーシアなどの国々の利潤関数の推計において初めてなされた。日本については，その豊富で信頼性の高いデータを用いて，Kuroda（1975）が，1960 年代半ばの日本農業の利潤関数および効用関数を推計し，農家の生産面および消費面における経済行動に関してきわめて興味深い豊富な推計結果を得た。筆者の知る限り，このような企業－家系複合体としての農家の経済行動の実証的分析を行った研究者は日本では本書の筆者である黒田のみである。ついでながら，Kuroda（1975）はこの学位論文によって，Stanford Ph D. (Degree of Philosophy) in Applied Economics（応用経済学博士）を 1975 年 6 月に得ている。

2)　Food Research Institute をそのまま日本語に訳せば，「食糧研究所」になるが，これは大学院生のみの教育および研究指導を行う大学院研究科である。同大学の経済学部や大学院経済学研究科とは密接な関係を持ち，FRI の大学院生は，ここで多くの科目を受講するのが習わしのようになっていた。つまり，FRI の大学院生は，ミクロ経済学，マクロ経済学，計量経済学，国際経済学，開発経済学，労働経済学，金融論，経済政策などの基礎的な科目は経済学研究科で提供される科目を受講し，農業経済学，経済発展論，応用ミクロ経済学，応用生産経済学，応用消費経済学，人口論，マーケティング論などの応用的な科目を FRI で受講するというのが一般的であった。筆者の場合も，FRI が提供する科目だけでなく，かなり多くの経済学研究科の科目も受講し，数学部や統計学部の学部レベルの数学や統計学をも受講した。

政策論など，より包括的な一般経済学の基礎を幅広く身につけておくことが大切だと考え，これらの科目も貪欲に受講し勉強した。このスタンフォードでの厳しい教育（ないし訓練）のお陰で，筆者は，筆者自身の経済学の知識と英語力にかなりの自信を持つことができるようになったのである。さらに，Ph.D. candidate（強いて日本語に訳せば，博士論文執筆候補者）になるためには，いわゆるコースワークとは別途，筆者達は数コースのいわゆるComprehensive examinations（包括的試験）をパスしなければならなかった。ここまで，辿り着くのには大変なことであったが，筆者は，なんとかこれらの難関を突破することができ，晴れて Ph.D. candidate になることができた。ここから先は，Ph.D.（博士）論文のテーマ探しである。筆者は，前述したように，農家，すなわち，農企業—家計の経済行動を表す方程式体系の同時的推計に強い興味を抱いていたので，暇を見つけては，その構想をメモしておいた。それらを，いわゆるプロポーザル（研究企画書）の形にまとめて，さっそく，FRI の Pan A. Yotopoulos（ヨトポラス）教授の研究室を訪ねた。彼は，その当時，Lawrence J. Lau（ラウ）教授とともに，日本をはじめ，韓国，台湾，インド，マレーシア，タイ，およびトルコにおける農家の生産面および消費面の同時的推計に興味を持ち，すでに，台湾とインドについては，その生産面の利潤関数の推計を行ない論文にまとめている最中であった。

　一目通しただけで，ヨトポラス教授は筆者のプロポーザルを快く受け入れて下さり，筆者の主指導教授になることを快諾して下さった。筆者はさらに，経済学研究科のラウ教授，Dale W. Jorgenson（ジョーゲンソン）教授，およびFRI の Walter P. Falcon（ファルコン）教授にも副指導教授になって下さるようにお願いすると，3教授ともきわめて心強い激励のお言葉を下さり，快くお引き受け下さった。ジョーゲンソン教授は 1975 年にはハーバード大学に帰任なさるご予定があり，アドバイスその他の支援はできるが，副指導教授にはなれないということだったので，ラウ教授とファルコン教授に副指導教授になっていただいた。生産関数と関連させてその双対（デュアル）としての利潤関数の発展に大きな貢献をしてきたラウ教授は，利潤関数によるアプローチで，日本農業の実証分析を行なおうとしている筆者に対して，常に適切なアドバイスをして下さるだけでなく精神的な応援をして下さった。

他方，ジョーゲンソン教授は農家の生産行動を消費行動から分離して分析できるという農家の経済行動理論に関して，きわめて時宜を得たアドバイスをして下さった。ヨトポラス教授およびファルコン教授による時宜を得た適切なご指導に加えて，これらラウおよびジョーゲンソンお二人の教授のミクロ経済学および計量経済学に関する貴重な理論的助言と励ましのお言葉がなかったら，筆者の Ph.D. 論文「戦後における日本の農家の生産および消費行動の研究」（1975 年 5 月）を完成させることはできなかっただろう。

　ここで，スタンフォード大学後の筆者の経歴について簡単に触れておくことにしよう。Ph.D. を獲得した後，ハーバード大学大学院経済学研究科およびスタンフォード大学大学院経済学研究科，国連食糧農業機関（Food and Agriculture Organization of the United Nations: FAO），全米経済研究所（National Bureau of Economic Research: NBER）西部地区センター，スタンフォード大学フーバー研究所に，合わせて，およそ 3 年あまり，博士号獲得後の研究職（いわゆる，Post-Doctoral Researcher）を得ることができた。それぞれの研究機関での研究は，筆者のその後の研究および多くの著名な研究者との友好関係において大きな資産となった。これらの研究期間での有意義な研究生活の後，1978 年 3 月に筑波大学社会工学系に助教授（当時は Lecturer）のポストを得ることができた。以後そこで 2006 年 3 月に定年退職するまでまる 28 年間研究と教育に携わった。

　スタンフォード大学で Ph.D. 獲得後，筆者は 20 世紀後半の戦後日本農業の生産構造に関する定量的な分析についての知識をより拡大し深めたいと強く思っていた。さらに，筆者は農家の生産と消費の定量的な分析を結合することに強い関心を持っていた。幸いなことに，上記のスタンフォード大学のフーバー研究所の図書館とカリフォルニア大学バークレー校の東アジア図書館が筆者の研究に必要なデータに関する豊富な基礎資料（『農林水産省統計表』，『農家経済調査報告』，『農村物価賃金調査報告』など）を提供して下さった。フーバー研究所図書館にしろカリフォルニア大学の東アジア図書館にしろ，日本に関する文献資料の蔵書の豊富さには目を見張るものがあった。

　1978 年 3 月に日本に帰国後，筑波大学で教鞭を執り研究に従事していた 28 年間，筆者は戦後日本農業の生産構造と生産性の定量的分析を続けてき

た。しかしながら，この過程において，農家の生産者としての経済行動の多岐にわたる側面の定量的分析を本格的に行うだけでも相当の時間を要するということがわかった。これは，農家の消費面の経済行動の分析には十分な手が回らないことを意味していた。このような訳で，筆者は農家の生産面の経済行動の側面に関しては多数の学術的な論文を国内外の学術誌に掲載することができた。そしてこれらの論文は，戦後日本農業の広範な生産構造および生産性に関する分析に焦点を合わせたものがほとんどである。幸いなことに，この30年くらいにわたって，農家の消費面における経済行動の分析は，日本農業経済学会に属する多くの"若手"研究者が興味深くかつ優れた実証分析結果を内外の学術誌に報告してきている。しかし残念ながら，農家の生産面および消費面の同時的経済行動の実証的分析を遂行した研究報告は未だに皆無に等しい。その意味では，私のPh.D.論文「戦後における日本の農家の生産および消費行動の研究」（1975年5月）は，この分野の実証的研究の"古典"であると呼んでもおかしくないのかもしれない。筆者とすれば，このような実証的研究に挑戦してみたいという若手研究者が名乗りを上げてくれることを大いに期待しているところである。

　筆者は，今から10年くらい前に，これまでの研究を1冊の本にまとめる用意は整っていた。筆者は当初，2年も頑張れば十分だと思っていたが，この学術書を完成するのに5年もの歳月がかかった。

　本書の中で，筆者は使用するデータは首尾一貫性および信頼性という基本的な性質をもったものを深く掘り下げた形で収集し加工することに努めた。具体的に述べると，（1）総費用（TC）関数，可変費用（VC）関数，および可変利潤（VP）関数を含む種々の経済モデルの推計パラメータの頑健な推計値であり，（2）生産物供給および投入要素需要弾力性および代替の弾力性，規模および範囲の経済性，さらに技術変化の成長率およびバイアスのような経済指標に関する信頼性の高い推計値であり，さらに，（3）20世紀後半の重要な各種農業政策の効果の信頼性の高い推計値である。これらの詳細は，本書の14章にわたって体系的にかつ詳細な形で報告され記述されている。

　前半の10章の主要な特徴は，全研究期間1957-97年に対するトランスロ

グ多財 TC 関数および VC 関数の推計パラメータを用いた日本農業の生産構造および生産性に関する広範な定量的分析である。後半の第 11 章から第 14 章における主要テーマは，戦後の日本農業の小規模−非効率−低生産性の生産構造を大規模−高効率−高生産性の生産構造に変換するという視点から，1957−97 年に対して推計された多財 VP 関数のパラメータを用いて，上記の種々の農業政策の効果を定量的に推計し，それらを評価するところにある。

　筆者は，本書において，コブ−ダグラス（1928）（C-D）型生産関数や代替弾力性一定（Constant Elasticity of Substitution: CES）型生産関数のような伝統的な分析手法はまったく用いていない。その代わりに，1950 年代に開発されその後 1960 年代末から 1970 年代初期に爆発的に開発・発展されて 1980 年代，1990 年代を経て 2000 年代の今日まで，特に，多くの経済学分野の実証的研究に適用されてきた双対理論，フレキシブル関数形，および指数理論に基づいた最新の分析枠組みを本書全体を通して体系的にかつ包括的な形で適用することにした。これらの分析手法を用いることによって，筆者は，本書において，戦後日本農業の生産構造と生産性の包括的で，首尾一貫した，頑健でかつ信頼性の高い実証結果を提供することができたというささやかな自負を抱いている。

　さらに，本書において，筆者は，第 1 章から第 10 章まで，1957−97 年における農業構造と生産性の定量的分析に対して，（作物−畜産物）2 財トランスログ総費用（TC）および可変費用（VC）関数を集中的に使用した。特に，以下の農業生産に関する重要な経済指標の推計は各階層農家に対して推計期間 1957−97 の各年について推計し，それらの推計値を階層農家間および推計期間について比較検討した。それらの経済指標とは，（1）生産物供給弾力性，（2）投入要素需要弾力性，（3）投入要素代替弾力性，（4）投入要素および生産物空間における技術の変化率およびバイアス，（5）規模および範囲の経済性，および（6）小規模農家から大規模農家への土地移動においてきわめて重要な役割を担っている，全 4 階層農家の土地のシャドウ価格のことである。

　最後に，第 7 章では，必ずしも厳密な形で企業の理論とは結合されていない，いわゆる，「残差」としての技術変化に基づく伝統的なソロー（1957）の

成長会計法から一歩抜け出して，筆者自身が新たに開発した労働生産性成長率の分解分析手法の導入を図り，興味深い定量的分析結果を提供している。

2016 年 9 月吉日

黒田 誼

謝辞

　筆者が九州大学農学部農政学科農業計算学教室へ進学したときは23歳であった。その年を，筆者の研究者生活の初年度と考えると，本（2015）年の8月29日が筆者の満73歳の誕生日なので，本書の執筆は，筆者の「研究者生活50周年」を祝うべき記念すべき著書として真摯な気持ちで筆者の全力を注ぐことを読者に対してお約束しておきたい。

　さて，筆者の研究生活において，最も強い影響を受け研究においてのみならず人生の進路に関しても重要なご指導をお受けした人物は，福岡市にある九州大学農学部農業経済学研究科の故澤田収二郎教授であった。澤田先生は，農業経済学の勉強および研究を，ご自分のお若い頃の研究生活の逸話を交えながら，懇切丁寧にご指導して下さった。澤田教授はまた筆者に，農業はどの国においても重要な基礎的産業であり，その国の経済成長の出発点だ，ということをも教えて下さった。このことこそが，農業経済学という学問分野が発展経済学と緊密に結びついているという重要な理由なんだ，とも教わった。澤田教授は，さらに，農業はその国の固有の文化の一部なんだ，それは英語の農業を示す言葉 Agriculture の culture という言葉に示されている通りだよ，ということも指摘して下さった。筆者は，澤田先生のこれらの教えに深い感銘を受け，筆者の心の中に農業経済学を学ぶことに対する強烈な興味を抱くようになった。おおげさに表現すれば，農業経済学を愛するまでの気持ちに至ったのである。

　筆者が九州大学の大学院生として勉強にいそしんでいた頃，澤田教授はスタンフォード大学の食糧研究所（FRI）で勉強してみてはどうかと勧めて下さった。先生のお勧めに従って，筆者は1969年11月にスタンフォード大学に申請書を郵送した。この1969年という年は非常に記念すべき年であった。

この年，有人衛星アポロ11号が人類史上初めて月面着陸を成功させたのである。筆者が，さらに驚き歓喜したことは，その翌年の1970年4月1日に，スタンフォード大学から大学院入学許可を示す手紙が届いたことである。それは，筆者にとっての人生の転換点であり，「4月ばか」と呼ぶには，あまりにも素晴らしい，そして，一生忘れることのできない記念すべき1日となった。筆者は，ここに，故澤田収二郎教授に対する心よりの感謝の気持ちをこめて本書を捧げたい。

スタンフォード大学経済学部の雨宮健教授は，筆者が大学院生だった当時から現在に至るまで広い分野にわたって筆者の研究活動を励まして下さり，日常の生活に至るまで多大な激励のお言葉をいただいてきた。また，雨宮先生と定期的にプレイさせていただいたテニスはとても楽しく，素晴らしい気分転換の時間を与えて下さった。雨宮先生に対し，感謝の念で一杯である。さらに，筆者は，雨宮先生が本書の序言のご執筆を快くお引き受け下り，心温まる素晴らしいお言葉をお寄せ下さったことに対しても心から感謝申し上げたい。

筆者の博士論文の主指導教授であったFRIのヨトポラス教授は，常に有益でかつ建設的なコメントやアドバイスを下さっただけでなく，ときには筆者の博士論文やその他の論文に対しても厳しいコメントを下さった。これらのコメントは，筆者の博士論文完成に向けてきわめて有用であった。

ラウ教授およびジョーゲンソン教授は，ヨトポラス教授と同様に，特にミクロ経済学理論の応用および斬新な計量経済学手法に関して，常に明快でかつ具体的なコメントを下さっただけでなく，筆者の農家の生産および消費行動の実証的な研究に対して，かなり掘り下げた形で適切なアドバイスをしていただいた。お二人に対しても感謝の気持ちで一杯である。

加えて，東京大学の本間正義教授－齋藤勝宏准教授の担当する2014年度の「農業・資源経済学専攻「経済学研究室」大学院ゼミ」において，筆者の上記英語版 *Production Structure and Productivity of Japanese Agriculture: Volume 1 Quantitative Investigations on Production Structure, Volume 2 Impacts of Policy Measures* を教科書として用いて下さった。およそ10人の大学院生が全2巻をきわめて精密に輪読して下さり，誤植の指摘や適切で

有用なコメントをして下さった。これらのことは，本日本語翻訳版集大成の執筆において大いに参考になり，本書の完成度を高める上で多大な貢献を果たしている。ここに，本間教授，齋藤准教授，およびゼミ大学院生達に心よりお礼申し上げたい。本間教授には，さらに，本書の序言も執筆していただいた。本間教授には二重の意味で深謝申し上げたい。

さらに，筆者は筑波大学時代の教え子の１人で，現在は専門学校サンテクノカレッジで教鞭を執っている深澤克朗君が忙しい仕事の合間を縫って，2016年9月から2017年2月までのほとんど半年にも及ぶ長期間にわたって，本書の最初から最後まで筆者の日本語の校正―推敲を辛抱強く行って下さったことに心より感謝している。彼は，筆者からの特別の依頼で「本書の読後感――草稿の校正・推敲をお手伝いさせていただいて――」をも書いて下さった。このような素晴らしい教え子に恵まれたことを心より感謝し誇りに思っている。

最後に，筆者は本書を執筆する過程で，貴重なコメントや技術的なアドバイスを快く下さったりした，国の内外を問わず，多くの研究者に心より感謝している。以下に，これらの研究者の名前を記しておきたい（紙幅節約のために肩書きや所属研究機関の名称などは省略させていただく）。

Naziruddin Abdulla, Lailani L. Alcantara,（故）Anna Luiza Ozorio de Almeida, Julian Alston, 雨宮健, John Antle, 荒山裕行, Eldon V. Ball, Michael Boskin, Susan M. Capalbo, 茅野甚治郎, 土井時久, 荏開津典生, Walter P. Falcon, Shenggen Fan,（故）Milton Friedman, 深澤克朗, 藤田幸一, 福井清一, 古家淳, Bruce L. Gardner, 弦間正彦, 神門善久, John O. Haley, Robert E. Hall, 浜潟純大, 原洋之助, 長谷部正,（故）速水佑次郎,（故）逸見謙三, 樋口貞三, 本台進, 本間正義, 本間哲志, Bai Hu（胡柏）, 市村真一, 稲倉典子, Albert J. Iniguez, 石田正昭, 伊藤順一, 伊東正一, 泉田洋一,（故）D. Gale Johnson, Bruce F. Johnston, Dale W. Jorgenson, 加賀爪優, 加古敏之, 川口雅正,（故）川野重任, Tim D. Keeley,（故）John W. Kendrick, 菊池眞夫, 近藤巧,（故）久保雄治, 黒崎卓, 草苅仁,（故）楠本捷一郎, Bruce H. Lambert, Lawrence J. Lau, Ten-Hui Lee, Yong-Sun Lee, Wuu-Long Lin,（故）増井幸夫, 南亮進, 森宏, Anit Mukherjee, 永木

正和，中嶋千尋，野口悠紀雄，Jeffery B. Nugent，小田切宏之，（故）太田誠，鬼木俊次，大谷順彦，大塚啓二郎，Philip G. Pardy，Joon-Kuen Park，John Pencavel，（故）Vernon W. Ruttan，定道宏，齋藤勝宏，坂本亮，崎浦誠治，澤田学，（故）澤田収二郎，澤田康幸，（故）Theodore W. Schultz，Richard Sexton，茂野隆一，新谷正彦，（故）George J. Stigler，杉本義行，住本正弘，Daniel Sumner，鈴村興太郎，橘木俊詔，高橋斉，（故）田中修，Romeo G. Teruel，C. Peter Timmer，鳥居泰彦，（故）土屋圭造，（故）梅村又次，梅津千恵子，Eric Wailes，（故）若林秀泰，Jeff G. Wiiliamson，山田三郎，山口三十四，山本康貴，山内慎子，（故）安場保吉，頼平，（故）吉田敦，吉田泰治，Pan A. Yotopoulos

　筆者は，本書の完成に直接的にであれ間接的にであれ，多大な御支援を賜った以下の学術的資金援助に対して心より感謝申し上げたい。

* 政治研究向け住友資金，アメリカ銀行，ディリンガム社からのNBERプロジェクト研究助成金
* フォード財団研究助成金 No.7200432
* アメリカ国立科学研究助成金 No.73-05675 A01
* 日米教育委員会（フルブライト・ジャパン）上級研究助成金
* 日本文部科学省による科学研究費（C）No.06041074
* 日本文部科学省による国際科学研究助成金 No.06660273
* 日本文部科学省による多目的データバンクプロジェクト研究助成金
* 日本経済研究センター研究奨励金
* 全国銀行学術研究振興財団研究助成金
* 日本証券奨学財団研究助成金
* 野村社会科学研究助成金
* 日本安全保障研究助成金
* 村田科学研究助成金
* 九州産業大学産業経営研究プロジェクト助成金（2007 教育年度）
* 九州産業大学産業経営研究プロジェクト助成金（2009 教育年度）
* 国際東アジア発展研究センター九州農業研究プロジェクト研究基金（2011−14 教育年度）

＊　CTL MARITIME (VN) 海運株式会社研究出版助成金（2017 年度）。

　この海運株式会社は，筆者の筑波大学大学院経営政策科学研究科教員時代における黒田ゼミの教え子の一人である台湾出身の邱佩新社長が 2008 年に起業した（現在はベトナムに拠点を置く）株式会社であり，今回の筆者の日本語翻訳版集大成出版プロジェクトに対して，当出版支援基金を特別に設けて下さった。このことを特記し心より感謝したい。筆者は，前述の校正―推敲作業を無償で手伝って下さった深澤克朗君や邱君に心から感謝するとともに，このような教え子達が黒田ゼミから育ってくれたことを心より誇りにも思っている。なお，この場をお借りしてもう一言付け加えさせていただくと，この邱君は 2011 年に起きた東日本大震災の際にも多額の災害支援金を寄付されたそうである。親日家の邱君の心温まる支援活動に対して筆者は感動しかつ感謝の気持ちで一杯である。

　さらに，筆者，慶應義塾大学出版会編集部員，および同出版社は，著作権のある論文の引用を快く許諾して下さった，以下の著者と出版社に深く感謝したい。

＊　Robert G. Chambers（1988），*Applied Production Analysis* の 94，95，および 96 ページから一部転載を快く許可して下さった Cambridge University Press.

＊　Nalin H. Kulatilaka（1985）"Test of the Validity of Static Equilibrium Models," *Journal of Econometrics*, Vol. 28, pp. 253–68 における 257 ページの脚注 8 の転用を快諾して下さった Elsevier Publishing Company.

＊　Charles Blackorby and Robert R. Russell（1989），"Will the Real Elasticity of Substitution Please Staand Up? A Comparison of the Allen/Uzawa and Morishima Elasticities," *American Economic Review*, Vol. 1, pp.882–8 の 882–883 ページからの一部転用を快諾して下さった The American Economic Association.

　また，Palgrave Macmillan の編集委員長 Taiba Batool，編集助手の Anna Jenkins および Gemma Shields，および Jonathan Lewis（上級製本編集者）が本書を完成させていく過程において，示してくれた終止心温まる励ましと

常にてきぱきとしためりはりのある助言は多大な助けになった。筆者は，さらに，他の編集および印刷工程のスタッフである Vidhhaya Jayaprakash（プロジェクトの責任者）と Sam Hartburn（編集係）が筆者の本の完成に向けて甚大な努力を惜しまなかったことに対して深く感謝したい。皆さん，どうもありがとうございました。

　さらに，筆者は Palgrave Macmillan 社が日本語翻訳版集大成の出版を快諾して下さったことに対し感謝の意を表したい。

　慶應義塾大学出版会出版部編集二課の木内鉄也課長には，文字通り，感謝感謝である。今でこそ告白するが，自分で書いた英語版研究集大成を日本語版集大成出版のために翻訳するという作業は，一見簡単なようであるが，筆者にとっては，いわゆるチャレンジングな仕事ではなく，2，3度くらいギブアップしてしまいたいという誘惑に駆られたことがある。そのような"告白"をすると，間髪を入れず木内課長から，「多くの日本人読者が期待して待っています」といった筆者の心をくすぐるようなきわめて巧妙な叱咤激励のメールをいただいたものである。実はこのような叱咤激励は上記の大先輩である京都大学名誉教授の定道宏先生や同じく京都大学名誉教授の頼平先生をはじめとして多くの著名な研究者からも頂戴した。かくして，この日本語翻訳版集大成が世に出ることになった次第である。ここでも，皆さん，どうもありがとうございました。

　最後に，筆者がまだ20代の若い頃からその研究生活を資金的にも精神的にも常に支援してくれた今は亡き両親に対して衷心より感謝したい。さらに，筆者の研究生活において，多大な面でサポートしてくれた，つれあいの順子にも心より感謝したい。彼等の長い長い時間にわたる心温まる支援なしには本書を完成させることは到底できなかったであろうと真摯に思う。当然のことながら，筆者は本書を亡き両親と妻順子に捧げる。長い間本当にありがとう。

2017 年 9 月吉日

筆　者

目次

第 II 部　可変費用関数による日本農業の生産構造分析

第8章　生産構造の分析に対する総費用関数アプローチと可変費用関数アプローチ　*251*

第9章　土地のシャドウ価格の推計と土地移動の可能性　*297*

第 III 部　戦後日本農業における諸政策効果の分析

図表一覧

第9章

第14章

略語一覧

AC	Average cost（平均費用）	
ADF	Augmented Dicky-Fuller（拡張されたディッキー—フラー）	
AES	Allen partial elasticity of substitution（アレン偏代替弾力性）	
BC	Bio-chemical（生物—化学的）	
CCD	Caves-Christensen-Diewert（ケイブス—クリステンセン—ディウワート）	
CCS	Caves, Christensen, and Swanson（ケイブス，クリステンセン，およびスワンソン）	
CES	Constant elasticity of substitution（一定の代替弾力性）	
CRTS	Constant returns to scale（規模に関して収穫一定）	
C-D	Cobb-Douglas（コブ—ダグラス）	
DF	Degrees of freedom（自由度）	
DRTS	Decreasing returns to scale（規模に関して収穫逓減）	
E	Extension（普及）	
ESCOPE	Economies of scope（範囲の経済性）	
EPA	Economic partnership agreement（経済連携協定）	
EU	European union（欧州連合）	
FIML	Full information maximum likelihood（完全情報最尤）	
GDP	Gross domestic product（総国内生産）	
GHQ	General headquarters（連合国軍総司令部）	
IRTS	Increasing returns to scale（規模に関して収穫逓増）	
M	Mechanization（機械化）	
MES	Morishima elasticity of substitution（森嶋代替弾力性）	
MESC	Minimum efficient scale（最低効率規模）	
n.a.	Not applicable（適用なし），または Not available（入手不可能）	
OOES	One-price-one-factor elasticities of substitution（1価格—1投入要素代替弾力性）	
P	Probability（確率）	
R&D	Research and development（研究および開発）	
R&E	R&D and extension（R&D および普及）	
RTS	Returns to scale（規模の経済性）	
SER	Standard error of regression（回帰の標準誤差）	
SES	Shadow elasticity of substitution（シャドウ代替弾力性）	
S-G	Stevenson-Greene（スティーヴンソン—グリーン）	
TC	Total cost（総費用）	
TFP	Total factor productivity（全要素生産性）	

TI	Total input（総投入）
TO	Total output（総生産）
TOES	Two-factor-one-price elasticities of substitution（2投入要素－1価格代替弾力性）
TPP	Trans-pacific partnership agreement（環太平洋連携協定）
TTES	Two-factor-two-price elasticities of substitution（2投入要素－2価格代替弾力性）
VC	Variable cost（可変費用）
VP	Variable profit（可変利潤）
WTO	World trade organization（世界貿易機構）

序章

1 本研究の動機

1.1 簡潔な歴史的背景

　日本経済が 1950 年代半ばから 1972 年にかけて急速な成長をしたことはよく知られている。この期間の実質複合経済成長率は，年率 10% 以上であった。しかしながら，もちろん日本も含む世界経済の成長率に強烈な影響をもたらした，1973 年に起こった第 1 次「石油危機」以降，つまり，1973 年から 1990 年代には，日本経済の成長率はかなり減退した。さらに，1989 年末にいわゆる「バブル」がはじけて以降は，日本経済は長期にわたる経済停滞に突入してしまった。多くの経済学者は今や有名になった「失われた 20 年」という名言を使用することに同意している。

　ここで，日本経済の現代史を眺めておくことは読者にとって有用であろう。実際のところ，第二次世界大戦（1941 – 45 年）による壮絶な破壊にもかかわらず，日本の工業部門は 1950 年代に急速な発展を遂げ，いわゆる高度経済成長を実現した。この間，農業部門は大量の労働力を工業部門へ送り出すと同時に，拡大した非農業部門へ食料を供給し続けた。これら農民のほとんどは，戦前には地主から小規模の土地を借りていた小作人であった。しかしながら，戦後にアメリカの GHQ によって遂行された厳しい農地改革の過程で，土地買取価格が固定された中でインフレが起こったために，小作人は無償に近い安価で自分の土地を所有することができるようになったのである。このような革命的な農地改革の結果，農業生産は 1940 年代後半から 1950 年代半ばまでかなり急速な成長を達成した。さらに，ほとんど死に体の状態になっていた日本経済にとって，1950 – 53 年に勃発した朝鮮戦争による軍需物資の供給の増大は，きわめて大きな幸運であったと言っても過言ではない。この戦争による軍需によって蓄積することができた資産を基にして，日本経済の

非農業部門は，およそ1950年代半ば頃から急速な成長を開始したのである。

　1950年代半ばから1970年代初期まで，日本の農業部門は非農業部門に比べて相対的に高い成長率で拡大した。しかしながら，第1章の図1-1および図1-2に示されているように，1970年代半ば頃からは，日本農業部門全体としての成長率は低下し始めた。換言すれば，その成長は停滞し始めた。これら2つの図をより詳しく観察すると，畜産は1960年代からおよそ1985年頃まで急速に成長したが，それ以降になると，停滞するか減少した。一方，最も重要な作物である米の生産は1960年代初めから最近年に至るまで一貫して減少した。その結果，農業総生産額に占める割合で見ると，畜産の割合は米のそれよりもはるかに高い率で推移したことがこれらの図より観察される。

　逆に，第1章の図1-3および図1-5に示されているように，投入要素の使用形態も大幅に変わってきた。最も顕著な変化は，農業部門から工業部門への急激な労働移動であり，機械投入の急激な増大である。言い換えれば，日本農業において農業機械化が急激な速度で進行したということである。その結果，20世紀後半において，労働分配率は一貫して減少したのに対し，機械投入の要素分配率はかなり急速に増大した。

　要するに，20世紀の後半において，日本経済全体としては，非農業部門のみでなく農業部門においても，急激でかつ大々的な変化を経験したということである。

　かくして，本書における主要な目的は，厳密には1957-97年の期間であるが，20世紀後半の戦後日本農業の生産構造および生産性に関して，新しく開発・発展させられてきた分析手法を用いることによって，包括的で首尾一貫し，かつ信頼性の高い頑健な定量的情報を提供することにある。残念ながら，農林水産省による標本収集および加工における数度の変更のために，筆者は1957-97年より長期のデータベースを利用することができなかった。特に，1991年における固定的資産の減価償却の計算方法の大幅な変更によって，データの連続性を保証することがほとんど不可能になってしまった。このデータ収集問題に関するより詳しい説明は，後ほどこの章で行なうことにしたい。

1.2 分析方法の簡潔なサーベイ

日本農業に対して，農業生産（技術）に関する多くの実証分析が蓄積されてきた。特に，1950年代および1960年代には，Cobb-Douglas（C-D）型生産関数と Constant Elasticity of Substitution（代替の弾力性一定：CES）型生産関数が，生産弾力性の大きさおよび経時的変化，規模の経済性の大きさ，異なった期間や農業地域における技術変化率，および労働，機械，中間投入要素，ならびに土地のような種々の投入要素のペア間の代替の弾力性の大きさの分析に対して集中的に用いられてきた[1]。

ノーベル経済学賞受賞者である故ソロー（Solow, 1957）教授は，成長経済学分野において，"Technical Change and the Aggregate Production Function"（「技術変化と集計的生産関数」）という論文を学術誌 *The Review of Economics and Statistics* に1957年に発表した。ソローは，経済成長の要因および C-D型生産関数という基本概念に基づいて，技術変化率の定量的な推計を遂行した世界で最初の経済学者であった。当時の経済学者は，この方法を「ソローの成長会計モデル」と名付けた。

この成長会計分析法を用いて，ソローは1909–49年におけるアメリカの非農業部門に対して，「残差」としての技術変化率を計算した。その結果，彼はアメリカ経済の労働生産性成長率の87%が「残差」としての技術変化率によって説明されるというファインディングを得た。この87%という数値はこの分野の研究に携わる世界中の経済学者に衝撃を与えた。なぜなら，ソローが得たこの実証結果は，1909–49年のアメリカ経済において，労働生産性を高めるための資本投資を増大させ，資本集約度の成長率を高めたが，そのことが労働生産性成長率のたかだか13%しか説明しなかった（あるいは貢献しなかった）ことを意味しているからである。

ソローの論文が発表されて以降，多数の経済学者の間で激しい議論が交わされた。例えば，Abramovitz（1956）は，「『残差』とはわれわれ（経済学者）の無知の告白でしかない」と指摘した。そして，経済学者はこの「残差」

---

1) 本書の全体を通して，「投入要素」，および「生産要素」は完全な同義語として用いられている。

という概念の中身を明示的に分解する義務があると主張した。第1は生産関数についてである。つまり，C-D 型生産関数は適切な特定化なのか。第2に，ソローモデルの推計に必要な変数，つまり，労働，資本，資本分配率，は適切に得られたのであろうか。第3に，技術変化に関して，ヒックス（Hicks, 1932）の意味での中立性および非内生性といった仮定は満たされているのだろうか。などなどである。このような背景を持つ批判に対して，この分野，特に，生産経済学分野において重大な発展・展開があった。このような研究の発展において，特に，1960 年代半ば以降，(1)「Duality（双対）」理論，(2)「フレキシブル」関数形，および (3)「指数」理論は，特に，生産，なかんずく，生産構造および生産性の実証的研究にきわめて重要な影響を及ぼしたと言っても過言ではない。

　主としてアメリカおよびその他の学術的に発展している国々における，生産経済学分野のこの線に沿った研究に刺激を受け，日本の多くの農業経済学者も，1970 年代半ば頃から，特に，戦後日本農業の生産技術構造や生産性といった生産経済学分野の分析用具として新しく開発され発展させられてきたこれらの「双対」理論や洗練された実証的手法を導入しかつ利用し始めた。その結果，1950 年代および 1960 年代に適用された，ヒックス（Hicks, 1932）中立性，生産要素のいずれの組み合わせについてもその代替の弾力性が常に1（C-D 型生産関数の場合），あるいは 1 以外の値をとることができたとしても常に一定である（CES の場合）といった厳しい仮定を内包している C-D 型や CES 型の伝統的な生産関数を用いた場合には得ることができなかった，きわめて興味ある実証結果が蓄積されるようになった。

　Kako（1978），Nghiep（1979），および阿部（1979）は，日本農業にトランスログ費用関数を適用した先駆者であった。1970 年代後半以降は，農業経済学分野のその他の多くの研究者がフレキシブル関数形，特に，トランスログ総費用（Total Cost: TC）関数を，なかんずく，日本の米作農業に適用してきた。広範かつ集中的なトランスログ TC 関数の適用を通じて，投入要素需要弾力性，数個の生産投入要素間の組み合わせに関する代替の弾力性，技術変化の率とバイアス，減反政策や米価格支持政策，研究・開発（Research and Development: R&D）および普及（Extension: E）政策の生産構造および

生産性への効果に関して，興味深い実証結果を数多く蓄積してきた[2]。

　しかし，残念ながら，誰一人として，新しく開発・発展させられてきた分析用具を用いて，戦後日本農業の生産（技術）構造および労働生産性のような単一投入要素生産性および全要素生産性（Total Factor Produczivity: TFP）といった農業生産性について，包括的でかつ首尾一貫した総合的な分析結果を提供した農業経済研究者はこれまでのところいなかった。伊藤（1994）や近藤（1998）の研究はかなり包括的な研究とみなすことができよう。しかしながら，彼等の興味は，基本的には米作部門に限られており，公的農業 R&E をも含む農業投資が米作における収益および生産性にいかなる効果を及ぼしたのかという点にのみ限られていた。

　そこで本研究において筆者は，戦後日本農業の生産構造および生産性に関する包括的でかつ首尾一貫した定量的情報を提供することによって，このギャップを埋めてみたいと思う。しかしながら，本研究はモデルの実証的な適用に対して農業部門全体のマクロデータは用いないことを銘記しておきたい。その代わりに，本研究においては，TC 関数，可変費用（Variable Cost: VC）関数，および可変利潤（Variable Profit: VP）関数の実証的な推計は，耕地面積の大きさに基づいて4階層に分類された集計農家のプールデータを用いて行なわれる。

　TC 関数，VC 関数，および VP 関数を推計する際にこのようなデータを用いることの最も重要で魅力的なメリットは，全研究期間にわたり，異なる全4階層農家の全観測農家サンプルに対して種々の経済指標を推計することができ，したがって，推計される TC 関数，VC 関数，および VP 関数の中で特定化され推計されたパラメータは同じものだとしても，これら諸々の経済指標の大きさは，異なる階層農家間および経時的な差異を把握することができるという点にある。このため，諸々の経済指標を全4階層農家に対して推計しそれらを評価することによって，小規模農家から大規模農家への土地移動の可能性を検証することができる。さらに，言うまでもなく，変数の近似点において必要とされるいかなる経済指標をもきわめて簡単に推計するこ

とができる。こうした経済指標の数値はこれら数値の加重平均値とみなすことができ、したがって、これらの経済指標の基準値とみなすことができよう。

本研究のもう1つの重要な特徴は、土地と労働のシャドウ価格（あるいは、シャドウ価額、または限界生産性）を推計できるというところにある。例えば、推計された土地のシャドウ価格と統制ないし準統制された地代を比較することによって、土地の投入が可変費用最小化を達成する点で行なわれているかどうかを検証できる、という点にある。さらに、土地のシャドウ価格の差を小規模農家と大規模農家間で比較することにより、少なくともインフォーマルな形で（あるいは、略式に）小規模農家から大規模農家への土地移動、例えば賃貸、の可能性を評価ないし検証することも可能である。

本研究は、多財 TC, VC, および VP 関数の推計値に基づいて、（1）生産物価格支持政策、（2）減反政策、（3）公的農業 R&E 政策、および（4）投入要素価格支持政策のような政策の効果を評価するという定量的実証分析を遂行することができる。より詳しく説明すると、これらの農業政策の以下の5個の農業生産の重要な経済指標への効果を定量的に検証し評価することができるということである。それら5個の経済指標とは、（i）作物および畜産物の供給量、（ii）機械、肥料・農薬・飼料・種苗などからなる中間投入要素、およびその他投入要素への需要量、（iii）可変利潤、（iv）規模の経済性、および（v）土地のシャドウ価格、である。そこで、筆者は、これらの政策効果を以下のような視点に焦点を合わせて評価したい。つまり、これらの農業政策は、日本農業において、作物生産であれ畜産物生産であれ、小規模－非効率－低生産性農業から、大規模－高効率－高生産性農業に構造転換するための必須条件と考えられる、小規模農家から大規模農家への土地移動に対していかなる効果を及ぼしたのかという視点から、これら種々の農業政策の効果を定量的に検証し評価したい。

2 使用される主要なデータ資料および実証的推計の期間

まず最初に、TC, VC, および VP 関数の変数を加工するために用いられる主要なデータ資料は、『農家経済調査報告』（以下、『農経調』）および『農村

物価賃金調査報告』（以下，『物賃』）。これらは，いずれも農林水産省（旧農林省）から毎年発行されている。これらの資料を基に，TC および VC 関数の推計に用いられる期間 1957–97 年，および VP 関数の推計に用いられる期間 1965–97 年の各年に対して，都府県の（I）0.5–1.0，（II）1.0–1.5，（III）1.5–2.0，（IV）2.0 ha 以上の 4 階層農家からそれぞれの平均農家を抽出した。ここで，北海道地域については，農家の規模階層分類の土地面積の基準（都府県全体および都府県内の諸地域に用いられる基準より全体的に大きい）が違うために，また沖縄県については，1972 年の本土復帰以前のデータを得ることができずサンプル数が少ないために，これらの地域は本書における分析からは外すことにした。

　日本の最北に位置する北海道は，日本のその他の地域と比較するとき，異なった産業発達史を持っている。この地域は，都府県の他の地域と比較すると，より大きな規模の農家によって特徴づけられる。このため，北海道の規模分類はその他の地域における分類とはまったく違っており，他地域とは異なる形で取り扱う必要がある。したがって，都府県データを用いて推計したパラメータの結果と，同じモデルを適用し，北海道のデータを用いて推計したパラメータを都府県データを用いて推計したパラメータとを比較検討してみることは，1 つの興味深い実証的研究における挑戦であると言える。

　ここで，追加的な情報として，すべて農林水産省統計局から毎年発行されている以下のデータ資料が使用されたことを記しておくべきであろう。すなわち，『作物統計』，『農業・食料関連産業の経済計算』，『ポケット農林水産統計』，『農林水産省統計表』，『農業白書付属統計表』，『農林水産試験研究年報』，『農林水産関係試験研究要覧』，『生産農業所得統計』である。

　実証的推計に用いられた期間は 1957–97 年である。これは　大雑把に言えば，20 世紀後半期に当たる。農林水産省は，この期間中，特に，1957 年および 1991 年に，データ収集・加工法に大幅な変更を実行した。筆者はここで，農林水産省のデータ収集・加工法の修正がいかに行なわれたのかを簡単に検証しておきたい。

　1957 年：1956 年以前のデータの収集・加工は大規模農家に偏りを持っていた。したがって，1957 年の前後でデータのスムーズな結合をすることは

きわめて困難である。1957年時点で多くの変数にかなり大きなギャップが存在する。したがって，例えば，C-D型生産関数の推計は過大推計か過小推計かあるいは両方のバイアスを持っていた。そこで，農林水産省は農家のデータ収集方法を大幅に変更し，小規模農家のデータ収集を大幅に増やしたのである。

1962年：サンプル数が大幅に増やされた。これによって，集計された「全サンプル農家」の平均値が計算されると，個々のサンプルの信頼性を向上させることができた。

1968年：農家の家計会計面に関するデータの収集・加工がかなり改良された。しかしながら，このことは，農家の生産面の分析にはそれほど重大な影響を及ぼすことはなかった。

1991年：データの収集・加工方法にいくつかの改良がなされた。特に資本財の減価償却の計算方法に大幅な変更がなされた。これらの変更のために，農用建造物や構造物，農用自動車，機械，大型植物および動物の減価償却費が1991年以前のものに比べて減少した。つまり，データのスムーズな結合が破壊されてしまい，種々の統計的モデルの結果が重要なバイアスを持つ可能性が高まるという重大な結果をもたらしてしまった。したがって，もしある研究者が，例えば，1980–2005年のデータを用いて生産関数を推計したとすると，集計されたデータをスムーズなデータベースに変換することのできる何か洗練された方法でも持っていない限り，そのデータベースには重大な不連続性が含まれるために，その研究者は重大なバイアスを持った推計結果を得ることになってしまう。

本研究では，1991年以降の年のデータを得るために外挿法を用いることにした。しかしながら，この方法は，明らかに重大な欠点を持っている。筆者の経験に基づいて述べると，この方法は，できれば，例えば10年以上の長期間にわたるデータを得るために用いるべき手法ではないと思う。実際に，筆者は，5, 6, 7, 8, 9, および10年先のデータを外挿してみた。そして，これら外挿の基礎に用いる期間も，1980–90, 1981–90年など数期間のものを試してみた。それらの外挿法から得られたデータセットを用いて，TC，VC，およびVP関数を推計してみた結果，外挿年1991–97年が，これら3関数

の推計すべてに関して，最も適切であるという結果を得た。

　したがって，筆者は，TC，VC，および VP 関数の推計を通じて戦後日本農業の実証分析を遂行するためには，1957 – 97 年のデータセットを用いることが最適であると判断するに至った。筆者は，本書においてはこれ以降，この期間を「20 世紀後半」，あるいは幾分より正確を期して，「20 世紀最後の40 年間」と同義的に呼んでいる。

　ここで，この推計期間を，データ集計が可能であるもっと最近年，例えば，2010 年頃まで引き延ばすことができれば理想的であるということは銘記しておこう。しかし，上記の説明からも明らかなように，1958 – 2010，1965 –2010，1975 – 2010 年などの期間に対して，TC，VC，および VP 関数を推計して，統計的に信頼性も高く頑健であるようなパラメータの推計は不可能であった。つまり，時間と忍耐を要する作業の割には，まったく芳しくない推計結果（いわゆる，ガーベッジ＝ごみくず）しか得ることができなかったのである。

　したがって，もし最近のデータまで入れたデータベースによる推計を望むのであれば，例えば，1991 – 2010 年のデータベースを集計・加工して作成したものを用いることを強くお勧めしたい。この場合，サンプルは（20 × 4 ＝）80 個しか得られないが，かなり大きな方程式体系モデルの推計は可能である。このことは次の機会に議論すべきトピックとして，ここではこれ以上の議論は控えることにしておきたい。

3　本書の概観

　本書は 3 部で構成されており，第 I 部（第 1 章から第 7 章）は，戦後 1957 –97 年の日本農業の生産構造および生産性の定量的分析に焦点を合わせる。そこでは，基本的には「長期」の分析枠組みであるとみなされる多財総費用（TC）関数の分析枠組みが用いられる。この分析枠組みでは，5 個の投入要素は可変投入要素と仮定される。本書においては，それらの 5 個の投入要素は，労働，機械，中間投入要素，土地，およびその他投入要素である。この方法を適用することにより，われわれは，さらに一歩前進し，推計される

パラメータが経時的に変動可能な Stevenson （1980）-Greene （1983）（以下，S-G）型の動態モデルを展開することができる。この S-G 型の TC 関数の推計によって求められたパラメータに基づいて，われわれは，投入要素需要および投入要素代替弾力性さらには技術変化の率とバイアスだけでなく，総投入（Total Input: TI），総生産（Total Output: TO）および全要素生産性（Total Factor Productivity: TFP）をも推計できる。

　第 II 部（第 8-10 章）では，総費用（TC）関数の分析枠組みから離れることにする。ここで筆者は，以下のような理由で「短期」的モデルとみなされている VC 関数を導入することにしたい。現実的には，土地は準固定的生産要素として取り扱った方がよさそうに見える。なぜなら，本書の研究期間 1957-97 年において，土地価格（地代）は政府によって統制されていたので，そのような状況下では，農家は土地使用に関して均衡を達していなかったと考える方がより納得のいくモデル設定であると思われるからである。そのような状況の下では，土地が準固定的投入要素であると仮定されている VC 関数を導入した方がよさそうに思える。後ほど第 II 部において詳細に検討されるが，VC 関数の方が TC 関数よりも良好な推計結果を与えてくれるということが言えそうである。例えば，VC 関数モデルを導入すれば，われわれは推計期間である 1957-97 年における異なる 4 階層の個々の平均農家についてその土地のシャドウ価格を推計することができる，という利点を享受できる。このことは，われわれが小規模農家から大規模農家への土地移動の基準を設けようとする際に，推計された土地のシャドウ価格を用いることができることを意味する。もう 1 つの例として，VC 関数モデルでは，作物および畜産物の生産量を外生変数として取り扱うので，生産物構成の変化が諸々の経済変数にいかなる効果を及ぼしてきたかを定量的に把握できるという利点を持っていることが挙げられる。このことは，「選択的拡大政策」が種々の経済指標にいかなる効果を及ぼしてきたのかという問題に対して興味深い情報を提供してくれるであろう。

　第 III 部（第 11-15 章）においては，われわれは，（1）生産物価格支持政策，（2）減反政策，（3）公的農業 R&E 政策，および（4）投入要素価格支持政策，のような農業政策の効果の定量的評価に焦点を当てて議論する。これ

ら4つの政策評価に基づいて，筆者はこれらの政策が，20世紀後半に大規模
－高効率－高生産性農業を達成するために，小規模農家から大規模農家への
土地移動に対して，いかなる役割を果たしてきたのかという点について定量
的に詳細な検証を行ないたい。特に，可変利潤（VP）関数を導入することの
最も便利な特徴は，マーシャルの意味で，すなわち，準固定要素以外の他の
すべての変数がそれらの均衡点に調整されているという状況の下で，いかな
る政策の効果も評価できるということである。さらに，VP 関数による接近
は，もちろん，マーシャルの意味で，価格支持政策の効果の定量的分析・精
査を可能にする。

　ここで，以下の解説において，筆者は，読者にそれぞれの章における主要
な課題とファインディングズ（ないし結論）について知っておいていただく
ために，それぞれの章の簡単な概要を提供しておきたい。

　第1章は，戦後日本農業の生産技術を定量的に分析することに当てられる。
この目的のために，単一財および多財の通常型ならびに S-G 型の多財トラ
ンスログ TC 関数が，主として『農経調』および『物賃』から1957–97年
の時系列と横断面データをプールしたデータを用いて推計した。筆者は，こ
れら4個の型のモデルの推計を通じて，本研究の目的に対しては，S-G 型多
財モデルが最も適切であることを見いだした。したがって，同じ S-G 型多
財トランスログ TC 関数モデルの推計値が，それ以降の第2章から第6章を
通じてそれぞれの目的に対応して使用されることになる。

　第2章は生産要素代替の方向性と大きさに焦点を当てる。このために，そ
れぞれ重大な業績を残した3人の著名な経済学者による3つの有名な代替
弾力性の推計法を導入した。それらは，アレン（Allen Partial Elasticity of
Substitution），森嶋（Morishima Elasticity of Substitution），およびマクファ
デン（シャドウ）（Shadow Elasticity of Substitution）代替弾力性（これらを略
して，それぞれ，AES，MES，および SES と呼ぶ）の推計である。本章からの
1つの重要な教訓は，より信頼性も高く頑健な投入要素代替性および補完性
を得るためには，AES のみの推計だけでは不十分であり，その信頼性およ
び頑健性には不安が残るということである。したがって，AES の推計値は
MES および SES の推計によって，その信頼性および頑健性のダブルチェッ

クをすることが必要であろう。

　第3章では，戦後日本農業の技術変化率を実証的に推計し，投入要素価格や生産物結合比率の変化の効果を評価した。この章の最も重要で興味深い結果は，1957-75年の年平均の「デュアル」の技術変化率（1.30％）が1975-97年のそれ（0.84％）に比べてはるかに高かったというファインディングである。換言すれば，日本農業は，2つの期間の間に技術変化率における急激な減少を経験したということである。このことは，ほぼ同時期に，非農業部門の GDP 成長率が急激に低下したということと見事に対応している。

　第4章においては，バイアスを持った技術変化に焦点を当てることによって，戦後日本農業の投入要素代替について述べることにする。本章においては，まず，戦後日本農業における技術変化のバイアスを推計し，それらバイアスを投入要素価格変化と関連づけて検討し，同時に，ヒックス（Hicks, 1932）の誘発的技術革新仮説の妥当性を検証してみた。その結果は，技術変化は労働一「節約的」で，機械一，中間投入要素一，土地一，およびその他投入要素一「使用的」であった。この偏向的技術変化は，原則として，少なくとも，労働，機械，および中間投入要素に関しては，ヒックスの誘発的技術変化と一致していたことがわかった。本研究の実証結果は，戦後日本農業の技術変化は，原則として，1950年代末以降最近まで，投入要素賦存条件に対応する形で進行してきたということを示している。

　第5章は，生産物構成の急速な変化を説明するために，戦後日本農業の技術変化は畜産物増大に偏った技術変化を伴ったものであった，という仮説を検定した。この仮説検定の結果は，現実の生産物構成の変化と一致したものであった。さらに，本章では作物と畜産物の構成の変化は相対的な投入要素投入量に対して重大な影響を及ぼした，という興味深いファインディングを得た。とりわけ，畜産物生産の拡大は作物生産の拡大に比べて，労働投入量の増大は相対的に小さいものであった。このことは，畜産物生産の拡大は，非農業部門に対する農業部門からの急激な労働移動により積極的な貢献をしたことを意味している。

　第6章では，戦後日本農業の伝統的な方法で推計された TFP の成長率の変化の要因を説明した。この分析は，TFP の成長率を規模の経済性効果と

技術変化効果に分解することによって，1957-97年の期間における異なる4階層農家に対して行なわれた。そこで，全4階層農家について，TFP成長率の変化に対して，技術変化の効果がより重要な貢献をしてきたことが検証された。特に，大規模農家は，新規に開発された革新技術をより効率的に適用することによって，農業生産物の生産量を拡大することに重大な役割を果たしてきたことが明らかになった。

　第7章は，1957-75年から1976-97年の両期間の間で，日本農業における労働生産性の成長率が急激に低下したことに対して，その要因を分析した。この分析には，筆者が新しく開発した手法を導入した。Solow（1957）によって提唱された伝統的な成長会計分析を離脱して，労働生産性の成長率を（1）投入要素の価格変化によって生じる「価格効果」と「バイアスを持った技術変化効果」からなる「総代替効果」，（2）「規模効果」と「技術変化効果」に分けられる「TFP効果」に分解する。この分析には，その分析しようとする問題の特質（労働生産性成長率）を考慮に入れると，単一生産物 S-G 型多財トランスログ TC 関数を用いることの方が適切であるからである。その結果，研究対象期間の1957-97年においては，「総代替効果」の方が「TFP効果」よりも労働生産性成長率に重要な貢献をしたというファインディングを得た。

　以上の第 I 部で採用した総費用（TC）関数は，すべての投入要素が最適水準まで利用され，したがって，すべての可変投入要素に関して総費用が最小化されているという仮定を置いており，その意味で TC 関数の長期均衡モデルの接近方法をとっていると言える。しかし続く第 II 部において，筆者はこの TC 関数の適用を放棄することにした。現実においては，いくつかの生産要素，特に，土地は，土地価格としての地代が政府によって統制ないし準統制下に置かれており，そのような投入要素を最適水準まで使用することはほとんどありそうにないからである。したがって，筆者は，この第 II 部の3つの章においては，土地を準固定要素として取り扱うことにし，TC 関数ではなく VC 関数による分析枠組みを導入することにした。この意味で，第 II 部で得られた推計結果は短期の分析枠組みに基づいたものであると言える。

　第8章では，まず，戦後日本農業の生産構造を定量的に分析するには，TC関数モデルと VC 関数モデルとのいずれの分析枠組みがより適切なのかと

いう疑問を投げかけてみた。この課題に対して，第Ⅰ部で用いられたものと同じ1957-97年のデータベースを用いて，TCおよびVC関数を推計する。この実験で得られた最も重要なファインディングは，VC関数モデルの方がTC関数モデルよりも適切なモデルである，ということであった。筆者は，この結論を，それほど厳密性の高い方法を用いて導き出したというわけではない。推計されたVC関数のパラメータを用いて全4階層農家の土地のシャドウ価格を推計し，これら全4階層農家のシャドウ価格が，数年における例外は発見されたものの，全研究期間である1957-97年にわたって，一般的に言って，政府によって統制されている地代より大きい，というファインディングを得た。さらに，この期間において，階層農家が大きくなるほど，土地のシャドウ価格も大きくなるというファインディングも得た。これらは，準固定要素である土地の使用に関して全4階層農家は均衡を達成していなかったということを意味する。言い換えれば，土地を可変投入要素として扱うTC関数モデルは，規模の経済性および範囲の経済性，投入要素需要弾力性や代替の弾力性，技術変化における率やバイアスのような重要な経済指標の推計にバイアスを生じる可能性を持っているということを示唆している。

　　第9章においては，1957-97年の全4階層農家のサンプルに対して，準固定要素としての土地のシャドウ価格を推計した。その推計結果は，大規模階層農家Ⅳのシャドウ価格の方が小規模階層農家Ⅰのそれよりもはるかに大きかったことを示している。そこで，筆者は小規模農家から大規模農家への土地移動のより現実的な基準を導入することにした。すなわち，もし大規模農家の土地のシャドウ価格が，小規模農家自身の家族労働所得および自己所有の土地に帰属する所得を含む農家所得を凌駕するならば，小規模農家は大規模農家に，賃貸という形で土地を移転する準備は整っているとみなすのである。しかしながら，この基準は1993年まで満たされなかった。さらに，規模の経済性および技術変化率は小規模農家と大規模農家の間でかなり近い数値であった。このことは，小規模農家から大規模農家への賃貸による土地移動に関してネガティブな方向に働いた。この実証結果は，農業政策立案者は，より大規模—高効率—高生産性の農業を促進し得るためには，大規模農家に対してより強力な生産動機を提供することができるような，より効率的

で魅力的な政策の導入を図らなければならないことを示唆している。

　第10章は，1957–97年のデータを基に推計したトランスログVC関数の推計パラメータを用いて，規模の経済性と範囲の経済性を推計し，その結果を評価した。これらの実証結果は，この研究期間において，全4階層農家に規模の経済性が存在したことを示している。しかしながら，投入要素補助金政策や減反政策は全4階層農家に対して，規模の大小にかかわらず基本的には一律のものであった。そのため，規模の経済性のみでなく平均労働生産性，さらに，自己所有の労働と土地に帰属する費用を「家族所得」として加えた10アール（a）当たり「農業所得」は，大規模農家のそれらの経済指標と比べても見劣りするものではなかった。その結果，小規模農家から大規模農家への土地移動は不活発だった。換言すれば，より大規模で高効率かつ高生産性農業を促進しようという政策の推進は成功したとは言い難い。例えば，5ヘクタール（ha）以上農家戸数を増大させるという試みは，期待に反して，遅々としてしか進展しなかった。

　以上の第I部および第II部において，筆者は，TC（長期）モデルとVC（短期）モデルの推計パラメータに基づいて，1957–97年の日本農業の生産構造と生産性の定量的分析を行なってきた。第1章から第10章において推計された主要な経済指標は，投入要素需要弾力性と投入要素代替の弾力性，技術変化の率とバイアス，規模の経済性と範囲の経済性，および土地のシャドウ価格であった。さらに，筆者は，労働生産性成長率およびTFP成長率を種々の効果に分解し，ソローの成長会計分析手法に改良を加えることにより，これら成長率の要因のより包括的な理解を可能にする手法の展開・適用に成功した。このような実証分析は，農業生産構造および生産性に関して，きわめて豊富な情報を提供してくれた。このことは，学術的にもきわめて興味深いことであるし，農業政策立案者にとってもきわめて重要でありかつ有益な情報であると思われる。

　次に，第11–14章の計4章からなる第III部において，筆者は，（1）生産物価格支持政策（第11章），（2）減反政策（第12章），（3）公的農業R&E政策（第13章），および（4）投入要素補助金政策（第14章）に代表されるような農業政策の，（i）生産物供給量，（ii）投入要素需要量，（iii）名目可変利潤，

（iv）規模の経済性，および（v）土地のシャドウ名目価格などの経済指標への効果を定量的に分析した。ここで銘記しておきたいことは，第 I 部および第 II 部とは違って，筆者は第 III 部において，労働と土地を準固定要素として扱う可変（短期）利潤（VP）関数を導入し，これを 1965 – 97 年に対して推計した。こうすることによって，われわれは，より大規模 – 高効率 – 高生産性農業を達成するために必要な最低限の条件である，小規模農家から大規模農家への土地移動の可能性に対する生産物価格支持政策の効果を系統立った形で推計し評価することができる。

　第 III 部の第 11 章では，土地と労働を準固定要素とみなした可変利潤（VP）関数を 1965 – 97 年に対して推計したパラメータを用いて土地のシャドウ価格を推計した。さらに，この同じ VP 関数のパラメータの推計値を用いることによって，生産物価格支持政策の，（i）作物および畜産物の供給量，（ii）機械，中間投入要素，およびその他投入要素の需要量，（iii）名目可変利潤，（iv）規模の経済性，および（v）土地のシャドウ名目価格の 5 個の経済指標への効果を推計し評価した。特に，米に対する価格支持政策は，上記の 5 個の経済指標のどれをとっても，最も大きな恩恵を受けたのは小規模農家であった，というファインディングを得た。このことは，1965 – 97 年において，大規模 – 高効率 – 高生産性農業を達成するための小規模農家から大規模農家への土地移動を制約したと思われる。残念ながら，このファインディングは，本研究期間に対してとられた生産物価格支持政策とほぼ類似の価格政策が継続されているという事実から鑑みて，21 世紀の最初の 10 年間における日本農業においても妥当していると推測される。

　第 12 章では，第 11 章で用いられたものと同じ VP 関数の推計パラメータを用いて前記の 5 個の経済指標への減反政策の効果を分析した。推計された効果を注意深く観察した結果，減反政策は小規模農家から大規模農家への土地移動に対してマイナスの効果しかもたらさなかった，ということがわかった。このことは，政府による小規模農家から大規模農家への土地移動政策が進まなかった重要な要因であると考えられる。本章において，われわれは，大規模でより効率的かつより利潤のあがる農業生産を達成し，小規模農家から大規模農家への土地移動をよりスムーズにするためには，減反政策は再編

成ないし再計画を行なうか廃棄してしまうべきであると結論したい。

第13章では，公的農業 R&E 政策が上記5個の経済指標にいかなる効果をもたらしたのかについて検討を行なった。これらの推計は，全研究期間の1957–97年の全4階層農家について行なった。推計結果の注意深い検証から言えるのは，R&E 活動は，大規模農家がより有利になるような形で実践されるべきである，ということである。でなければ，大規模農家が大農場において，より効率的で生産的な農業を営むことはきわめて困難である。したがって，公的農業 R&E 政策も再編成し，より大規模農業経営に有利になるような態勢に変更すべきであるということを主張したい。

第14章では，上記の5個の経済指標への投入要素補助金政笭の効果を検討した。実証結果を観察することによって，われわれは，投入要素補助金政策は全4階層農家に対して，自己所有の農地を手放すことなく，農業を継続していこうという動機を高めた，と言えそうである。言い換えれば，20世紀の後半のほぼ40年間において，小規模農家から大規模農家への土地移動は制限されたと推察できる。これらのファインディングズに基づいて要約すると，作物生産においても畜産においても，小規模－非効率－低生産性農業から，大規模－高効率－高生産性農業への大転換を図るためには，高効率－高生産性農業経営が可能であるようなより強い生産動機を持たせるべく，投入要素への補助金政策のあり方をより大規模農家を育成するような形に再編制すべきであろう。

要約すると，第 III 部の最も重要な結論は，(1) 生産物価格支持政策，(2) 減反政策，(3) 公的農業 R&E 政策，および (4) 投入要素価格支持政策のすべての農業政策は，いくらかの例外はあるものの，おしなべて，小規模農家から大規模農家への土地移動を制限する強力な役割を果たしてきた，ということである。このことは言い換えれば，作物生産のみならず畜産においても，小規模－非効率－低生産性農業から，大規模－高効率－高生産性農業への転換の可能性を制限し続けてきた，ということである。

本書は，筆者が長い期間（およそ50年）にわたって携わり積み上げてきた研究の集大成として出来上がったものである。しかしながら，学部学生，大学院生，一般研究者，農業経済学者，農政担当者，あるいは，一般経済学者

や計量経済学者，といった特定の読者を対象にして書いたものではないことをあらかじめお断りしておきたい。筆者は，20世紀後半の日本農業の生産構造および生産性の「冷徹な頭脳を持ってはいるが，同時に，温かい心を持った」（アルフレッド・マーシャル）分析に興味を抱いた読者が本書を手にとって下さることを想定しており，そのように心より期待している。もう少しはっきり言うと，筆者は，農業経済学分野のみならず一般経済学分野の大学院生にとって，本書は，修士論文や博士論文を書くために必要な生産経済学および計量経済学の基礎理論を応用する際にきわめて有用であると思っていただけるのではないかというささやかな自負を抱いている。言うまでもなく，本書は，日本農業の現状の啓蒙的解説書には飽き足らず，より理論的な理解にチャレンジしてみようという読者にとって，日本農業の問題点をより深く論理的に理解していただけるものと，筆者としては期待するとともに自負もしている。

第 I 部

総費用関数による日本農業の生産構造分析

第1章

戦後日本農業の生産構造の実証分析

1 序

　一般に，農業の生産構造の基本的な特徴を実証的に分析することの目的は，生産物供給量，投入要素需要量と代替の程度およびその方向性，規模と範囲の経済性の大きさ，および技術変化がいかなる率およびバイアスを持った形で生じるかということを定量的に明らかにすることである。

　本章の目的は，「双対理論」，「フレキシブル関数形」，および「指数理論」のような1950年代初期から最近に至るまでに開発され展開されてきた新しい分析手法を用いることによって，特に，20世紀後半の戦後日本農業の生産構造を定量的に分析することにある。これらの新規に開発された分析道具に基づいて，今や，日本全国，異なる農業地域，さらには，異なる期間における生産技術を実証的に分析した多くの研究が蓄積されてきた。例えば，この研究分野における主要な貢献としては，阿部（1979），Archibald and Brandt（1991），茅野（1984, 1985, 1990），土井（1985），神門（1988, 1991），伊藤（1993, 1994, 1996），Kako（1978），加古（1979a, 1979b, 1983, 1984），近藤（1991, 1992, 1998），Kuroda（1987, 1988a, 1988b, 1989, 1995, 1997a, 1997b, 1998, 2003a, 2003b, 2006, 2007, 2008a, 2008b, 2008c, 2009a, 2009b, 2009c, 2009d, 2009e, 2010a, 2010b, 2011a, 2011b），Kuroda and Abudullah（2003），Kuroda and Lee（2003），Kuroda and Kusakari（2009），黒田（2005），草苅（1989, 1990a, 1990b, 1994），Nghiep（1977, 1979），Oniki（2000, 2001）　山本・黒柳（1986），その他多数である。

　このことは，これらの研究の多くのものにおいては，最初からそれらのモデルの中に集計された単一の生産物が存在することが仮定されていることを意味している。このことは，換言すると，これらのモデルは，投入要素－生産物非分割性および投入要素の非分割性の双方ともその存在の可能性を無視していることを意味している。もし，単一財または多財の生産技術に関するこれらの厳しい帰無仮説が棄却されるならば，単一財モデルの適用によって得られる実証結果は重大なバイアスを持っている可能性がある[1]。

　そこで，本章のポイントは 2 点ある。まず最初に，いかなる特定化が戦後日本農業の生産構造の分析に対して最も適切なものであるのだろうか。単一財関数なのかあるいは多財関数なのか。さらに，この線に沿った研究で，Stevenson（1980）は，モデルの中に時間変数を組み込み，先端項を切除した形のトランスログ費用関数モデルを，初めて考案した。さらに，Greene（1983）は，Stevenson（1980）のモデルを改良した形ではあるが，より使い勝手が優れている同様のモデルを開発した。われわれが本章における分析枠組みを提示しようとしている次の節で明らかになるが，Stevenson-Greene（略して，S-G）モデルは，時間変数を導入することによって，通常型トランスログ関数による接近に伴う重大な短所を克服できるという長所を持っている。この修正を導入したことによって，S-G 型費用関数モデルは通常型費用関数モデルよりもフレキシブルであると言える。なぜならば，すべての係数がその推計期間中一定であると仮定されている通常型トランスログ費用関数とは違って，S-G 型トランスログ費用関数の係数は経時的に変化することができるという特性を持っているからである。したがって，われわれは，違った特定化の下に，合わせて 4 本の単一財および多財の通常型および S-G 型のトランスログ費用関数を導入する。そして，それらの推計結果に基づいて，われわれは，戦後日本農業の生産構造を分析するためにはいずれの特定化が最も

---

1)　日本の農業経済学界において，多財費用関数を特定化し推計した研究は徐々に増加しつつある。川村（1991），川村・樋口・本間（1987），樋口・本間（1990），Kuroda（1988b, 2007, 2008a, 2008b, 2009a, 2009b, 2009c, 2009d, 2009e, 2010a, 2010b, 2011a, 2011b），Kuroda and Abdullah（2003），Kuroda and Lee（2003），および草苅（1990b）。ところで，黒田（2005）は，日本における「双対理論」，「フレキシブル関数形」，および「指数理論」の応用に関する包括的なサーベイを行なっている。

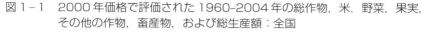

図1-1　2000年価格で評価された1960-2004年の総作物，米，野菜，果実，
その他の作物，畜産物，および総生産額：全国

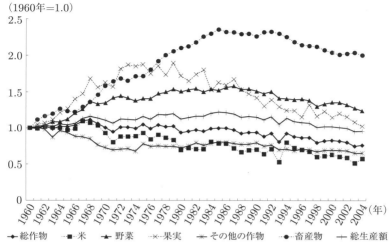

適切であるかを見つけ出すことができる。

　次に，われわれは，通常型多財トランスログおよびS-G型トランスログ費
用関数モデルの推計パラメータを用いて，生産要素－生産物の非分離性仮説，
生産要素の非結合性仮説の検定を行ない，その結果に基づいて　生産構造に
関する諸々の重要で興味深い仮説の検定と経済指標の推計結果を提供し評価
することにしたい。

　ここで，先に進む前に，いくつかの図を観察しながら戦後日本農業の現実
の変化を調べておくことにしよう。図1-1は，1960-2004年の，全生産物，
（米，野菜，果実，その他作物からなる）全作物，および畜産物の実質生産指
数の動向を示したものである[2]。

　この図1-1は，1960-2004年において，いかなる生産物が増加し，減少し
たのか，そしてそれらはいかなる速さで変化したのか，といったことに関す
る重要な情報を提供してくれる。図1-1によると，畜産物の生産は1960年
から1985年にかけて急速に増大したが，それ以降は，しばらく停滞気味だっ

2)　データ資料は，『農業・食糧関連産業の経済計算，平成19年度』農林水産省，2007年。

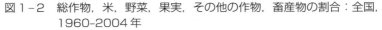

図1-2　総作物，米，野菜，果実，その他の作物，畜産物の割合：全国，
1960-2004年

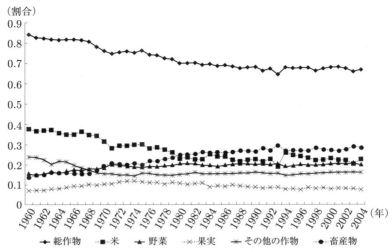

たのが1993年以降には減少し始めた。さらに，野菜および果実生産も1960
年から1985年頃にかけて増大したが，それ以降，これらの生産もまた，停滞
しそして減少し始めた。一方，米およびその他作物は全研究期間の1957-97
年の間一貫してずっと減少し続けた。農業生産のこのような変動の主要な理
由は，1950年代半ば頃からの日本経済全体の急激な成長によって消費者は
より高い所得を享受できるようになり，彼等の消費パターンが変化したから
である。農産物に対する需要のこのような変化に対応して，農水省はいわゆ
る「選択的拡大」政策を導入し，畜産物，野菜，果実のようなより需要の高
い農産物の生産増大を奨励した[3]。

　特に，図1-2によると，畜産物生産の増大を反映して，農業総生産に占め
る畜産物の割合が1960年の13%から2004年におけるほとんど30%にまで

---

3)　『農業基本法』は1961年に制定された。この法律の主要な目的は，2つあった。1つは，
大規模農家の効率性と生産性を高めることによって，日本農業を近代化することにあっ
た。もう1つの目的は，第1の目的に基づき，農家の所得を非農業部門の勤労者家計の
所得に比べて見劣りのしないものにするということであった。この「選択的拡大」政策
は『農業基本法』の最も重要な政策の1つであった。

図1-3　投入要素のマルティラテラル投入量指数：階層農家Ⅰ（都府県），
　　　　1957-97年

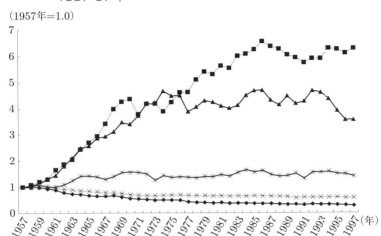

（1957年＝1.0）

--◆-- 労働　--■-- 機械　--▲-- 中間投入要素　--×-- 土地　--*-- その他投入要素

伸びた。これに反して，作物生産の割合は，1960年の85％から2004年のお
よそ77％にまで低下した。

　一方，投入要素に関しては，図1-3において，1957-97年における機械
投入の伸びが最も急激であったことを示している[4]。さらに，主として肥料，
農薬，および飼料からなる中間投入要素も，機械と同様に急激に増大したが，
1975年以降には，この中間投入要素も停滞した。一方，図1-3に示されて
いる労働および土地の投入量は，経時的に一貫して減少したが，その他投入
要素は経時的にほとんど一定の水準であった。投入要素価格の動向は図1-
4に示されており，それらは，図1-3に示されている実質投入要素量の動き
とはほとんど逆の動きをしていることが観てとれる。機械および中間投入要

---

[4]　投入要素に関しては，そのデータ資料は農林水産省から毎年刊行されている『農経調』
　　と『物賃』である。ここで，階層農家区分は以下の通りである。（Ⅰ）0.5-1.0 ha，（Ⅱ）
　　1.0-1.5 ha，（Ⅲ）1.5-2.0 ha，（Ⅳ）2.0 ha以上の4階層である。図1-3から図1-5に
　　おいては，最も農家戸数の多い階層Ⅰのデータを用いることにした。データ利用の詳細
　　については，付録A.1を参照していただきたい。

図 1-4　1985 年価格で評価された投入要素のマルティラテラル価格指数：階層農家 I（都府県），1957-97 年

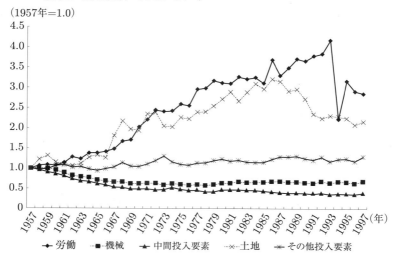

（1957年＝1.0）

◆—労働　■—機械　▲—中間投入要素　×—土地　＊—その他投入要素

素の価格は一貫して急激に低下しているが，一方では，労働および土地の価格は 1980 年代半ば頃までは急激に上昇した。土地の価格は 1988 年以降低下し始め，労働の価格は 1986 年以降は不安定な動きをし始めた。その他投入要素の価格は，図 1-3 に示されているように，その他投入要素の実質投入量の動きと同じく，経時的にコンスタントな形で推移した。投入要素の実質量と価格の動きを反映する形で，図 1-5 は投入要素費用—総費用比率において興味深い動きを示している。労働はその費用—総費用比率を一貫して減少させ，1957 年のおよそ 58％から，1997 年のおよそ 49％にまで減少した。一方，機械はその費用—総費用比率を一貫して増大させ，1957 年の 10％から 1977 年の 20％にまでその比率を拡大した。中間投入要素の場合には，1970 年代半ば頃まではその費用—総費用比率を伸ばしたが，それ以降には減少し始めた。土地に関しては，その投入要素費用—総費用比率は 1978 年頃まで一貫して拡大し，その後減少し始めた。最後に，その他投入要素の費用—総費用比率は 1988 年まではほとんど一定であったが，その時点から少しではあるが，増大し始めた。

図1-5　投入要素費用－総費用比率：階層農家I（都府県），1957-97年

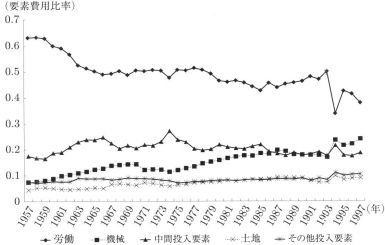

要約すると，中間投入要素，土地およびその他投入要素の費用－総費用比率の動きは，労働と機械の要素費用－総費用比率の動きに比べてそれほど明確ではない。このような状況なので，生産物と投入要素の現実の動向に関する大雑把な情報は，今後のモデルの特定化について直感的なアイディアを提供してくれる。例えば，生産面における作物と畜産物の生産額比率の動向，および投入要素面の投入要素費用－総費用比率の動向は，それぞれ，生産物空間および投入要素空間における技術変化のバイアスの方向性に関してかなり明確な情報を提供してくれる。このような戦後日本農業の背景となる情報を用いながら，次節において，分析の枠組みを構築したい。

本章の残りの部分は以下のように構成されている。第2節では分析の枠組みを示す。第3節では用いられるデータと推計方法の説明を行ない，第4節では実証結果を説明し，最後に，第5節で要約と結論を提供する。

2　分析の枠組み

2.1　通常型多財トランスログ総費用（TC）関数モデル

以下の TC 関数を考えてみることにしよう。

$$C = G(\mathbf{Q}, \mathbf{P}, t, \mathbf{D}), \tag{1.1}$$

ここで，$\mathbf{Q}$ は生産物ベクトルで，作物（Q_G）と畜産物（Q_A）からなっている。$\mathbf{P}$ は，労働（P_L），機械（P_M），中間投入要素（P_I），土地（P_B），およびその他投入要素（P_O）の価格から構成される投入要素価格ベクトルを示している。t は技術変化の代理変数としての時間指数である。さらに，$\mathbf{D}$ は，期間ダミー（D_p），農家規模（$D_s, s = II, III, IV$ は，それぞれ 1.0–1.5, 1.5–2.0, および 2.0 ha 以上）[5]，および 気象条件（D_w）からなるダミー変数ベクトルである。ここで，われわれは第 I 階層（0.5–1.0 ha）を落としていることに注意していただきたい。それは，もしこの階層までモデルに入れてしまうと，統計学上の特異性の問題に直面してしまうからである。この TC 関数（1.1）は以下の推論に基づいて導出したものである。

多財 TC 関数を導入した理由は，戦後日本農業において，投入要素－生産物分離性および投入要素の非結合性が存在したか否かという帰無仮説をフォーマルな形で検定しておきたいからである。もしこれらの帰無仮説が棄却されれば，単一財 TC 関数を導入すると，推計された結果にバイアスを生じてしまう可能性が高くなる。

さて，本章では，計量経済学的分析に対しては以下の多財トランスログ TC 関数を特定化する。

$$\ln C = \alpha_0 + \sum_i \alpha_i \ln Q_i + \sum_k \beta_k \ln P_k + \beta_t \ln t$$

---

5)　残念ながら，本研究期間 1957–97 年の期間中 1962 年において，階層分類の変更があったので，われわれは，最小階層平均農家（0.5 ha 以下）のデータを直接得ることができなかった。この階層に属する農家を分析から排除してしまうことは，全農家戸数に占めるこの階層農家戸数の割合がかなり高かったので，実証結果にいくらかのバイアスを引き起こしている可能性があることを銘記しておかねばならない。

$$+ \sigma_p D_p + \sum_s \sigma_s D_s + \sigma_w D_w$$

$$+ \frac{1}{2} \sum_i \sum_j \gamma_{ij} \ln Q_i \ln Q_j + \frac{1}{2} \sum_k \sum_n \delta_{kn} \ln P_k \ln P_n$$

$$+ \sum_i \sum_k \phi_{ik} \ln Q_i \ln P_k + \sum_i \mu_{it} \ln Q_i \ln t$$

$$+ \sum_k \nu_{kt} \ln P_k \ln t + \frac{1}{2} \nu_{tt} (\ln t)^2, \tag{1.2}$$

$$i, j = G, A, \quad k, n = L, M, I, B, O,$$

ここで，ln は自然対数を示している。多財トランスログ TC 関数（1.2）に Shephard（1953）の補題を適用し，農企業にとって投入要素価格が所与のものであると仮定すると，投入要素費用−総費用比率関数が以下のように導出される。

$$S_k = \frac{\partial C}{\partial P_k} \frac{P_k}{C} = \frac{\partial \ln C}{\partial \ln P_k}$$

$$= \beta_k + \sum_n \delta_{kn} \ln P_n + \sum_i \phi_{ik} \ln Q_i + \nu_{kt} \ln t, \tag{1.3}$$

$$i = G, A, \quad k, n = L, M, I, B, O.$$

ところで，トランスログ関数は利潤最大化条件とともに用いることができ，内生的生産物（Q_G および Q_A）の最適な選択を表す以下のような追加的な方程式を導出することができる（Fuss and Waverman, 1981, pp. 288–289）。

$$R_i = \frac{\partial C}{\partial Q_i} \frac{Q_i}{C} = \frac{\partial \ln C}{\partial \ln Q_i}$$

$$= \alpha_i + \sum_k \phi_{ik} \ln P_k + \sum_j \gamma_{ij} \ln Q_j + \mu_t \ln t, \tag{1.4}$$

$$i, j = G, A, \quad k = L, M, I, B, O.$$

しかしながら，ここで，作物および畜産物価格は何らかの形で政府によって支持されている，したがって，これら生産物価格（P_G および P_A）は競争市場での均衡価格ではない。これらの価格はむしろ市場価格と補助金を足し

合わせたものである。本章および次章では，われわれはこれらの価格を「実効価格」と呼ぶことにする。したがって，われわれは，農企業は，それぞれの生産物の限界収入，つまり，「実効価格」，をそれぞれの限界費用に等しくすることによって，利潤最大化を図っていると仮定しているわけである。

　さらに，収益比率 $(R_i, i = G, A)$ 方程式を，推計方程式体系に導入すると，われわれは，一般的に，収益－総費用比率関数によって，提供される追加的な情報のお蔭でより統計的に効率的な推計が可能になる[6]。

　いかなる実用的な費用関数においても，投入要素価格は一次同次でなければならない。通常型多財トランスログ TC 関数 (1.2) 式において，このことは，$\sum_k \beta_k = 1$，$\sum_n \delta_{kn} = 0$，$\sum_k \phi_{ik} = 0$，および $\sum_k \nu_{kt} = 0$ $(i = G, A, \quad k, n = L, M, I, B, O)$ を意味する。通常型多財トランスログ TC 関数 (1.2) 式は，投入要素－生産物の分離性および時間指数 t に関してヒックスの意味での中立性を制約条件として，それらを事前に課していないという意味で一般形を持った関数である。その代わりに，これらの制約条件は仮説とみなされ，この関数の推計の過程で，統計的に明示的な形で検定される。

2.1.1　生産技術構造に関する仮説の検定

　この節では，生産の技術構造を表す概念を取り扱うことにする。つまりそれらは，(i) 投入要素－生産物の分離性，(ii) 投入要素の非結合性，(iii) 非技術変化，(iv) 投入要素空間および生産物空間における技術変化の中立性，(v) C-D 型生産関数，および (vi) 規模および範囲の経済性である。

2.1.1.1　投入要素－生産物の分離性仮説　まず第1に，本章の主要な目的は戦後日本農業の生産構造の分析に置れているので，TC 関数の特定化にはどちらがより適切なのかを検討しておくことはきわめて重要である。つまり，単一財 TC 関数なのか，それとも，多財 TC 関数なのか，という基本的な問題である。

---

[6]　回帰方程式体系の中に収益－総費用比率関数を導入することに関するより詳細な解説は，Ray（1982）および Capalbo（1988）を参照していただきたい。

Hall（1973）によれば，そのTC関数が投入要素－生産物分離的であるためには，TC関数に関する以下の式が満たされることが必要十分条件である。

$$C(\mathbf{Q}, \mathbf{P}, t, \mathbf{D}) = G(h(\mathbf{Q}), \mathbf{P}, t, \mathbf{D}).$$

このことは，すべての生産物を1つの生産物に集計できることを意味している。投入要素－生産物分離性の仮定は生産技術の形に強い制約を課すことになる。つまり，その生産技術は，投入要素が非結合にはなり得ないということを意味する（Hall, 1973）。本研究においては，投入要素－生産物非分離的TC関数は以下の式を，$Q_i = 1$，$P_k = 1$ for all $i = G, A$，$k = L, M, I, B, O$，および $t = 1$，の近辺でテイラー級数展開によって近似する。

$$\ln C(\mathbf{Q}, \mathbf{P}, t, \mathbf{D}) = \ln G(h(\ln \mathbf{Q}), \ln \mathbf{P}, \ln t, \mathbf{D}),$$

すると，近似されたTC関数は以下の関係式によって与えられる。

$$\frac{\partial^2 \ln C}{\partial \ln P_k \partial \ln Q_G} \cdot \frac{\partial \ln C}{\partial \ln Q_A} = \frac{\partial^2 \ln C}{\partial \ln P_k \partial \ln Q_A} \, cdot \frac{\partial \ln C}{\partial \ln Q_G},$$

$$k = L, M, I, B, O.$$

特に，（1.2）式で与えられる多財トランスログTC関数形においては，投入要素－生産物分離性はトランスログ近似のパラメータが（1.5）式で与えられる関係式が，すべての k（$= L, M, I, B, O$）に対して，同時に満たされることを要求する。

$$H_0 : \phi_{G_k}\alpha_A = \phi_{A_k}\alpha_G, \tag{1.5}$$

$$k = L, M, I, B, O.$$

2.1.1.2 投入要素非結合性仮説

TC関数が以下の式で書くことができるときのみにおいて，生産技術は投入要素に関して非結合（または，生産における非結合）である。言い換えれば，下記の式が成り立つことが必要十分条件である。

$$C(\mathbf{Q}, \mathbf{P}, t, \mathbf{D}) = \sum_i G^i(Q_i, \mathbf{P}, t, \mathbf{D}), \quad i = G, A.$$

つまり，投入要素結合TC関数は，各々の生産物に対する独立したTC関数を足し合わせた関数であると言える。したがって，近似された多財トランスログTC関数は以下の式で与えられる。

$$\ln C(\mathbf{Q}, \mathbf{P}, t, \mathbf{D}) = \ln \sum_i G^i(\ln Q_i, \ln \mathbf{P}, \ln t, \mathbf{D}), \quad i = G, A.$$

投入要素非結合性は，1生産物の限界費用が他の生産物の限界費用水準からは独立しているので，多財トランスログTC関数（1.2）式のパラメータを用いると，以下の関係式が成り立つか否かを検定することによって検証できる。

$$H_0 : \gamma_{GA} = -\alpha_G \alpha_A. \tag{1.6}$$

2.1.1.3　非技術変化仮説

とりわけ，日本農業生産に，一体全体，技術変化が存在したのかどうかを検定してみることは重要である。このことは，技術変化に関係している多財トランスログTC関数（1.2）式の以下のパラメータがすべてゼロであることを意味している。

$$H_0 : \beta_t = \mu_{it} = \nu_{kt} = 0, \tag{1.7}$$
$$i = G, A, \quad k = L, M, I, B, O.$$

2.1.1.4　投入要素空間における「中立的」技術変化仮説

Binswanger（1974）は，各生産要素費用－総費用比率の変化を用いて，投入要素におけるバイアスの1要素相対的測度を提供した。さらに，Antle and Capalbo（1988, pp. 33–48）はBinswanger（1974）のバイアス測度の定義を，非相似的（単一財の場合）生産技術および投入要素－生産物非分離的（多財の場合）生産技術のバイアス測度にまで拡張した。彼等の定義によると，投入財バイアス（B_k）は2つの異なった効果を持つ。(i) 非線形の拡張経路に沿っての動きによる「規模」バイアス効果（$B_{k_i}^s$），および (ii) 拡張経路のシフトによる「純」バイアス効果（B_k^e），の2つである。もし生産技術が投入要素－生産物分離的であれば，「規模」バイアス効果はゼロである。多財の場合には，「純」バイアス効果，すなわち，拡張経路のシフトの測度は，以下の（1.8）式で定義することができる。

$$B_k^e = \partial \ln S_k(\mathbf{Q}, \mathbf{P}, t, \mathbf{D}) / \partial \ln t \Big|_{dC=0}$$

$$= B_k - \left[\sum_i \Big(\partial \ln S_k / \partial \ln Q_i \Big) \Big(\partial \ln C / \partial \ln Q_i \Big)^{-1} \right] \Big(\frac{\partial \ln C}{\partial \ln t} \Big), \quad (1.8)$$

$$i = G, A, \quad k = L, M, I, B, O,$$

ここで，$B_k \equiv \partial \ln S_k(\mathbf{Q}, \mathbf{P}, t, \mathbf{D}) / \partial \ln t \;\; (k = L, M, I, B, O)$ は，「純」バイアス効果である。(1.8) 式の第 2 項は「規模」バイアス効果である。

もし，$B_k^e = 0 \;\; (k = L, M, I, B, O)$ であれば，技術変化は k 番目投入要素－「中立的」である。もし，$B_k^e > 0 \;\; (< 0)$ であれば，技術変化は，k 番目投入要素－「使用的」バイアス（「節約的」バイアス）を持っているという。

多財トランスログ TC 関数 (1.2) 式のパラメータを用いると，(1.8) 式は (1.9) 式のように表すことができる。

$$B_k^e = \frac{\nu_{k_t}}{S_k} + \Big(\frac{\phi_{k_G}}{S_k} + \frac{\phi_{k_A}}{S_k} \Big) \lambda$$

$$= B_k + B_{k_G}^s + B_{k_A}^s. \quad (1.9)$$

ここで

$$\lambda = - \frac{\partial \ln C / \partial \ln t}{\sum_i \partial \ln C / \partial \ln Q_i} = \frac{-\varepsilon_{Ct}}{\sum_i \varepsilon_{CQ_i}}. \quad (1.10)$$

ここで

$$\varepsilon_{Ct} = \frac{\partial \ln C}{\partial \ln t}$$

$$= \beta_t + \sum_k \nu_{k_t} \ln P_k + \sum_i \mu_{i_t} \ln Q_i + \nu_t \ln t, \quad (1.11)$$

$$i = G, A, \quad k = L, M, I, B, O.$$

かくして，投入要素空間におけるヒックス中立性の検定は，以下の帰無仮説を検定することと同値になる。

$$H_0 : B_k^e = 0, \quad k = L, M, I, B, O. \quad (1.12)$$

もし，$B_k^e = 0$ であれば，技術変化は k 番目の投入要素に関してヒックスの意味で「中立的」になり，もし $B_k^e \neq 0$ ならば，技術変化はヒックスの意味

で「非中立的」になり，そして，バイアスは，もし $B_k^e < 0$ ならば，k 番目要素―「節約的」，あるいは，もし $B_k^e > 0$ ならば，k 番目要素―「使用的」となる。

2.1.1.5　生産物空間における「中立的」技術変化仮説　ここで再び，Antle and Capalbo（1988, pp. 33–48）に従って，2つの生産物，ここでは，作物（Q_G）と畜産物（Q_A）の空間における生産物バイアスの測度は，以下の（1.13）式によって定義する。

$$
\begin{aligned}
B_{GA}^Q &= \partial \ln(\frac{\partial C}{\partial Q_G} / \frac{\partial C}{\partial Q_A}) / \partial \ln t \\
&= \partial \ln(\frac{\partial C}{\partial Q_G}) / \partial \ln t - \partial \ln(\frac{\partial C}{\partial Q_A}) / \partial \ln t \\
&= \frac{\partial \ln MC_G}{\partial \ln t} - \frac{\partial \ln MC_A}{\partial \ln t},
\end{aligned}
\tag{1.13}
$$

ここで，MC_i（$i = G, A$）を i 番目の生産物の限界費用と呼ぶことにしよう。

　方程式（1.13）において，B_{GA}^Q は，生産物空間内のある所与の点で，技術変化によって生産可能性曲線の境界線が回転するとき，その回転の方向を図る測度である。したがって，生産物空間における技術変化は，B_{GA}^Q の正（負）に従って，畜産物（作物）―「増大的」と定義づける[7]。

　それぞれの生産物の技術変化指数に関する弾力性を導出するために，われわれは以下のような方法を採用した。

　まず第1に，多財トランスログ TC 関数（1.2）に基づいて，費用―生産物弾力性（ε_{CQ_i}）を以下の（1.14）式で定義する。

$$
\begin{aligned}
\varepsilon_{CQ_i} &= \frac{\partial \ln C}{\partial \ln Q_i} \\
&= \alpha_i + \sum_k \phi_{ik} \ln P_k + \sum_j \gamma_{ij} \ln Q_j + \mu_{it} \ln t,
\end{aligned}
\tag{1.14}
$$

---

7)　あるいは，われわれは，生産物空間における技術変化は，もし B_{GA}^Q が正（負）ならば，畜産物―「増大的」（作物―「増大的」）バイアスを持っている，とも表現できる。そして，B_{GA}^Q がゼロであれば，技術変化は「中立的」である。

$$i, j = G, A, \quad k = L, M, I, B, O.$$

(1.14) 式で与えられる費用－生産物弾力性（ε_{CQ_i}）は，それぞれの生産物の追加的または限界費用をパーセントで表したものである。以下の関係式に注意して，

$$\varepsilon_{CQ_i} = \frac{\partial \ln C}{\partial \ln Q_i} = (\frac{\partial C}{\partial Q_i})/(\frac{C}{Q_i}) = MC_i/(\frac{C}{Q_i}), \quad i = G, A,$$

生産物生産量と投入要素価格を一定にしておいて，（ε_{CQ_i}）の対数を（$\ln t$）で微分する。すなわち，

$$\frac{\partial \ln \varepsilon_{CQ_i}}{\partial \ln t} = \frac{\partial \ln(MC_i/(\frac{C}{Q_i}))}{\partial \ln t} = \frac{\partial \ln MC_i}{\partial \ln t} - \frac{\partial \ln(\frac{C}{Q_i})}{\partial \ln t}, \quad i = G, A.$$

これを上で得られた関係式と結合すると，

$$\frac{\partial \ln \varepsilon_{CQ_i}}{\partial \ln t} = \frac{\mu_{it}}{\varepsilon_{CQ_i}}, \quad i = G, A,$$

(1.14) 式から，以下の（1.15）式が得られる。

$$\frac{\partial \ln MC_i}{\partial \ln t} = \frac{\mu_{iR}}{\varepsilon_{CQ_i}} + \frac{\partial \ln(\frac{C}{Q_i})}{\partial \ln t}, \quad i = G, A. \tag{1.15}$$

すると，（1.13）式は（1.16）式のように書き換えることができる。

$$B_{GA}^Q = \frac{\partial \ln MC_G}{\partial \ln t} - \frac{\partial \ln MC_A}{\partial \ln t} = \frac{\mu_{Gt}}{\varepsilon_{CQ_G}} - \frac{\mu_{At}}{\varepsilon_{CQ_A}}. \tag{1.16}$$

かくして，生産物に関するヒックス「中立性」仮説は，以下の（1.17）式で与えられる帰無仮説を検定することによって検証される。

$$H_0 : B_{GA}^Q = \frac{\mu_{Gt}}{\varepsilon_{CQ_G}} - \frac{\mu_{At}}{\varepsilon_{CQ_A}} = 0. \tag{1.17}$$

もし，$B_{GA}^Q = 0$ であれば，生産物空間における技術変化はヒックス「中立的」である。先にも触れたように，もし $B_{GA}^Q > 0$ であれば，生産物空間における技術変化は，畜産物－「増大的」であり，$B_{GA}^Q < 0$ ならば，作物－「増大的」であると定義する。

2.1.1.6　投入要素空間および生産物空間双方における「中立的」技術変化

仮説　投入要素空間および生産物空間双方における「中立的」技術変化は，単純に，投入要素空間におけるヒックス「中立性」と生産物空間におけるヒックス「中立性」を結合した以下の結合帰無仮説（1.18）式を検定することによって検証できる。

$$H_0 : B_k^e = 0, \quad B_{GA}^Q = 0, \quad k = L, M, I, B, O. \tag{1.18}$$

もし B_k^e および B_{GA}^Q がすべて同時にゼロであれば，投入要素空間および生産物空間双方における「中立的」技術変化は存在する。でなければ，ヒックスの意味での「非中立性」が投入要素空間か生産物空間かまたは双方に存在する。

2.1.1.7　コブ–ダグラス（C-D）型生産関数仮説

　農業生産関数が C-D 型生産関数で特定化されるか否かは以下の（1.19）式で与えられる帰無仮説を検定すればよい。

$$H_0 : \gamma_{ij} = \delta_{kn} = \phi_{ik} = \mu_{it} = \nu_{kt} = 0, \tag{1.19}$$
$$i, j = G, A, \quad k, n = L, M, I, B, O.$$

つまり，多財トランスログ TC 関数（1.2）式の 2 次項の係数がすべて連帯的にゼロであるということである[8]。

2.1.1.8　作物および畜産物の結合生産における規模の経済性一定仮説

**規模と範囲の経済性を測定することは，構造変化，効率性，および生産性の変化の要因を識別するための必須条件である。Panzar and Willig（1977, 1981）および Baumol, Panzar, and Willig（1982）は多財生産企業において，規模および生産物の多様性を特徴づける多財生産の規模および範囲の経済性という概念を導入した。

---

8)　ここで，本章で用いられている費用関数は多財 TC 関数なので，「プライマル」の生産関数も多財生産関数であるということに注意しておかねばならない。

これらの研究に従って，規模に関して収穫一定（Constant Returns To Scale: CRTS）は，本章の多財トランスログ TC 関数の分析枠組みの中で検定できる。つまり，CRTS 仮説の検定は，以下の（1.20）式において，$RTS = 1$ が成立するかどうかという帰無仮説を検定することによって実行できる。

$$RTS = \frac{1}{\sum_i \partial \ln C / \partial \ln Q_i} = \frac{1}{\sum_i \varepsilon_{CQ_i}}, \tag{1.20}$$

ここで

$$\varepsilon_{CQ_i} = \frac{\partial \ln C}{\partial \ln Q_i} = \alpha_i + \sum_k \phi_{ik} \ln P_k + \sum_j \gamma_{ij} \ln Q_j + \mu_{it} \ln t,$$

$$i, j = G, A, \quad k = L, M, I, B, O,$$

これは前述したように，i 番目の生産物の費用－生産物弾力性として定義される。

通常型 TC 関数（1.2）式の近似値，つまり，$\ln Q_i = 0$, $\ln P_k = 0$, $\ln t = 0$, の点で求められたこの関数（1.2）式のパラメータを用いて，以下の（1.21）式で与えられる帰無仮説 $RTS = 1$ を検定することによって評価することができる。

$$H_0 : \frac{1}{\alpha_G + \alpha_A} = 1. \tag{1.21}$$

もし $1/(\alpha_G + \alpha_A) = 1$ ならば，規模に関して収穫一定（CRTS）が存在する。もし $1/(\alpha_G + \alpha_A) > 1$ ならば，規模に関して収穫逓増（Increasing Returns To Scale: IRTS）が存在する。そして，もし $1/(\alpha_G + \alpha_A) < 1$ ならば，規模に関して収穫逓減（Decreasing Returns To Scale: DRTS）が存在する。

2.1.1.9　個々の単一生産物に関する規模の経済性一定仮説：作物および畜産物
生産物個々の CRTS は，農企業が，もう一方の生産物の生産はまったく行なわないで，どちらか一方の生産物のみの生産を行なうと仮定することによって検定できる。

$$H_0 : \frac{1}{\alpha_i} = 1, \quad i = G, A. \tag{1.22}$$

もし $1/\alpha_i = 1$ $(i = G, A)$ ならば，i 番目の生産物の生産には CRTS が存在する。もし $1/\alpha_i > 1$ $(i = G, A)$ ならば，i 番目の生産物の生産には IRTS が存在する。そして，もし $1/\alpha_i < 1$ $(i = G, A)$ ならば，i 番目の生産物の生産には DRTS が存在する。

2.1.1.10　作物と畜産物の結合生産における非範囲の経済性仮説

範囲の経済性とは，企業が複数の財を生産するとき，多財を結合して生産するときに生じる生産費用が，個々の生産物を独立して生産する場合の生産費用合計よりも小さいことを意味している。つまり，本章の場合，もし $C(Q_G, Q_A) < C_G(Q_G, 0) + C_A(0, Q_A)$ ならば，範囲の経済性が存在するということを意味している。しかしながら，範囲の経済性が存在するか否かを直接的に検定することは困難な作業である。ここでは，われわれは，Baumal, Panzar and Willig（1981）の方法に従うことにする。彼等によれば，範囲の経済性の十分条件として費用補完性の概念を以下のように検定することができる。

$$\frac{\partial^2 C}{\partial Q_G \partial Q_A} < 0. \tag{1.23}$$

通常型多財トランスログ TC 関数（1.2）式を用いると，この条件は以下のように書き換えることができる。

$$\frac{\partial^2 C}{\partial Q_i \partial Q_j} = \frac{C}{Q_i Q_j} \left[\frac{\partial^2 \ln C}{\partial \ln Q_i \partial \ln Q_j} + \frac{\partial \ln C}{\partial \ln Q_i} \frac{\partial \ln C}{\partial \ln Q_j} \right]$$

$$= \frac{C}{Q_i Q_j} \left[\gamma_{ij} + \left(\alpha_i + \sum_k \phi_{ik} \ln P_k + \sum_j \gamma_{ij} \ln Q_j + \mu_t \ln t \right) \right.$$

$$\left. \times \left(\alpha_j + \sum_k \phi_{jk} \ln P_k + \sum_i \gamma_{ij} \ln Q_i + \mu_t \ln t \right) \right] < 0, \tag{1.24}$$

$$i, j = G, A, \quad k, n = L, M, I, B, O.$$

この（1.24）式の $[\ \ ]$ の要素（エレメント）を $ESCOPE$ と呼ぶ。通常型多財トランスログ TC 関数（1.2）式の近似点で $ESCOPE$ を評価するならば，以下の（1.25）式が得られる。

$$ESCOPE = \gamma_{ij} + \alpha_i \alpha_j, \quad i, j = G, A. \tag{1.25}$$

$\frac{C}{Q_i Q_j} > 0$ なので，もし $ESCOPE < 0$ ならば，作物と畜産物の結合生産を行なうことにおいて範囲の経済性が存在すると言うことができる。もし $ESCOPE > 0$ ならば，作物と畜産物の結合生産を行なうことにおいて範囲の不経済性が存在すると言える。かくして，作物−畜産物結合生産において範囲の経済性の不存在という仮説の検定は，以下の (1.26) 式で与えられる帰無仮説の検定によって実行することができる。

$$H_0 : ESCOPE = \gamma_{ij} + \alpha_i \alpha_j = 0, \quad i, j = G, A. \tag{1.26}$$

2.2　Stevenson-Greene（S-G）型多財トランスログ総費用（TC）関数モデル

　第 1 節で述べたように，Stevenson（1980）は，時間変数を結合することによって，先端項を切除した形の 3 次級トランスログ費用関数モデルを初めて開発した。さらに，Greene（1983）はいくらかの修正はあるもののほとんど Stevenson（1980）と類似のモデルを展開した。以下で明らかになるが，この S-G 型モデルは，時間変数を導入することによって，通常型トランスログ関数が抱えている重大な短所を克服することに成功した。すなわち，すべての係数が時間とともに変化しないものと仮定されている通常型多財トランスログ TC 関数モデルとは違って，S-G 型多財トランスログ TC 関数のすべての係数は時間とともに変化することができる。さらに，このモデルは，価格誘発による技術変化の投入要素バイアスに関する仮説の検定も明確にできるという利点も備えている。さらに，このモデルのもう 1 つの利点は，推計された技術変化バイアスがすでに投入要素価格の相対的変化および（あるいは）生産規模の相対的変化（もし生産過程が単一財の場合には非相似形であり，多財の場合には投入財−生産物非分離である）を反映したものであるという点にある。これらの利点が具備されているために，本章では S-G 型モデルを導入することにした。しかしながら，時間変数の導入の仕方と多財トランスログ TC 関数の導入の仕方に少々の修正を施した。

　計量経済学的推計方法にいくらかの修正は行なったが，Stevenson（1980）
および Greene（1983）に従って，（1.1）式で与えられている多財 TC 関数に
対して，以下のような S-G 型多財トランスログ TC 関数を特定化した。

$$\ln C = \alpha_0^t + \sum_i \alpha_i^t \ln Q_i + \sum_k \beta_k^t \ln P_k$$

$$+ \sigma_p D_p + \sum_s \sigma_s D_s + \sigma_w D_w$$

$$+ \frac{1}{2} \sum_i \sum_j \gamma_{ij}^t \ln Q_i \ln Q_j + \frac{1}{2} \sum_k \sum_n \delta_{kn}^t \ln P_k \ln P_n$$

$$+ \sum_i \sum_k \phi_{ik}^t \ln Q_i \ln P_k, \tag{1.27}$$

$$i, j = G, A, \quad k, n = L, M, I, B, O,$$

ここで，ダミー変数のパラメータ以外のすべてのパラメータは時間とともに
対数線形的に変動すると仮定した。

$$\alpha_0^t = \alpha_0 + \alpha_0^{'} \ln t,$$

$$\alpha_i^t = \alpha_i + \alpha_i^{'} \ln t,$$

$$\beta_k^t = \beta_k + \beta_k^{'} \ln t,$$

$$\gamma_{ij}^t = \gamma_{ij} + \gamma_{ij}^{'} \ln t,$$

$$\delta_{kn}^t = \delta_{kn} + \delta_{kn}^{'} \ln t,$$

$$\phi_{ik}^t = \phi_{ik} + \phi_{ik}^{'} \ln t, \tag{1.28}$$

$$i, j = G, A, \quad k, n = L, M, I, B, O.$$

　この特定化は，ダミー変数以外は，多財トランスログ TC 関数のすべての
係数に対して，時間が「非中立的」効果をもたらすことを可能にしている。
したがって，生産構造のすべての特性は時間とともに変化することを仮定し
ている。Stevenson（1980）および Greene（1983）は，もともと，パラメー
タは時間とともに直線的に変化するものと仮定していた。この仮定は，長期
の時系列データを用いてモデルを推計する場合には適切ではないと思われる。

なぜなら，そのような場合には「非中立的」時間効果が，後ろの期間に行くにつれて異常に大きくなってしまうことがあるからである。これが，本章において，対数線形の時間を仮定することにした理由である。

上記のように特定化されたS-G型多財トランスログTC関数は，2回微分可能であると仮定されており，したがって，この関数の生産物数量および要素投入量に関するヘッシアン・マトリックスは対称的である。

$$\gamma_{ij} = \gamma_{ji}, \quad \gamma'_{ij} = \gamma'_{ji}, \quad i \neq j, \quad i,j = G, A, \tag{1.29}$$

$$\delta_{kn} = \delta_{nk}, \quad \delta'_{kn} = \delta'_{nk}, \quad n \neq k, \quad k,n = L, M, I, B, O. \tag{1.30}$$

(1.27) 式で与えられているS-G型多財トランスログTC関数にShephard (1953) の補題を適用し，農企業にとって生産要素価格が所与であると仮定すると，以下の費用比率方程式を導出することができる。

$$S_k = \beta_k + \sum_i \phi_{ik} \ln Q_i + \sum_k \delta_{kn} \ln P_k + \beta'_k \ln t + \sum_i \phi'_{ik} \ln t \ln Q_i$$
$$+ \sum_k \delta'_{kn} \ln t \ln P_k, \tag{1.31}$$

$$i,j = G, A, \quad k,n = L, M, I, B, O,$$

ここで

$$S_k = \frac{\partial C}{\partial P_k} \frac{P_k}{C}, \quad k = L, M, I, B, O.$$

通常型多財トランスログTC関数モデルの場合と同様に，S-G型多財トランスログTC関数は，利潤最大化条件に沿って，内生的生産物（Q_G および Q_A）が最適の生産水準の選択を達成していることを表す追加的な方程式を推計体系に用いることができる（Fuss and Waverman, 1981. pp. 288–289 を参照）。

$$R_i = \frac{\partial C}{\partial Q_i} \frac{Q_i}{C} = \frac{\partial \ln C}{\partial \ln Q_i}$$
$$= \alpha_i + \sum_j \gamma_{ij} \ln Q_j + \sum_k \phi_{ik} \ln P_k$$

$$+\alpha'_i \ln t + \sum_j \gamma'_{ij} \ln t \ln Q_j + \sum_k \phi'_{ik} \ln t \ln P_k, \qquad (1.32)$$

$$i, j = G, A, \quad k, n = L, M, I, B, O.$$

ここで，通常型多財トランスログ TC 関数モデルの場合と同様に，作物および畜産物価格は政府によって何らかの形で支持されている。したがって，これら生産物の価格（P_G および P_A）は競争市場における均衡価格ではない。すでに述べたごとく，これらの価格は市場競争価格に補助金を加えたものである。われわれは，これらの価格を「実効価格」と呼ぶことにする。かくして，われわれはここで，農企業はそれぞれの生産物の限界収入をそれぞれの「実効価格」，つまり，限界収入を限界費用と等しくすることによって利潤最大化を図っている，と仮定しているのである。

　いかなる実用的な費用関数も，投入要素の価格に関して一次同次である。このことは，（1.27）式で与えられる多財トランスログ TC 関数のパラメータに関して，（1.33）および（1.34）式で与えられるような制約を要請する。

$$\sum_k \alpha_k = 1, \quad \sum_k \delta_{kn} = \sum_n \delta_{nk} = 0, \quad \sum_k \delta_{Gk} = \sum_k \delta_{Ak} = 0, \qquad (1.33)$$

$$\sum_k \alpha'_k = 1, \quad \sum_k \delta'_{kn} = \sum_n \delta'_{nk} = 0, \quad \sum_k \delta'_{Gk} = \sum_k \delta'_{Ak} = 0, \qquad (1.34)$$

$$k, n = L, M, I, B, O.$$

実際には同様の制約条件が，投入要素費用－総費用比率の加算要請条件からも得られる。（1.27）式で与えられる S-G 型多財トランスログ TC 関数は，投入要素－生産物分離性および t に関するヒックスの「中立性」制約条件を課していないという意味で一般的な形を備えている。

2.2.1　生産の技術構造に関する仮説の検定

　本節では，生産の技術構造を表す重要な概念を取り扱う。すなわち，（1）S-G 型モデルの妥当性，（2）投入要素－生産物の分離性，（3）投入要素の非結合性，（4）非技術変化，（5）投入要素空間における「中立的」技術変化，（6）生産物空間における「中立的」技術変化，（7）投入要素空間および生産

物空間双方における「中立的」技術変化，(8) C-D 型生産関数，(9) 作物および畜産物の結合生産における規模の経済性一定，(10) 作物のみの単一財生産における規模の経済性一定，(11) 畜産物のみの単一財生産における規模の経済性一定，(12) 作物および畜産物の結合生産における非範囲の経済性，これらの帰無仮説の検定を遂行する。

　仮説 (1) および (4) 以外のすべての帰無仮説の検定の基本的な論理および方法は，通常型多財トランスログ TC 関数モデルの場合と同じである。しかし，仮説 (5)，(6)，および (12) の検定方法の展開プロセスは通常型多財トランスログ TC 関数モデルの場合に比べて少々ながらさらに面倒な点がある。

2.2.1.1 S-G 型モデルの妥当性仮説　その係数が時間とともに変化する，したがって，通常型多財トランスログ TC 関数よりもさらに柔軟性の高い，S-G 型モデルの妥当性の検定をしておくことは，本節ではきわめて重要なことである。この検定は，S-G 型多財トランスログ TC 関数 (1.27) 式のパラメータ推計値を用いて以下の (1.35) 式で与えられている帰無仮説を検定することによって実行できる。

$$H_0 : \alpha_0' = \alpha_i' = \beta_k' = \gamma_{ij}' = \delta_{kn}' = \phi_{ik}' = 0, \tag{1.35}$$
$$i, j = G, A, \quad k, n = L, M, I, B, O.$$

　もしこの仮説が棄却されたならば，通常型多財トランスログ TC 関数は戦後日本農業の生産構造を特定化するにはふさわしくないということを意味している。もしこの帰無仮説が棄却されなかったならば，S-G 型モデルを用いることは妥当でない，したがって，通常型多財トランスログ TC 関数の方が S-G 型多財トランスログ TC 関数よりも適切である，ということを示唆している。

2.2.1.2 非技術変化仮説　戦後日本農業に，一体全体，技術変化が存在したのか否かを検証しておくことはきわめて重要である。このことは，技術変化の代理変数としての時間指数 t が，S-G 型多財トランスログ TC 関数

（1.27）式において，すべてゼロであることを意味する。

$$H_0 : \alpha_0' = \alpha_i' = \beta_k' = \gamma_{ij}' = \delta_{kn}' = \phi_{ik}' = 0, \qquad (1.36)$$
$$i, j = G, A, \quad k, n = L, M, I, B, O.$$

（1.35）および（1.36）式において明らかなように，非技術変化仮説の検定は，S-G 型モデルが妥当か否かの仮説を検定することと同値である。

3　データおよび推計方法

　通常型および S-G 型多財トランスログ TC 関数の推計に必要なデータは総費用（C），作物および畜産物の収益−総費用比率（R_G, R_A）ならびに作物と畜産物の生産量（Q_G, Q_A），5 個の投入要素費用−総費用比率（S_k, $k = L, M, I, B, O$），5 個の生産要素価格および投入量，労働（P_L, X_L），機械（P_M, X_M），中間投入要素（P_I, X_I），土地（P_B, X_B），およびその他投入要素（P_O, X_O），これらに加えて，技術変化の代理変数としての時間（t）である。期間ダミー（D_p），農家規模ダミー（D_s, $s = II, III, IV$），および気象ダミー（D_w）も導入した。データ資料および変数の定義に関しては付録 A.1 において詳細に説明されている。

　TC 関数（1.1）式の右辺の生産物数量（Q_G, Q_A）は一般に内生的に決定されるので，一連の方程式の推計に対しては同時方程式推計法が用いられるべきである。通常型トランスログモデルに対しては，この一連の方程式体系は（1.2）式で与えられる通常型多財トランスログ TC 関数，（1.3）式で与えられる 5 本の投入要素費用−総費用比率方程式，および（1.4）式で与えられる収益−総費用比率方程式，の 6 本の方程式体系である。一方，S-G 型多財トランスログ TC 関数モデルに対しては，（1.27）式で与えられる S-G 型多財トランスログ TC 関数，（1.31）式で与えられる 5 本の投入要素費用−総費用比率方程式，および（1.32）式で与えられる 2 本の収益−総費用比率方程式より一連の方程式体系が形成されている。

　ここで，多財 TC 関数の通常型多財トランスログ TC 関数モデルにも S-G 型多財トランスログ TC 関数モデルにも，同じ数の方程式（8 本）および同

じ数の内生変数（8変数）が存在する。したがって，ここでは完全情報最尤法（Full Information Maximum Likelihood: FIML）を用いることにする。この方法においては，対称性と価格に関する一次同次の制約が課されることになる。TC関数の価格に関する一次同次の制約式から，1本の投入要素費用—総費用比率方程式を連立方程式体系の統計的推計から除外することができる。ここでは，その他投入要素の要素費用—総費用比率方程式が，いずれのモデルからも除外された。除外されたその他投入財の要素費用—総費用比率方程式の係数は，方程式体系の推計の後，その推計の際に課された価格に関する一次同次の制約式を用いて簡単に推計することができる。

4　実証結果

　通常型多財およびS-G型多財トランスログTC関数体系のパラメータ推計値およびそれらのP値は，それぞれ，表1–1および表1–2に示されている。まず最初に，通常型多財トランスログTC関数の推計値の場合，50個のパラメータのうち9個のパラメータのみが15％以下の確率で統計的に有意ではなかった。決定係数はモデル全体に対してはかなり当てはまりがよかったことを示している。一方，S-G型多財トランスログTC関数の推計値の場合，72個のパラメータのうち29個のパラメータが15％以下の確率で統計的に有意ではなかった。より明確に述べると，対数時間$\ln t$を持つ28個の2次項のパラメータのうち，4個のパラメータしか統計的に有意ではなかった。もし，有意水準を25％にまで緩めた場合，8個のパラメータが統計的になんとか有意であるという結果であった。いずれにしても，この結果は，推計期間の1957–97年において，経時的にはほとんど一定であった2次項の多くのパラメータが相当数あったということを示している。さらに，S-G型モデルのダミー変数はすべて統計的に有意ではなかった。したがって，S-G型多財トランスログTC関数の推計からはすべてのダミー変数を除外した[9]。

　さらに，表1–1および表1–2のパラメータの推計値に基づいて，単調性および凹ならびに凸性条件を，それぞれ，投入要素価格（$P_k, k = L, M, I, B, O$）および生産物数量（$Q_i, i = G, A$）に関してチェックした。まず，全研究期間

表1-1　通常型多財トランスログ TC 関数のパラメータ推計値：都府県, 1957-97 年

パラメータ	係数	P-値	パラメータ	係数	P-値
α_0	0.097	0.000	δ_{LO}	-0.003	0.748
α_G	0.816	0.000	δ_{MI}	-0.076	0.002
α_A	0.192	0.000	δ_{MB}	-0.005	0.592
β_L	0.458	0.000	δ_{MO}	0.042	0.000
β_M	0.154	0.000	δ_{IB}	-0.011	0.109
β_I	0.209	0.000	δ_{IO}	-0.048	0.000
β_B	0.095	0.000	δ_{BO}	-0.010	0.003
β_O	0.085	0.000	ϕ_{GL}	-0.019	0.145
β_t	-0.168	0.000	ϕ_{GM}	0.028	0.003
σ_P	0.029	0.147	ϕ_{GI}	-0.025	0.000
σ_2	-0.046	0.010	ϕ_{GB}	0.027	0.000
σ_3	-0.111	0.000	ϕ_{GO}	-0.011	0.000
σ_4	-0.228	0.000	ϕ_{AL}	-0.033	0.002
σ_w	0.015	0.074	ϕ_{AM}	-0.026	0.000
γ_{GG}	0.261	0.000	ϕ_{AI}	0.044	0.000
γ_{GA}	-0.129	0.000	ϕ_{AB}	-0.003	0.503
γ_{AA}	0.161	0.000	ϕ_{AO}	0.018	0.000
δ_{LL}	0.047	0.172	μ_{Gt}	-0.041	0.008
δ_{MM}	0.072	0.015	μ_{At}	-0.035	0.000
δ_{II}	0.110	0.000	ν_{Lt}	-0.042	0.041
δ_{BB}	0.063	0.000	ν_{Mt}	0.048	0.020
δ_{OO}	0.019	0.107	ν_{It}	0.004	0.736
δ_{LM}	-0.032	0.210	ν_{Bt}	-0.005	0.639
δ_{LI}	0.026	0.016	ν_{Ot}	-0.005	0.469
δ_{LB}	-0.037	0.013	ν_{tt}	-0.026	0.295

推計方程式	R^2	S.E.R.
費用関数	0.975	0.070
労働費用−総費用比率方程式	0.821	0.026
機械費用−総費用比率方程式	0.820	0.017
中間投入要素費用−総費用比率方程式	0.679	0.013
土地費用−総費用比率方程式	0.836	0.009
作物収益−総費用比率方程式	0.814	0.056
畜産物収益−総費用比率方程式	0.854	0.022

注1：推計においては，対称性および価格に関する一次同次の制約が課された。
　2：R^2 は決定係数を表し，回帰の当てはまりの程度を示す。
　3：S.E.R. は回帰の標準誤差を示す。
　4：P-値は統計的有意性の程度を直接的に表す確率の値を示す。

表1-2　S-G型多財トランスログ TC 関数のパラメータ推計値：都府県，
　　　　1957-97 年

パラメータ	係数	P-値	パラメータ	係数	P-値
α_0	0.057	0.077	α'_0	-0.176	0.000
α_G	0.785	0.000	α'_G	-0.032	0.185
α_A	0.192	0.000	α'_A	-0.026	0.008
β_L	0.487	0.000	β'_L	-0.132	0.000
β_M	0.150	0.000	β'_M	0.058	0.002
β_I	0.195	0.000	β'_I	0.044	0.007
β_B	0.086	0.000	β'_B	0.019	0.034
β_O	0.082	0.000	β'_O	0.011	0.089
γ_{GG}	0.232	0.000	γ'_{GG}	-0.010	0.712
γ_{GA}	-0.155	0.000	γ'_{GA}	-0.007	0.569
γ_{AA}	0.154	0.000	γ'_{AA}	0.010	0.966
δ_{LL}	0.165	0.000	δ'_{LL}	-0.063	0.048
δ_{MM}	0.114	0.014	δ'_{MM}	-0.035	0.605
δ_{II}	0.151	0.000	δ'_{II}	-0.024	0.614
δ_{BB}	0.071	0.000	δ'_{BB}	-0.0001	0.996
δ_{OO}	0.023	0.073	δ'_{OO}	0.017	0.341
δ_{LM}	-0.046	0.085	δ'_{LM}	0.020	0.406
δ_{LI}	-0.029	0.095	δ'_{LI}	0.018	0.353
δ_{LB}	-0.070	0.000	δ'_{LB}	0.021	0.248
δ_{LO}	-0.020	0.036	δ'_{LO}	0.003	0.813
δ_{MI}	-0.099	0.000	δ'_{MI}	0.020	0.709
δ_{MB}	0.003	0.753	δ'_{MB}	-0.005	0.654
δ_{MO}	0.029	0.057	δ'_{MO}	-0.0001	0.998
δ_{IB}	0.002	0.825	δ'_{IB}	-0.005	0.657
δ_{IO}	-0.025	0.041	δ'_{IO}	-0.009	0.596
δ_{BO}	-0.007	0.163	δ'_{BO}	-0.011	0.156
ϕ_{GL}	0.009	0.633	ϕ'_{GL}	0.034	0.003
ϕ_{GM}	0.035	0.007	ϕ'_{GM}	-0.011	0.279
ϕ_{GI}	-0.054	0.000	ϕ'_{GI}	-0.011	0.203
ϕ_{GB}	0.018	0.017	ϕ'_{GB}	-0.008	0.316
ϕ_{GO}	-0.008	0.090	ϕ'_{GO}	-0.005	0.208
ϕ_{AL}	-0.052	0.000	ϕ'_{AL}	-0.019	0.122
ϕ_{AM}	-0.020	0.078	ϕ'_{AM}	0.005	0.617
ϕ_{AI}	0.050	0.000	ϕ'_{AI}	0.008	0.321
ϕ_{AB}	0.005	0.403	ϕ'_{AB}	-0.000	0.969
ϕ_{AO}	0.017	0.000	ϕ'_{AO}	0.007	0.131

推計方程式	R^2	$S.E.R.$
費用関数	0.975	0.108
労働費用－総費用比率方程式	0.911	0.018
機械費用－総費用比率方程式	0.819	0.017
中間投入要素費用－総費用比率方程式	0.470	0.017
土地費用－総費用比率方程式	0.878	0.008
作物収益－総費用比率方程式	0.708	0.074
畜産物収益－総費用比率方程式	0.817	0.024

注：表1-1における注1，2，3および4は同じくこの表にも適用できる。

1957–97年に対して，全4階層農家のすべてのサンプルについて，投入要素および生産物双方のいずれについても推計された費用比率はすべて正だったので，生産技術は通常型モデルについてもS-G型モデルについても単調性条件は満たされた。次に，全研究期間1957–97年に対して，全4階層農家のすべてのサンプルについて，ヘッシアン・マトリックスの対角要素の固有値が，それぞれ，正と負であったので，通常型モデルについてもS-G型モデルについても，投入要素価格に関する凹性条件および2財の生産物数量に関する凸性条件も，それぞれ，満たされた。

　これらのファインディングズは，通常型モデルについてもS-G型モデルについても，推計された多財トランスログTC関数は，曲率条件を満たしていることを示唆している。したがって，表1–1および表1–2のパラメータの推計値は信頼できるものであり，以下の節におけるさらなる分析のために用いられる。

　したがって，次のステップとして，これらのパラメータ推計値を用いて，本章の第2.1節で詳しく説明された生産構造に関する12本の帰無仮説をWald検定法を用いて検定する。その検定結果の統計数値は表1–3に示されており，以下でそのファインディングズを評価する。

4.1　12本の帰無仮説の検定結果

　まず第1に，われわれは，S-G型モデルの導入が適切であったかどうかを見てみたい。表1–3に見られるように，Wald検定によると，S-G型モデルの非妥当性は強力に棄却された。このことは，戦後日本農業の生産構造を分析する場合には，通常型多財トランスログTC関数を適用するよりはS-G型多財トランスログTC関数を用いる方が適切であるということを強く示唆し

---

9)　さらに，われわれは，通常型およびS-G型モデルのそれぞれのTC関数，5本の投入要素費用－総費用比率方程式および2本の収益－総費用比率方程式に対して，共和分関係を検定した。本研究におけるようなパネルデータの検定法に関しては，Banerjee (1999) を参照していただきたい。各々の回帰からの「残差」を用いて，拡張された (Augmented) Dicky-Fuller (1981)（以下略して，ADF）検定を遂行した。その結果は，両方のモデルにおいて，各々の方程式に対して共和分が存在した。このことは，いずれの方程式に対しても，長期の関係は経済的に意味があるということを示唆している。

表1-3　通常型およびS-G型多財トランスログTC関数の推計値に基づく生産構造に関する帰無仮説の検定：都府県，1957-97年

帰無仮説	通常型 TC モデル			S-G 型 TC モデル		
	Wald 検定統計値	D.F.	P-値	Wald 検定統計値	D.F.	P-値
(1) 非 S-G 型モデル	n.a.	n.a.	n.a.	430.9	36	0.000
(2) 投入要素－生産物分離性	281.7	10	0.000	201.1	10	0.000
(3) 投入要素非結合性	23.1	1	0.000	7.7	1	0.005
(4) 非技術変化	121.1	8	0.000	147.4	8	0.000
(5) 投入要素空間におけるヒックス「中立性」	18.2	5	0.000	42.9	5	0.000
(6) 生産物空間におけるヒックス「中立性」	29.7	2	0.000	9.4	2	0.008
(7) 投入要素空間および生産物空間におけるヒックス「中立性」	73.1	7	0.000	74.5	7	0.000
(8) C-D 型生産関数	7,202.5	28	0.000	14,305.9	42	0.000
(9) 作物および畜産物の結合生産における CRTS	0.5	1	0.490	662.8	1	0.000
(10) 作物生産における CRTS	402.9	1	0.000	636.7	1	0.000
(11) 畜産物生産における CRTS	35,024.3	1	0.000	162.5	1	0.000
(12) 作物および畜産物の結合生産における範囲の非経済性	23.1	1	0.000	7.7	1	0.000

注1：“D.F.” は「自由度」（Degrees of Freedom）の略字である。
　2：“n.a.” は「入手不可能」（not available）の略字である。
　3：P-値は，統計的有意性の程度を直接に与える確率の大きさである。

ている。この結果を銘記しながら，通常型多財トランスログ TC 関数モデルおよび S-G 型多財トランスログ TC 関数モデル双方に対して，他の11本の仮説の検定結果の評価に進むことにしたい。12本の帰無仮説の Wald 検定結果は表1-3に示されている。

　第2に，表1-3によると，投入要素－生産物分離性帰無仮説は，通常型多財トランスログ TC 関数モデルにおいても S-G 型多財トランスログ TC 関数モデルにおいても強力に棄却された。この結果は，単一の集計的総生産物指数を作成できるような作物と畜産物の一貫した集計は存在し得ないことを意

味している。このことはまた，生産技術は投入要素における非結合ではあり得ないことを示唆している。

　第3に，投入要素における非結合帰無仮説も，両モデルにおいてともに強力に棄却された。このことは，投入要素の非結合はないことを意味しており，それぞれの生産物に対してそれぞれ別個の生産関数は存在しないことを示唆している。これらの2本の帰無仮説の結果は，戦後日本農業の生産構造の特定化において，多財 TC 関数は単一財 TC 関数よりも適切であるということを示唆している。このことはさらに，もし多財 TC 関数ではなくて単一財 TC 関数を導入すれば，推計された結果は何らかの形でバイアスを持つことになるということを示唆している。したがって，多財 TC 関数枠組み，特に本章で強調されているように，S-G 型多財トランスログ TC 関数モデルを導入することはまったく適切なことである。

　さらに，多財トランスログ TC 関数を推計することによって，われわれは，作物と畜産物の結合生産において，技術変化が生産物空間ではヒックス「中立的」であり，規模の経済性一定および非範囲の経済性という興味深い帰無仮説検定が可能になる[10]。

　第4に，表1–3に示されているように，非技術変化に対する Wald 検定の結果は，推計された χ^2 は 121.1 および 147.4 だった。これは，通常型多財トランスログ TC 関数モデルについても，あるいは，S-G 型多財トランスログ TC 関数モデルについても，非技術変化帰無仮説は強力に棄却されたことを示唆している。この検定結果は，戦後日本農業生産において何らかの形で技術変化が存在したことを意味している。

　第5に，投入要素空間におけるヒックス「中立的」技術変化は，通常型多財トランスログ TC 関数モデルおよび S-G 型多財トランスログ TC 関数モデルの双方について，1％以上の有意性で統計的に棄却された。このことは，戦後日本農業の技術変化は，それぞれの投入要素に関して，「節約的」か「使

---

10)　実際には，われわれは，通常型多財および S-G 型多財トランスログ TC 関数を推計したのと同様に，同じデータベースを用いて 1957–97 年に対して通常型単一財トランスログ TC 関数および S-G 型単一財トランスログ TC 関数を推計した。しかしながら，紙幅節約のため，それらの推計結果はここでは示さないことをお断りしておきたい。

用的」かいずれかのバイアスを持っていたことを意味している。それらバイアスの方向は表1-7，1-8，および1-9に示されている。われわれは，後ほど第4.2節において，これら3表における推計結果をより詳細に評価・検討したい。

　第6に，表1-3でも，生産物空間におけるヒックス「中立的」技術変化帰無仮説は，強力に棄却された。この結果は，戦後日本農業の技術変化は，通常型多財トランスログTC関数モデルにおいても，あるいは，S-G型多財トランスログTC関数モデルにおいても，生産物空間のみならず投入要素空間でも，技術変化はバイアスを持っていたことを示唆している。これらのバイアスの方向は，表1-10に示されている。これらの結果についても，後ほど第4.2節において，より詳しく評価・検討したい。

　第7に，上記第5および6の帰無仮説の検定結果から当然明らかであるが，表1-3に示されているように，通常型多財トランスログTC関数モデルおよびS-G型多財トランスログTC関数モデルの双方について，ヒックス「中立性」帰無仮説は，生産物空間においても投入要素空間においても，強力に棄却された。

　第8に，C-D型関数帰無仮説は，表1-3に示されているように，両モデルについて，完全に棄却された。このことは，戦後日本農業の生産構造を特定化する際に，いかなる生産要素のペアの代替の弾力性も1であるという厳しい仮定はまったく現実的ではないということを意味する。さらに，C-D型生産関数は，初めからヒックスの意味での「中立的」技術変化を仮定しているので，このC-D型生産関数帰無仮説の棄却という結果は，5番目および6番目の帰無仮説検定の結果，技術変化は生産物空間においても生産要素空間においてもヒックス「中立的」ではないというファインディングズとまったく首尾一貫した結果であると言える。

　第9に，作物と畜産物の結合生産は収穫一定であるという帰無仮説は通常型多財モデルに対しては棄却できなかった。このことは，戦後の農業には，平均して，CRTSがあったことを示唆している[11]。表1-6に示されているように，推計された規模の経済性の値は0.992でそのP-値は0.490であった。このことは，推計値0.992は数字上はわずかに1.0から離れているが，その

絶対値そのものはほとんどCRTSの存在を示唆している。

　一方，S-G型多財トランスログTC関数モデルの場合には，表1-3に示されているように，CRTS帰無仮説は強く棄却された。第4.2.2節の表1-6に見られるように，近似値のところで推計された規模の経済性の値は1.087であり，この値は統計的に有意であった。この結果は，収穫逓増（IRTS）の存在を示唆している。この結果は，過去においてなされた多数の研究の中の一部のみではあるが，茅野（1984, 1985, 1990），Hayami and Kawagoe（1989），およびKako（1978），加古（1979a, 1979b, 1983, 1984）によって得られたIRTSのファインディングズを支持している。しかしながら，これらの研究は，戦後の違った期間に対して単一財（特に，米）TC関数の推計を行なった結果であることを銘記しておいていただきたい。

　さらに，これらの研究に加えて，川村・樋口・本間（1987）および草苅（1990b）は多財費用関数を推計し，IRTSを得た。川村・樋口・本間（1987）はその実証研究において通常型多財トランスログTC関数を導入した。しかし，彼等の米および畜産も含むその他財からなる2財トランスログTC関数は，投入要素価格をまったく導入しなかったという意味で，あまりにも簡潔に過ぎるものでしかなかった。草苅（1990b）は，川村・樋口・本間（1987）とほとんど同じような方法で2財トランスログTC関数を適用したが，彼の場合には，その2財として米と野菜を特定化した。このような2財の特定化を行なったこれらの研究からは，より厳密にかつ精緻に特定化された2財トランスログTC関数モデルを導入した本研究から得られた結果とは違った結果が得られたとしても不思議ではない。

　第10に，表1-3によると，作物単一生産におけるCRTSは，通常型多財トランスログTC関数モデルおよびS-G型多財トランスログTC関数モデルの双方において，強力に棄却された。表1-6に示されている規模の経済性の値は，それぞれ，1.225および1.327でそれらの P-値は双方とも0.000であった。このことは，作物単一生産には，明らかにIRTSが存在したことを

---

11)　付録A.1に定義されているように，作物とは米，野菜，果実，およびその他作物から構成されている。一方，畜産物は，肉，酪農，およびその他畜産物で構成されている。

示唆している。この結果は，米の費用関数の推計結果から得られた，茅野（1984, 1985, 1990），Hayami and Kawagoe（1989），および Kakc（1978），加古（1979a, 1979b, 1983, 1984）およびその他多数の研究の結果を支持している。

　第11に，作物単一生産における場合と同様に，畜産物単一生産における CRTS 帰無仮説も，通常型多財トランスログ TC 関数モデルおよび S-G 型多財トランスログ TC 関数モデルの双方において，強力に棄却された。表1-6に示されているように，畜産物生産における規模の経済性の値は，それぞれ，5.204 および 6.004 であり，これらの値は，作物単一生産における場合の IRTS の値に比べるとはるかに大きい。さらに，これらの値の P-値は 0.000であった。つまり，強力な IRTS の存在である。この結果は，畜産における IRTS は作物生産における IRTS よりもはるかに大きいということを示している。このことは，本研究期間である 1957–97 年において，実際の大規模畜産農家戸数が作物生産農家戸数の場合に比べて，はるかに速いスピードで増加したことと軌を一にしている。

　第12に，表1-3に示されているように，非範囲の経済性の帰無仮説は，通常型および S-G 型いずれのモデルにおいても，強力に棄却された。表1-6に示されているように，通常型モデルの場合に対しては，範囲の経済性の推計値は 0.027 で P-値は 0.000 であった。範囲の経済性の推計値 0.027 はまぎれもなく正であり，このことは，作物と畜産物の結合生産には範囲の不経済性が存在したことを示唆している。これに反して，S-G 型モデルによる場合には推計された範囲の経済性の値は −0.037 であり，その P-値は 0.005 であり，統計的に有意である。このことは，S-G 型モデルによる場合，少なくとも研究期間の 1957–97 年において，作物－畜産物結合生産には範囲の経済性が存在したことを示唆している。ここで，S-G 型多財トランスログ TC 関数モデルから得られた結果は「長期」的なものであるということはすでに指摘した。したがって，われわれはこの結果を支持したい。

　ここで，範囲の経済性を推計した過去の研究を注意深くサーベイしてみると，川村・樋口・本間（1987）および草苅（1990b）は2財トランスログ TC 関数を推計し IRTS と範囲の経済性の存在を確認した。この場合，川村・樋口・本間（1987）のモデルにおける2財とは米と畜産物も含むその他の財で

あった。一方，草苅（1990b）は，その２財費用関数には，米と野菜を用いた。本研究の結果は，これら２つの過去の研究で得られた範囲の経済性の存在というファインディングズを支持している。

　一方，本研究はこれら過去の代表的な２つの研究とは，次の２点において異なる特徴を持っている。（1）費用関数における２財は作物と畜産物に特定化したこと，（2）導入された費用関数は，生産技術が投入財－生産物が非分離的であるだけではなく，投入財空間においても生産物空間においてもヒックス非「中立的」であるという意味において，上記の２研究のものよりはるかに一般的なものである，ということである。したがって，本研究は，川村・樋口・本間（1987）および草苅（1990b）によって得られた推計結果よりも，はるかに包括的でかつ高い信頼性を備えた結果を提供していると言っても過言ではないであろう。

4.2　通常型およびS-G型多財トランスログ総費用（TC）関数に基づく推計結果のいくつかの比較

　ここで，同じデータを用いて推計した通常型多財およびS-G型多財トランスログTC関数の推計から得られた結果のいくつかを比較してみるのは興味深いことである。しかしながら，この比較は，紙幅節約のために，以下の４つの点に絞ることにする。（1）自己価格需要弾力性およびアレン偏代替弾力性（略して，AES）（表1-4），（2）「デュアル」および「プライマル」技術変化率（表1-6），（3）技術変化の投入要素バイアス（表1-7，1-8，および1-9），（4）生産物バイアス（表1-9）および生産物バイアスの程度（表1-10）の４個の経済指標である。

4.2.1　生産要素の自己価格需要弾力性および
アレン偏代替弾力性（AES）

　まず第１に，表1-4に示されているように，通常型単一財トランスログTC関数モデルの推計結果に基づく機械および中間投入財の自己価格需要弾力性は，0.002および0.253でともに正ではあるが，統計的には有意ではなかった。一方，S-G型単一財トランスログTC関数モデルの推計結果に基づ

表1-4　通常型およびS-G型単一財ならびに多財トランスログTC関数の推計値に基づき近似点で推計された投入要素需要およびアレン偏弌替弾力性の比較：都府県，1957-97年

弾力性	通常型モデル				S-G型モデル			
	単一財TC関数	P-値	多財TC関数	P-値	単一財TC関数	P-値	多財TC関数	P-値
自己価格需要弾力性								
労働（X_L）								
（ε_{LL}）	−0.550	0.000	−0.440	0.000	−0.433	0.000	−0.357	0.002
機械（X_M）								
（ε_{MM}）	0.002	0.996	−0.380	0.047	0.068	0.806	−0.414	0.152
中間投入財（X_I）								
（ε_{II}）	0.253	0.123	−0.264	0.041	−0.014	0.908	−0.226	0.102
土地（X_B）								
（ε_{BB}）	−0.895	0.000	−0.238	0.002	−0.288	0.051	−0.224	0.167
その他投入財（X_O）								
（ε_{OO}）	−0.692	0.005	−0.688	0.000	−0.411	0.010	−0.472	0.015
アレン偏代替弾力性（AES）								
σ_{LM}	1.123	0.011	0.541	0.138	0.324	0.242	0.646	0.115
σ_{LI}	1.103	0.000	1.273	0.000	1.224	0.000	0.870	0.000
σ_{LB}	0.847	0.008	0.146	0.671	−0.077	0.851	−0.281	0.561
σ_{LO}	0.871	0.003	0.910	0.001	12.148	0.000	0.490	0.000
σ_{MI}	−5.367	0.001	−1.385	0.076	−2.134	0.011	−0.596	0.412
σ_{MB}	−0.207	0.886	0.665	0.288	1.960	0.015	0.908	0.221
σ_{MO}	8.741	0.000	4.234	0.000	1.356	0.000	2.480	0.000
σ_{IB}	2.431	0.000	0.422	0.240	0.189	0.745	0.874	0.122
σ_{IO}	−3.765	0.000	−1.720	0.001	−0.278	0.000	−0.558	0.000
σ_{BO}	−0.187	0.825	−0.236	0.572	−1.401	0.000	−0.788	0.000

注1：P-値は，統計的有意性を直接的に与える確率の大きさである。

　2："AES"は，アレン偏代替弾力性の略語である。

　3：投入要素の自己価格需要弾力性とAESは以下の数式を用いて推計できる。$\varepsilon_{ii} = S_i \sigma_{ii}$, $i = L, M, I, B, O$ ここで σ_{ii} および σ_{ij} はAES値であり，それらは，$\sigma_{ii} = (\delta_{ii} + S_i^2 - S_i)/S_i^2$ および $\sigma_{ij} = (\delta_{ij} + S_i S_j)/S_i S_j$, $i, j = L, M, I, B, O$ によって推計できる（Berndt and Christensen, 1973）。

く機械および中間投入財の自己価格需要弾力性は，0.068および −0.014でそれらの P-値は0.806および0.908であったので，これらの弾性値は明らかに統計的に有意ではない。このことは，通常型単一財トランスログTC関数

モデルにおいてもS-G型単一財トランスログTC関数モデルにおいても，機械および中間投入財に関するヘッシアン・マトリックスの推計された固有値が凹性（または，曲率）条件を満たしていなかったことを示唆している。しかしながら，労働，土地，およびその他投入財の自己価格需要弾力性は負であり，統計的に有意であった。このことは，通常型単一財トランスログTC関数モデルにおいてもS-G型単一財トランスログTC関数モデルにおいても，これらの3投入要素に関する曲率条件は満たされていたということを示唆している[12]。

　一方，通常型多財およびS-G型多財トランスログTC関数モデルにおいて，推計されたすべての投入要素の自己価格需要弾力性は，すべて負であり，統計的に17%を超える水準で有意であることが見てとれる。このことは，すべての5個の投入要素について曲率条件が満たされていたことを意味している。この場合，多財（作物－畜産物）トランスログTC関数モデルの方が，単一財（集計生産物）トランスログTC関数モデルよりも優良で信頼性の高い推計結果をもたらすということを示唆している。この結果は，表1－3に示されているように，投入要素－生産物分離性および投入要素非結合性という2本の帰無仮説の絶対的な棄却という結果と矛盾のないことを明確に示唆している。したがって，このことは，多財TC関数の分析枠組みを用いたアプローチの方が単一財TC関数の分析枠組みのアプローチより適しているということを意味している。

　さて，われわれは，通常型多財およびS-G型多財トランスログTC関数モデルに基づく結果に焦点を合わせ，表1－4に示されている投入要素の自己価格需要弾力性の推計値を，弾性値を交えて評価することにしよう。通常型多財トランスログTC関数モデルに基づく労働，機械，中間投入要素，土地，およびその他投入要素の自己価格需要弾力性は，それぞれ，-0.440，-0.380，-0.264，-0.238，および-0.688であった。一方，S-G型多財トランスログTC関数モデルに基づく，これらの弾性値に対応する弾性値は，それぞれ，

---

12)　注10で述べたように，われわれは通常型単一財トランスログTC関数モデルおよびS-G型単一財トランスログTC関数モデルを推計したので，両モデルの推計パラメータに基づく自己価格投入要素需要弾力性を推計することができたのである。

−0.357，−0.414，−0.226，−0.224，および−0.472 であった。これらの数値から明確に見てとれるように，すべてこれらの弾性値は，絶対値で言って，完全に1より小さい値であった。このことは，これら5個の生産要素の自己価格需要弾力性は，全研究期間 1957–97 年において，非弾力的であったことを意味している。さらに，われわれは，これら2つの対応する自己価格需要弾力性は，通常型多財および S-G 型多財トランスログ TC 関数モデルの間でかなり類似の結果を得たと言える。

　われわれは，次に，表 1–4 の下半分に示されている AES の推計値を見てみることにしたい。驚くべきことに，通常型単一財および S-G 型単一財トランスログ TC 関数モデルより推計された σ_{kn} の値はかなり統計的に有意である。しかしながら，機械および中間投入要素に関する曲率条件が完全ではなかったことが，通常型であろうと S-G 型であろうと，通常型単一財 TC 関数モデルの推計値から得られる σ_{kn} の推計結果にバイアスを引き起こしたかもしれない。したがって，われわれは，表 1–4 の結果は単なる参考のためのみに残しておきたい。

　やはり，われわれは，通常型多財および S-G 型多財トランスログ TC 関数モデルより得られた σ_{kn} の数値に着目したい。これらの推計値を注意深く観察すると，いくつかのファインディングズは興味深いものがあり注目に値するからである。

　まず第1に，σ_{LM} の推計値は，それぞれ，0.541 および 0.646 であり，これらの弾性値は，それぞれ，13.8 および 11.5％水準で統計的に有意であった。このことは，期待に反して，労働と機械は必ずしも互いに強い代替財ではなかったということを示唆している。第2に，推計された σ_{LI} は，それぞれ，1.273 および 0.870 で，両数値とも統計的に有意であった。これらの弾性値は，労働と特にその構成要素が化学肥料，農薬，および飼料である中間投入要素は，互いにかなり良好な代替財であった。第3に，σ_{LO} の推計値は，それぞれ，0.910 および 0.490 であり，両数値とも1％水準で統計的に有意であった。このことは，労働とその他投入要素は互いにかなり強い代替財であったということを示唆している。ここで，その他投入要素が農用構築物，大動物，および大植物で構成されていることを思い出してみよう。かくして，

表 1-5　通常型および S-G 型多財トランスログ TC 関数モデルに基づき近似点で推計された「デュアル」および「プライマル」技術変化率の推計値：都府県，1957-97 年

	通常型モデル		S-G 型モデル	
	技術変化率	P-値	技術変化率	P-値
「デュアル」				
費用減少率	1.68	0.000	1.67	0.000
「プライマル」				
生産物増加率	1.76	0.000	1.80	0.000

注 1：「デュアル」および「プライマル」変化率は，以下の式を用いて近似点で推計した。通常型モデルに対しては，β_t および $\beta_t/(\alpha_G + \alpha_A)$，そして，S-G 型モデルに対しては，$\alpha_0$ および $\alpha_0/(\alpha_G + \alpha_A)$ である。
　　2：変化率は年当たり％で示している。

われわれは，労働はケーブル，さらには，機械化された防虫用具ないし施設などによって代替されたのではないかと容易に想像できる。第 4 に，σ_{IO} の推計値は，それぞれ，-1.720 および -0.558 でいずれも統計的に有意であった。これらの弾性値は，中間投入要素とその他投入要素が互いに補完財であったことを示している。ここで再び，上記の，その他投入要素の構成要素を思い出してみよう。「選択的拡大政策」によって推進された畜産物や果実の生産増大は，全研究期間である 1957-97 年において，飼料，肥料，農薬などの中間投入要素の需要量を増大させ，それらを保管する農用倉庫，防虫剤散布施設などに対する需要量が増大した，ということが推論できる。

4.2.2　技術の「デュアル」および「プライマル」変化率

次に，通常型および S-G 型多財トランスログ TC 関数モデルにおいて，「デュアル」および「プライマル」の技術変化率は，それぞれ，$[\lambda = -\beta_t]$ および $[\tau = -\beta_t/(\alpha_G + \alpha_A)]$ を用いて，近似点で推計できる。近似点において推計された，「デュアル」および「プライマル」の技術変化率は，両モデルともに表 1-5 に示されている。通常型多財および S-G 型多財トランスログ TC 関数モデルの推計パラメータに基づいて推計された「デュアル」および「プライマル」の技術変化率は，それぞれ，1.68 および 1.67％，ならびに，

表1-6　通常型およびS-G型多財トランスログTC関数モデルに基づき近似
　　　　点で推計された規模の経済性および範囲の経済性の推計値：都府県，
　　　　1957-97年

	通常型モデル		S-G型モデル	
	規模または範囲の経済性	P-値	規模または範囲の経済性	P-値
作物と畜産物の結合生産における規模の経済性	0.992	0.490	1.087	0.000
作物生産における規模の経済性	1.225	0.000	1.327	0.000
畜産物生産における規模の経済性	5.204	0.000	6.004	0.000
畜産物生産における範囲の経済性	0.027	0.000	−0.037	0.005

注：規模および範囲の経済性は，それぞれ，通常型多財およびS-G型多財トランスログTC
　　関数両モデルに対して，(1.20)，(1.22)，および(1.25)式を用いて推計した。

それぞれ，1.76および1.80％であり，これらの推計値はすべて統計的に有意
であった。これら2組の技術変化率はきわめてよく似た値である。なぜなら，
このことは，表1-6で観察したように，$(\alpha_G + \alpha_A)$で与えられる規模の経
済性の数値が，通常型多財およびS-G型多財トランスログTC関数モデルの
双方に対して非常に1.0に近かったことに起因しているからである。われわ
れは，本研究期間の1957-97年における全4階層農家の総収益の年平均成長
率が，それぞれ，0.23，0.54，1.03，および2.23％であったことを考慮に入
れると，上記の「デュアル」および「プライマル」の技術変化率は，両セッ
トともに，かなり高かったと言える。

4.2.3　技術変化の投入要素バイアス

　第3に，表1-7は，通常型およびS-G型多財トランスログTC関数モデル
に基づく「純」投入要素バイアス効果の推計値を示している。ここでもまた，
両モデルにおいて曲率性条件が満たされていないという瑕疵のために，表
1-7に示されている通常型およびS-G型単一財トランスログTC関数モデ
ル投入要素バイアスの推計結果は，その信頼性が低い。したがって，われわ
れはここでも，通常型およびS-G型多財トランスログTC関数モデルに基づ
く投入要素バイアスの推計結果のみの評価に絞りたい。

表1-7　通常型およびS-G型多財トランスログTC関数モデルに基づき近似点で
　　　　推計された投入要素の「純」バイアス度の推計値：都府県，1957-97年

投入要素	通常型モデル		S-G型モデル	
	バイアスの程度	P-値	バイアスの程度	P-値
労働	−0.566	0.041	−1.289	0.000
機械	1.924	0.020	1.831	0.004
中間投入財	0.111	0.736	1.062	0.009
土地	−0.310	0.639	1.071	0.033
その他投入財	−0.373	0.469	0.658	0.091

注1：バイアスの程度は，通常型およびS-G型多財トランスログTC関
　　　数両モデルに対して，(1.9) 式を用いて推計した。この際，同式は，
　　　S-G型多財トランスログTC関数両モデルに対しては，ほんの少し
　　　の修正を施した。
　2：変化率は年当たり％で示している。

　表1-7によると，通常型モデルにおいては，統計的に5％より有意な労働—「節約的」および機械—「使用的」バイアスが観察される。しかしながら他方で，中間投入要素，土地，およびその他投入要素に関しては，いずれの場合にも，これらバイアスの推計値の統計的有意性がきわめて低く，それらのバイアスの推計値はゼロとみなすことができ，したがって，ヒックスの意味で「中立的」技術変化を持っていたとみなすことができる。

　他方，S-G型モデルに対しては，すべての投入要素バイアスの程度の推計値は，統計的に10％を上回る有意性を持っていることが，表1-7において観察される。表1-7によると，バイアスの程度の推計値は，−1.289，1.831，1.062，1.071，および0.658であった。したがって，全研究期間の1957-97年において，技術変化バイアスは，かなり強い労働—「節約的」，機械—「使用的」であったが，中間投入要素，土地，およびその他投入要素に関しては，逆に，かなり強い「使用的」であった。「純」バイアスのこれらの方向性は，原則として，第1節の図1-4に与えられている要素の相対価格の動きと整合性を持っていた。つまり，農企業は，労働のような相対的に高価な投入要素を「節約」し，相対的に廉価の機械，中間投入要素，およびその他投入要素を「使用」するという行動をとったように見える。以上のような投入要素

表1-8 通常型およびS-G型多財トランスログTC関数モデルに基づき近似点で
推計された投入要素の「規模」バイアス度の推計値：都府県，1957-97年

投入要素	通常型モデル				S-G型モデル			
	Q_Gに関するバイアス	P-値	Q_Aに関するバイアス	P-値	Q_Gに関するバイアス	P-値	Q_Aに関するバイアス	P-値
労働	−0.054	0.145	−0.391	0.002	0.020	0.630	−0.540	0.000
機械	0.234	0.003	−0.911	0.000	0.260	0.004	−0.657	0.065
中間投入財	−0.155	0.000	1.150	0.000	−0.307	0.000	1.297	0.000
土地	0.365	0.000	−0.180	0.000	0.234	0.013	0.288	0.408
その他投入財	−0.162	0.000	1.138	0.000	−0.156	0.000	1.284	0.000

注：表1-7の注1および2と同じ。

バイアスの推計結果とそれら投入要素の相対価格の動向の観察に基づき，われわれはここで，いわゆる「誘発的技術革新」（Hayami and Ruttan, 1971）仮説は妥当していると主張してもよさそうである。

　しかしながら，われわれは，図1-4において観察されるように，1957-86年または1957-87年における土地の相対価格の急上昇（しかし，それ以降には，土地の相対価格は減少または停滞傾向を示した）にもかかわらず，土地－「使用的」バイアスを観察したというファインディングに対して，その論理的説明が要求される。そこで，われわれは，生産フロンティアそのものが土地－「使用的」バイアスを持っていたのではないかと推論する。このような生産フロンティアのバイアスを持ったシフトに関する詳しい説明はAhmad（1966）およびKennedy（1964）を参照していただきたい。このような推論を背景として，われわれは，急激な農業機械化が小中型から大型機械へとシフトしていったことが，より効率的な機械使用を達成するためにより大規模の土地を要請した，という事実を強調しておかねばならない。

　次に，表1-8は，作物と畜産物の生産水準の変化によってもたらされた「規模」バイアス効果の程度を示している。この「規模」バイアス効果は，通常型およびS-G型多財トランスログTC関数両モデルに対して推計した。一瞥して，通常型多財モデルに対する推計値は，ほんのわずかではあるが，S-G型

多財トランスログ TC 関数モデルに基づく推計値より頑健に見える。表 1-8 からいくつかの興味深いファインディングズに注目してみよう[13]。

　まず，作物の生産量増大も畜産物の生産量増大も，労働―「節約的」効果を持っていた。しかし，S-G 型多財モデルの場合には，作物の生産量増大は「中立的」効果を持っていたようである。さらに，通常型多財モデルにおける畜産物の生産量増大に関する「節約的規模バイアス」効果は，絶対値で見て，作物生産量の増大による「節約的規模バイアス」効果より大きかった。

　第 2 に，作物生産の増大は，機械―「使用的規模バイアス」効果をもたらし，畜産物生産量の増大は，通常型多財モデルに対しても，S-G 型多財モデルに対しても，機械―「節約的規模バイアス」効果をもたらした。これらの 2 つのファインディングズから，われわれは，本研究期間の 1957–97 年において，畜産物生産量の増大の方が，作物生産量の増大よりも，より効率的な労働と機械の使用を伴っていた，ということを推察できる。

　第 3 に，作物生産量の増大は中間投入要素に関して，通常型多財モデルにおいても S-G 型多財モデルにおいても，「節約的規模バイアス」効果を持ったが，畜産物生産量の増大は「使用的規模バイアス」効果を持っていた。このことは以下のように説明しても差し支えないであろう。つまり，作物生産量の増大は，農業者が，肥料や農薬などの中間投入要素の使用をより効率的に行なうことに対する動機を与えたが，畜産物生産量の増大は，農業者が種苗，飼料，および獣医療関係サービスのような中間投入要素のより効率的な使用動機を与える誘因になったのではないかと推察される，という具合にである。

　第 4 に，通常型多財モデルにおいては，作物生産量の増大は「使用的規模バイアス」効果をもたらし，畜産物生産量の増大は「節約的規模バイアス」効果をもたらした。しかしながら，S-G 型多財モデルの場合には，畜産物生産量の増大は，「中立的規模バイアス」効果をもたらした。作物生産量の増

---

13)　ここで再び，「規模」バイアス効果の推計値の説明をやさしくするために，中間投入要素は肥料，農薬，種苗，諸材料，農用衣服，およびその他で構成されており，その他投入要素は，農用建物および構築物，大植物，および大動物のサービスフローおよび減価償却の合計額から成り立っていることを思い出していただきたい。

表1-9　通常型およびS-G型多財トランスログTC関数モデルに基づき近似点で
推計された投入要素の「総」バイアス度の推計値：都府県，1957-97年

投入要素	通常型モデル		S-G型モデル	
	バイアスの程度	P-値	バイアスの程度	P-値
労働	−1.011	0.000	−1.809	0.000
機械	1.248	0.140	1.434	0.044
中間投入財	1.106	0.001	2.053	0.000
土地	−0.125	0.855	1.593	0.005
その他投入財	0.603	0.272	1.736	0.000

注：表1-7の注1および2と同じ。

大は土地－「使用的規模バイアス」効果を持つことは当然のことのように思
える。他方，畜産物生産量の増大において，「節約的規模バイアス」効果が
得られたというファインディングについては，以下のような解釈が妥当であ
ろう。すなわち，畜産物農業経営者は，畜産物頭数が増大したときには，畜
舎や構造物をより効率的に使用した，と。

　第5に，作物生産量の増大は，通常型多財モデルにおいてもS-G型多財
モデルにおいても，その他投入要素に関して「節約的規模バイアス」効果を
持った。しかしながら，畜産物生産量の増大は，その他投入要素に関して
「使用的規模バイアス」効果を持っていた。この結果に対しては，以下のよ
うな解釈が可能であろう。つまり，作物生産量の増大は，農企業が農用建物
および構築物をより効率的に利用することを促しただろうが，畜産物生産量
の増大は当然のことながら，畜産物頭数のより大きな増大を伴ったであろう。
要するに，土地を除いて考察すると，通常型多財モデルにおいてもS-G型多
財モデルにおいても，畜産物生産量の拡大に関する「規模バイアス」効果は，
絶対値で見て，作物生産量の増大に関する「規模バイアス」効果よりはるか
に大きかったのである。

　最後に，表1-9は，通常型およびS-G型両モデルに対して，近似点にお
ける「総バイアス」効果を示したものである。Antle and Capalbo（1988,
pp. 33-48）で提唱されたように，「総バイアス」効果は，「純バイアス」効果
と「規模バイアス」効果を足し合わせたものとして定義される。表1-9を一

瞥してみると，S-G 型多財モデルに基づく「総バイアス」効果の推計値の方が，通常型モデルに基づく「総バイアス」効果の推計値よりはるかに統計的有意性が高いことが，はっきりと見てとれる。表1-9において，労働-「節約的」，機械-「使用的」，中間投入要素-「使用的」，土地-「使用的」，およびその他投入要素-「使用的」バイアスを，5％水準を上回る統計的有意性で観測することができる。要するに，全研究期間1957-97年において，全4階層農家について，これらの技術変化バイアスの絶対値は，すべて，年当たり1.4％より大きかった。この結果は，技術変化に伴う投入要素の使用において，農業者は投入要素価格の変化もさることながら，作物生産水準の変化だけでなく畜産物生産水準の変化にもかなり敏感に反応したということを明確に示唆している。

4.2.4　技術変化の生産物バイアス

最後に，すでに第2.1.1.5節で説明したように，生産物バイアス効果の程度は，通常型多財モデルに対しては，$[B_{GA}^Q = \mu_{Gt}/\varepsilon_{CQ_G} - \mu_{At}/\varepsilon_{CQ_A}]$ によって推計することができる。一方，これは，S-G 型多財モデルに対しては，$[B_{GA}^Q = \alpha_G'/\varepsilon_{CQ_G} - \alpha_A'/\varepsilon_{CQ_A}]$ によって推計できる。もし，B_{GA}^Q が正（負）ならば，生産物空間における技術変化は畜産物「増大（減少）的」バイアスを持っているという。表1-10に明確に示されているように，B_{GA}^Q の値は，通常型多財モデルおよびS-G 型多財モデルに対して，それぞれ，0.130および0.093という正の値であり，5％より優れた値で統計的に有意であった。この結果は，戦後日本農業の技術変化は畜産物-「増大的」バイアスを持っていたことを示唆している。このことは，第1節の図1-1および1-2においてすでに観てきたように，畜産物の生産量の上昇トレンドは作物生産のそれに比べて，より速かったというファインディングと矛盾のない実証結果であることを示している。

表1-10　通常型およびS-G型多財トランスログTC関数モデルに基づき近似点
　　　　で推計された生産物バイアス度の推計値：都府県，1957-97年

バイアス	通常型モデル		S-G型モデル	
	バイアスの程度	P-値	バイアスの程度	P-値
生産物バイアス	0.130	0.000	0.093	0.029

注：生産物バイアスの程度は，それぞれ，通常型多財モデルに対して
　　は，(1.16)式を用いて，S-G型多財モデルに対しては，$B_{GA}^Q =$
　　$\alpha_G'/\varepsilon_{CQ_G} - \alpha_A'/\varepsilon_{CQ_A}$ を用いて近似点で推計した。

5　要約と結論

　本章の主要な目的は，20世紀の最後の40年間における日本農業の生産構造の定量的精査・分析にあった。この期間において，生産物構成は大幅に変化した。特に，畜産物生産が作物生産に比べて急速に増大した。一方，農業労働力の非農業部門への急激な移動に対応して，農業生産の機械化がこれまた急激なスピードで進展した。1950年代半ばから1970年代初期にかけて起こった小型機械化から，1970年代初期以降現在に至るまで，中・大型機械化が急速に進展した。

　われわれの主要な目的を達成するために，通常型およびS-G型多財トランスログTC関数を導入し，主に毎年農水省から刊行されている『農経調』および『物賃』から得たデータを用いて，1957-97年を対象に推計を行なった。この過程で，われわれは，戦後日本農業の生産構造に関する種々の（合計12本）の帰無仮説の検定を同研究期間に対して遂行した。

　とりわけ，この12本の帰無仮説の検定において最も重要な結果は，S-G型多財トランスログTC関数は妥当しないという帰無仮説の棄却であった。このことは，そのパラメータが時間とともに変化するという多財トランスログTC関数モデルが，戦後日本農業の生産構造を調査分析することに対して最も適切であるということを示唆している。

　さらに，同様に重要で興味深い仮説検定は，投入要素─生産物分離性帰無仮説および投入要素非結合帰無仮説の検定であった。これらの結果は，本書

で対象にしている戦後1957–97年の日本農業の生産構造の特定化に関しては，多財トランスログTC関数による接近は単一財トランスログTC関数による接近よりも適切であることを示唆している。

　これら3本の帰無仮説検定の結果を総合すると，われわれは，戦後日本農業の生産構造を定量的に分析するための接近手法としては，S-G型多財トランスログTC関数モデルが最も適切な手法であると結論することができる。

　ここで，いくつかの実証的分析結果について述べておくことは意義深いであろう。

　まず第1に，作物および畜産物の結合生産において，規模の経済性および範囲の経済性が存在したことが確認された。さらに，作物生産についても畜産物生産についても，個々の単一生産物について，かなり大きな規模の経済性の存在が確認された。特に，畜産物単一生産における規模の経済性はかなり顕著なものであった。このことは，本研究期間である1957–97年における畜産物生産規模の急激な拡大という現象に見事に対応するファインディングである。

　第2に，労働，機械，中間投入要素，土地，およびその他投入要素の近似点での自己価格需要弾性値はすべて負でありかつ統計的に有意であった。この結果は，全5個の投入要素の曲率条件は満たされているということを示唆している。この結果を反映して，全5個の投入要素に対する自己価格需要弾力性はすべて負であり，絶対値で見ると，すべて1.0より小さかった。このことは，本研究の研究期間である1957–97年において，全5個の投入要素需要量は，相対的に言って非弾力的であった，ということを示唆している。

　第3に，近似点における技術変化の「デュアル」の率も「プライマル」の率も，平均して，それぞれ，年率1.7および1.8％という，農業生産としては，かなり高い技術進歩率であった。さらに，これらの技術進歩率は，第Ⅰ，Ⅱ，Ⅲ階層農家の総収益の年平均成長率を上回るものであった。ただ第Ⅳ階層農家の総収益率の2.23％の成長率のみが，技術進歩率を凌駕した。

　第4に，技術変化は，生産物空間においても投入要素空間においても，ヒックス「中立的」ではなかった。このことは，両空間において，技術変化にバイアスが存在したことを示唆している。

　投入要素空間におけるバイアスは，労働－「節約的」，機械－「使用的」，中間投入要素－「使用的」，土地－「使用的」，およびその他投入要素－「使用的」であった。投入要素バイアスの方向性は，原則として，土地は例外として，要素価格の動きと反対方向であった。農企業はその価格が急激に上昇した労働を「節約的」に使用し，それらの価格が低下した機械，中間投入要素，およびその他投入要素を「使用的」に投入した。この意味において，ヒックスの「誘発的技術革新」仮説は，これら4個の投入要素に関しては妥当していたと言える。土地に関しては，その価格が急激に上昇した1957–87年については，土地－「使用的」バイアスは，ヒックスの誘発的技術革新仮説は当てはまらなかったように見える。しかしながら，この結果は，生産フロンティアそのものがこの期間に土地－「使用的」にシフトしたのかもしれないと推論することが許されるならば，多少強引かもしれないが，ヒックスの誘発的技術革新仮説は，この期間に，土地に関しても妥当であったと考えることができる。この期間における急激な農業機械化はより広大な土地を要求したであろうと考えられるので，この推論は可能であろう。

　一方，生産物空間においては，バイアスは畜産物－「増大的」であった。この結果は，研究期間の1957–97年においては，作物生産に比べて，畜産物生産の伸びははるかに急激であったこととなんらの矛盾もなく受け入れることができる。

　最後に，少なくとも，本研究に関していくつかの重要な制約条件を述べておくことは必要であろう。

　まず第1に，戦後日本農業に対して，多財トランスログTC関数を特定化する際に，われわれは土地価格の定義について非常に注意深く行なわねばならないということである。なぜなら，1970年以前の地代は政府によって統制されていたからである。1970年に「農地法」が改定されて以降も地代は，「標準地代」という名の下で「準統制」されていたと言って過言ではない。このことは，土地を固定ないし準固定要素として取り扱う方が適切であることを意味している。さらに，労働を可変要素または準固定要素として取り扱うことは，少なくとも，日本農業経済学界においては議論の多い問題である。しかしながら，可変（または，制約的）費用関数において，これら労働および

　土地という生産要素が固定要素ないし準固定要素として取り扱われるならば，包絡線定理を用いてこれら生産要素のシャドウ価格を推計するという試みは可能であり，このこと自体きわめて興味深いことである。この実証的適用は，農業経済学における興味深いファインディングズのみならず課題をも提供すると思われる。

　第2に，S-G型多財トランスログTC関数を特定化し続けると，本章で示されたような戦後日本農業の生産構造に関する興味深い情報を提供してくれる。しかしながら，本研究の結果を支持してくれるような結果を得るために，同じS-G型多財トランスログTC関数を，農家がより同質的な環境に置かれており，したがって，同質的な技術を用いて生産を行なっている地域に対しても推計してみることはきわめて重要なことであり，必要なことでもある。なかんずく，北海道農業地域への適用はきわめて興味深い課題である。

　最後に，2次関数，一般化レオンティエフ，一般化コブ＝ダグラス，その他可能なフレキシブル関数も開発されている。そのモデルの取り扱いも推計も比較的容易なので，トランスログ関数は国際的にも日本における農業経済学界においても，最もポピュラーに用いられてきたが，トランスログ特定化モデルの適用によって得られた結果を確認するために他のフレキシブル関数形を適用してみることも，ぜひお勧めしたい。

付録 A.1　変数の定義

モデルの推計に必要な変数を加工するための主要なデータ資料は，農林水産省が毎年刊行している『農経調』および『物賃』である。

1957–97 年のすべての年において，(I) 0.5–1.0，(II) 1.0–1.5，(III) 1.5–2.0，(IV) 2.0 ha 以上の 4 階層農家のそれぞれの平均農家が得られる。この場合，北海道地域は階層区分が都府県の階層区分とはまったく異なるので，これを割愛した。したがって，サンプル数は，41 × 4 = 164 である。残念ながら，われわれは，その研究対象期間中に階層分類の変更があったので，最小階層農家（0.5 ha 以下）の平均農家のデータを得ることができなかった。この最小階層平均農家を除外せざるを得ないということは，この階層に属する農家数が全農家数に占める割合がかなり高いので，推計される費用関数のパラメータにいくらかのバイアスをもたらす可能性があるということである。

数量と価格指数については，Caves-Christensen-Diewert's（1982）のマルティラテラル指数法（以下，CCD 法）を用いて Törnqvist（1935）指数を計算した。CCD 法は，横断面データと時系列データをプールしたデータの Törnqvist 指数を計算するときに最も適している。以下の段落では，可能な限り，すべての指数はこの方法を用いて計算した。

作物の数量と価格（Q_G および P_G）指数に対しては，作物生産物の 10 種類の数量と価格を『農経調』と『物賃』から得た。畜産物の数量指数（Q_A）は，畜産物の市場販売額を『物賃』から得られる畜産物価格で除することによって計算した。ここで，銘記しておくべきことは，価格指数の基準年は 1985 年であるということである。

労働投入量（X_L）は，経営者，家族，結いおよび手伝い，および雇用労働の男子換算総労働時間として定義した。女子労働者の男子換算労働時間数は，『物賃』から得られる女子 1 日当たり臨時雇い賃金率を男子 1 日当たり臨時雇い賃金率で除することによって求めた比率（例えば，0.83）を乗ずることによって求めた。この比率は，本研究期間 1957–97 年において，0.83（1957年）から 0.76（1997 年）のように経時的に低下傾向を示した。次に，労働の価格（P_L）は，支払い臨時雇い賃金額を男子換算臨時雇い労働時間で除す

ることによって求めた。労働費用（$C_L = P_L X_L$）は，P_L で評価された経営者，家族労働者，および結いおよび手伝い労働者の労働費用に雇用労働者への支払い賃金合計額を加えたものとして定義した。最後に，労働投入量（時間）と労働価格は，それぞれ，1985 年値で除することによって，指数で表されている。

　機械の投入量と価格（X_M および P_M），中間投入要素の投入量と価格（X_I および P_I），およびその他投入要素の投入量と価格（X_O および P_O）も同様に CCD 法によって求めた。機械費用（$C_M = P_M X_M$）は，機械，光熱費，および賃貸費の合計額。中間投入要素費用（$C_I = P_I X_I$）は，肥料，飼料，農薬，諸材料，農用衣類，およびその他への支出合計額。そして，その他投入要素費用（$C_O = P_O X_O$）は，動物，植物，および農用建物および構築物への支出合計額として定義した[14]。

　ここで，Kislev and Peterson（1982）が，機械価格指数は農業機械の質の変化の調整が必要であると強く主張していることに一言触れておきたい。Kislev and Peterson（1982）によると，質の変化を調整した機械価格指数を得るための基本的な仮定は，例えば，タイヤ付きトラクターの質の改良に代表される，ということである。しかしながら，農業機械には，トラクターのみではなく相当数の種類の機械があり，それらの使用年数のみならずヴィンテージもさまざまである。そのような機械の多くを含む質の指数を作成することはきわめて複雑で手の混んだ作業になることは目に見えているので，われわれは『物賃』のデータを用いて CCD 法によって得られた機械価格指数を用いることにした。もちろん，われわれは，本研究で用いられる P_M の使用については，一般的に言って，農業機械の質は，本研究期間 1957–97 年の間に，相当改善されたということを銘記しておかねばならない。

　土地の数量（X_B）は総作付け面積と定義した。土地の価格（P_B）は，支払い地代料を賃借面積で除すことによって求めた。それは 10 アール（are，略して，a）当たり円（円/10 a）で表されている。土地費用は $C_B = P_B X_B$ に

---

14)　1991–93 年の機械費用は，主に農水省による減価償却の推計法の変更のために顕著に減少した。この項目のデータの滑らかさを保つために，1980–90 年のデータに基づいて，外挿法を用いた。

よって求めた。

ここで，総費用は，これら5項目の投入要素への支出の合計額として次の式のように定義した。つまり，$C = \sum_k P_k X_k$（$k = L, M, I, B, O$）。投入要素費用－総費用比率（S_k, $k = L, M, I, B, O$）は，それぞれの項目への支出（$C_k = P_k X_k$, $k = L, M, I, B, O$）を総費用（C）で除することによって求めた。次に，生産物収益－総費用比率（R_k, $k = G, A$）は，それぞれの生産物収益（$P_G Q_G$ $k = G, A$）を総費用（C）で除することによって得た。

期間ダミー（D_p）は，「石油」ショック以前の 1965–72 年を 1，それ以降の 1973–97 年を 0 とした。規模ダミー（D_s）は，第 II（1.0–1.5），第 III（1.5–2.0），および第 IV（2.0 ha 以上）階層農家とした。気象ダミー（D_w）は，不作年を 1 とし，平年作年を 0 とした。このデータは，農水省が毎年刊行している『作物統計』より得た。

通常型多財トランスログ TC 関数（1.2）式および S-G 型多財トランスログ TC 関数（1.27）式に用いられるダミー変数以外の変数は，すべて CCD 法を用いて求められた指数の形で表されている。

ついでながら，われわれは，総生産（TO），総投入（TI），および全要素生産性（TFP）も，後の数章で用いられるので，推計しておいた。

全要素生産性（TFP）を推計するためには，まず TO および TI を推計しなければならない。われわれは，1957–97 年に対して，『農経調』で分類されている 10 項目からなる作物生産物と 1 項目の畜産生産物を総合することによって，CCD 法を用いて TO を推計した。

次に，TI を推計するためには，機械，中間投入要素，およびその他投入要素のみならず，労働および土地を加えた総費用が必要になる。つまり，本章における VC 関数では，準固定要素として扱った労働および土地も，ここでは可変投入要素として取り扱わなくてはならない。われわれは，上記したように，C_M，C_I，および C_O はすでに推計した。

労働および土地費用（C_L および C_B）については，以下のように推計した。まず，労働の価格（P_L）は，臨時雇い労働への支払い賃金額を臨時雇い男子換算労働時間で除して求めたことはすでに説明した。そこで，繰り返しになるが，労働費用（$C_L = P_L X_L$）は，P_L で評価された経営者，家族労働者，

および結いおよび手伝い労働者の労働費用に雇用労働者への支払い賃金合計額を加えたものとして定義した。

　次に，土地費用を推計するためには，土地価格 P_B を，上記したように，支払い地代料を賃借面積で除すことによって求めた（10 a 当たり 1,000 円）。この価格を，自己所有の耕地面積に乗ずることによって，自己所有農地の土地費用を推計した。最後に，土地費用（C_B）は，自己所有農地および賃貸農地に対する総地代金額に土地改良および水利費を加えたものとして定義した。

　さて，総費用は $TC = C_M + C_I + C_O + C_L + C_B$ のように定義した。投入要素の価格，数量，および費用のデータセットに基づき，1957–97 年に対して，TI の CCD マルティラテラル指数を推計した。

　最後に，TFP は，TO を TI で除することによって求めた。TFP 指数の階層農家間の差異を体系的に観察できるように，階層農家 IV の 1957 年値を 1.0 にセットした。これらの指数は，第 6 章および第 7 章で広範囲に用いられる。

第2章

アレン，森嶋，マクファデン（シャドウ）の代替の弾力性の推計

1 序

　本章では，1957–97 年における，日本農業部門の投入要素の代替の弾力性および補完性の程度および方向性に特別な焦点を当てたい。

　ところで，投入要素の代替の弾力性を推計することに一体どういう意味があるのだろうか。

　投入要素の代替の弾力性は，もともと，経済の成長過程において，労働と資本の所得分配率の変化を分析する目的で，初めて John R. Hicks（1932）によって導入された。

　このヒックスのオリジナルの代替の弾力性という概念を農業生産構造の解明に援用し，投入要素の代替の程度と方向性を推計することの最も重要な意味は，投入要素のペアの代替の容易さの程度を調べることにある。このことは，利潤の最大化および／あるいは総費用の最小化を試みようとする農企業の経済行動と密接な関連を持っている。例えば，稲作農民が米を機械によって収穫するか，あるいは，彼自身および彼の家族以外の労働を雇用して手作業で収穫するか，あるいは，これら機械と手作業を組み合わせた方法を採るか，という問題を考えてみよう。すると，これら3つの方法のうちどれかを選択するということは，相対的な投入要素費用だけでなくそれら投入要素の代替性（例えば，Leontief（1964）の場合には，農民はそのような選択問題にはまったく直面しないのであるが）によって影響を受けるということである。そのことは，その米作農民が，投入要素間の代替性を明確に定義しかつその正

確な推計結果を利用することによって，多大な便益を受けられるということをも意味しているようである（Chambers, 1988, p. 28）。

　ここで，われわれは，第1章の図1-1および1-2において，本研究期間1957-97年の間に，畜産，野菜，および果実の急激な増大があった一方で，米生産の一貫した減少が見られたことをすでに観察した。一方，同期間に，投入要素における急激な変化も観察してきた。特に，労働の急激な減少と急速な機械化は，研究期間である1957-97年において特に顕著であった。生産物についても投入物についても，さらにはそれらの価格に関しても，それらの動向および評価については，第1章の図1-1から1-5において，十分な観察と解説を行なった。したがって，紙幅節約のため，ここでは同じ説明を繰り返さないことにする。

　実際のところ，戦後日本農業の生産物および投入要素の動向を大雑把に観察することによって，われわれはモデルの特定化について，直感的なアイディアを得ることができる。例えば，生産物サイドにおける作物生産と畜産物生産の全生産に占める割合の動向，および投入要素サイドにおける投入要素費用―総費用比率の動向を観察すれば，生産物空間および投入要素空間における技術変化のバイアスの大きさや方向性のみならず投入要素間の代替・補完性の程度とその方向性に関して，いくらかの明瞭なヒントを得ることができる。戦後日本農業のこれらの重要な背景となる情報を銘記しながら，次節において，分析の枠組みを構築することにしたい。

　しかしながら，ここで，過去の研究において推計された戦後日本農業の代替の弾力性の推計値を検証しておくことは興味深いことであるし，重要なことである[1]。

　表2-1は，日本の過去の主要な研究において，トランスログ生産関数およびトランスログTC関数の推計パラメータに基づいて推計された代替の弾力性（σ_{ij}'s）の値をまとめたものである。さらに，阿部（1979; マクロデータ）およびKuroda（1987, 2008a, 2008b, 2008c, 2009c;『農経調』データ）以外の他

---

[1]　戦前期における代替の弾力性をトランスログ費用関数を用いて推計した研究はいくつかある。例えば，阿部（1979），Archibald and Brandt（1991），およびNghiep（1979）を参照していただきたい。

表2−1　戦後日本農業におけるアレン偏代替弾力性（AES）の推計値：過去の研究のサーベイ

研究者	期間	データ	σ_{LM}	σ_{LI}	σ_{LB}	σ_{LO}	σ_{MI}	σ_{MB}	σ_{MO}	σ_{IB}	σ_{IO}	σ_{BO}
Kako (1978)	1955–70	米生産費	0.93	−0.90	0.82	1.91	−0.42	0.36	1.35	0.51	6.04	0.70
阿部 (1979)	1955–75	マクロ	1.54	0.06	−0.24	1.64	−8.00	0.23	0.43	1.08	0.75	−0.28
Lee (1980)	1955–75	米生産費	1.58	0.72	0.86	n.a.	0.52	1.05	n.a.	1.14	n.a.	n.a.
茅野 (1984)	1958–78	米生産費	1.17	0.63	−0.14	2.20	−3.98	2.41	−0.93	1.23	4.34	0.99
茅野 (1985)	1961–63	米生産費	1.47	0.16	0.003	n.a.	0.87	−0.06	n.a.	1.24	n.a.	n.a.
茅野 (1985)	1967–69	米生産費	1.16	1.04	−0.05	n.a.	0.27	−0.39	n.a.	1.07	n.a.	n.a.
茅野 (1985)	1977–79	米生産費	0.51	1.00	0.09	n.a.	0.23	0.30	n.a.	0.13	n.a.	n.a.
Kuroda (1987)	1952–82	農経調	0.55	1.00	1.91	2.48	−0.96	1.00	0.58	−0.82	3.99	−1.64
近藤 (1992)	1969–88	米生産費	1.19	0.45	−0.33	n.a.	0.39	0.26	n.a.	0.90	n.a.	n.a.
神門 (1993)	1975–89	米生産費	0.84	−0.10	0.39	n.a.	0.55	−0.53	n.a.	−0.01	n.a.	n.a.
Kuroda (2006)	1956–92	米生産費	2.33	0.46	0.26	7.00	1.84	0.83	3.78	0.36	−15.8	−0.70
Kuroda (2008a)	1957–97	農経調	0.14	1.35	0.17	0.95	−1.29	1.35	5.12	0.11	−1.96	−0.21
Kuroda (2008b)	1957–97	農経調	0.39	1.07	−0.01	0.61	−1.14	0.70	3.77	0.69	−1.25	0.23
Kuroda (2008b)	1957–97	農経調	0.30	0.89	−0.31	0.48	−0.58	0.90	5.08	0.49	−2.29	0.02
Kuroda (2009c)	1957–97	農経調	−0.18	0.69	0.17	−0.37	−0.48	0.51	3.70	0.37	−0.69	−1.19

注1：本表におけるすべての研究は，トランスログ TC 関数を推計したものである。しかしながら，TC 関数の特定化と変数の定義はすべての研究で必ずしも同じものではない。

2：「MAC」とは，農業部門のマクロデータを指す。詳細は第1章の付録A.1で説明されている。

3：L, M, I, B, O は，それぞれ，労働，機械，中間投入要素，土地，およびその他投入要素を指している。

4：本表に掲載されているほとんどすべての研究はトランスログ TC 関数を推計したものであるが，例外的に，Lee（1980）はトランスログ生産関数を推計した。さらに，Lee（1980）および茅野（1985），近藤（1992），および神門（1993）は，それぞれ，4変数総生産関数および総費用関数を特定化した。

5：“n.a.” は，4変数総生産関数および総費用関数のため，「適用なし」を示している。

6：Kako（1978），阿部（1979），および茅野（1984, 1985）は，肥料，種苗，農薬，飼料，諸材料，およびその他で構成される経常材は用いず，肥料をその代理変数として用いている。

7：Kako（1978）は，σ_{ij} を，1953, 1958, 1964, および1970年について報告しているが，本研究ではそのうちの1970年の推計値を採用した。

8：Lee（1980）の場合には，σ_{ij} の1955, 1960, 1965, 1970, および1975年の値の単純平均値を計算した。

9：Kuroda（2008a）の推計値は，都府県データを用いて推計された2財トランスログ TC 関数の推計パラメータに基づくものである。2財とは作物と畜産物である。詳細は第1章の表1−4を参照していただきたい。

10：Kuroda（2008b）は，東北および近畿に対しては，2系列の推計を，本章で用いられているものと同様の2財トランスログ TC 関数の推計パラメータに基づいて推計した。

11：Kuroda（2009c）は，北九州に対しては，2系列の推計を，本章で用いられているものと同様の2財トランスログ TC 関数の推計パラメータに基づいて推計した。

のすべての研究者は『米及び麦類の生産費用報告』（以下，『米麦生産費』）から
得たデータを用いている。さらに，トランスログ TC 関数の特定化，変数の
定義，および推計期間は，それほどではないものの，それぞれの研究者の間
で異なっている。最後に，この表 2-1 に掲載されている σ_{ij} の値は，Allen
（1938）偏代替の弾力性（AES）である。

　言うまでもなく，『米麦生産費』データセットに基づく研究は，単一財（米）
トランスログ TC 関数を推計したものであるが，マクロデータを用いた研
究である Lee（1980）の AES は生産関数の推計パラメータを用いた推計値
であり，『農経調』データを用いた研究である Kuroda（1987, 2008a, 2008b,
2008c, 2009a, 2009b, 2009c）は作物および畜産物からなる 2 財トランスログ
TC 関数の推計を行ない，そのパラメータを用いて AES を推計したもので
ある。ただし，この場合，一連の Kuroda の研究は，第 1 章でなされた投入
要素—生産物分離性および投入要素非結合性の両帰無仮説の棄却という結果
に基づいて，2 財トランスログ TC 関数を推計したものであるということを
銘記しておきたい[2]。したがって，厳密な意味で異なったモデル，変数，お
よび推計の期間を持つトランスログ TC 関数の推計から得られた σ_{ij} の推計
値を比較することは明らかに難しいことなので，われわれは以下の解釈を非
常に注意深く行なわねばならない。このことを銘記しながら，以下でいくつ
かの主要な σ_{ij} の評価を試みることにしたい。

　さて，表 2-1 によると，1 つの最も重要な特徴は，茅野（1985）以外の『米
麦生産費』からのデータセットに基づいたすべての研究は $\sigma_{LM} > 0$ を示し
ており，それらの大きさは 1 に近いか 1 より大きい，ということである。こ
のことは，労働と機械は互いにかなり強い代替財であることを示唆しており，
かなり高い労働—機械代替関係は戦後の日本米作における急激な機械化に対
して重要な役割を果たした，と解釈しても差し支えないであろう。これに反
して，『農経調』データに基づく σ_{LM} の推計値も，北九州に対する Kuroda
（2009a）の推計値[3] 以外は，すべて正の値ではあったが，1.0 より小さい弾

---

2)　これら両帰無仮説の検定の詳細については，第 1 章の　第 2.1.1 節を参照していただき
　　たい。

性値であった。われわれは，これらの結果から以下のような推測ができると考える。つまり，果実および野菜，牛や豚，酪農，および養鶏のような米以外の作物生産および畜産物生産において，労働－機械の代替性の程度は，米作におけるそれに比べてかなり小さいものであった，と。

第2に，Kako（1978）および神門（1993）の推計値は例外として，$\sigma_{LI} > 0$ であった。このことから，労働と中間投入財は代替財であり，その代替性の大きさはかなり安定していたと言えそうである。また，その弾性値は，いくつかの極端に低い数値（阿部（1979）の0.06および茅野（1985）による0.16）を除けば，およそ0.5から1.0の範囲の数値であり，かなり安定していたと言える。この場合，われわれは，労働－中間投入要素の代替関係において，『米麦生産費』データに基づく推計値と『農経調』データを使った推計値との間に，これといった明確な相違点は観察できない。

第3に，σ_{LB} の場合，正の数値（9ケース）の方が負の数値（6ケース）よりも多いので，筆者としては100パーセントの自信はないが，労働と土地は互いに代替財であると言えそうである。しかしながら，われわれは，いかなるデータセットを用いるかどうかにかかわらず，労働と土地の代替の弾力性の推計値には広範な差異があることに注意を払う必要がある。

第4に，σ_{MI} に関しては，その弾性値が負の場合が8ケースある。特に，『農経調』データが用いられた場合には，σ_{MI} はすべて負であり，その値は -0.5 から -1.3 にわたっている（Kuroda, 1987, 2008a, 2008b, 2009a）。このことは，機械と中間投入要素は互いに補完財であったということを示唆している。また，このファインディングは，「機械化」（Mechanical: M）技術変化と「生物－化学」（Bio-Chemical: BC）技術変化が戦後日本農業において同時に進行したことを示唆している（e.g., Kuroda, 1987, 2008a, 2008b, 2009a）。しかしながら，この表2–1において，$\sigma_{MI} > 0$ を得ている研究も多い（8ケース）。つまり，このことは，機械と中間投入要素は互いに代替財であるということを示唆している。そこで，われわれは，以下の質問を投げかけた

3）　その σ_{LM} 値 -0.18 はいかなるレベルにおいても統計的に有意ではなかった（Kuroda, 2009a）。

い。一体，これらの投入要素は，互いに代替財なのか，それとも，補完財なのか，と。

　第5に，σ_{MB} についてはどうだろうか。次の3研究（茅野（1985）の1961–63年および1967–69年ならびに神門（1993））の σ_{MB} はすべて負である。これら以外の研究ではすべて正の値を得ている。このことは，機械と土地は互いに代替財であることを示している。このファインディングは，土地の拡大は機械化を伴うものであり，したがって機械と土地は互いに補完財であるという，Hayami and Ruttan（1971）の「誘発的技術革新」仮説とは相反するものであることを示唆している。

　第6に，$\sigma_{IB} < 0$ である Kuroda（1987），神門（1993），および茅野（1985），そして $\sigma_{IB} > 0$ ではあるが，その値がかなり小さい茅野（1985）および本研究の第1章の推計結果（例えば，およそ0.1程度）を除けば，その他すべての研究では σ_{IB} は正であり，中間投入要素－土地の代替弾力性はおよそ0.4から1.2の範囲にわたっている。この場合，σ_{LM} の場合と同様に，『米麦生産費』データセットに基づくモデルの推計から得られた σ_{IB} の値は『農経調』データセットに基づく推計値から得られた σ_{IB} の値より大きいことが観察される。いずれにしろ，このファインディングは，肥料価格の相対的な低下は肥料投入量を増大させる一方で，土地投入量はほぼ一定に保たれたという Hayami and Ruttan（1971）の「誘発的技術革新」の日本型モデルを支持していると言えそうである。

　以上のように，表2–1は戦後日本農業における投入要素の代替性および補完性に関する重要でかつ興味深いファインディングズを提供してくれる。とは言っても，これらの過去に推計された σ_{ij} が安定しており，頑健で，かつ十分に信頼できるものであるかどうかについて，われわれは100％の自信を持てるものではない。

　したがって，本章の主要な目的は，戦後日本農業に対して，より頑健で，安定した，さらに信頼のおける σ_{ij} の推定値を得ようとすることにある。この目的を遂行するために，われわれは，AES だけでなく，その定義およびコンセプトから鑑みてより完全であると考えられている，森嶋の代替弾力性（MES）および McFadden（1963）（シャドウ）代替の弾力性（SES）をも合わ

せて推計する。分析の枠組みは，次節で詳しく説明することにしたい。

　本章の残りの部分は以下のように構成されている。第 2 節では分析の枠組みを説明する。第 3 節では，データと推計方法について述べる。第 4 節では，実証結果を評価する。最後に，第 5 節は，簡潔な要約と結論に充てる。

2　分析の枠組み

2.1　アレン，森嶋，およびマクファデン（シャドウ）の代替の弾力性（AES，MES，および SES）

　本節は，その多くを Mundlak (1968)，Ball and Chambers (1982)，Chambers (1988)，および Blackorby and Russell (1981, 1989) に負っている。

　前にも述べたように，代替の弾力性は，ある経済における労働と資本の所得比率の変化を分析するために，もともとは Hicks (1932) によって導入された概念である。ヒックスのキーとなる洞察は，資本／労働比率（あるいは，その投入要素価格比率）における変化の効果が所得分配（所与の生産高に対して）に与える効果は，等量線の曲率のスカラー値で完全に特定化することができるということである。この測度は，2 変数代替の弾力性である。Hicks (1932) によると，投入要素 x_1 および x_2 代替の弾力性（σ）は以下のように定義される[4]。

$$\sigma \equiv \frac{d\,(x_2/x_1)}{d(f_1/f_2)}\frac{f_1/f_2}{x_2/x_1} = \frac{d\ln(x_2/x_1)}{d\ln(f_1/f_2)}, \tag{2.1}$$

ここで，σ は限界技術代替率に関する投入要素比率の弾力性であり，"ln" は自然対数を表す。

　さて，企業はその費用を最小化すると想定することにしよう。

　費用最小化の 1 階の条件は［もともとは，方程式 (2.21)］，i 番目と j 番

---

4)　ここでは，生産関数は $y = f(x_1, x_2)$ のように定義され，変数 y は生産量であり，x_1 および x_2 は投入要素である。1 つの「デュアル」として，われわれは，費用関数 $C = C(y, \mathbf{w})$ を導出できる。ここで，C は総費用を表し，y は生産量を表す。さらに，$\mathbf{w}$ は非負の投入要素価格である（Diewert, 1971）。

目の投入要素間の技術的代替の限界比率は, i 番目と j 番目の投入要素の価格比率に等しいことを意味する。2 投入要素の場合, 代替の弾力性のもともとの定義は以下のように書き換えることができる (Chambers, 1988, p. 94) (原文は以下の通りである：筆者)。

The first-order conditions for cost minimization [originally, Equation (2.21)] imply that the marginal rate of technical substitution between the i th and j th inputs equals the ratio of the i th to the j th input price. In the two-input case, the original definition of the elasticity of substitution therefore can be rewritten as

$$\sigma \equiv \frac{d\ln(x_2/x_1)}{d\ln(f_1/f_2)} = \frac{d\ln(x_2/x_1)}{d\ln(w_1/w_2)} = \frac{\hat{x_2} - \hat{x_1}}{\hat{w_1} - \hat{w_2}}, \qquad (2.2)$$

ここで, ハットマーク $(\hat{z})$ は z のパーセント変化を示す。したがって, σ は, 投入要素比率の投入要素価格比率に関する弾力性として説明することができる。x_i および x_j は Shephard（1953）の補題を用いて費用関数から得ることができるので, われわれは, 費用関数から正確な代替の測度を得ることができる。しかしながら, それ以上に, 代替の弾力性という考察をより深めた直感的な基礎的アイディアを提供する。それらは相対的投入要素価格の変化に対する相対的投入要素の反応性に関する情報を提供する。したがって, それらは, 経済学者が 1 価格の上昇に対して投入要素ミックスがいかに反応するのかについて確かめることを可能にする (Chambers, 1988, p. 94)[5]（原文は以下の通りである：筆者）。

where the circumflex denotes percentage change. Thus, σ can be interpreted as the elasticity of an input ratio with respect to an input price ratio. Because x_i and x_j are available from the cost function via Shephard's (1953) Lemma, one can obtain accurate substitution measures from the cost function. But more than that, this result provides an

---

5) この方程式は必ずしももともとの言葉, 成句, および数学的シンボルと 100 パーセント同じものではない。これらのいくつかのものは, 本章の目的およびスタイルと合うように, ほんの少し変更したり, 書き加えたり, あるいは除外したりした。同じことが, 以下のいくつかの引用についても言える。

intuitive basis for further consideration of elasticities of substitution; they provide information on relative input responsiveness to changes in relative input prices. Hence, they enable the economist to ascertain, for example, how the input mix might respond to a price rise.

Mundlak（1968）は，（2.2）式を n 次元の場合に一般化するために，投入要素 x_i および x_j 間の代替性の３つの違った測度を提唱した。

第１に，１価格１投入要素代替の弾力性（*one-price-one-factor elasticities of substitution*（*OOES*））は，以下の（2.3）式のように書き表すことができる。

$$\frac{\hat{x_i}}{\hat{w_j}}. \tag{2.3}$$

第２に，２投入要素１価格代替の弾力性（*two-factor-one-price elasticities of substitution*（*TOES*））は，以下の（2.4）式のように書き表すことができる。

$$\frac{\hat{x_i} - \hat{x_j}}{\hat{w_j}}. \tag{2.4}$$

第３に，２投入要素２価格代替の弾力性（*two-factor-two-price elasticities of substitution*（*TTES*））は，以下の（2.5）式のように書き表すことができる。

$$\frac{\hat{x_i} - \hat{x_j}}{\hat{w_j} - \hat{w_i}}. \tag{2.5}$$

（2.3），（2.4），および（2.5）式は一定の生産量水準で評価される。投入要素は，もし代替の弾力性が正であれば互いに代替財，もし負であれば互いに補完財として分類される。残念ながら，投入要素の分類は弾力性の測度からは独立してはいない。このことは，上記した方程式（2.3），（2.4），および（2.5）式と一貫性を持つよく知られた弾力性で示される。

第１に，アレン偏代替の弾力性（AES）は *OOES* であり，以下の（2.6）式によって与えられる。

$$\sigma_{ij}^A = \frac{CC_{ij}}{C_i C_j} = \frac{\varepsilon_{ij}}{S_j}, \tag{2.6}$$

ここで，$C_i \equiv \partial C(y, \mathbf{w})/\partial w_i$, $C_{ij} = \partial^2 C(y, \mathbf{w})/\partial w_i \partial w_j$, ε_{ij} は，w_j に関する $x_i(\mathbf{w}, y)$ の弾力性であり，S_j は j 番目の費用比率 $(w_j x_j/C)$ である。投入要素の自己価格需要弾力性は Berndt and Christensen（1973）に依拠して推計することができる。

$$\varepsilon_{ii} = S_i \sigma_{ii}^A, \ i = L, M, I, B, O.$$

ここで σ_{ii}^A および σ_{ij}^A は AES であり，以下の式によって得ることができる。

$$\sigma_{ii}^A = (\delta_{ii} + S_i^2 - S_i)/S_i^2 \text{そして} \sigma_{ij}^A = (\delta_{ij} + S_i S_j)/S_i S_j,$$

$$i = L, M, I, B, O^{6)}.$$

　ところで，Blackorby and Russell（1989）は，AES に関して，非常に重要かつ厳しいコメントを提供している。彼等によれば，

　　AES は，2次元の場合におけるもともとのヒックスの概念に帰着はするが，一般的に言って，ヒックスの概念の重要な性質をまったく保持していない。特に AES（もともとは，Allen 代替弾力性）は，(i) それは，代替の "容易さ" を計る測度でもかつ等量線の曲度を計る測度でも "ない"，(ii) それは，相対的な投入要素比率（代替の弾力性はもともとこの目的のために定義されているのである）についての情報の提供は "まったくない"，(iii) それは，価格比（または限界代替率）に関する数量比の（対数の）導関数としては解釈 "できない"。定量的測度として，それは何も意味を持っていない。定性的測度として，それは，（一定生産量）の下での交差弾力性に含まれる定性的測度に対していかなる情報も付け加えることが "できない"。要するに，AES はまったくもって，何の情報も与えてくれない（Blackorby and Russell, 1989, pp. 882-r-883-l）（原文は以下の通りである：筆者）。

---

6)　この分析枠組みの後半で出てくるが，多財 TC 関数においては5個の投入要素が定義される。それらは文字シンボル L, M, I, B, O で表されており，それぞれ，労働，機械，中間投入要素，土地，およびその他投入要素を意味している。

while the AES reduces to the original Hicksian concept in the two-dimensional case, in general, it preserves none of salient properties of the Hicksian notion. In particular, the AES [originally, Allen elasticity of substitution] (i) is *not* a measure of the 'ease' of substitution, or curvature of the isoquant, (ii) provides *no* information about relative factor shares (the purpose for which the elasticity of substitution was originally defined), and (iii) *cannot* be interpreted as a (logarithmic) derivative of a quantity ratio with respect to a price ratio (or the marginal rate of substitution). As a quantitative measure, it has no meaning; as a qualitative measure, it adds no information to that contained in the (constant output) cross-price elasticity. In short, the AES [originally, the Allen elasticity of substitution] is incrementally completely uninformative.

第2に，森嶋（1967）の代替の弾力性（MES）は $TOES$ であり，Koizumi（1976）はそれを以下の（2.7）式で表した。

$$\sigma_{ij}^M = S_j(\sigma_{ij}^A - \sigma_{jj}^A) = \varepsilon_{ij} - \varepsilon_{jj}. \tag{2.7}$$

ただし，（2.7）式は筆者が書き加えたものである。

　ここでまた，Blackorby and Russell（1989）は，MES に関して興味深い重要なコメントをしている。

　[MES は]もともと，森嶋（1967）によって日本語で定式化されたものであるが，残念ながらそれは英語には翻訳されることなく，Blackorby and Russell（1975）によって独立して発見されたものであった（Blackorby and Russell, 1989, pp. 883-*l*）（原文は以下の通りである：筆者）。

　[The MES was] originally formulated by Morishima (1967) in a note written in Japanese and unfortunately never translated into English and independently discovered by Blackorby and Russell (1975).

しかしながら，Blackorby and Russell（1975）は，MES が内包する以下の
ような重要な性質を発見したことによって，かなり興奮もし歓喜したようで
もある。言い換えれば，MES は「ヒックスの独創的な概念の明らかな特徴
をきちんと備え持っていた」ということである。すなわち，MES は（この続
きは以下の引用文を参照していただきたい：筆者），

（i）それは，曲面の測度であるし，代替の容易さの程度を示している，
（ii）それは，価格ないし数量比の変化が相対的な投入要素分配率に与え
る効果を——定量的であれ定性的であれ——評価するための十分な統計
量である。さらに，（iii）それは，数量比の限界代替率または価格比に関
する対数微分である（Blackorby and Russell, 1989, p. 883-*l*）（原文は以下
の通りである：筆者）。

(i) *is* a measure of curvature, or ease of substitution, (ii) *is* a sufficient
statistic for assessing–quantitatively as well as qualitatively– the ef-
fects of changes in price or quantity ratios on relative factor shares,
and (iii) *is* a logarithmic derivative of a quantity ratio with respect to
a marginal rate of substitution or a price ratio.

要するに，

［それは］i, j 投入要素比率が w_j の変化にいかに反応するのかを計るた
めに最適の測度なので，経済学的に AES よりはるかに優れた定式化で
あることがわかった（Chambers, 1988, p. 96）（原文は以下の通りである：
筆者）。

[it] turns out to be a much more economically relevant concept than the
AES since it is an exact measure of how the i, j input ratio responds
to a change in w_j.

しかしながら，われわれは，ここで以下のことを銘記しておかねばならない。

投入要素 i および j は w_j の上昇が投入財比率 $x_i(\mathbf{w}, y)/x_j(\mathbf{w}, y)$ を増大させる限りにおいてのみ森嶋の代替財である（Chambers, 1988, p.96）（原文は以下の通りである：筆者）。

inputs [originally, Inputs] i and j are Morishima substitutes if and only if an increase in w_j causes the input ratio $x_i(\mathbf{w}, y)/x_j(\mathbf{w}, y)$ to rise. Hence, when inputs are Allen substitutes, they must also be Morishima substitutes. But the converse does not hold.

さらにわれわれは，もう1つの重要な点について銘記しておくべきである。つまり，

MES [もともと，森嶋弾力性] は，符号が対称的ではない，そして，森嶋代替性あるいは補完性を判別する際の投入要素 i および j の分類は，いずれの投入要素価格が変化するのかということに強く依存する（Chambers, 1988, p.97）（原文は以下の通りである：筆者）。

the MES is *not* [originally, Morishima elasticity is not] sign symmetric, and the classification of inputs i and j as Morishima substitutes or complements depends critically on which input price changes.

第3に，McFadden（1963）は，いわゆる，シャドウ代替の弾力性（SES）を開発した。これは，$TTES$（two-factor-two-price elasticities of substitution）であると考えられている。Chambers (1988, p.97) によると，

実際に，2個の投入要素価格（w_i および w_j）が変化することを考えてみよう。すると，

$$\hat{x_i}(\mathbf{w}, y) = \varepsilon_{ii}\hat{w}_i + \varepsilon_{ij}\hat{w}_j,$$

そして

$$\hat{x_j}(\mathbf{w}, y) = \varepsilon_{ji}\hat{w}_i + \varepsilon_{jj}\hat{w}_j.$$

代替は，次の式を生ずることになる。

$$\hat{x_i}(\mathbf{w}, y) - \hat{x_j}(\mathbf{w}, y) = (\varepsilon_{ii} - \varepsilon_{ji})\hat{w}_i + (\varepsilon_{ij} - \varepsilon_{jj})\hat{w}_j = \sigma_{ij}^M \hat{w}_i - \sigma_{ji}^M \hat{w}_j.$$

この最後の結果は，以下の関連する *TTES* を意味する。

$$\frac{\hat{x}_i(\mathbf{w}, y) - \hat{x}_j(\mathbf{w}, y)}{\hat{w}_j - \hat{w}_i} = \sigma_{ij}^M \frac{\hat{w}_j}{\hat{w}_j - \hat{w}_i} - \sigma_{ji}^M \frac{\hat{w}_i}{\hat{w}_j - \hat{w}_i}.$$

原文は以下の通りである。

Suppose, in fact, that two input prices (w_i and w_j) change. Then

$$\hat{x}_i(\mathbf{w}, y) = \varepsilon_{ii}\hat{w}_i + \varepsilon_{ij}\hat{w}_j,$$

and

$$\hat{x}_j(\mathbf{w}, y) = \varepsilon_{ji}\hat{w}_i + \varepsilon_{jj}\hat{w}_j.$$

Substitution then yields

$$\hat{x}_i(\mathbf{w}, y) - \hat{x}_j(\mathbf{w}, y) = (\varepsilon_{ii} - \varepsilon_{ji})\hat{w}_i + (\varepsilon_{ij} - \varepsilon_{jj})\hat{w}_j = \sigma_{ij}^M \hat{w}_i - \sigma_{ji}^M \hat{w}_j.$$

This last result implies that the associated *TTES* is

$$\frac{\hat{x}_i(\mathbf{w}, y) - \hat{x}_j(\mathbf{w}, y)}{\hat{w}_j - \hat{w}_i} = \sigma_{ij}^M \frac{\hat{w}_j}{\hat{w}_j - \hat{w}_i} - \sigma_{ji}^M \frac{\hat{w}_i}{\hat{w}_j - \hat{w}_i}.$$

したがって，

Not surprisingly, therefore, the class of *TTES* measures emerges as a weighted combination of the respective Morishima elasticities, each of which measures how input ratios respond to changes in single-input prices.

Utilizing Shephard's (1953) Lemma also gives

$$\hat{C}(\mathbf{w}, y) = S_i\hat{w}_i + S_j\hat{w}_j.$$

If attention is restricted to movements along a given factor price frontier, one can define the shadow price elasticity as the *TTES* evaluated at constant cost and by the above:

$$\sigma_{ij}^S = \frac{S_i}{S_i + S_j}\sigma_{ij}^M + \frac{S_j}{S_i + S_j}\sigma_{ji}^M. \tag{2.8}$$

したがって，SES は2つの森嶋弾力性を加重平均したものである。そこでのウェイトは，相対的な費用比率で与えられている。特に $TTES$ は対称的であるだけでなく，相対的な投入要素反応の完全な測度を提供しているということに注目すべきである（Chambers, 1988, p. 97）（原文は以下の通りである：筆者）。

Therefore, the SES [originally, shadow elasticity of substitution] is a weighted average of two Morishima elasticities where the weights are given by the relative cost shares. Note, in particular, that this $TTES$ is in fact symmetric in addition to providing a more complete measure of relative input responsiveness.

3　実証結果

3.1　S-G型多財トランスログ総費用（TC）関数の推計値

前節で導出された AES，MES，および SES を推計するためには，TC 関数の推計値が必要である。幸運にも，われわれは，すでに第1章において，各種の多財トランスログ TC 関数を推計し，S-G型多財トランスログ TC 関数が，種々の経済指標を計算する際には，最も信頼できかつ頑健な推計結果を与えてくれることを確認した。したがって，われわれは，第1章の表1-2に表示されている，AES，MES，および SES の推計を可能にしてくれた，S-G型多財トランスログ TC 関数のパラメータ推計値を，これから先も用いることにしたい。

3.2　投入要素に関する自己価格需要弾力性の推計値

本章の主要な目的は，投入要素間の代替の弾力性を分析することにあるが，ここで，少なくとも，投入要素の自己価格需要弾力性の推計値を詳しく見ておくことは適切なことであると思われる。投入要素の自己価格需要弾力性の推計値は，表2-2に示されている。これらは，近似点で推計されたものである。いくつかの重要なファインディングズについて説明しておきたい。

まず最初に，絶対値で見ると，すべての投入要素の自己価格需要弾力性は

表 2-2　通常型および S-G 型多財トランスログ TC 関数モデルに基づき近似点で
推計された投入要素の自己価格需要弾力性の推計値：都府県，
1957-97 年

投入要素	自己価格需要弾力性（ε_{ii}）	P-値
労働（X_L）	-0.357	0.002
機械（X_M）	-0.414	0.152
中間投入要素（X_I）	-0.226	0.102
土地（X_B）	-0.224	0.167
その他投入要素（X_O）	-0.472	0.015

注：ε_{ii} の推計方法については第 1 章の表 1-4 の注 3 を参照して
いただきたい。

1.0 より小さい。このことは，すべての投入要素の需要は非弾力的であるこ
とを示唆している。しかしながら，これらの弾性値を十分に注意深く検討し
てみると，その他の投入要素に対する需要は他の 4 投入要素よりも相対的に
弾力的であることが観てとれる。その他投入要素は農用建物および構造物，
大型畜産物，大型果樹で構成されていることを思い出してみよう。そうする
と，われわれは，その他投入要素の需要が相対的により弾力的であるという
ファインディングは，本書の研究期間である 1957-97 年における畜産物およ
び果実生産の急激な増大と密接な関係を持っていたのではないかと推察で
きる。

3.3　AES，MES，および SES の推計値

　まず第 1 に，表 2-3 に示されている σ_{ij}^A の推計値は，その方向においても
その大きさにおいても，『農経調』を用いて推計された Kuroda（2008a, 2008b,
2008c, 2009a）の推計値とかなりよく似ている。しかしながら，すでに本章
の第 2.1 節で議論したように，これらの Kuroda の推計値は，多くの場合に
おいて，『米麦生産費』データセットに基づく推計値とは異なっている。『米
麦生産費』データセットに基づく推計値は，その方向性においてもその大き
さにおいても，かなり大幅に異なっている。要するに，われわれは σ_{ij}^A の推
計値は必ずしも安定していないことを見いだしたのである。この観察こそが，
本章において，より安定し，より頑健で，かつより信頼できる σ_{ij} の推計値

表2-3　通常型および S-G 型多財トランスログ TC 関数モデルに基づき近似点で推計された AES，MES，および SES の推計値：都府県，1957–97 年

σ_{ij}	通常型モデル			S-G 型モデル		
	AES	MES	SES	AES	MES	SES
σ_{LM}	0.542 (0.138)	0.464 (0.038)	0.639 (0.008)	0.646 (0.115)	0.548 (0.113)	0.561 (0.048)
σ_{ML}		0.688 (0.003)			0.587 (0.020)	
σ_{LI}	1.273 (0.000)	0.529 (0.000)	0.684 (0.000)	0.870 (0.000)	0.434 (0.001)	0.527 (0.000)
σ_{IL}		1.022 (0.000)			0.667 (0.000)	
σ_{LB}	0.146 (0.671)	0.251 (0.010)	0.295 (0.006)	−0.281 (0.561)	0.194 (0.292)	0.209 (0.240)
σ_{BL}		0.507 (0.012)			0.258 (0.320)	
σ_{LO}	0.910 (0.001)	0.765 (0.000)	0.779 (0.000)	0.490 (0.000)	0.518 (0.007)	0.521 (0.001)
σ_{OL}		0.857 (0.000)			0.532 (0.000)	
σ_{MI}	−1.385 (0.076)	−0.026 (0.928)	0.085 (0.750)	−0.596 (0.412)	0.083 (0.781)	0.194 (0.568)
σ_{IM}		0.167 (0.554)			0.290 (0.474)	
σ_{MB}	0.665 (0.288)	0.301 (0.001)	0.370 (0.001)	0.908 (0.221)	0.320 (0.081)	0.415 (0.025)
σ_{BM}		0.482 (0.024)			0.602 (0.055)	
σ_{MO}	4.234 (0.000)	1.047 (0.000)	1.042 (0.000)	2.480 (0.000)	0.703 (0.000)	0.773 (0.000)
σ_{OM}		1.033 (0.000)			0.928 (0.001)	
σ_{IB}	0.423 (0.240)	0.278 (0.002)	0.301 (0.002)	0.874 (0.122)	0.316 (0.136)	0.352 (0.085)
σ_{BI}		0.352 (0.032)			0.435 (0.053)	
σ_{IO}	−1.720 (0.001)	0.542 (0.001)	0.358 (0.008)	−0.558 (0.000)	0.421 (0.028)	0.329 (0.023)
σ_{OI}		−0.095 (0.573)			0.093 (0.511)	
σ_{BO}	−0.236 (0.572)	0.668 (0.000)	0.454 (0.000)	−0.788 (0.000)	0.399 (0.037)	0.278 (0.028)
σ_{OB}		0.215 (0.019)			0.141 (0.390)	

注1：AES，MES，および SES は，それぞれ，(2.6)，(2.7)，および (2.8) 式によって推計した。

2：AES および SES に関しては，$\sigma_{ij} = \sigma_{ji}$ が成り立つ。つまり，対称的である。

3：( ) 内の数値は P-値である。

を求めようという動機である。このことを銘記しながら，ここで，表 2-3 に
示されている AES，MES，および SES の評価を行なうことにしよう[7]。

　一般的に言って，以下のような観察ができる。(1) 近似点における AES,
MES，および SES は，σ_{MI}，σ_{IO}，および σ_{BO} を例外とすると，基本的に
は，よく似た代替の方向性を示している。しかしながら，10 個の σ_{ij}^{A} のうち
5 個は，統計的に有意ではない。これに反して，σ_{MI}^{M}，σ_{MI}^{S}，σ_{IM}^{M}，および
σ_{OI}^{M} 以外の，ほとんどすべての σ_{ij}^{M} および σ_{ij}^{S} は，5～1％の水準で統計的
に有意である。(2) 代替性の（あるいは補完性の）程度は，σ_{LO} 以外は，AES,
MES，および SES の間でかなりの違いが見受けられる。

　第 1 に，σ_{MI} の場合，AES は負（−1.39），そしてそれは，10％水準で統
計的に有意であった。このことは，機械と中間投入要素が互いに補完財であ
ることを示唆している。この結果は，戦後日本農業において，M-技術革新
および BC-技術革新が同時に進展してきたという解説の根拠として用いら
れてきた（例えば，阿部，1979; 茅野，1985; Kuroda, 1987, 2008a, 2008b, 2008c,
2009c)。しかしながら，この解釈は，これら両生産要素は表 2-3 に示されて
いる MES および SES の推計値から判断すると独立財とみなし得るので，実
際の解釈をねじ曲げてきた可能性が高い（表 2-3 によると，σ_{MI}^{M}，σ_{IM}^{M}，お
よび σ_{MI}^{S} の推計値は，それらの統計的有意性がきわめて低くゼロとみなしても差
し支えない）。

　このファインディングからは，もしわれわれが戦後日本農業の M-技術革
新および BC-技術革新の同時的進行・発展を議論したいのであれば，機械お
よび中間投入要素に関する技術変化の方向とバイアスを検証する方がより論
理的で意味があるという問題提起をしていると受け止めるべきである。もし,
両生産要素の技術変化の方向とバイアスがともに正であるならば，技術変
化はともに機械―「使用的」であり中間投入要素―「使用的」であることを

---

7)　われわれの広範なサーベイにおいては，山本・黒柳（1986）が，(MES は推計していな
　いが）鶏卵生産の AES と SES を推計しているのみである。他方，国際的に見てみると,
　AES，MES，および SES をすべて推計している研究は以下の 3 つの文献しか発見でき
　なかった。それらは，Ball and Chambers（1982），Bhattacharyya, Harris, Narayanan,
　and Raffiee（1995），および Chambers（1988）だけであった。

意味している。そうすると，われわれは M-技術革新および BC-技術革新は同時に進展したと言うことができる。Kuroda（2008a, 2008b, 2008c, 2009a）は，これら一連の論文で，都府県，東北，および北九州農業地域において，1957–97 年に対して，きわめて頑健な機械—「使用的」および中間投入要素—「使用的」バイアスの推計結果を得た。この結果から，少なくとも本研究期間 1957–97 年において，日本農業（北海道および沖縄県を除く）では，農業の M-技術革新および BC-技術革新の同時的進行・発展が起こっていたと推量しても差し支えないであろう[8]。

第 2 に，σ_{IO}^{A} は，統計的に有意に負の値であり，その値 -1.72 は絶対値で見てかなり大きい。このことは，中間投入要素およびその他投入要素は互いにかなり強い補完財であることを示唆している。これに反して，σ_{IO}^{M} および σ_{IO}^{S} は，それぞれ，0.54 および 0.36 であり，いずれも正でありかつ統計的に有意であった。このことは，中間投入要素およびその他投入要素は互いに代替財であることを意味している。しかしながら，σ_{OI}^{M} は負（-0.10）ではあるが，統計的には有意ではない。このことは，中間投入要素およびその他投入要素は互いに補完財ではなく，むしろ，互いに独立財であるとみなすことができる。

第 3 に，AES を用いると，σ_{BO}^{A} の推計値は，統計学的にはゼロとみなされ，土地およびその他投入要素は互いに独立財とみなすことができる。一方，σ_{BO}^{M}，σ_{OB}^{M}，および σ_{BO}^{S} はすべて統計学的に正かつ有意であり，土地とその他投入財は互いに代替財であることを示唆している。しかしながらここでは，MES および SES の代替弾力性の定義における論理的完成度の高さから判断すると，土地とその他投入要素は互いに代替財である，と解釈しても差し支えないであろう。

以上 3 つのケースを要約すると，第 2.1 節における解説で明らかになったように，MES および SES は，投入要素間の代替性および補完性についてより完成度の高い情報をもたらしてくれる。このことから演繹すると，上述の

---

8)　残念ながら，都府県の場合，σ_{MI}^{A} は正ではあったが，その統計的有意性は比較的弱かった（P-値$=0.211$）。

投入要素間の 3 つのペア，つまり，(i) 機械と中間投入要素，(ii) 中間投入要素とその他投入要素，および (iii) 土地とその他投入要素は，互いに補完財や独立財ではなく，すべて互いに代替財であると判断しても差し支えないであろう。

次に，投入要素間のその他の各種ペアの代替弾性値が，AES，MES，および SES の間でいかなる違いを見せるか評価することにしよう。

まず第 1 に，表 2-3 の推計値を一覧して言えることは，一般的に，AES の推計値の大きさが，σ_{LO} 以外のものについては，MES および SES の推計値の大きさとは異なっていることである。統計的に有意な σ_{ij}^A は，絶対値では，σ_{ij}^M および σ_{ij}^S より大きいように見える。

第 2 に，これに反して，σ_{ij}^M および σ_{ij}^S は，10 ペアのうち以下の 6 ペアについては相互に非常に近い推計値を得ている。それらは σ_{LB}，σ_{LO}，σ_{MI}，σ_{MB}，σ_{MO}，および σ_{IB} である。残りの 4 ペア（σ_{LM}，σ_{LI}，σ_{IO}，および σ_{BO}）に関しては，MES と SES の代替の弾力性の推計値の大きさにはいくらかの差異が認められる。しかしながら，これらの差異は対応する AES との差異と比べると，それほど大きなものではないと言えそうである。つまり，それらの差異は，σ_{LM}，σ_{LI}，σ_{IO}，および σ_{BO} について，それぞれ，0.17，0.16，0.18，および 0.22 であった。

第 3 に，第 2.2.1 節で示したように，σ_{ij}^M は非対称である。σ_{ij}^M の大きさは，どちらの投入要素，つまり，i 番目または j 番目の価格が変化するかに依存している。表 2-3 によると，以下の 7 ペア，つまり，$L-M$，$L-B$，$L-O$，$M-I$，$M-B$，$M-O$，および $I-B$ に関しては，どのペアについても，その代替弾力性の推計値にそれほど大きな差異は認められない。しかしながら，残りの 3 ペア，$L-I$，$I-O$，および $B-O$ については，それぞれのペアにおける代替性の程度にはかなり大きな差異が観察される。例えば，中間投入要素の価格が上昇したとき，中間投入要素（例えば，化学肥料や農薬）の労働への代替は 0.529 の弾性値でなされる。これに反して，もし労働価格が上昇したときには，労働から中間投入要素への代替は，1.022 の弾性値の大きさで促進される。これは，上記の逆の場合より強い代替性を示している。

最後に，σ_{IL}^M，σ_{MO}^M，σ_{OM}^M，および σ_{MO}^S 以外のものについては，σ_{ij}^M お

よび σ_{ij}^{S} は，すべて 1.0 より小さい。このことは，それぞれの投入要素のペア（その他の投入要素は一定に固定しておいて）の等量線は原点に向かってかなり凸性が強いということを示唆している。このことは，さらに，農企業は投入要素の相対価格が変化したときに，一方の投入要素から他の投入要素への代替のスピードがかなり遅いことを意味している。

　以上をまとめると，われわれは，AES のみしか推計しない場合，投入要素間の統計的に信頼性かつ頑健性のある代替性および補完性の大きさと方向性を推計する際にバイアスを持った結果に直面する可能性がある，という貴重な教訓を得た。したがって，投入要素間の代替性および補完性のより高い信頼性のおける頑健な推計値を得るためには，経済学の理論的観点からしても，より適切に定義された MES および SES を推計することを強く勧めたい。

4　要約と結論

　本章の主要な目的は，20 世紀後半の 40 年間，1957–97 年における，戦後日本農業生産の投入要素間の代替の弾力性の大きさの程度と方向性を推計することにあった。

　この研究期間においては，日本農業の生産物構成は大幅に変化した。生産面では，特に，畜産は作物生産に比べて急激に増大した。投入要素の側面では，非農業部門の急激な成長による農業労働力の非農業部門への急激な（あるいは「地滑り的」な）移動に対応して，農業生産における機械化が非常なスピードで進んだ。その農業の機械化は，1950 年代半ばから 1970 年代初期にかけて起こった小型機械化から，1970 年代初期以降現在まで促進されてきた中・大型機械化である。

　われわれの主要な目的を達成するために，毎年農林水産省から刊行されている『農経調』および『米麦生産費』から得られるデータを用いて，1957–97 年の研究期間に対し，日本農業を代表する地域としての都府県を対象として，S-G 型多財トランスログ TC 関数を推計した。この TC 関数の推計パラメータに基づいて，投入要素の自己価格需要弾力性ならびに AES，MES，および SES を推計した。いくつかの重要なファインディングズを以下のように

まとめることができる。

　第1に，すべての投入要素（労働，機械，中間投入要素，土地，およびその他投入要素）に対する需要は，非弾力的であった。しかしながら，その他投入要素に対する需要は，他の投入要素に比べると相対的により弾力的であった。ここで再び，その他投入要素は農用建物および構築物，大植物，および大動物で構成されていることを思い起こしていただきたい。すると，われわれは，その他投入要素への相対的に高い需要の価格弾力性は，野菜，果実，および畜産物の急激な生産増加に緊密に関連していたと推測できる。第2に，AESの推計値は，MES および SES の推計値に比べるとかなり不安定であった。このことは，Chambers（1988）ならびに Blackorby and Russell（1989）が示唆しているように，MES および SES の推計値の方が AES の推計値よりも統計的信頼性のみでなく頑健性という点からもより優れているということを示唆している。加えて，MES および SES の推計値は，投入要素の 10 ペアすべてについて非常に近いかよく似た値であった。第3に，MES および SES の推計値は σ_{OI}^{M}（しかし，統計的には有意ではない）以外はすべて正であり，σ_{IL}^{M}，σ_{MO}^{M}，σ_{MO}^{S}，および σ_{OM}^{M}（およそ 1.00〜1.05 でわずかに 1.0 より大きかったが）以外は 1.0 より小さかった。このことは，すべての投入要素は互いに代替財であったが，単一であれ相対的であれ，投入要素価格の変化に対応して，投入要素間の代替においてそれほど大きな反応を示さなかったということを示唆している。

　結論として，われわれは本章における研究結果から1つの重要な教訓を学んだと言える。すなわち，アレンの偏代替弾力性を推計しただけでは不十分であり，投入要素間の代替の弾力性のより信頼できかつより頑健な推計値を得るためには，われわれは，経済学の理論的視点から鑑みて，より正確にかつ緻密に定義されている MES および SES を推計すべきであるという点を強調しておきたい。

第3章

戦後日本農業における「デュアル」および「プライマル」技術変化率

1 序

1.1 問題の設定および目的

よく知られているように，Solow（1957）は，1909–49 年のアメリカ経済を対象に非農業部門の 1 人当たり GNP の成長率に対する技術変化率の貢献度の大きさを定量的に推計するという記念すべき論文を発表した。すべての経済学徒が驚いたことには，技術変化率の 1 人当たり GNP の成長率に対する貢献度が 87％ もの高さだったということである。このソローの記念すべき論文の発表以来，一国全体の経済のみならず，もちろん農業も含む，一国経済の個々の経済部門に対する技術変化の実証的推計およびそれに基づく成長会計分析に関する膨大な数の論文が発表されてきた[1]。

土屋（1966）は，1922–63 年における，東北，近畿，および九州の 3 農業地域の技術変化率を推計するために，いわゆるソローの「残差」法を適用した日本で最初の農業経済学者であった。一方，Sawada（1969）は，日本農業全体の技術変化率を，戦前においては 1883–1937 年について，戦後においては 1953–63 年について，やはり，ソローの「残差」法を用いて推計した。新谷（1972）も，ソローの「残差」法を用いて，戦前の 1883–1932 年に対して，日本農業全体の技術変化率を推計した。言うまでもなく，これらの研究はすべて C-D 型生産関数の推計に基づくものであった。ここで，C-D 型生産関

---

1)　黒田（2005）は，技術変化のいわゆるソローの「残差」法およびこの方法を日本農業に適用した研究も含めた広範なサーベイを行なっている。

数は，技術変化は外生的（つまり，「棚からぼたもち」的）で，かつ，ヒックス
「中立的」であり，規模の経済性一定（CRTS），さらに定義された投入要素
のいかなるペアの代替の弾力性も 1.0 の値をとり，そして競争的均衡が成立
しているという厳しい仮定の下に成り立っている。

　この技術変化の研究の方向に沿って，山田および他の研究者は，日本農
業全体における，総生産（TO），総投入（TI），および全要素生産性（TFP）
をいろいろ異なる期間に対して推計した。いくつかの代表的なものとして，
Yamada (1967)，Yamada and Hayami (1975)，新谷 (1980)，および Yamada
(1991) を参考文献として挙げることができる。これらの研究の接近方法に
おいては，TO は種々の範疇の生産物を生産物比率に基づいて 1 つの生産物
として集計したものであり，TI は種々の範疇の生産要素を生産要素比率に
基づいて 1 つの投入物として集計したものである。これらの種々の範疇の生
産物および投入要素を集計する際に，すべての生産物および投入要素は均衡
を達成しているものと仮定している。そこで，$TFP = TO/TI$，つまり，総
生産（TO）の総投入（TI）に対する比率として推計することができる。TFP
は種々の投入要素が TO 水準を高めるためにいかに効率的に結合されたのか
という値を提供する。この意味において，TFP は，推計されたパラメータ
を用いて技術変化率を推計するという概念と緊密な関係を持っている。

　TFP の推計後，われわれは，ヒックス「中立性」，CRTS，および競争均
衡の仮定の下で推計された技術変化率に等しい TFP の成長率を簡単に推計
できる。ここで，これらの仮定が妥当である限り，C-D 型生産関数の推計に
基づく接近法と TFP の推計法は同値であることを銘記しておこう。これに
加えて，上記の多くの研究においても，その他の類似の研究においても，1
つの重要なファインディングを提供しているということを，同じく銘記して
おきたい。それは，農業総生産成長率に対する技術変化の貢献度はかなり高
いものであり，戦前のみならず戦後においてもおよそ 60〜90％の水準に達
していたということである。そして，このことは，できる限り正確でかつ信
頼のおける技術変化率を推計することがきわめて重要でかつ有用であること
を示唆している。

　さて，ソローの「残差」法ないし TFP 推計法に基づく過去の研究は，少な

くとも，以下の4つの重大な短所を持っている。第1に，生産弾力性を求め
るためのC-D型生産関数の単純な推計およびTFP推計法は，それらの背景
となる企業の生産理論が存在しない，つまり，利潤最大化，費用最小化，ある
いは収益最大化といった企業の生産理論が存在しないという意味で，その推
計プロセスはただ単に機械的であり技術的なものでしかない。第2に，C-D
型生産関数を推計することは，統計的にはきわめて簡単であるし利便性も備
えているけれども，そのような関数の背後に隠れている仮定は，きわめて厳
しいものばかりであるし，しばしば，現実の経済においては非現実的である。
それらの仮定とは，(1) 技術変化は投入要素空間においても生産物空間にお
いてもまったくバイアスの存在しないヒックス「中立性」である。(2) 相似
性（単一財モデルの場合）および投入要素と生産物との分離性（多財モデルの
場合），つまり，生産物の量的変化によるバイアス効果はなし（単一財モデル
の場合），生産物構成の変化によるバイアス効果もなし（多財モデルの場合）
である。(3) いかなる投入要素のペアであってもその代替の弾力性はすべて
常に1である。(4) C-D型生産関数であってもTFP推計法であっても，時
系列であろうが時系列と横断面データのプールデータであろうが，用いられ
るデータベースの個々のサンプルに対して技術変化率を統計的に推計すると
いうことは不可能である。なぜなら，上記4個の短所のうちの最初の3個の
短所，特に，2つの厳しい仮定，ヒックス「中立性」および相似性（単一財モ
デルの場合）ないし投入要素－生産物分離性（多財モデルの場合）が仮定され
ているからである。このため，それぞれの研究期間に対して，平均的な値と
してのただ1つの技術変化率の値しか得られず，その経時的変化についての
情報はまったく得ることができない。

　したがって，本章のポイントは，戦後日本農業の一定の期間について，個々
の年の技術変化率を統計的に推計するために開発された方法を導入すること
にある。この目的を達成するために，われわれは多財トランスログTC関数
による接近方法を導入する。この方法は，C-D型生産関数に比べて，ヒック
ス非「中立性」，投入要素－生産物非分離性，およびいかなる投入要素ペア
間のフレキシブルな代替の弾力性を推計できるというはるかに一般的な特
徴を持っている。さらに，本章は，推計された多財トランスログTC関数の

パラメータが推計期間中一定と仮定されている通常型多財トランスログ TC 関数とは違って, 推計された多財トランスログ TC 関数のパラメータが時間の経過とともに変化することができるという意味で, よりフレキシブルな Stevenson（1980）-Greene（1983）（S-G）型多財トランスログ TC 関数モデルを適用する。

　さらに, 本研究は, 投入要素価格の変化のみでなく生産物構成（本研究では, 作物と畜産物）の数量的変化が技術変化率に及ぼす効果も検証することができる。そのような実証的推計は, 農業生産性の重要な要素である技術変化率をいかにして高めるかというような, 農業経済学者に対してだけではなく, 農業政策担当者に対しても重要かつ興味深い情報を提供することが可能である[2]。われわれは, S-G 型多財トランスログ TC 関数モデルを, 1957–97 年に対して推計する。このモデルの実証分析に用いられる主要なデータ資料は, 毎年農林水産省より刊行されている『農経調』および『物賃』である。

1.2　基礎データの観察

　先に進む前に, われわれはここで, 1957–97 年における都府県全体の平均農家について, その投入要素量, 投入要素価格, および平均農家の投入要素分配率を見ておくことにしよう。われわれは都府県平均農家のこれらのデータを, すでに第 1 章の図 1–3, 1–4, および 1–5 においてそれぞれ観察してきた。したがって, ここでなすべきことは, それら変数の経時的動向を簡潔に要約しておくことであろう。

　一方, 生産面に対しては, 以下の 4 階層農家, （I）0.5–1.0, （II）1.0–1.5, （III）1.5–2.0, および（IV）2.0 ha 以上に対して, 生産物データの動向を指数および比率の形で示すことにする[3]。

　より明確に述べれば, ここで生産物構成の動向を観察しておきたいのである。次節で詳しく説明することになるが, 本章では S-G 型（作物−畜産物）2

---

2)　よく知られているように, もし生産技術が CRTS によって特徴付けられていなければ, TFP の成長率は技術変化効果と規模効果に分解される（Denny, Fuss, and Waverman, 1981）。

3)　データ資料と変数定義の詳細は第 1 章の付録 A.1 において詳細に説明されている。

財トランスログ TC 関数モデルを導入するので，ここでは，1957-97 年のこれら 2 範疇の生産物の動向の観察に焦点を当てる。つまり，われわれは作物および畜産物の実質生産水準と生産比率を，全 4 階層農家とともに都府県全体の平均農家について観察する。このようなことを行なう主要な理由は以下の通りである。投入要素の場合には，(i) 投入要素使用量，(ii) 総合生産物価格に対する個々の投入要素の相対価格，および (iii) 全 4 階層農家の投入要素比率は，都府県平均農家のそれぞれの数値にきわめて類似している。したがって，都府県全体の平均農家を都府県の "代表" として，代表農家のみの上記 (i)，(ii)，および (iii) の動向を調べてみることは許されるだろう。

　一方，作物と畜産物の生産水準と生産比率は異なる階層農家間でかなり違いがあるため，平均農家をこれらの指標の動向において "代表" 的なものとして扱うのは必ずしも適切ではない。このことは，われわれがなぜ 2 つの範疇の生産水準と生産比率を全 4 階層農家だけでなく平均農家についても示すことにしたか，後ほど図 3-1 から図 3-4 を通して，理解できるであろう。

　さて，1950 年代後半以降の日本農業における最も顕著な変化は，第 1 章の図 1-3 に示されているように，労働の急激な減少そしてそれに伴う機械および中間投入要素の急激な増大であった。戦後日本農業におけるこれらの相対的な生産要素投入の急激な変動は，農業部門の成長においてのみでなく，非農業部門における経済成長過程においても重大な役割を果たした。農業における労働の減少は，1957-97 年において，年率およそ 3.0% という農業としてはかなり高いレベルの労働生産性の成長を促した。

　同時に，大々的な移動労働者の非農業部門への流入は，特に，1950 年代半ばから 1970 年代初期において，非農業部門のみならず日本経済全体の急激な成長に重大な貢献を果たした。

　土地投入水準は，1960 年代初期には少々増大したが，1990 年代初期まで，ほとんど同じ水準を保った。しかしながら，土地投入水準は 1990 年代初期から幾分増大したように思える。最後に，第 1 章の図 1-3 によると，その他投入要素は，かなりゆったりとしたペースではあるが，全研究期間 1957-97 年において増大傾向を示した。

　逆に，第 1 章の図 1-4 に示されているように，集計された生産物のマル

ティラテラル価格指数で基準化された投入要素相対価格における変化は，投入要素使用水準とは反対の動きをしている。まず最初に，労働および土地の価格は 1986 年まで急激に上昇した。しかしながら，その後は，労働価格は 1992 年まで停滞気味か微増ながら上昇し，その後かなり急速に低下し始めた。他方，土地価格は 1986 年以降は低下している。これに反して，機械および中間投入要素の相対価格は，全研究期間 1957–97 年には一貫して低下し続けた。その他投入要素の場合，その間いくらかの上昇と下降はあったものの，全研究期間 1957–97 年において，その価格指数は減少の趨勢をたどったと言えるだろう。

　これらの投入要素価格の相対的な変動を反映して，第 1 章の図 1–5 に示されているように，これら 5 個の投入要素の費用－総費用比率は，全研究期間 1957–97 年に対して，経済合理的な変化を示している。第 1 に，労働は一貫して費用－総費用比率を低下させた。一方で，機械は，全研究期間 1957–97 年にその費用－総費用比率を堅実に増大させてきた。さらに，その他投入要素の費用－総費用比率は，わずかではあるが，経時的に上昇した。中間投入要素は 1974 年まで，その費用－総費用比率を増大させたが，それ以降，1987 年まで弱いが減少傾向をたどり，それ以降は，1997 年までわずかながらも増大傾向が見られた。これに反して，特に，1957–86 年における土地価格の急激な上昇にもかかわらず（あるいは，多分そのために），土地の費用－総費用比率はわずかではあるが増大傾向を示した。

　ここで，生産面の観察を行なっておくことにしよう。まず最初に，図 3–1 および 3–2 は，全研究期間 1957–97 年に対する，全 4 階層農家および平均農家の実質価格（1985 年価格）で測られた作物および畜産物生産水準の変化を示している。まず第 1 に，図 3–1 ではっきり見られるように，個々の階層農家は作物生産においては 1975 年にそのピークに達している。しかしながら，1975 年以降においては，全 4 階層農家とも違った動きを示している。第 I および II 階層農家は，ゆっくりではあるが一貫して，1957–97 年に作物生産額を減少させた。第 III 階層農家は，一度は 1980–85 年に上昇傾向を示したが，作物生産額水準の減少傾向が見られた。他方，第 IV 階層農家は，幾度かの数年にわたる上昇および下降のぶれはあるものの，1957–97 年において

図3-1　1985年価格で評価された作物生産額：全階層農家（都府県），
　　　　1957-97年

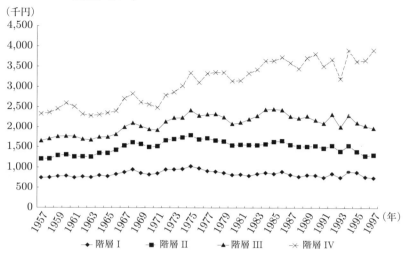

図3-2　1985年価格で評価された畜産物生産額：全階層農家および平均農家
　　　　（都府県），1957-97年

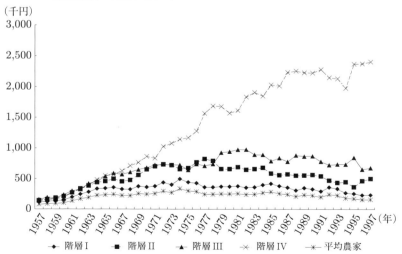

は，作物生産の上昇傾向を示した。このことは，第 IV 階層農家のみが，全研究期間 1957–97 年において，作物生産における上昇トレンドを示したことを意味する。

　第 2 に，図 3 – 2 において，われわれは，全研究期間 1957–97 年において，全 4 階層農家間で，より急激ではあるけれども，畜産物の実質生産額水準における作物のそれと非常によく似た変化を観てとることができる。第 I 階層農家は 1975 年に，その畜産物生産のピークに達し，それ以降は 1997 年まで一貫して減少した。第 II 階層農家は，1977 年に畜産物生産のピークに達したが，その後は一貫して減少傾向である。第 III 階層農家は，畜産物生産を 1957–81 年（または 1982 年）までは上昇トレンドで推移させた，しかしその後は 1997 年まで減少傾向に転じた。これに反して，第 IV 階層農家は，1957 年から 1987 年まで，畜産物生産の上昇トレンドを経験した。1987 年以降においては，この第 IV 階層農家は 1994 年から畜産物生産水準を上昇させそうに見えた（しかし，1995–97 年のその成長率は非常に低かった）が，その畜産物生産は停滞した。

　図 3 – 3 および 3 – 4 は，全研究期間 1957–97 年における，都府県の全 4 階層農家と平均農家の作物および畜産物の生産比率の変化を示したものである。これらの図は，図 3 – 1 および 3 – 2 で示された作物と畜産物の実質生産額水準の場合とは違った様相を呈している。

　まず第 1 に，図 3 – 3 より，第 I 階層農家は，1957 年より 1974 年（第 1 次「石油危機」直後）まで，作物生産の生産比率は減少トレンドをたどったが，それ以降は 1997 年まで上昇傾向をたどった。第 II 階層農家は，1971 年に作物生産の比率が最低に達したが，それ以降は，多少の上下動はあったものの，上昇傾向を示した。第 III 階層農家の場合には，第 II 階層農家の場合と同じく，作物生産の比率が 1971 年に最低に達し，1971–75 年にはそのトレンドは上昇傾向を示し，それ以降の 1997 年まで上昇と下降を繰り返しつつ停滞から少々下降気味の傾向を示した。しかしながら，第 IV 階層農家は，全研究期間 1957–97 年において，作物生産比率は一貫した低下傾向を示した。

　第 2 に，作物生産比率とまったく逆の動向が畜産物の生産比率において観察される。第 I 階層農家は，1974 年に最大の畜産物生産比率に達した。そ

図3-3　1985年価格で評価された作物生産額の割合：全階層農家および平均農
　　　　家（都府県），1957-97年

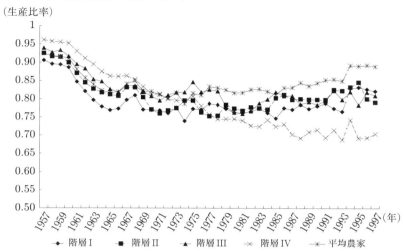

図3-4　1985年価格で評価された畜産物生産額の割合：全階層農家および平均
　　　　農家（都府県），1957-97年

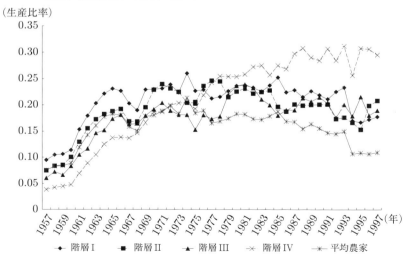

の後は，この畜産物生産比率は上昇と下降を繰り返しながら減少傾向をたどった。第 II 階層農家は，1977 年に最大の畜産物生産比率に達したが，その後は，第 I 階層農家の場合と同じく，この畜産物生産比率は上昇と下降を繰り返しながら減少傾向をたどった。第 III 階層農家は，2 度の下落は経験したが，1957–1981 年にはこの畜産物生産比率の上昇傾向を示した。しかし，1981 年から 1997 年にかけてこの比率の下落傾向を示した。第 IV 階層農家は，1957–1988 年に畜産物生産比率の上昇傾向を示したが，1988 年から 1997 年にかけては，この生産比率は停滞的な様相を示した。

　言うまでもなく，投入要素の費用—総費用比率および作物と畜産物の生産比率の動向は，投入要素空間および生産物空間の技術変化バイアスの動向と密接な関係を持っている。しかしながら，本章では技術変化のこれらの側面は追求しない。それらに関しては第 4 章および第 5 章において詳細な分析がなされる。その代わりに，本章の主要な目的は，投入要素価格および作物生産量と畜産物生産量の変化が，1957–97 年における技術変化率へ及ぼす効果を詳しく分析することにある[4]。

　本章の構成は以下のごとくである。第 2 節は分析枠組みを示す。第 3 節はデータと推計方法について説明する。第 4 節は実証結果を提供し，最後の第 5 節において簡潔な要約と結論を述べることにする。

2　分析の枠組み

　本章では，第 1 章および第 2 章と同じく S-G 型モデルを導入する。このために，本章の以下の節においては，第 1 章の（1.27）から（1.34）式で与えられている S-G 型多財トランスログ TC 関数の分析枠組みを広範に使用する。

---

4)　Kuroda（2008c）および Kuroda（2011b）は，すでに，それぞれ（本章と同期間の）戦後日本農業の投入要素バイアスおよび生産物バイアスを詳細に分析している。

2.1 「デュアル」（「投入要素－節約的」）および「プライマル」（「生産物－増大的」）技術変化率（PGX および PGY）

前にも述べたように，本章においてわれわれが主として興味を抱いていることは，戦後日本農業の技術変化率である。

Caves, Christensen, and Swanson（1981, pp. 995–996）によると，多財投入要素および多財生産物の場合，「全多財生産物生産量水準を一定にしておいて，全多財投入要素投入量水準が一定の共通率で時間経過とともに成長するのと同値の生産性成長率」（これ以降，PGX という）は，以下の（3.1）式で与えられる。

$$PGX = -\frac{\partial \ln C}{\partial t}. \tag{3.1}$$

一方，「全多財投入要素投入量水準が固定されている下で，全多財生産物生産量水準が一定の共通率で時間経過とともに成長するのと同値の生産性成長率」（これ以降，PGY という）は以下の（3.2）式によって与えられる。

$$PGY = -\frac{\partial \ln C}{\partial t}\frac{1}{(\sum_i \partial \ln C/\partial \ln Q_i)}, \tag{3.2}$$

ここで，分母の $1/(\sum_i \partial \ln C/\partial \ln Q_i)$ は，規模の経済性（RTS）と定義される。したがって，（3.1）および（3.2）式より次の（3.3）式を得る。

$$PGY = RTS \times PGX. \tag{3.3}$$

（3.1），（3.2），および（3.3）式を用いて，われわれは以下のように，PGX および PGY さらに RTS を推計する。まず，PGX は，第1章の（1.27）式で与えられている S-G 型多財トランスログ TC 関数モデルに基づいて，以下の（3.4）式を用いて推計する。

$$
\begin{aligned}
PGX &= -\frac{\partial \ln C}{\partial t} \\
&= -(\alpha_0^{'} + \sum_i \alpha_i^{'} \ln Q_i + \sum_k \beta_k^{'} \ln P_k \\
&\quad + \frac{1}{2}\sum_i \sum_j \gamma_{ij}^{'} \ln Q_i \ln Q_j + \frac{1}{2}\sum_k \sum_n \delta_{kn}^{'} \ln P_k \ln P_n
\end{aligned}
$$

$$+ \sum_i \sum_k \phi'_{ik} \ln Q_i \ln P_k)/t, \qquad (3.4)$$

$$i, j = G, A, \quad k, n = L, M, I, B, O.$$

次に，（3.2）式で与えられる PGY は第1章の（1.27）式で与えられている S-G 型多財トランスログ TC 関数モデルに基づいて，以下の（3.5）式のように書き換えることができる。

$$
\begin{aligned}
PGY &= PGX \times RTS \\
&= PGX \frac{1}{\left(\sum_i \partial \ln C / \partial \ln Q_i \right)} \\
&= PGX \frac{1}{\left(\sum_i \varepsilon_{CQ_i} \right)}, \\
& \qquad\qquad i = G, A,
\end{aligned}
\qquad (3.5)
$$

ここで

$$
\begin{aligned}
\varepsilon_{CQ_i} &= \frac{\partial C}{\partial Q_i} \frac{Q_i}{C} = \frac{\partial \ln C}{\partial \ln Q_i} \\
&= \alpha_i + \sum_j \gamma_{ij} \ln Q_j + \sum_k \phi_{ik} \ln P_k \\
&\quad + \alpha'_i \ln t + \sum_j \gamma'_{ij} \ln t \ln Q_j + \sum_k \phi'_{ik} \ln t \ln P_k,
\end{aligned}
\qquad (3.6)
$$

$$i, j = G, A, \quad k, n = L, M, I, B, O.$$

2.2　投入要素価格および生産物構成の変化が PGX に及ぼす効果

　次に，外生変数としての投入要素価格および生産物構成の変化が，戦後日本農業における「デュアル」と「プライマル」の技術変化率（PGX および PGY）に及ぼす効果を定量的に推計することは，農業経済学者のみならず農業政策担当者にとってもきわめて重要かつ興味深いことである。しかしながら，本節においては，投入要素価格および生産物構成の変化が「デュアル」としての技術変化率 PGX に及ぼす効果の推計のみに焦点を合わせることにしたい[5]。

まず，投入要素価格（$P_k, k = L, M, I, B, O$）変化の PGX への効果は，以下の（3.7）式によって推計できる。

$$\frac{\partial PGX}{\partial \ln P_k} = -(\beta_k^{'} + \sum_n \delta_{kn}^{'} \ln P_n + \sum_i \phi_{ik}^{'} \ln Q_i), \qquad (3.7)$$

$$i = G, A, \quad k, n = L, M, I, B, O.$$

第2に，生産物数量（$Q_i, i = G, A$）の変化の PGX への効果は以下の（3.8）式によって推計できる。

$$\frac{\partial PGX}{\partial \ln Q_i} = -(\alpha_i^{'} + \sum_k \delta_{kn}^{'} \ln P_k + \sum_j \gamma_{ij}^{'} \ln Q_j), \qquad (3.8)$$

$$i, j = G, A, \quad k, n = L, M, I, B, O.$$

われわれはここで，上記の式によって一体何を計測しているのか注意しておこう。PGX はパーセント率で測られるので，例えば，労働価格の1％の変化が PGX に及ぼす変化は，弾性値で測られた変化として解釈される。残りの外生変数の変化の効果についても同様の解釈を適用する。

5）　言うまでもなく，われわれは「プライマル」の技術変化率 PGY と規模の経済性 RTS を推計した。われわれは，全4階層農家において，必ずしも全研究期間1957–97年についてというわけではないが，規模の経済性を得た。この推計結果は以下のようにまとめることができる。(i) 階層農家 I は，1961年から規模の経済性を享受し始め，階層農家 II は1969年以降，階層農家 III は1971年から，そして階層農家 IV は1980年から規模の経済性を享受し始めた。(ii) その範囲は，全4階層農家において0.85から1.15の範囲にわたるものであった。(iii) 規模の経済性の程度は必ずしも小規模階層農家から大規模階層農家に向かって順序よく並んでいるだけでなく，それらはかなり平行的に並んでいた。

　さらに，相対的な投入要素価格および作物と畜産物の生産量の変化が及ぼす PGX および PGY への効果も推計した。しかしながら，われわれは，紙幅節約のため PGX への効果の推計結果のみに限って評価を行なうことにした。ここでは，PGY への相対的な投入要素価格および作物と畜産物の生産量が及ぼす PGY への効果は，それらが PGX に及ぼす効果と非常によく似たものであった。この結果は，規模の経済性 RTS を含む PGX と PGY の数学的な関係 $PGY = PGX \times RTS$ から容易に想像できることである。

図 3-5　「デュアル」の技術変化率 (*PGX*)：全階層農家 (都府県)，1957-97 年

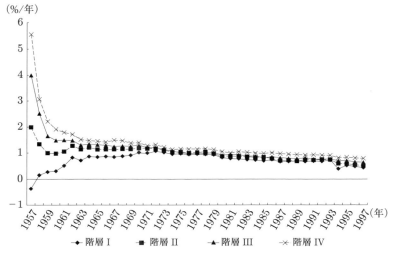

3　実証結果

3.1　「デュアル」の技術変化率 (*PGX*) の推計

　全研究期間 1957–97 年に対する全 4 階層農家の全観測データについて，「デュアル」の技術変化率を推計するために，われわれは，第 2 章と同様に，第 1 章の表 1–2 に示されている S-G 型多財トランスログ TC 関数のパラメータ推計値を用いる。

　図 3-5 は，全研究期間 1957–97 年に対する，全 4 階層農家の *PGX* の推計値を示したものである。この図より明らかなように，全期間を通して，階層農家の規模が大きくなるにつれて，「デュアル」の技術変化率も大きくなっている。特に，1950 年代後半において，階層農家 III および IV の技術変化率はかなり高かった。このことは，1950 年代半ば頃に始まった急速な機械化と化学肥料および農薬の大量散布によって引き起こされたと言える。第 II 階層農家は，幾分か，そのような新しい技術変化の恩恵を受けたと言えそうである。しかしながら，第 III および IV 階層農家の *PGX* は，新しい M-技術革新および BC-技術革新が猛烈な勢いで日本全国に伝播していくに

表3-1　異なる3期間の「投入要素−節約的」技術変化率（PGX）の年平均成長率：都府県，1957-75，1975-97，および1957-97年

期間	階層農家 I	階層農家 II	階層農家 III	階層農家 IV	平均
1957-75	0.75	1.18	1.50	1.79	1.31
	(0.37)	(0.22)	(0.68)	(1.02)	(0.39)
1975-97	0.72	0.80	0.84	0.98	0.84
	(0.16)	(0.16)	(0.11)	(0.11)	(0.13)
全期間	0.71	0.97	1.14	1.35	1.04
1957-97	(0.27)	(0.27)	(0.57)	(0.80)	(0.37)

注1：階層農家 I，II，III，および IV は，それぞれ，0.5-1.0，1.0-1.5，1.5-2.0，および 2.0 ha 以上の階層農家の平均農家を表す。平均農家の PGX は全4階層農家の PGX の単純平均値である。
　　2：すべての PGX は対応する期間の個々の年に対して推計された PGX の単純平均値である。
　　3：（　）内の数値は標準偏差値である。

従って，1960年代前半には急激に低下した。階層農家 I については，PGX が1.0％水準を達成するまでには10年以上もかかっている。より正確に言うと，階層農家 I が1.0％水準の PGX を達成したのは1970年においてであった。しかしながら，1975-80年（換言すれば，2度の"石油危機"）を過ぎると，全4階層農家の PGX は1.0％以下にまで下がった。

　PGX のこれらの動向を捉えるために，PGX の年平均成長率を，全4階層農家 I，II，III，および IV に対して，それぞれ，1957-75，1975-97，および全研究期間1957-97年について推計した。それら推計値は，表3-1に示されている。この表3-1から，少なくとも2つのポイントについて説明しておくべきであろう。まず第1に，階層農家 I，II，III，および IV の PGX は，前半期の1957-75年において1975-97年より大きかった。第2に，これら全4階層農家の PGX は，前半期の1957-75年において，それぞれ，年率0.75，1.18，1.50，および1.79であった。しかしながら，後半期の1975-97年においては，PGX は，それぞれ，0.72，0.80，0.84，および0.98％に軒並み低下した。つまり，全研究期間1957-97年を通して，階層農家が大きいほど，PGX も大きかったが，いずれの階層農家においても，「デュアル」の技術変化率 PGX は減少トレンドを示した。

　ここで，日本農業のこれらの推計値と過去の研究結果との比較をしておきたい。残念ながら，筆者によるに広範にわたるサーベイにもかかわらず，現実には，本章のような長い期間にわたって，日本農業の技術変化率を定式化されたモデルの統計的推計に基づきパラメトリックに推計した経年的技術変化率の推計を行ない，何らかの記録に残している研究（者）は皆無に等しいと言って差し支えない（C-D あるいは CES 型モデルではこのような推計は不可能であるという説明はすでにしておいた）。しかしながら，日本農業の技術変化率を推計した研究はいくつかはある。土屋（1966），Sawada（1969），新谷（1972），および南・石渡（1969）くらいが代表的なものであろう。その他にもかなり多くの研究はあるが，本章ではこの代表的な 4 研究に絞ることにする。すでに詳しい説明をしてきたが，読者にもう一度確認しておいていただきたい。つまり，これらすべての過去の研究は，C-D 型生産関数を用いており，それゆえにヒックスの「中立性」，相似性，投入要素間の代替の弾力性が常に 1 である，などといった厳しい仮定の下に推計されたものである。われわれは，過去の研究を以下のように評価しておこう。

　まず，土屋（1966）は，1922–63 年の米作において，東北に対しては 0.7％，近畿に対しては 0.2％，および九州に対しては 0.2％という成長率を得た。次に，Sawada（1969）は，日本農業部門全体に対する技術変化率を，1883–1912 年および 1913–1932 年に対して，それぞれ，1.53 および 1.50％を，新谷（1972）は，それぞれ，0.77 および 0.45％を推計した[6]。Sawada（1969）および新谷（1972）は戦前の米作技術変化率の推計を行なった。一方，土屋の研究は，日本農業が停滞期であったいわゆる「戦間期」を含んだ期間に対する推計である。このことは，土屋（1966）の対象とした研究期間が戦後の高度成長期の初期である 1950 年半ばの期間を含んでいる事実にもかかわらず，ある意味で強引な推計を行なったために，彼の全研究期間である 1922–63 年の農業の技術変化率はかなり低かったという結果を得たものと推測できる。これに反

---

6)　Sawada（1969）および新谷（1972）は，もともと，1883–1932 年の各 5 年期間ごとに計 10 期間の年平均技術変化率を推計した。ここでは，筆者は 1832–1912 年および 1883–1912 年に対しては，最初の 6 期間から得られた単純平均成長率を計算し，次いで，後者 4 期間に対して得られた推計値の単純平均成長率を計算してこれらの数値を得た。

して，南・石渡（1969）は，1953–65 年に対して『農経調』データを用いた
推計で，階層農家 I，II，III，および IV に対して，彼等の研究期間が日本経
済の戦後高度成長期に入った初期段階だったということもあったのか，それ
ぞれ，0.94，2.21，4.46，および 3.68％という，農業生産にしてはかなり（と
いうより，異常に）高い技術変化率の推計結果を得ている[7]。これらの数値は，
実際のところ，本研究の推計結果と比肩し得るものである。特に，図 3–5 に
示されている階層農家 I 以外の 1957–97 年の推計値に比肩するものであると
言っても過言ではない。換言すれば，新機軸の M-技術革新および BC-技術
革新が日本農業の活発な推進に貢献した 1953–65 年には，農業はかなり高い
技術変化率を達成したのである。

　最後に，伊藤（1994, pp. 181–184）が，『農経調』データを用いて，1960–87
年に対して行なった，Diewert（1978）の 2 次の補助定理に基づいた重要な研
究について述べておくことにしよう。伊藤（1994）は，5 階層農家（1）0.0–0.5，
（2）0.5–1.0，（3）1.0–1.5，（4）1.5–2.0，（5）2.0ha 以上の技術変化率の累積
値を推計した。彼は，これらの累積値を，それぞれの階層農家の 1960 年値
を 100 にして指数化した。この結果は，本章の結果と非常によく似ている。
つまり，1960–75 年の技術変化率は，農業生産としては，かなり高いもので
あったが，これ以降は，技術変化率は停滞している[8]。

3.2　投入要素価格変化の PGX への効果

　ここで，それぞれ（3.7）および（3.8）式を用いて推計した「デュアル」の
技術変化率（PGX）への投入要素価格および生産物構成の変化の効果を検
証してみよう。推計結果は弾力性の形で表されており，それらは図 3–6 か
ら 3–12 に示されている。すでに説明したように，個々の階層農家に対して，

---

7)　南・石渡（1969）の階層分類では，階層農家 II，III，IV，および V は，本研究の階層
　　分類 I，II，III，および IV に対応している。
8)　われわれは，1960–75 年の年平均複合技術変化率を，伊藤（1994）の図 6–5（p. 184）
　　から，階層農家 III の 1975 年指数値を目分量で読み取ることによって推計した。よ
　　り具体的に説明すると，技術変化率の推計値（g）は以下の数式を月いて計算した。
　　$100(1 + g)^{15} = 121$。この計算より，$g = 1.28$％を得た。これは，表 3–1 におけるわれ
　　われの求めた数値と比較可能な値である。

すべての投入要素価格は，作物と畜産物の価格と生産量から作成された総合
農産物のマルティラテラル価格指数によって標準化された価格指数である。
さてわれわれは，直ちに，図3-6から3-12に示されている推計結果の評価
を行なうことにしよう。

　　まず，図3-6において観察されるように，労働価格の変化の全4階層農
家のPGXへの効果は，1957-97年においてはすべて正であり，全4階層農
家において，上昇トレンドを持っていた。このことは，労働価格の上昇は
PGXを上昇させる効果を持つということを示唆している。では，われわれ
はこの一見奇妙なファインディングをどのように解釈すればよいのだろう
か。われわれは，以下の2つの解釈を提供しようと思う。すなわち，非農業
部門におけるより急激な労働価格の上昇によって引き起こされた農業にお
ける労働価格の急激な上昇は，農業生産において，急激な労働の機械への代
替を引き起こした[9]。もう1つの重要な解釈は，第1章の図1-4に示されて
いるような，急激な労働価格の上昇と，ほとんど同時に起こった急激な機械
価格の低下によって引き起こされた技術変化のバイアスであった。それは，
Kuroda（2011a）に詳しく説明されているように，戦後日本農業における技
術変化は労働－「節約的」であり機械－「使用的」であった。これらの技術
変化バイアスは，一方では，農業部門からより多くの労働を非農業部門に押
し出すことに貢献したし，もう一方では，戦後日本農業の機械化を促進する
方向に働いた。これらの2つの重要な要因によって，20世紀後半の40年間
1957-97年において，労働価格の上昇は，日本農業のすべての階層農家に対
して，PGX成長率に加速度的な上昇効果を引き起こしたと推察できる。

　　第2に，機械価格の変化のPGXへの効果は，全4階層農家に対して，図
3-7に示されている。まず第1に，その効果は全4階層農家において負であ
り，さらに，それらは，階層農家が大きくなるにつれて，全研究期間1957-97
年において，その値は絶対値で見ると，より大きくなっている。このことは，
機械価格を引き上げると，その効果はPGXを引き下げる方向に働くという

---

[9]　すでに第2章で注意深く検証したように，労働は本研究で定義された他のすべての投
　　入要素，つまり，機械，中間投入要素，土地，およびその他投入要素とは互いに代替財
　　であった。しかし，とりわけ，機械は最も重要な労働の代替財であった。

図3-6　労働価格変化の「デュアル」の技術変化率（*PGX*）への効果：全階層農家（都府県），1957-97年

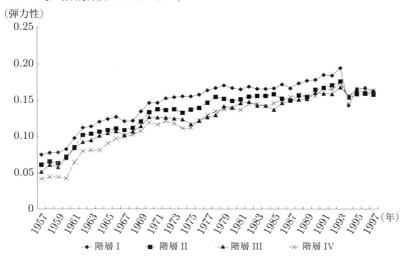

図3-7　機械価格変化の「デュアル」の技術変化率（*PGX*）への効果：全階層農家（都府県），1957-97年

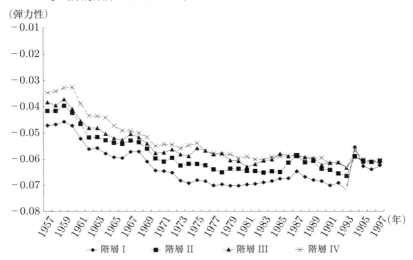

ことを意味している。逆に言えば，機械価格の低下は，PGX を引き上げる方向に働くということを意味している。実際に，これと同様のことが，われわれの研究期間においても起こったのである。第 1 章の図 1-4 において示唆されているように，マルティラテラル生産物価格でデフレートされた機械価格の一律の低下は，非農業部門の農業機械産業の急激な技術変化のおかげで徐々に引き下げられてきた。このことは，農業機械化のスピードアップにつながったに違いないし，20 世紀後半，特に，1957-97 年の PGX の上昇につながったに違いない，と言っても過言ではないだろう。

　第 3 に，全 4 階層農家に対する中間投入要素価格の変化の PGX に及ぼす効果は図 3-8 に示されている。上記の機械価格の変化の効果の場合と同様に，この場合にも全 4 階層農家に対して負であり，絶対値で見ると，時間経過とともにその効果は大きくなっている。ここで再び，第 1 章の図 1-4 に戻って観察すると，中間投入要素価格が，機械価格の場合と同様に，一貫して低下したことが観てとれる。このような中間投入要素価格の低下は，化学肥料や農薬産業における急激な技術変化によるところが大きかった。さらに，この中間投入要素価格の低下は，本研究の全期間を通して，畜産用の輸入飼料価格が低下したことにも負っている。言うまでもなく，この中間投入要素価格の低下は，全研究期間 1957-97 年において，全 4 階層農家の PGX に対して正の効果を持ったに違いないと思われる。

　第 4 に，図 3-9 によると，土地価格（地代）の上昇は全 4 階層農家の PGX を低下させることが観測される。そのような効果は，時間の経過とともに，絶対値で見て，大きくなっていることも観てとれる。第 1 章の図 1-4 に示されているように，土地価格は 1957 年からおよそ 1987 年まで，急激に上昇したが，それ以降 1980 年代末頃からは低下傾向を示している。このことは，土地価格の急激な上昇は，特に，大規模農家がより大規模農業を目指して農地拡大を図ろうとする意欲を削いだことは想像に難くない。このことは，言い換えれば，土地価格の上昇は，戦後日本農業における技術変化に対して負の効果を与えたに違いない。

　第 5 に，その他投入要素価格変化の PGX への効果は全 4 階層農家に対して図 3-10 に示されている。全 4 階層農家における効果には上下変動が観ら

図3-8　中間投入要素価格変化の「デュアル」の技術変化率（PGX）への効果：
全階層農家（都府県），1957-97年

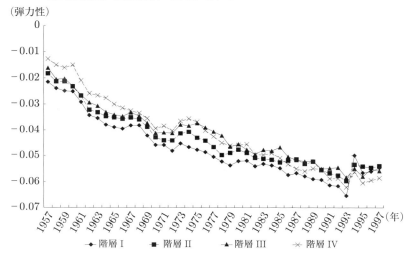

図3-9　土地価格変化の「デュアル」の技術変化率（PGX）への効果：全階層農
家（都府県），1957-97年

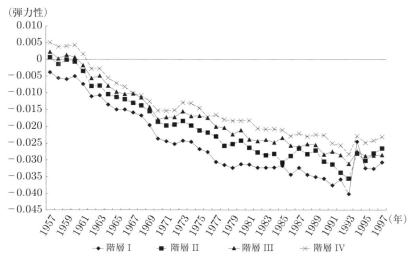

図3-10　その他投入要素価格変化の「デュアル」の技術変化率（PGX）への効
　　　　 果：全階層農家（都府県），1957-97年

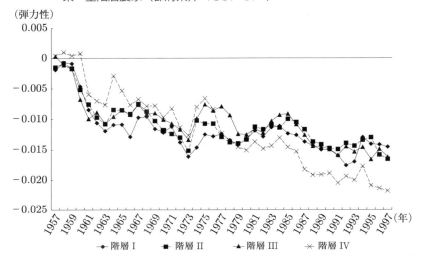

れるが，この図において，その他投入要素価格変化は全4階層農家において，
PGX を低下させたことが観測される。その他投入要素価格の実際の動きは
どうだったのだろうか。第1章の図1-4で観たように，数度の上昇下降運動
があったが，その他投入要素の価格は全研究期間の1957-97年を通して，弱
い低下トレンドをたどった。その他投入要素の価格指数は，日本経済全体が
高成長を享受した，特に，1960年代において農水省に唱導されたいわゆる
「選択的拡大政策」に緊密な関係を持つ大動物，大植物，および農用建物お
よび構築物の価格のマルティラテラル指数であることを想起していただきた
い。その他投入要素価格の低下傾向は，本研究期間1957-97年において，技
術変化率に正の効果を及ぼしたことがわかる。もし，その他投入要素価格が，
果実，畜産，および農用建物および構築物における技術変化を反映して，よ
り強い低下傾向を持っていたとしたら，PGX は本研究期間1957-97年の期
間中により大きなものであったであろう，と考えられる。
　さらに，われわれは，図3-6から3-10において，さらにもう2つの興味
深い事実を観察することができた。1つは図3-6において観られるように，

階層農家が小さくなるにつれて，労働価格の変化の PGX への効果の程度は大きくなる，というファインディングである。このことは，階層農家が小さくなればなるほど，労働価格変化の及ぼす PGX への効果は大きくなる，ということを示唆している。このことはまた，階層農家が小さくなればなるほど，労働の農業部門から非農業部門への移動のスピードが速くなるということを示唆している。このことは，上記2つの効果は，大規模階層農家よりも小規模階層農家において大きいことを示している。言い換えれば，兼業農家になるスピードは大規模農家よりも小規模農家の方が速かったことを意味している。同様に，図3-7から3-9において，階層農家が小さくなるにつれて，機械，中間投入要素，およびその他投入要素価格の変化は，絶対価格においては，PGX 率への効果の程度を大きくする，というファインディングである。このことは，本研究期間1957-97年において，小規模階層農家は，大規模階層農家に追いつくために，より技術変化率を高め M-技術および BC-技術の導入のスピードアップを図ったことを示唆している。

　もう1つのポイントは，絶対値で見た PGX への効果の大きさの順位は，(i) 労働，(ii) 機械，(iii) 中間投入要素，(iv) 土地，および (v) その他投入要素の価格の変化であった。日本農業の技術変化率をより高いものに引き上げたいということになれば，本節で得られたような情報はきわめて有用である。

　われわれは，投入要素価格の変化が PGX の大きさに及ぼす効果に関して本章で得られたこれらのファインディングズは，労働と土地投入要素を準固定的投入要素と仮定したうえで導出される可変利潤関数モデルを1965-97年期間に対して推計した第14章において得られ，かつより詳細に評価されているファインディングズを基本的には支持している，ということを銘記しておくことにしたい。

3.3　生産物構成の変化の PGX への効果

　次に，この小節では，生産物構成の変化の PGX への効果を評価することにしよう。本章の図3-3ですでに観たように，作物生産の割合は，全4階層農家で，1957年から1981年まで減少傾向を示した。しかしながら，1981年

から1997年までは，作物生産比率は階層農家Ⅰ，Ⅱ，およびⅢにおいては増加傾向を示したが，階層農家Ⅳは一貫して減少傾向のままであった。一方，畜産は，作物生産の場合とはまったく逆の生産トレンドを示した。つまり，畜産の場合には，全4階層農家の畜産物生産比率は，1957–81年には急激に増大したが，1981–97年においては，階層農家Ⅰ，Ⅱ，およびⅢについては，減少傾向に転じた。しかし，階層農家Ⅳのみに関しては，その生産比率は増加傾向を示した。このような生産物構成の変化は，本研究期間1957–97年において，PGXにいかなる効果をもたらしたのであろうか。それらの効果は（3.8）式を用いて推計し，その結果は，図3–11および3–12に示されている。以下のようないくつかの興味深いファインディングズに関して，その解説を試みることにしよう。

　第1に，図3–11は，作物生産量の増大は，全4階層農家において，全研究期間1957–97年に対して，PGXへの正の効果を持っていたことを示している。しかしながら，その効果は，全4階層農家とも，減少トレンドを示すものであった。一方，図3–12は，これとはまったく逆の結果を示している。つまり，畜産物生産量の増大は，全4階層農家において，全研究期間1957–97年に対して，PGXを高める効果を持っていたが，そのトレンドは作物生産量の場合とは違って，増大傾向を示している。

　第2に，図3–11において，作物生産量の増大によるPGXへの効果の大きさは，階層農家が小さくなるにつれて，小さくなっている。つまり，この図において，われわれは，小規模農家の作物生産量増大のPGXへの効果は，大規模農家の作物生産量増大のPGXへの効果に比べるとかなり低い，ということをはっきりと観察することができる。一方，図3–12においては，畜産物生産における生産量の増大によるPGXへの効果は，初めの1957–70年においては，大規模農家の方が小規模農家よりもPGXへの効果は大きかったが，後の1971–97年においては，一貫して小規模農家の方が大規模農家よりも，その効果は大きかった。

　これら2つのファインディングズから，作物生産増大活動も畜産物生産増大活動もPGXに対して正の効果を持っているので，われわれは，全4階層農家は，いずれの生産物を増大する行動においても，より積極的により効率

図3-11　作物生産量変化の「デュアル」の技術変化率（PGX）への効果：全階層農家（都府県），1957-97年

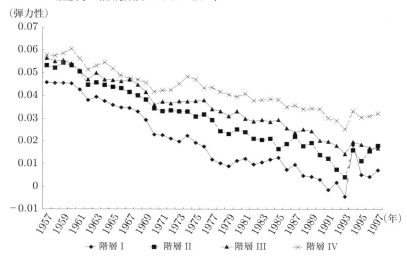

図3-12　畜産物生産量変化の「デュアル」の技術変化率（PGX）への効果：全階層農家（都府県），1957-97年

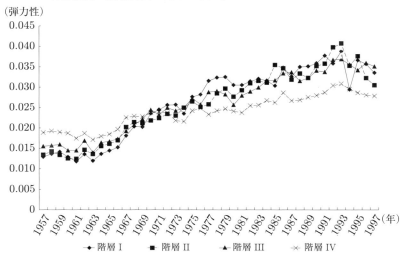

の良い技術を適用することによって生産の効率性を高めるべく努力すること
を強く推奨したい。

4　要約と結論

　本章は，日本における農業経済学界において，初めて，Stevenson-Greene
型多財トランスログ TC 関数モデルを用いて，全研究期間 1957–97 年に対し
て，全 4 階層農家の個々の平均農家の技術変化率（より正確に言うと，「デュ
アル」の費用減少率（PGX））のパラメトリックな統計的推計を試みたもので
ある。われわれは，その統計的推計には農林水産省の『農経調』から得られ
る横断面時系列データを用いた。本章のファインディングズは以下のように，
まとめることができよう。

　まず最初に，1950 年代末から 1970 年代半ば頃にかけて，日本農業にお
ける技術変化率はかなり高いもの（1957–75 年の年平均技術変化率は 1.30％）
であった。しかしながら，この技術変化率は，1970 年代半ば以降から 1990
年代末までは一貫して低下した（1975–97 年の年平均技術変化率は 0.84％）で
あった。加えて言うと，経営農家規模が大きければ大きいほど，技術変化率
（PGX）は小さかった，というファインディングが得られた。

　次に，本章では，全研究期間 1957–97 年において，相対的投入要素価格の
変化が技術変化率（PGX）にいかなる効果を及ぼしたのかということを，定
量的に推計した。そのファインディングズは以下の通りであった。（1）労働
の相対価格の急激な上昇は PGX に正の効果を持った。このことは，全研究
期間 1957–97 年に対して，労働が機械に代替されていったことと技術変化が
労働－「節約的」で機械－「使用的」であったことが影響していた。（2）機
械，中間投入要素，およびその他投入要素の相対価格の低下は，技術変化率
（PGX）を上昇させる効果を持った。しかしながら，（3）土地の相対価格の
急激な上昇は，技術変化率（PGX）を低下させる効果を持った。このファイ
ンディングからわれわれは，土地価格の高騰は農地拡大意欲を強く削ぎ，し
たがって，新規に開発された M-技術および BC-技術が効率よく利用されな

かった，という推測が可能である。

　さらに，本章は，日本農業経済学界史上初めて，生産物構成の変化が技術変化率（PGX）にいかなる効果を及ぼしたかを定量的に検証した。その結果，われわれは，作物生産増大も畜産物生産増大も技術変化率（PGX）に正の効果を及ぼしたことがわかった。しかしながら，畜産物生産増大による正の効果は，全研究期間 1957–97 年において上昇トレンドを持ったが，一方の作物生産増大による正の効果は，同じ全研究期間 1957–97 年において低下トレンドを持った，というファインディングを得た。このことは，特に，1950 年代後半から 1970 年代半ばまでの畜産の急激な拡大による技術変化率（PGX）の上昇は，同期間における作物生産拡大による技術変化率（PGX）の上昇に比べてより大きな貢献をしたということを示唆している。

　本章の分析の結果は，M-革新技術およびBC-革新技術は，農業経営に対してより積極的な態度と“やる気”を持った農業経営者（農企業者）によってより積極的に利用されることで，農業生産における技術変化率はさらに一段と上昇するということを示唆している。

第4章

投入要素バイアス効果と
ヒックス「誘発的技術革新」仮説

1　序

　1950年代以降の日本農業の最も顕著な変化は，第1章の図1−3に示されているように，労働の急激な減少と機械および中間投入要素の急速な増大であった[1]。農業生産におけるこれらの投入要素の相対的な変化は，農業部門のみならず，非農業部門の経済成長の過程で，重要な役割を果たした。農業においては，労働の急激な減少は，全研究期間1957–97年において，年平均成長率3.0%というかなり高い成長率で労働生産性水準を高めた[2]。同時に，膨大な農業労働者数の非農業部門への移転は，特に，1957–75年におけるこれら非農業部門の成長に重大な貢献をもたらした。

　言うまでもなく，投入要素の使用比率の変化の基本的な決定要因は，投入要素間の代替である。しかしながら，投入要素間の代替可能性にはいくつかの要因が影響する。それらは，（1）等量線に沿って動く価格変化に誘発された投入要素間の代替，（2）バイアスを持った技術変化，（3）非相似性（複数生産物の場合には投入要素−生産物の非分離性），および（4）生産物構成の変化，である。したがって，例えば，要素投入量と相対価格の相反する変化に

---

1)　紙幅節約のため，ここでは，第1章の図1−3，1−4，および1−5は再掲しないので，読者は必要に応じてそれらの図に戻って確認していただきたい。
2)　農業労働の減少率は，1957–75年において，年平均6.4%もの高い率を示した。しかしながら，1976–97年になると，その高い減少率は，たかだか0.9%という低率にまで激減した。

ついて，それぞれ，第1章の図1-3および1-4を眺めると[3]，1957-97年における投入要素量の比率の変化は，価格変化で誘発された投入要素間の代替のみによって引き起こされたものであると捉えることができる。このような主張は，この研究期間の生産過程がヒックス「中立的」技術変化および相似性（繰り返すが，多財の場合には投入要素と生産物構成が非分離的）であるという特性を備えている場合においてのみ成立するということを銘記しておく必要がある。第1章の図1-5によると，労働費用－総費用比率は，全研究期間1957-97年の間に相当程度縮小した一方で，機械，中間投入要素，およびその他投入要素の費用－総費用比率は上昇トレンドを持ったことを観察した。このことは，本章の研究期間1957-97年における農業生産において，技術変化のバイアス効果および（あるいは，または，同時に）非相似性（多財の場合には投入要素と生産物構成が非分離的）が存在していたことを示唆している。

　そこで，本章の目的として，農業生産にバイアスを持った技術変化が存在したのかどうかという側面に焦点を合わせてみたい。この目的を達成するために，われわれは，まず，技術変化の投入要素バイアスの推計を行なう。次いで，この投入要素バイアスがヒックスの誘発的技術革新仮説を満足させるかどうか検証する。さらに，全研究期間1957-97年において，観測された投入要素比率の変化の決定における，このような技術変化のバイアス効果の重要性を理解するために技術変化率の要因分解分析を行ないたい。

　以上の目的を遂行するために，われわれは，第1，2，および3章で遂行したように，S-G型モデルを用いる。S-G型多財トランスログTC関数の枠組みとして与えられている第1章の（1.27）から（1.34）式の同時方程式体系のパラメータ推計値は第1章の表1-2に掲載されている。これらの推計値が，今後の分析および解釈に用いられる。

　本章の残りの部分は以下の通りである。第2節は分析枠組みを提供する。第3節は実証結果を提供する。最後に，第4節において要約と結論を述べる。

---

[3]　しかしながら，1992年以降の労働および1996年以降の土地の価格が低下傾向を示したことに鑑みると，この説明には，なんらかの修正が必要であると思われる。

2　分析の枠組み

2.1　技術変化バイアス効果に関する過去の実証研究の簡潔なサーベイ

日本農業における技術変化バイアスの実証研究は数多く蓄積されてきた。特に,「誘発的技術革新」発展モデルを提唱した Hayami and Ruttan (1971) によるパイオニア的研究に触発されて, この分野における実証分析は日本の農業経済学界においてポピュラーなトピックとなり, 多くの研究論文が発表されてきた。例えば, Shintani and Hayami (1975), Kako (1978), Nghiep (1979), Lee (1983), Kawagoe, Otsuka, and Hayami (1986), および Kuroda (1987, 1988a, 1988b, 1997a, 2005, 2008a, 2008b, 2008c, 2009a, 2009b, 2009c, 2011a, 2011b) などである。

Shintani and Hayami (1975) は, Sato (1967) によって開発された投入要素増大的技術変化を組み込んだ 2 段階多財投入要素 CES 生産関数モデルを, 戦前および戦後の日本農業に適用した。さらに, 1880–1980 年の 100 年間において, 日本農業とアメリカ農業に対して, ヒックスの「誘発的技術革新」が存在したのか否かという仮説を検証した。Kawagoe, Otsuka, and Hayami (1986) は, 本質的には, 上記の投入要素増大的技術変化を組み込んだ 2 段階多財投入要素 CES 生産関数モデル (Shintani and Hayami (1975)) の研究の同一線上にある。よく知られているように, 2 段階多財投入要素 CES 生産関数モデルは, 偏代替弾力性に制約的な厳しい仮定を設けると同時に, 前もって, 投入要素の間に恣意的な分離性を仮定するということをも意味している。例えば, 投入要素のある 1 つのペアの偏代替弾力性を考えてみよう。それは投入要素のその他のペアの偏代替弾力性と等しくなければならない。さらに, これらの偏代替弾力性は企業間で経時的に一定でなければならない。もしそのようなかなり厳しい仮定が現実の世界で保証されることがなければ, そして強いて言えばそのような保証は現実的に限りなくゼロに近いことを鑑みれば, その推計結果はバイアスを持つと言わざるを得ない。

一方, Kako (1978), 加古 (1979b), Nghiep (1977, 1979), および Kuroda (1987, 1988a, 1988b, 2008a, 2008b, 2008c, 2009c, 2011a, 2011b) は, 投入要素間の代替弾力性に, 前もって, いかなる制約をも課すことはないという

意味で，CES 生産関数の分析枠組みよりはるかに弾力的なトランスログ TC 関数の分析方法を導入した。これらの研究は，基本的には，もともとは Christensen, Jorgenson, and Lau（1973）によって開発されその後爆発的な勢いで展開され適用されてきたトランスログ関数に基づいて，多財技術変化バイアスを包含し得るトランスログ TC 関数に基づく分析枠組みを発展させた Binswanger（1974）による先駆的な研究への応用である。この分析方法の本質的な特徴は，まず，トランスログ TC 関数の推計パラメータに基づいて技術変化バイアスが推計され，次いで，「誘発的技術革新」仮説が投入要素価格変化によって引き起こされたバイアスの推計値と関連づけて検証され評価されるところにある。ここで，ついでではあるが，Lee（1983）は，トランスログ TC 関数ではなくて，トランスログ生産関数を推計したが，上記の方法と本質的には同じ方法を用いている。

　ここで，「誘発的技術革新」仮説の検定方法の最近の展開について触れておくことは意味があると思われる。筆者がかなり広範なサーベイをした結果，Clark and Youngblood（1992）が，初めて，時系列データ接近に基づく「誘発的技術革新」の新しい検証方法を提唱した，ということを発見した。この研究論文の分析手法に沿った文献は，遅々としてではあるが，蓄積されつつあり，それぞれが重要でかつ興味深い実証結果を提供しつつある。この研究トレンドに沿ったものとして，Oniki（2000, 2001）は日本農業経済研究分野における先駆的な研究結果を提供しており，日本農業の「誘発的技術革新」の存在に関して，興味深いかつ重要なファインディングズを提供している[4]。しかしながら，本章では，しばらくの間，戦後日本農業における「誘発的技術革新」仮説を検定するための伝統的な手法にこだわってみることにする。なぜなら，その方法 Greene（1983）を用いると，技術変化バイアスの大きさと方向のみでなく他の経済指標に関しても興味深くかつ重要なファインディングズが得られるからである。

　さて，魅力的ではあるが，通常型トランスログ TC 関数を用いて技術変化

4）　黒田（2005, pp. 139–142）は，「誘発的技術革新」に対する時系列的接近に関して簡潔なサーベイを行なっている。

バイアスを推計し，「誘発的技術革新」仮説を検定するという方法は，少なくとも，2つの欠点を伴う。

　第1に，トランスログTC関数のすべての係数は経時的に一定であると仮定していることである。このことは，例えば，投入要素間の偏代替弾力性は投入要素の費用－総費用比率に関してのみ経時的に変化することを示している。このようにかなり厳しい仮定を緩めて，代替の弾力性が投入要素の費用－総費用比率に関してのみではなく経時的にも変化するという工夫を用いることができれば，より現実性が高まるはずである。

　第2に，Sato（1967）によって提唱された2段階手法において明らかなように，モデルそのものの中で直接的に，「誘発的技術革新」仮説を検定できる手法はない，という弱点である。そのような可能性があれば，そのモデルはきわめて魅力的である。Jorgenson and Fraumeni（1981）は，技術変化率が内生的，つまり，投入要素の相対価格と時間の変数として扱われるという分析手法を開発した。しかしながら，このモデルにおける技術変化バイアスは一定の値に固定されたものであった。したがって，この意味で，われわれは，「誘発的技術革新」仮説の妥当性，つまり，技術変化バイアスが投入要素の相対価格の関数である（Berndt and Wood, 1991）という妥当性を評価できない。

　Stevenson（1980）は，繰り返しになるが，モデルに時間を結合するために，先端項を切除した形の3次元のトランスログTC関数を開発した。さらに，Greene（1983）は，Stevenson（1980）のモデルを本質的には改良した形ではあるが，より使い勝手の良い類似のモデルを開発した。後の段落で明らかになるように，S-G型モデルは通常型トランスログTC関数モデルに時間変数を結合することによって，その短所を克服し，通常型トランスログTC関数モデルをより改良したものである。さらに，Greene（1983）モデルは，それぞれの投入要素について，明示的に「誘発的技術革新」仮説の検定を可能にしてくれるモデルを開発した。もう1つの特色は，このモデルは，技術変化バイアスの推計そのものがすでに投入要素の相対価格の変化および／生産物の生産規模（生産物が1つの場合には相似性であり，生産物が多財の場合には投入物－産出物の分離性）の変化を反映したものである。S-G型モデルのこれらの長所のゆえに，S-G型関数モデルを本章では用いることにするが，多財

トランスログ TC 関数を導入する際に，時間変数の結合の仕方を Stevenson
（1980）および Greene（1983）とは少し違った形で導入することにする。

　したがって，われわれは，第 1，2，および 3 章で遂行したと同様に，S-G
型モデルを集約的かつ広範に利用すべきだと考える。第 1 章の（1.27）から
（1.34）式で与えられる，S-G 型多財トランスログ TC 関数モデルおよび第 1
章の表 1−2 に示されている推計パラメータが本章の以下の節において広範
に用いられる

2.2　投入要素空間における技術変化バイアス効果の推計

　Binswanger（1974）は，生産要素の費用−総費用比率における変化を用
いて単一投入要素の相対的バイアスの推計を提唱した。Antle and Capalbo
（1988, pp. 33–48）および Antle and Crissman（1988）は，Binswanger（1974）
のバイアスの測度を，非相似（単一財の場合）および投入要素−生産物の非
分離性（多財の場合）生産技術の場合まで拡張した。彼等の定義によると，
「デュアル」の投入要素バイアス（B_k）は 2 つの異なる効果から成っている
という主張である。(i) 1 つは「規模」バイアス効果と呼ばれ，これは非線
形の拡張経路（$B_{k_i}^s$）に沿った動きから生ずるものである。(ii) もう 1 つは
「純」バイアス効果であり，拡張経路（$B_{k_i}^s$）そのものにおける移動によって
生ずるものである。もし生産技術が投入要素−生産物分離的であったならば，
「規模」バイアス効果はゼロである。多財の場合，「純」バイアス効果，すな
わち，拡張経路における移動の測度は以下の「総」バイアス効果の公式の中
で定義される（これは第 1 章の（1.8）式と同一のものである）。

$$B_k^e = \partial \ln S_k(\mathbf{Q}, \mathbf{P}, t, \mathbf{D}) / \partial \ln t \Big|_{dC=0}$$

$$= B_k - \left[\sum_i \Big(\partial \ln S_k / \partial \ln Q_i \Big) \Big(\partial \ln C / \partial \ln Q_i \Big)^{-1} \right] \Big(\frac{\partial \ln C}{\partial \ln t} \Big), \quad (4.1)$$

ここで，B_k^e は，「総」バイアス効果，そして，$B_k \equiv \partial \ln S_k(\mathbf{Q}, \mathbf{P}, t, \mathbf{D}) / \partial \ln t$
$(k = L, M, I, B, O)$ は，「純」バイアス効果である。（4.1）式の第 2 項は「規
模」バイアス効果である[5]。

　（4.1）式によって与えられる「総」バイアス効果は，第 1 章の（1.27）式で

与えられる S-G 型（作物−畜産物）多財トランスログ TC 関数の分析枠組みにおいて，以下の（4.2）式のように書き換えることができる。

$$
B_k^e = \frac{\partial \ln S_k}{\partial t} - \left(\frac{\partial \ln S_k}{\partial \ln Q_G} \frac{\partial \ln C}{\partial \ln Q_G} + \frac{\partial \ln S_k}{\partial \ln Q_A} \frac{\partial \ln C}{\partial \ln Q_G} \right) \left(\frac{\partial \ln C}{\partial \ln t} \right)
$$

$$
= B_k + B_{k_G}^s + B_{k_A}^s, \tag{4.2}
$$

ここで

$$
B_k = \frac{\partial \ln S_k}{\partial \ln t} = \beta_k^{'} + \sum_i \phi_{ik}^{'} \ln Q_i + \sum_k \delta_{kn}^{'} \ln P_k, \tag{4.3}
$$

$$
B_{k_G}^s = \left(\frac{\phi_{G_k}^t}{S_k} \frac{1}{\varepsilon_{CQ_G}} \right) (-\varepsilon_{Ct}), \tag{4.4}
$$

$$
B_{k_A}^s = \left(\frac{\phi_{A_k}^t}{S_k} \frac{1}{\varepsilon_{CQ_A}} \right) (-\varepsilon_{Ct}), \tag{4.5}
$$

ここで

$$
\varepsilon_{Ct} = -\frac{\partial \ln C}{\partial \ln t}
$$

$$
= -(\alpha_0^{'} + \sum_i \alpha_i^{'} \ln Q_i + \sum_k \beta_k^{'} \ln P_k
$$

$$
+ \frac{1}{2} \sum_i \sum_j \gamma_{ij}^{'} \ln Q_i \ln Q_j + \frac{1}{2} \sum_k \sum_n \delta_{kn}^{'} \ln P_k \ln P_n
$$

$$
+ \sum_i \sum_k \phi_{ik}^{'} \ln Q_i \ln P_k), \tag{4.6}
$$

$$
i, j = G, A, \quad k, n = L, M, I, B, O.
$$

かくして，（4.1）から（4.6）式を用いて，われわれは「純」バイアス効果，「規模」バイアス効果，および「総」バイアス効果を，全研究期間 1957–97 年に対して，全4階層農家の全観測値について推計できる。

5）　Antle and Capalbo (1988, pp. 40–42) は，この項を「規模効果」と定義する。本章では，彼等とは幾分違えて「規模」バイアス効果と呼ぶことにする。なぜなら，この効果は拡張経路に沿ってのバイアスを持った動きの結果だからである。

2.3　技術変化のバイアスとヒックスの「誘発的技術革新」仮説

　ここで，ヒックスの意味での技術変化バイアスが投入要素費用－総費用比率の形できわめてわかりやすく定義されることを確認しておこう（Binswanger, 1974）。k 番目の投入要素に関する技術変化バイアスは，本章における分析枠組みでは以下の（4.7）式で表現することができる。

$$\frac{\partial S_k}{\partial \ln t} = \beta_k^{'} + \sum_i \phi_{ik}^{'} \ln Q_i + \sum_k \delta_{kn}^{'} \ln P_k, \tag{4.7}$$

$$i, j = G, A, \quad k, n = L, M, I, B, O.$$

この式の表現から明らかなように，技術変化バイアスは投入要素の相対的価格と生産物水準の関数である。このことは，以下の（4.8）式を用いて，技術変化バイアスが投入要素の相対価格変化によって誘発される程度を推計することで，ヒックスの「誘発的技術革新」仮説の検定を可能にしてくれる（Stevenson, 1980, p. 166）。

$$\frac{\partial^2 S_k}{\partial \ln t \partial \ln P_n} = \delta_{kn}^{'}, \tag{4.8}$$

ここで，$k \neq n$ の場合にはわれわれは $\delta_{kn}^{'} > 0$ そして，$k = n$ の場合には $\delta_{kn}^{'} < 0$ $(k, n = L, M, I, B, O)$ を期待する。しかしながら，$\delta_{kn}^{'}$ は，技術変化と投入要素価格変化の同時的な投入要素費用－総費用比率への効果を測っているものとして解釈できる。もしわれわれが，技術変化バイアスが一定のラグを持って投入要素価格変化に関連を持つというヒックス「誘発的技術革新」仮説のもともとの概念に忠実に従うならば，この方法は必ずしもヒックス「誘発的技術革新」仮説の厳密な意味での検証には十分に適切なものとは言えない。

　かくして，われわれは Binswanger（1974）によって提唱された伝統的な2 段階手法を導入することにする。しかしながら，もともとの Binswanger（1974）の方法は，単一生産物の相似的 TC 関数を基礎にしたものであった[6]。

---

6)　したがって，彼のモデルには規模－誘因のバイアスは含まれていない。

そこで，われわれは本章では，Lambert and Shonkwiler (1995, pp. 583–584) を参考にして，Binswanger 法を多財で投入要素と生産物が非分離的である S-G 型トランスログ TC 関数モデルを拡張・発展させてみることにしよう。

まず，投入要素相対価格と生産物水準の変化によってもたらされた投入要素比率における変化と，技術変化によってもたらされた投入要素比率における変化を区別して推計する方法は，以下のように Binswanger (1974) によって提唱された方法と類似の方法で遂行される。「ビンスワンガーバイアス」は本章では以下のように定義される。

$$B_{kt}^{B} = dS_{kt}^{*}/S_{kt}, \qquad (4.9)$$

ここで，dS_{kt}^{*} $(k = L, M, I, B, O)$ は，投入要素価格と生産物水準が変化しないときの k 投入要素の費用－総費用比率の変化である。この値に，第 1 章の (1.27) 式で与えられる S-G 型多財トランスログ TC 関数において，以下の (4.10) 式を用いて推計される。

$$dS_{kt}^{*} = dS_{kt} - \left(\sum_i \phi_{ik}^{'} d\ln Q_{it} + \sum_k \delta_{kn}^{'} d\ln P_{kt}\right), \qquad (4.10)$$

ここで，投入要素価格の変化の効果（$d\ln P_k$, $k = L, M, I, B, O$）は，投入要素費用－総費用比率の現実に観測される変化（dS_{kt}, $k = L, M, I, B, O$）から差し引かれたものである。dS_{kt}^{*} の経時的な累積は投入要素価格および生産物の生産水準に何らの変化も生じなかった場合に起こったであろう投入要素費用－総費用比率の変化の推計値である。これらの「修正された」投入要素費用－総費用比率を実際の投入要素比率と比較することにする。

しかしながら，ここで，Binswanger (1974) および Lambert and Shonkwiler (1995) による方法の最大の欠点は，それらの方法が「純代替効果」と投入要素価格および生産物生産量水準の変化によってもたらされた技術変化バイアス効果との差異を区別できないという点である。これらの方法は，通常型トランスログ TC 関数を使っているために，そのようなモデルの推計から得られたパラメータは推計期間中一定と仮定されているので，このような厄介な問題を解くことができないのである。

　一方，この問題は，S-G 型関数モデルを用いれば簡単に解くことができる。なぜなら，このモデルは，投入要素価格の変化および生産物生産量水準の変化によって引き起こされた技術変化のバイアス効果を明示的に把握することができるからである。われわれの本章における興味は，ヒックス「誘発的技術革新」がはっきりと投入財価格変化による技術変化のバイアス効果に関係しているという事象を検定したいということであり，本章では，われわれは，投入財相対価格の変化のみによって引き起こされたバイアスに絞って議論を進めることにしたい。かくして，投入要素 k の相対要素価格の変化によるバイアス効果（$dS_{kt}^{*'}$）がないときの k 投入要素費用−総費用比率の変化は，以下の（4.11）式によって求められる。

$$dS_{kt}^{*'} = dS_{kt} - \sum_k \delta'_{kn} d \ln P_{kt}, \qquad (4.11)$$

$$k, n = L, M, I, B, O,$$

ここで，投入要素相対価格変化によって引き起こされる技術変化の，投入要素バイアスによる t 年における投入要素費用−総費用比率の変化（第 2 項）は，観測される投入要素費用−総費用比率から差し引かれる。われわれは，（4.11）式で与えられる $dS_k^{*'}$ を全研究期間 1957–97 年の 2 年目から，つまり，1958–1997 年についてこの値を計算し，それを k 番目の観測投入要素費用−総費用比率に足し合わせる。われわれは，これを「修正投入要素費用−総費用比率」B_{kt}^C と定義し，それは以下の（4.12）式で与えられる。

$$B_{kt}^C = S_{k_{1957}} + dS_{kt}^{*'}, \quad k = L, M, I, B, O, \qquad (4.12)$$

これは，投入要素の相対価格変化によるバイアス効果がなかったときに生じたであろう k 番目の投入要素費用−総費用比率の推計値である。これらの「修正された」投入要素費用−総費用比率を観測された現実の投入要素費用−総費用比率と比較してみることにする。上記の説明で明らかなように，「修正された」投入要素費用−総費用比率は，投入要素価格変化による「通常の投入要素代替効果」と生産物生産水準の変化による技術変化の「規模」バイアス効果の双方とも含んでいることになる。

　次に，ヒックス「誘発的技術革新」仮説の検定を行なってみよう。このために，本章では，「修正されたビンスワンガーバイアス」（B_{kt}^{B*}）を定義しておく必要がある。

$$B_{kt}^{B*} = S_{kt} - B_{kt}^{C}, \ \ k = L, M, I, B, O. \tag{4.13}$$

ここで，「修正されたビンスワンガーバイアス」（B_{kt}^{B*}）は，（4.9）式，つまり，$B_{kt}^{B} = dS_{kt}^{*}/S_{kt}$ で与えられているように，「修正された」投入要素費用－総費用比率と観察された投入要素費用－総費用比率との比の値ではないことを銘記しておく必要がある。その代わりに，われわれはここでは「修正されたビンスワンガーバイアス」を，（4.13）式に見られるように，観察された投入要素費用－総費用比率と「修正された」投入要素費用－総費用比率の差として定義する。こうすることによって，われわれは投入要素費用－総費用比率の変化を，パーセンテージではなくて実質値で捉えることができる。このようにして求められた技術変化における「修正されたビンスワンガーバイアス」を，対応する投入要素価格の経時的な動向との関連を観察することによって，グラフに基づいたヒックス「誘発的技術革新」仮説を検定するという方法を導入する。

　加えて，「修正されたビンスワンガーバイアス」は，より厳密な方法でヒックス「誘発的技術革新」仮説を検定するために，以下の（4.14）式によって，対応する投入価格を用いて回帰を行なうことにする。

$$B_{kt}^{B*} = a_0 + a_{1k}P_{kt} + e_{kt}, \tag{4.14}$$

ここで，a_0 および a_1 は推計されるパラメータであり，e_k は平均値がゼロの攪乱項である。例えば，もし労働－「節約的」バイアスが見つかり（つまり，$B_{kt}^{B*} < 0$）そして P_{Lt} が上昇しているならば，われわれは「誘発的技術革新」仮説が妥当していれば $a_{1L} < 0$ を期待する。さらに，ヒックス「誘発的技術革新」は価格変化にいくらかの差を持って起こるものであると言われているので，われわれは，（4.14）式で与えられる回帰式について，対応する投入要素価格に 3, 5, および 8 年のラグを持たせた推計も行なうことにする。

3　実証結果

3.1　投入要素の「純」，「規模」，および「総」バイアス効果

　S-G型モデルを用いると，第1章の通常型トランスログTC関数（1.2）式の推計値に基づき，Antle and Capalbo（1988）によって提唱された本章の（4.2）式を用いることで，近似点における技術変化の投入要素バイアスを簡単に推計できる。（4.2）式に明らかに示されているように，Antle-Capalbo法を用いれば，5個の投入要素の「純」バイアス効果，「規模」バイアス効果，および「総」バイアス効果が推計できる。しかしながら，Binswanger法では，（4.9）式からも明らかなように，「規模」バイアス効果は推計できない。本節における投入要素バイアスの推計値は表4-1に示されている。いくつかの興味深いファインディングズについて解釈しておきたい。

　第1に，バイアスの大きさは近似点における年当たり％で示されている。表4-1に見られるように，労働，機械，中間投入要素，および土地に関するバイアスの「純」バイアス効果は，5％水準よりも優れた確率で統計的に有意である。一方，その他投入要素の「純」バイアス効果は10％水準で有意である，「純」バイアス効果の符号を見ると，技術変化の「純」バイアス効果は，労働－「節約的」，機械－，中間投入要素－，土地－，およびその他投入要素－「使用的」であったことが明確にわかる。

　第2に，いくつかの興味深い情報が投入要素バイアスの「規模」バイアス効果から得られる。一般的に言って，絶対値で見ると，全5個の投入要素に対して，畜産に関する「規模」バイアス効果は，作物生産に関する「規模」バイアス効果よりも大きいようである。特に，労働－「節約的」，中間投入要素－「使用的」，およびその他投入要素－「使用的」規模バイアス効果は絶対値で見てかなり大きい。それらのバイアス値は，それぞれ，－0.54，1.30，および，1.28％だった。加えて，中間投入要素の「規模」バイアス効果は負（－0.31％）だった。このことは作物生産の増大は肥料，農薬，および飼料からなっている中間投入要素の使用における「節約的」効果を持っていたことを意味しており，このことはひるがえって，これらの投入要素使用において，作物生産には規模の経済性があったというファインディングと密接な関係を

表4-1　「純」バイアス，「規模」バイアス，および「総」バイアス効果の推計値
　　　　（年当たり％）：都府県，1957-97年（近似点）

投入要素	「純」バイアス効果	「規模」バイアス効果 (Q_G)	「規模」バイアス効果 (Q_A)	「総」バイアス効果
労働（X_L）	−1.29***	0.02	−0.54***	−1.81***
	(71.2)	(−1.1)	(29.9)	(100.0)
機械（X_M）	1.83***	0.26***	−0.66*	1.43*
	(127.7)	(18.2)	(−45.8)	(100.0)
中間投入要素（X_I）	1.06***	−0.31***	1.30***	2.05***
	(51.8)	(−15.0)	(63.2)	(100.0)
土地（X_B）	1.07**	0.23***	0.29	1.59***
	(67.2)	(14.7)	(18.1)	(100.0)
その他投入要素（X_O）	0.66*	−0.16	1.28***	1.79***
	(36.9)	(−8.7)	(71.9)	(100.0)

注1：*，**，および***は，それぞれ，10，5，1％水準で統計的に有意であるこ
　　　とを示す。
　2：（　）内の数値は，パーセントで測られた「総」バイアス効果に対する貢
　　　献度である。
　3：これらのバイアス効果は（4.2）式を用いて推計した。

持っていることを示唆している。

　第3に，「総」バイアス効果については，全5個の投入要素に対して，「純」
バイアス効果にしろ「規模」バイアス効果にしろ，絶対値においてかなり大
きな値である。さらに，それらの値は5％を上回る水準で統計的に有意であ
る。「総労働節約的効果」は−1.81％であった。そして，機械，中間投入財，
土地，およびその他投入財は，それぞれ，1.43，2.05，1.59，および1.79％と
いうかなり高い値であった。このことは，平均的に言って，農業生産一般に
おいて，これらの投入要素に関しては，かなり強い投入要素の「節約的」お
よび「使用的」規模バイアスが存在していたことを示唆している。

　第4に，われわれは，機械および中間投入財要素—「使用的」バイアスの
「総」バイアス効果の大きさを観察することによって，Hayami and Ruttan
（1971）が提唱したM-技術革新およびBC-技術革新が，20世紀の最後の40
年間に同時に進行していたに違いないと推測できる。

　最後に，われわれは，表4-1において，土地およびその他投入要素—「使

用的」バイアスの「総」バイアス効果の大きさを観察すると，これらの効果は，機械および中間投入要素の効果の大きさに引けを取らないものであったことがわかる。このことは，全研究期間 1957-97 年において，土地およびその他投入要素－「使用的」バイアスも M-技術革新および BC-技術革新と同時に進行していたことを示唆している。

3.2　観測された投入要素費用－総費用比率と「修正された」投入要素費用－総費用比率

　次に，(4.12) 式を用いて，もし 投入要素の相対価格変化によって引き起こされるバイアス効果がなかったとしたら生じていたであろう「修正された」要素費用－総費用比率（B_{kt}^C）を，全研究期間 1957-97 年に対し，全 4 階層農家について，全 5 個の投入要素に関して推計した。しかしながら，その結果は，紙幅節約のために，第 III 階層農家のみを "代表的" 農家として抽出し，それらの結果を労働，機械，中間投入要素，土地，およびその他投入要素の順序で図 4-1 から 4-5 に示した[7]。言うまでもなく，観測された投入要素費用－総費用比率と「修正された」投入要素費用－総費用比率のギャップは，(4.13) 式に示されているように，技術変化の「修正されたビンスワンガーバイアス」と定義できる。図 4-1 から 4-5 を注意深く観察することによって，いくつかの興味あるファインディングズに注目してみよう。

　図 4-1 における労働投入から始めることにしよう。観測された労働費用－総費用比率は 1957 年におけるおよそ 0.58 から 1997 年におけるおよそ 0.39 まで一貫して減少したことは一目瞭然である[8]。さらに，もう少し注意深く観てみると，観測された労働費用－総費用比率は 1960 年まではほんの少々減少し，その後は，この投入要素比率は，ほんの小さな上昇下降を伴っ

---

7)　全研究期間 1957-97 年の「修正された」投入要素費用－総費用比率は，全 4 階層農家において，全 5 個の投入要素に関してほぼ類似の推計結果を得たことを報告しておきたい。さらに，同様の結果が他の 4 投入要素について得られたことも付け加えたい。

8)　実際のところ，「修正された」投入要素費用－総費用比率値は (4.11) 式のラグ構造のため 1957 年については得ることができない。かくして，われわれは，1957 年の観測された投入要素費用－総費用比率値を 1957 年の「修正された」投入要素費用－総費用比率値であったと仮定した。そして，この方法はすべての投入要素に適用した。

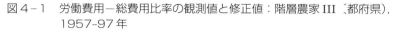

図4−1　労働費用−総費用比率の観測値と修正値：階層農家 III 〔都府県〕，
　　　　1957−97 年

たが，1997 年までおよそ 0.57−0.58 の費用−総費用比率水準を維持した。観
測された投入要素費用−総費用比率と「修正された」投入要素費用−総費用
比率間のギャップは「修正されたビンスワンガーバイアス」と定義している
ので，「修正されたビンスワンガー労働バイアス」は，1957−60 年にはわずか
に労働−「使用的」だったが，その後の 1961−97 年は労働−「節約的」に転
じ，そのバイアスの程度は時間の経過とともに拡大していった。このファイ
ンディングは，1950 年代半ば頃にはすでに農業機械化は始まっていたけれ
ども，労働−「節約的」効果は 1962 年まではそれほど強いものではなかっ
た，ということである。しかしながら，「修正されたビンスワンガー労働−
節約的バイアス」は，全研究期間 1957−97 年において，加速度的に拡大して
いった。

　　第 2 に，観測された機械費用−総費用比率は 1957 年から 1997 年まで一貫
して増大した。特に，その増大のスピードは，1971 年以降には目を見張るも
のがあった。このファインディングは，乗用型トラクター，田植機，収穫機，
その他の機械類のようなより規模の大きい農業機械の急激な増大に対応して
いる。一方，全研究期間 1957−97 年における機械の投入要素費用−総費用比

図4-2　機械費用−総費用比率の観測値と修正値：階層農家III（都府県），
　　　　1957-97 年

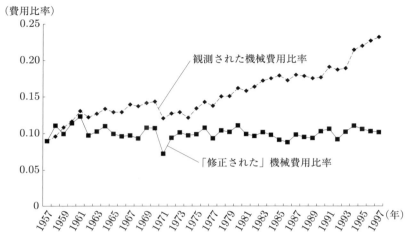

率は，幾度かの小さな上昇および下降はあったけれども，平均して，10％く
らいであった。図4−2において明らかなように，われわれは，「修正された
ビンスワンガー機械−使用的バイアス」は，全研究期間 1957–97 年において，
加速度的な上昇傾向を持って拡大していったと言うことができそうである。

　第3に，中間投入要素の投入要素バイアスは図4−3に示されている。この
場合にも，1957 および 1958 の両年を例外として，修正された投入要素費用
−総費用比率は観測された投入要素費用−総費用比率よりも，全研究期間に
おいて，一貫して小さかった。このことは，技術変化は中間投入要素−「使
用的」であったことを示唆している。特に，「修正された ビンスワンガー中
間投入要素−使用的バイアス」の大きさは，1964–86 年にはかなり大きかっ
た。全研究期間における機械−および中間投入要素−「使用的」バイアスは，
M-技術革新および BC-技術革新が戦後日本農業において同時並行的に進展
した，というこれまでの推計結果の観測に基づくファインディングを強力に
支持している。

　第4に，図4−4によると，修正された土地費用−総費用比率は観測され
た土地費用−総費用比率よりも，1957–62 年において，大きかった。しかし

図4-3　中間投入要素費用−総費用比率の観測値と修正値：階層農家 III（都府県），1957-97年

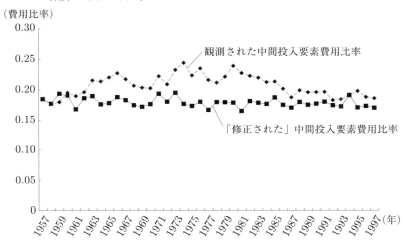

図4-4　土地費用−総費用比率の観測値と修正値：階層農家 II（都府県），1957-97年

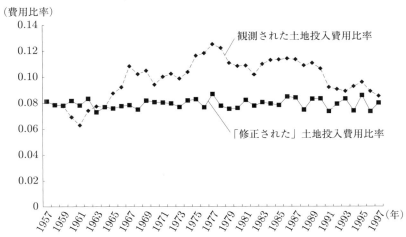

図 4-5　その他投入要素費用－総費用比率の観測値と修正値：階層農家 III（都府県），1957-97 年

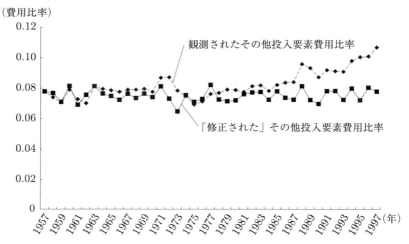

ながら，1963 年以降においては，1977 年以降には減少傾向を示したが，修正された土地費用－総費用比率は観測された土地費用－総費用比率よりも一貫して大きかった。このファインディングは，戦後日本農業の技術変化は 1957–62 年には土地－「節約的」バイアスを持っていたが，1962 年「修正された」投入要素費用－総費用比率値以降には，「修正されたビンスワンガーバイアス」は，1963–97 年に対しては，土地－「使用的」バイアスを持つようになった。この「修正されたビンスワンガー土地－使用的バイアス」は「修正されたビンスワンガー機械－使用的バイアス」と強い密接な関係を持っていたと思われる。なぜなら，一般的に言って，特に作物生産の場合においては，農業機械化は必然的により大きな規模の土地を要求するからである。

　最後に，図 4-5 に示されているように，1963 年以降は明らかに，技術変化はその他投入要素－「使用的」であった。特に，「修正されたビンスワンガーその他投入要素－使用的バイアス」は 1986 年以降加速度的に拡大しつつあった。ここで観測された「修正されたビンスワンガーその他投入要素－使用的バイアス」は，Kuroda（2008c）がきわめて明確に示しているように，

戦後日本農業における畜産物—「増大的」バイアスを支持している[9]。

3.3　観測された投入要素費用—総費用比率と累積投入要素バイアス効果の各年変化

　バイアスを持った技術変化が投入要素費用—総費用比率を変化させることにいかに重要な役割を果たしたかということを理解するために，われわれは観察された投入要素費用—総費用比率の年々の変化を計算し，それらを表4–2における「修正されたビンスワンガー投入要素バイアス」と関係させてみた。ここでも，紙幅節約のために第III階層農家のみに分析対象を絞った。ここでは，その他の階層農家（I，II，およびIV）についての分析も第III階層農家について行なった推計結果ときわめて類似の結果を得た，ということを述べるにとどめておきたい。この分析を多くの期間について遂行することは，きわめて手のかかる作業であるし，時間を消費するので，われわれは1958–97年を2つの期間，つまり，1975年を境に，1958–75年および1975–97年に分割するための基準年として選ぶことにした[10]。

　第1に，観測された労働費用—総費用比率は，1958年から1975年までに0.1184だけ減少し，「修正されたビンスワンガー労働—節約的バイアス」は，同期間に対して0.1170の減少であった。これは，労働費用—総費用比率の減少の98.8%を説明する。1975–97年に対しては，観測された労働費用—総費用比率は0.0662だけ減少したが，「修正されたビンスワンガー労働—節約的バイアス」は0.0625の減少であり，これは，観測された労働費用—総費用比率の減少の94.4%を説明する。全研究期間1958–97年に対しては，観測された労働費用—総費用比率は，1958年から1975年までに0.1845だけ減少

---

9)　ここで再び，大動物はその他投入要素の重要な1投入要素であることを思い出していただきたい。

10)　1975年を基準年として選んだ主要な理由は，全4階層農家について推計された全要素生産性（TFP）のマルティラテラル指数が1975年でキンクしたというファインディングが主要なものである。TFPは1957年から1975年にかけて急激に伸びたが，1975年以降には，階層農家IV以外のすべての3階層農家においては，TFPは停滞気味になったが，階層農家IVだけは1975年以降においても，より遅いペースではあるが上昇傾向を示した。

表4-2　観測された投入要素費用－総費用比率と「修正されたビンスワンガー投入要素バイアス」効果の年変動：階層農家Ⅲ（都府県），1958-97年（近似点）

期間	労働		機械		中間投入要素	
	費用比率変化	「修正されたビンスワンガーバイアス」	費用比率変化	「修正されたビンスワンガーバイアス」	費用比率変化	「修正されたビンスワンガーバイアス」
1958–75	−0.1184	−0.1170	0.0382	0.0353	0.0471	0.0502
	(100.0)	(98.8)	(100.0)	(92.4)	(100.0)	(106.6)
1975–97	−0.0662	−0.0625	0.0974	0.0945	−0.0375	−0.0346
	(100.0)	(94.4)	(100.0)	(97.0)	(100.0)	(92.3)
1958–97	−0.1845	−0.1795	0.1356	0.1298	0.0096	0.0156
	(100.0)	(97.3)	(100.0)	(95.7)	(100.0)	(162.5)

期間	土地		その他投入要素	
	費用比率変化	「修正されたビンスワンガーバイアス」	費用比率変化	「修正されたビンスワンガーバイアス」
1958–75	0.0377	0.0334	−0.0047	−0.0019
	(100.0)	(88.6)	(100.0)	(40.4)
1975–97	−0.0311	−0.0281	0.0373	0.0307
	(100.0)	(90.4)	(100.0)	(82.3)
1958–97	0.0066	0.0053	0.0326	0.0288
	(100.0)	(80.3)	(100.0)	(88.3)

注1：同様の表は全階層農家について作成することができる。しかし，紙幅節約のために，階層農家Ⅲを"代表"としてその推計値のみを掲載した。
　2：投入要素費用－総費用比率変化については，観測された投入要素費用－総費用比率を用いた。資料は，第1章の図1-3の場合と同じく『農経調』である。
　3：「修正されたビンスワンガー投入要素バイアス」は（4.13）式を用いて推計した。
　4：（　）内の数値は，「修正されたビンスワンガー投入要素バイアス」の観測された投入要素バイアスに対するパーセンテージで測られた貢献度である。

し，「修正されたビンスワンガー労働－節約的バイアス」は，同期間に対して0.1795の減少であった。これは，観測された労働費用－総費用比率の減少分の97.3％を説明する。

　第2に，観測された機械費用－総費用比率は，1958年から1975年までに0.0382だけ増大した。一方，「修正されたビンスワンガー機械－使用的バイアス」は，同期間に対して0.0353の増大であった。これは，観測された機械

費用—総費用比率の増大の92.4%を説明する。1975–97年に対しては，観測された機械費用—総費用比率は0.0974だけ増大したが，「修正されたビンスワンガー機械—使用的バイアス」は0.0945であり，これは，前期増分よりはるかに大きい。このことは，1975–97年における農業の機械化は，1958–75年におけるそれよりも速いスピードで進展したことを意味している。このことはさらに，中・大型機械化が1970年代初期から急速に進んだ現象と一致している。他方，「修正されたビンスワンガー機械—使用的バイアス」も急激に増大し，その増大値は0.0945であった。これは，観測された機械費用—総費用比率の増分の97.0%を説明する。全研究期間1958–97年に対しては，観測された機械費用—総費用比率は，1958年から1975年までに0.1356だけ増加し，「修正されたビンスワンガー機械—使用的バイアス」は，同期間に対して0.1298の増大であった。これは，観測された機械費用—総費用比率の増分の95.7%を説明する。

　第3に，観測された中間投入要素費用—総費用比率は，1958–1975年に0.0471だけ増大した。一方，「修正されたビンスワンガー中間投入要素—使用的バイアス」は，同期間に対して0.0502の増大であった。これは，観測された中間投入要素費用—総費用比率の増分の106.6%の貢献を意味する。しかしながら，1975–97年においては，観測された中間投入要素費用—総費用比率は0.0375の減少であった。一方，「修正されたビンスワンガー中間投入要素—使用的バイアス」も，1958–75年には0.0346の減少であった。これは，観測された中間投入要素費用—総費用比率の減少分の92.3%の貢献を意味する。全研究期間1958–97年においては，観測された中間投入要素費用—総費用比率は，わずかながらも，0.0096だけ増大した。一方，「修正されたビンスワンガー機械—使用的バイアス」は，同期間に対して0.0156の増大であった。これは，「修正されたビンスワンガー機械—使用的バイアス」が観測された中間投入要素費用—総費用比率の増分の162.5%を説明する。

　第4に，観測された土地費用—総費用比率は，1958–1975年に0.0377の増大があった。一方，「修正されたビンスワンガー土地—使用的バイアス」は，同期間に対して0.0334の増大であった。これは，観測された土地費用—総費用比率の増分の88.6%の貢献であったことを意味する。しかしながら，

1975–97 年においては，観測された土地費用－総費用比率は 0.0311 の減少であった。このことは，農林水産省による 1969 年以降の減反政策の導入によるところが大きかったと思われる。一方，「修正されたビンスワンガー中間投入要素－使用的バイアス」も，1958–75 年には 0.0281 の減少であった。これは，観測された中間投入要素費用－総費用比率の減少分の 90.4% の貢献を意味する。全期間 1958–97 年においては，観測された土地費用－総費用比率は，わずかながらも，0.0066 だけ増大した。一方，「修正されたビンスワンガー機械－使用的バイアス」は，同期間に対して 0.0053 の増大であった。これは，「修正されたビンスワンガー土地－使用的バイアス」が観測された中間投入要素費用－総費用比率の増分の 80.3% を説明する。

　第 5 に，畜産や果樹・野菜生産を増大させようという「選択的拡大政策」の導入，したがって，大動物や果樹への投資が堅実に増大した（第 1 章の図 1–1 参照）にもかかわらず，観測されたその他投入要素費用－総費用比率は，1958–1975 年に 0.0047 とわずかながらも減少した。一方，「修正されたビンスワンガー土地－使用的バイアス」は，同期間に対して 0.0019 というわずかの減少であった。これは，観測されたその他投入財費用－総費用比率の減少分の 40.4% の貢献であったことを意味する。しかしながら，1975–97 年においては，観測されたその他投入要素費用－総費用比率は 0.0373 の増加であった。一方，「修正されたビンスワンガーその他投入要素－使用的バイアス」も，1958–75 年には 0.0307 の増加であった。これは，観測された中間投入要素費用－総費用比率の減少分の 82.3% の貢献を意味する。全研究期間 1958–97 年においては，観測された土地費用－総費用比率は，わずかながらも，0.0326 だけ増大した。一方，「修正されたビンスワンガー機械－使用的バイアス」は，同期間に対して 0.0288 の増大であった。これは，「修正されたビンスワンガー土地－使用的バイアス」が観測された中間投入要素費用－総費用比率の増分の 88.3% を説明する。

　以上，表 4–2 において見てきたように，われわれは，「修正されたビンスワンガー投入要素バイアス」が 5 個の投入要素費用－総費用比率の変化において，重要な役割を果たしてきたというファインディングを得た。ここで，「修正されたビンスワンガーバイアス」は相対価格変化のバイアス効果のみ

によって構成されていることを銘記しておこう。このことは，投入要素の相対価格変化によって引き起こされた「純」技術変化バイアスが，20世紀後半の1957-97年における日本農業の投入要素費用－総費用比率の変化にきわめて重要な貢献を果たしてきた，ということを意味している。

3.4　投入要素バイアスとヒックス「誘発的技術革新」仮説

　ここで，われわれは，「修正されたビンスワンガー投入要素バイアス」を対応する投入要素の相対価格の動きに関連させることによって，ヒックスの「誘発的技術革新」を妥当なものとして捉えることができるか否か検証してみることにしたい[11]。「誘発的技術革新」仮説の基本的な概念は，技術変化のバイアスは，投入要素の相対価格の変化に依存するというものである。投入要素の相対価格の変化に対応して，技術変化は相対的に高価（廉価）になった投入要素を節約（使用）するような方向にバイアスを伴って進展する，ということである。この仮説を検定するために，われわれは以下の方法を導入する。第1の方法は，インフォーマルな形で，単純に，図に描かれた投入要素バイアスと相対価格の動きを比較検討してみることである[12]。第2の方法は，幾分より厳密な方法であり，(4.14)式で説明したように，「修正されたビンスワンガー投入要素バイアス」を対応する投入要素価格に回帰するという方法である。

　図4-6から4-10には，個々の投入要素の「修正されたビンスワンガーバイアス」と価格指数がプロットされている。そこで，まずこれらを注意深く検証してみよう。第1に，図4-6において，1950年代末から1960年にかけて，労働－「使用的」バイアスが観られた。しかし，1960年以降において

---

11)　投入要素のマルティラテラル価格指数は総合農業生産物マルティラテラル価格指数で標準化したものであることを思い出していただきたい（第1章の図1-4参照）。われわれは，全4階層農家と平均農家に対して相対的投入要素価格指数を推計した。しかしながら，われわれは，全4階層農家の相対価格を導入することによって図を複雑化してしまうことを避けるために平均農家のみの投入要素相対価格を用いることにした。実際のところ，全4階層農家の投入要素相対価格は，平均農家の投入要素相対価格にきわめて類似したものであった。

12)　Binswanger (1974)，Kako (1978)，Lee (1983)，Kawagoe, Otsuka, and Hayami (1986)，およびKuroda (1988b) は，この方法を用いた。

図4-6　全階層農家の「修正されたビンスワンガー労働投入バイアス」および平
　　　　均農家のマルティラテラル労働価格指数：都府県，1958-97 年

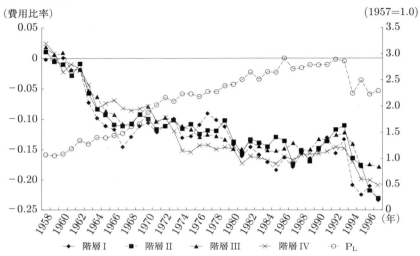

は，技術変化は，全4階層農家において労働—「節約的」バイアスを持つ方
向に転じ，その傾向は上昇トレンドを持っていた。一方，労働価格について
は，それが低下傾向を示した1993–97 年以外は，全研究期間を通して一貫し
て上昇した。しかしながら，一般的に言って，「修正されたビンスワンガー
労働—節約的バイアス」および労働の価格指数の動きは，本章の研究期間中，
互いに反対の動きを示したと言える。

　　第2に，図4-7において，1950 年代末には機械—「節約的」バイアスが
観られた。しかしながら，1960 年あるいは1961 年以降においては，「修正さ
れたビンスワンガー機械—使用的バイアス」は，1971 年まで急速な増大傾
向を示したが，1971–74 年には減少傾向を示し，1974 年以降1997 年まで再
び急速な上昇傾向を示した。1973–74 年におけるバイアスの低下は，第1次
「石油危機」の影響を受けたものと推測される。特に，1974 年以降の機械—
「使用的」バイアスの急激な増大は，1970 年代初期以降の日本農業における
中・大規模機械化と密接な関係を持っていると思われる。一方，機械価格は
一貫して経時的に低下した。これらのファインディングズを通じて，われわ

図4-7　全階層農家の「修正されたビンスワンガー機械投入バイアス」および平
　　　　均農家のマルティラテラル機械価格指数：都府県，1958-97年

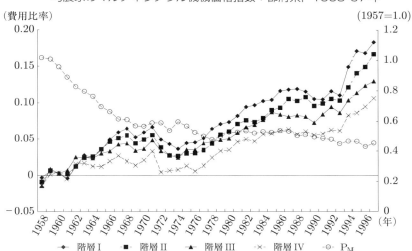

れは以下のような結論を導き出すことができよう。つまり，一貫して減少傾
向をたどった機械価格は技術変化に機械―「使用的」バイアスを引き起こし
た。このことは，機械投入に対してヒックスの「誘発的技術革新」仮説は妥
当であるということを示唆している。

　第3に，図4-8を一見して，「修正されたビンスワンガー中間投入要素―
使用的バイアス」の動きは少々複雑ではあるが，1958, 1959, 1993, および
1994年以外は，一般的に言って，全研究期間を通じて，バイアス自体は中間
投入要素―「使用的」であった。全4階層農家において，「修正されたビンス
ワンガー中間投入要素―使用的バイアス」は，1965-72年における停滞状態
を経験したが，1960-1974年には増大傾向を持っていた。一方，中間投入要
素価格は1958-97年には一貫して低下傾向を示した。これらのファインディ
ングズに基づいて解釈すれば，労働と機械の場合ほど明瞭ではないが，われ
われは，ヒックス「誘発的技術革新」仮説は，中間投入要素の場合に対して
も妥当すると推論することができる。

　第4に，図4-9を一目観ると，「修正されたビンスワンガー二地―使用的

図 4-8　全階層農家の「修正されたビンスワンガー中間投入要素投入バイアス」
　　　　および平均農家のマルティラテラル中間投入要素価格指数：都府県，
　　　　1958-97 年

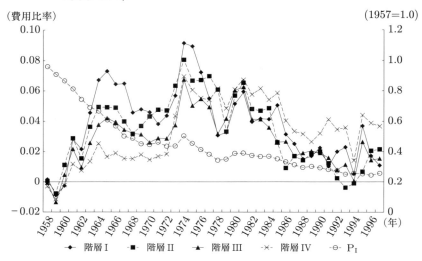

（費用比率）　　　　　　　　　　　　　　　　　　　　　　　　（1957＝1.0）

階層 I　　　階層 II　　　階層 III　　　階層 IV　　　P_I

バイアス」は異なった階層農家間で異なった動きを示している。特に，最小
階層農家 I は研究期間の多くの年において土地－「節約的」バイアスを持っ
ていたが，1967–68, 1979–90, 1994，および 1996–97 年には，そのバイアス
は土地－「使用的」であった。しかしながら，階層農家 II および III は，階層
農家 I の場合と同様に，1950 年代後半から 1960 年代初期にかけては土地－
「節約的」バイアスを持ったが，その後は，これらの階層農家は土地－「使
用的」バイアスを持つに至った。よりはっきりと説明すると，階層農家 III
および IV は，それぞれ，1963–1977 年 および 1965–1977 年まで土地－「使
用的」バイアスの上昇傾向を持っていたが，その後はその土地－「使用的」
バイアスは減少傾向を示すに至った。階層農家 II に関しては，上下変動は
あったものの，1964 年から 1987 年まで土地－「使用的」バイアスを持って
いたが，1987 年以降には階層農家 III および IV と同様に減少傾向を示した。
他方，土地価格は 1986 年まで一貫して上昇したが，その後は一貫して低下
傾向を示した。一瞥して，「修正されたビンスワンガー土地－使用的バイア

図4-9　全階層農家の「修正されたビンスワンガー土地投入バイアス」および平均農家のマルティラテラル土地価格指数：都府県，1958-97年

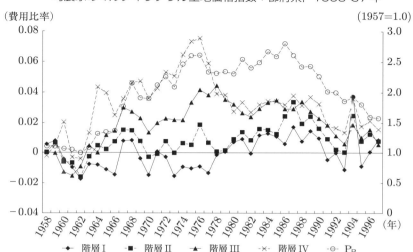

ス」と土地価格はかなり平行して動いているように見える。この観察から判断すると，ヒックス「誘発的技術革新」仮説は，土地投入に関しては妥当しなかったのではないかと推量することができる。

　最後に，図4-10では，修正されたビンスワンガーその他投入要素バイアスの値は，全4階層農家において，1963年以降，階層農家IおよびIIIにおける数年以外は，一般的に言って，正値であった。このことは，技術変化はその他投入要素—「使用的」であったことを示唆している。さらに，その他投入要素—「使用的」バイアスは，1963-97年において，多少の上下変動はあったものの，上昇傾向を示した。一方，その他投入要素の価格は一般的に言って弱い低下傾向を持ったが，1970-73年には急激な上昇を示した。このその他投入要素価格指数は土地—「使用的」バイアスとは逆の動きであった。このことは，ヒックス「誘発的技術革新」仮説は妥当であるということを示唆している。そうであるとはいえ，労働や機械の場合ほどには明瞭ではないが，「修正されたビンスワンガーその他投入要素—使用的バイアス」については，1958-97年においてヒックス「誘発的技術革新」仮説は妥当であった

図4-10　全階層農家の「修正されたビンスワンガーその他投入要素投入バイア
　　　　ス」および平均農家のマルティラテラルその他投入要素価格指数：都
　　　　府県，1958-97年

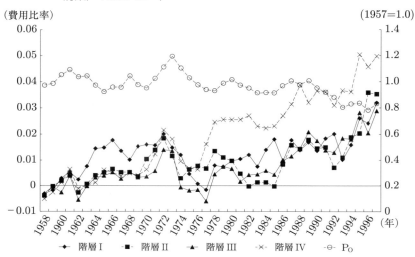

ということを推量できる。

　次に，われわれは第2の方法による結果を評価することにする。つまり，
「修正されたビンスワンガー投入要素バイアス」の自己価格への回帰分析の
結果についてである。この単純な回帰の結果は，全4階層農家について，全
5投入要素に関して表4-3に示されている。これらの結果を簡潔に評価する
ことにしよう。

　さて，表4-3を観察すると，その係数は自己価格に関して負であり，階
層農家Ⅰ以外は，1％水準で統計的に有意であるので，ヒックスの「誘発的
技術革新」仮説は，労働（「節約的」），機械（「使用的」），およびその他投入要
素（「使用的」）に対して妥当であるということは明らかである。中間投入要
素の場合には，階層農家Ⅰ，Ⅱ，およびⅢに関しては係数値は負ではあるが
統計的には有意ではなく回帰の当てはまり R^2 も小さいが，階層農家Ⅳの
結果を見ると，係数は負で統計的に有意であり回帰の当てはまりも十分に高
い。このことは，この階層農家に対しては，ヒックスの「誘発的技術革新」

表4-3　「修正されたビンスワンガー投入要素バイアス」効果の自己価格への回
帰分析：全4階層農家（都府県），1958-97年

	階層農家	労働バイアス	機械バイアス	中間投入財バイアス	土地バイアス	その他投入財バイアス
自己価格に関する係数	I	−0.072	−0.245	−0.008	0.007	−0.033
（P-値）		(0.000)	(0.000)	(0.678)	(0.000)	(0.000)
R^2		0.536	0.620	0.004	0.106	0.136
自己価格に関する係数	II	−0.067	−0.207	−0.006	0.011	−0.041
（P-値）		(0.000)	(0.000)	(0.543)	(0.000)	(0.000)
R^2		0.558	0.561	0.002	0.394	0.162
自己価格に関する係数	III	−0.073	−0.172	−0.021	0.024	−0.046
（P-値）		(0.000)	(0.000)	(0.231)	(0.000)	(0.000)
R^2		0.715	0.611	0.049	0.772	0.209
自己価格に関する係数	IV	−0.090	−0.131	−0.070	0.022	−0.102
（P-値）		(0.000)	(0.000)	(0.000)	(0.000)	(0.000)
R^2		0.778	0.473	0.400	0.417	0.321

注1：「修正されたビンスワンガー投入要素バイアス」をそれぞれの自己価格に回帰した。こ
　　れらの推計には，(4.14) 式を用い，1958-97年のサンプルに適用した。
　2：紙幅節約のため，切片での回帰係数 a_0 は表には掲載していない。
　3：推計された t-値よりも P-値を採用した。なぜなら，後者の方が統計的有意性の程度に
　　関する情報を直接与えてくれるからである。

仮説は明確に有効であるということを意味している。これらの結果を総合す
ると，ヒックスの「誘発的技術革新」仮説は，中間投入要素に対して全4階
層農家について有効であると推測しても差し支えないであろう。
　上で見たように，労働，機械，中間投入要素，およびその他投入要素に対
しては，自己価格に関する係数は負であり，そのことは，投入要素の自己相
対価格が廉価（高価）になると，投入要素バイアスは正（負）になることを意
味している。例えば，労働の価格は全研究期間1957-97年に急激に上昇した。
この動きに対応して，「修正されたビンスワンガー労働バイアス」は，図4-
6に示されているように，その「節約的」な性向を加速した。実際のところ，

図 4-6，4-7，4-8，および 4-10 を注意深く観察すれば，同様の結果が期待される。

これらの投入要素とは逆に，図 4-9 に見られるように，土地に対しては，ヒックスの「誘発的技術革新」仮説が有効であるか否かを決めることはきわめて困難であった。表 4-3 における回帰結果は，全 4 階層農家において自己価格に関する係数は正でかつ統計的に有意であるので，土地に対するヒックスの「誘発的技術革新」仮説は有効ではないことを示している[13]。

しかしながら，土地に対するこのような結果を得たとしても，土地に対するヒックス「誘発的技術革新」仮説の妥当性を正当化する少なくとも 1 つの理由がある。これまで述べてきたヒックス「誘発的技術革新」仮説のもともとの概念は，「歴史的（長期）技術革新可能性フロンティア」がヒックス「中立的」であるとの暗黙の仮定の上に成り立っているものである。しかしながら，すべての単位等量線の包絡線である技術革新可能性曲線は，「非中立的」な形でシフトする可能性がある（Kennedy, 1964; Ahmad, 1966）。もし例えば，労働のような単一の投入要素を相対的により多く節約する技術開発が比較的容易であるならば，そのような技術革新可能性関数は労働—「節約的」または機械—「使用的」バイアスを持っていると言うことができるであろう。したがって，技術変化のバイアスは必ずしも投入要素価格のみと密接な関係を持っているというわけではない。

したがって，土地に関する上記のファインディングがヒックス「誘発的技術革新」仮説と矛盾するものではないとする 2 つの議論が可能である。その 1 つは，技術革新可能性フロンティアは，1963 年ないし 1964 年以降は，階層農家 I 以外のすべての階層農家（II, III, および IV）において，投入要素価格の役割にかかわらず，土地—「使用的」バイアスを持っていた可能性が高いという議論である（図 4-9 参照）。特に，農業機械化はより効率的な機械使用を可能にするためにより大規模農地を要請するという事実を考慮すると，技術革新可能性曲線は，土地—「使用的」方向性を持っていたに違いないと

---

13)　この結果は，Kako（1978），Lee（1983），Kawagoe, Otsuka, and Hayami（1986），および Kuroda（1988b）が得た結果とよく似ている。

考えることができる。2つ目の議論は，図4−9に観られるような土地価格と土地−「使用的」バイアスの並行的な動きは，土地価格（単位面積10 a 当たりの地代として定義されている）は概して内生変数であったかもしれない。このことは，技術変化バイアスは，本章の研究期間 1957−97 年における土地価格の動きに影響を及ぼした要素であったかもしれないことを示唆している。

4　要約と結論

　本章におけるファインディングズは以下のようにまとめることができる。

　1950 年代後半以降，日本農業における技術変化は，労働−「節約的」，機械−，中間投入要素−，土地−，およびその他投入要素−「使用的」方向に強いバイアスを持って展開した。このバイアスを持った技術変化は，原則として，ヒックスの「誘発的技術革新」仮説と矛盾しない方向で進展した。しかしながら，土地価格と土地−「使用的」バイアスの並行的な動きは，一部は土地価格の内生的性格に関係していたのかもしれない。つまり，農地価格の上方への期待に反する動きの一部は，技術変化の土地−「使用的」バイアスによって引き起こされたのかもしれない。さらに，土地−「使用的」バイアスという現象のもう1つの理由は，技術革新可能性曲線自身が土地−「使用的」バイアスを持っていたということである。技術革新可能性曲線は，一方で，より大規模農地を要請する急速な農業機械化と緊密な関係を持っていたに違いないという推量ができる。

　さらに，投入要素費用−総費用比率の変動を通して変化した費用−総費用比率構造は，投入要素の相対価格変化によるバイアスを持った技術変化によってその大半は説明がつくということが，実証的にグラフを用いて把握することができた。

　最後に，本章の分析結果から，戦後日本農業における技術変化は，その要素賦存条件と矛盾しない形で進展した，と結論づけることができる。低開発諸国の農業に対する本研究の含意としては，技術変化を通じて発展を追求しようとする農業政策は，個々の国々に独自の投入要素賦存条件を最も有利に利用するような形で実施されるべきである，という一言に尽きる。

第5章

技術変化の生産物バイアス

1 序

　日本農業は，1950年代後期以降の50年間に，その生産物構成の大幅な変化を経験した。この変化は，表5−1に示されているように，畜産の目を見張るような急速な成長によって引き起こされた。畜産物生産額は1960年から2004年の間にほとんど2倍になった。つまり，畜産物生産額は1990年にそのピークに達し，それは1960年の生産額の2.3倍であった。これとは対照的に，作物生産は，同期間の1960–2004年においては停滞気味であった。それは1960–70年には少々増大したが，それ以降は一貫して減少してきた。作物生産のこのパターンは，主に米作の相対的な減退によるものである。米生産額は1960年の3.8兆円から2004年の2.2兆円へと一貫して減退した。農業総生産額に占める米生産額の割合は1960年の37.7%から2004年における22.8%にまで大幅に減退した。一方，畜産物の生産額は1960年における1.4兆円から2004年における2.8兆円へと一貫して増大し続け，この2004年の生産額は同年の米生産額より大きかった。畜産物生産額の農業総生産に占める割合は相当程度増大した。それは，1960年の13.6%から2004年における28.5%という顕著な伸びであった。畜産は，今や，少なくとも価額の観点から見れば，米作より重要な農業生産である。

　特に，1950年代後期から1990年代初期にかけての畜産物生産における急激な増加に影響を及ぼした基本的な要因は，1950年代半ば以降，日本経済における1人当たり所得の急速な増大によってもたらされた畜産物に対する

表 5-1　作物および畜産物の生産額と価格：都府県，1960-2004 年（選択年）

年	総作物	米	畜産物	その他	総生産額	P_G	P_A
1960	8,541	3,822	1,379	226	10,146	100	100
	(84.2)	(37.7)	(13.6)	(2.2)	(100.0)		
1970	8,613	3,563	2,198	516	11,327	213	193
	(76.0)	(31.5)	(19.4)	(4.6)	(100.0)		
1980	8,034	2,656	2,899	559	11,493	484	405
	(69.9)	(23.1)	(25.2)	(4.9)	(100.0)		
1990	8.022	2,682	3,127	631	11,780	574	375
	(68.1)	(22.8)	(26.5)	(5.4)	(100.0)		
2000	7,073	2,418	2,822	513	10,407	508	307
	(68.0)	(23.2)	(27.1)	(4.9)	(100.0)		
2004	6,503	2,219	2,777	462	9,742	514	319
	(66.8)	(22.8)	(28.5)	(4.7)	(100.0)		

資料：農林水産省『農業・食料関連産業の経済計算』2004 年版。

注1：生産額は，2000 年価格で評価され，10 億円単位で表されている。

　2：米は総穀物生産物の 1 品目として，畜産物生産額と直接的に比較するために選んだ。

　3：品目「その他」は農業サービス価額によって表されている。

　4：P_G および P_A は，それぞれ，作物および畜産物の価格指数である。それらの価格指数は，それぞれ，総作物生産額および畜産物生産額のデフレーターとして推計したものである。ここでは，これらのデフレーターの 1960 年値を 100.0 と設定している。

　5：（　）内の数値は農業総生産額に占める割合をパーセントで示したものである。

きわめて強くかつ永続的な需要だった。かくして，日本農業における生産物構成の急激な変動に対する標準的な説明としては以下のような内容のものになるであろう。つまり，作物と畜産物の生産可能性曲線は変化しないままか，あるいは変化したとしても相似的に上方にシフトしたという仮定の下で，作物と畜産物に対する需要の変化による相対的に有利な価格によって，畜産物生産（したがって供給）の方が作物生産（したがって供給）よりも急速なスピードで成長を遂げたということである。しかしながら，このような需要側面に偏った説明は明らかに不完全である。なぜなら，表 5-1 においてきわめて明瞭に観察されるように，畜産物価格指数は，1960 年から 2004 年にかけて，作物価格指数に比べて相対的に不利に推移したからである。

　したがって，本章では畜産物生産の急激な成長を説明するためにもう1つの仮説を提唱したい。つまり，技術変化が生産物空間において畜産物－「増大的」バイアスを持っていたという仮説である。つまり，畜産は，一般的に言って，より若くかつ技術および経営改善により積極的な態度で臨むといったより質の高い生産者によって経営されており，より具体的に言うと，彼等はより多数の家畜頭数や海外から輸入された廉価の資料穀物の豊富な給餌法を用いるという生産技術によっても特色づけられる。一方，作物生産，特に，米作はより技術が劣りそれほど経営志向の高くない，しばしば，高齢であったり，兼業農家であったり，あまり農業に特化しているとは言い難い農業者によって経営されてきた。本章の主要な目的は，戦後日本農業の生産構造を実証的に分析することを通じてこの仮説を検証することにある。

　この生産物構成の急激な変化は相対的な投入要素使用の大きな変化を伴った。本研究期間である1957–97年には農業労働の非農業部門への膨大な移動があった。そしてこのことは，農業生産の急激な機械化を伴った。投入要素の相対的価格変化は投入要素使用量に確実に影響したけれども，農業生産物における大幅な変化もまた重要な要因であった[1]。したがって，本章の第2の目的は，全研究期間である1957–97年における生産物構成の変化が日本農業の投入要素配分に及ぼした影響を分析することにある。

　われわれは，本章の最も重要な貢献は，戦後日本農業における技術変化によって引き起こされた生産物バイアスの実証的推計を試みるところにあると主張したい。かなり多くの研究で多財費用，利潤，あるいは収益関数を用いているが（Brown, Caves, and Christensen, 1979; Burgess, 1974; Denny and Pinto, 1978; Fuss and Waverman, 1981; Lopez, 1984; Ray, 1982; Shumway, 1983; Weaver, 1983），技術変化における生産物バイアス問題を真正面から取り上げ実証的に分析したという研究は，国際的に見ても，ほんの数本の論文しか公刊されていない[2]。さらに，いくつかの研究は技術変化における投入

---

1)　Kako（1978）およびKuroda（1987）は，要因分解分析手法を用いることによって，相対価格における変化による代替効果および技術変化のバイアス効果が戦後日本農業の投入要素結合における変化に対する最も重要な要因であるというファインディングズを得た。

要素バイアスの実証的推計結果を得ることに成功した（Binswanger, 1974; 神門, 1991; Kako, 1978; Antle, 1984）。しかしながら，彼等の研究は，単一財トランスログ長期均衡 TC 関数あるいは可変（あるいは，短期的）利潤関数を導入したので，生産物構成の変化が投入要素バイアスにいかなる影響を及ぼしたのかという課題についての分析はできなかった。

　これに反して，本章は，戦後日本農業の投入要素バイアスを持った技術変化に対する生産物構成の効果を推計することのできる多財トランスログ TC 関数分析枠組みを導入する。このことは，投入要素配分決定は生産物配分決定とは分離可能であることを示している。したがって，複数の投入財と複数の生産物の分離性は，本章においてはもう1つの重要な仮説として取り扱うことにする。

　本章の残りの部分は，以下のような構成になっている。第2節は分析の枠組みを提供する。第3節は実証結果の説明および評価に充てる。最後に，第4節は簡潔な要約を行ない結論を述べる。

2　分析の枠組み

2.1　生産物空間におけるヒックス技術変化バイアス

　Antle and Capalbo（1988, pp. 47）に従うと，2生産物，本章では，作物（Q_G）および 畜産物（Q_A）から成る生産物空間における生産物バイアスの測度は以下の（5.1）式で定義される[3]。

---

2)　Denny, Fuss, and Waverman（1981）は，「生産物─増大的」な形を持つ多財 TC 関数をカナダの電話通信事業に導入した。一方，Kuroda（1988c）は，戦後日本農業における「畜産物─増大的」バイアスを推計した初めての論文である。その後に発表された論文も Kuroda and Lee（2003），Kuroda（2008c），および Kuroda（2009b）であったように，Kuroda を中心とする研究のみしか存在しない。

3)　生産物バイアスの大きさを推計する方法はすでに第1章の（1.13）～（1.16）式によって説明した。しかしながら，方程式体系は通常型トランスログ TC 関数より導出されたものである。言うまでもなく，われわれは S-G 型多財トランスログ TC 関数からこれに対応する方程式体系を導出したが，ここでは，紙幅節約のためにそれらの方程式体系を省いた。しかしながら，近似点における生産物バイアスの推計値は，通常型および S-G 型の多財トランスログ TC 関数モデルに対して，第1章の表1-10にすでに示されている。

$$B_{GA}^Q = \partial \ln(\frac{\partial C}{\partial Q_G}/\frac{\partial C}{\partial Q_A})/\partial \ln t$$

$$= \partial \ln(\frac{\partial C}{\partial Q_G})/\partial \ln t - \partial \ln(\frac{\partial C}{\partial Q_A})/\partial \ln t$$

$$= \frac{\partial \ln MC_G}{\partial \ln t} - \frac{\partial \ln MC_A}{\partial \ln t}, \tag{5.1}$$

ここで，$MC_i \ (i = G, A)$ は i 番目の生産物の限界費用を表している[4]。

　(5.1) 式においては，B_{GA}^Q は技術変化によって引き起こされる生産物空間の所与のある1点における生産可能性フロンティアの回転を測るものである。したがって，生産物空間における技術変化は，もし B_{GA}^Q が正ならば，畜産物—「増大的」（作物—「減少的」）バイアスを持ち，他方，もし B_{GA}^Q が負ならば，作物—「増大的」（畜産物—「減少的」）バイアスを持つ。そして B_{GA}^Q がゼロならば，生産物—「中立的」である。直感的な説明は多分以下のように行なうことができるであろう。もし技術変化が，1生産物，例えば，畜産物（Q_A）の限界費用を他の生産物，例えば，作物（Q_G）の限界費用よりも相対的に急速に縮小するならば，そのような技術変化は畜産物—「有利」（または，「増大的」）（この場合には，$B_{GA}^Q > 0$ になる）と呼ばれる。逆に言えば，その技術変化は作物—「不利」（または，「減少的」）バイアスを持つと呼ばれる。

　ここで，技術変化指数に関する各生産物の限界費用の弾力性を導出するために，われわれは以下の方法を導入する。

　第1に，第1章の (1.27) 式で与えられる S-G 型多財トランスログ TC 関数に基づいて，費用—生産物弾力性 ε_{CQ_i} は以下の (5.2) 式によって定義される。

$$\varepsilon_{CQ_i} = \frac{\partial C}{\partial Q_i}\frac{Q_i}{C} = \frac{\partial \ln C}{\partial \ln Q_i}$$

---

4)　Antle and Capalbo (1988, p. 47) におけるもともとの表現は，∂t を用いている。しかしながら，ここでも，本章における S-G 型多財トランスログ TC 関数の時間変数の特定化を $\partial \ln t$ にしていることに注意していただきたい。

$$= \alpha_i + \sum_j \gamma_{ij} \ln Q_j + \sum_k \phi_{ik} \ln P_k$$

$$+ \alpha_i^{'} \ln t + \sum_j \gamma_{ij}^{'} \ln t \ln Q_j + \sum_k \phi_{ik}^{'} \ln t \ln P_k, \qquad (5.2)$$

$$i, j = G, A, \quad k, n = L, M, I, B, O.$$

(5.2) 式で与えられる費用－生産物弾力性 ε_{CQ_i} は各生産物の追加的ないし限界費用をパーセントで表したものである。以下の (5.3) 式を銘記し，

$$\varepsilon_{CQ_i} = \frac{\partial \ln C}{\partial \ln Q_i} = (\frac{\partial C}{\partial Q_i})/(\frac{C}{Q_i}) = MC_i/(\frac{C}{Q_i}), \quad i = G, A, \qquad (5.3)$$

われわれは，生産物数量および投入要素価格を一定に保ったままで，ε_{CQ_i} の対数を $\ln t$ で微分する。すなわち，

$$\frac{\partial \ln \varepsilon_{CQ_i}}{\partial \ln t} = \frac{\partial \ln(MC_i/(\frac{C}{Q_i}))}{\partial \ln t} = \frac{\partial \ln MC_i}{\partial \ln t} - \frac{\partial \ln(\frac{C}{Q_i})}{\partial \ln t}, \quad i = G, A. \quad (5.4)$$

すると，われわれは，(5.2) 式から以下の (5.5) 式を得る。

$$\frac{\partial \ln \varepsilon_{CQ_i}}{\partial \ln t} = \frac{\alpha_i^{'} + \sum_j \gamma_{ij}^{'} \ln Q_j + \sum_k \phi_{ik}^{'} \ln P_k}{\varepsilon_{CQ_i}}, \quad i = G, A. \qquad (5.5)$$

さらに，(5.3) 式から以下の (5.6) 式が得られる。

$$\frac{\partial \ln MC_i}{\partial \ln t} = \frac{\alpha_i^{'} + \sum_j \gamma_{ij}^{'} \ln Q_j + \sum_k \phi_{ik}^{'} \ln P_k}{\varepsilon_{CQ_i}} + \frac{\partial \ln(\frac{C}{Q_i})}{\partial \ln t}$$

$$= \frac{\alpha_i^{'} + \sum_j \gamma_{ij}^{'} \ln Q_j + \sum_k \phi_{ik}^{'} \ln P_k}{\varepsilon_{CQ_i}}, \quad i = G, A, \qquad (5.6)$$

ここで，$Q_i(i = G, A)$ および t は第 1 章の TC 関数 (1.1) において両変数とも外生変数とみなしているので，$\partial \ln Q_i/\partial \ln t = 0,$ となることに注意していただきたい。

　かくして，(5.1) は以下の (5.7) 式のように書くことができる。

$$B_{GA}^Q = \frac{\partial \ln MC_G}{\partial \ln t} - \frac{\partial \ln MC_A}{\partial \ln t}$$

$$= \Big(\frac{\alpha'_G + \sum_j \gamma'_{Gj} \ln Q_j + \sum_k \phi'_{Gk} \ln P_k}{\varepsilon_{CQ_G}} \Big)$$

$$- \Big(\frac{\alpha'_A + \sum_j \gamma'_{Aj} \ln Q_j + \sum_k \phi'_{Ak} \ln P_k}{\varepsilon_{CQ_A}} \Big), \tag{5.7}$$

$$j = G, A, \quad k = L, M, I, B, O.$$

近似点では，(5.7) 式は以下の (5.8) 式のように書くことができる。

$$B^Q_{GA} = \frac{\partial \ln MC_G}{\partial \ln t} - \frac{\partial \ln MC_A}{\partial \ln t} = \frac{\alpha'_G}{\varepsilon_{CQ_G}} - \frac{\alpha'_A}{\varepsilon_{CQ_A}}, \tag{5.8}$$

(5.7) 式を用いて，全研究期間 1957–97 年に対して，全4階層農家のすべてのサンプルについて生産物バイアス値 B^Q_{GA} を推計し，その結果をグラフの形で示すことにする。こうすることによって，全研究期間における全4階層農家の生産物バイアスの大きさの差異と経時的変化を容易に捉えることができる。このような検証方法を用いることによって，1957–97 年において，日本農業における異なる規模農家間で，生産物構成における変化が生産物バイアスの方向性と大きさに対してどのような影響を及ぼしたのかということを視覚的かつ数量的に把握できる。

2.2 投入要素の需要および代替の弾力性

本章は，全研究期間 1957–97 年において，生産物構成の変化がいかに投入要素の相対的な利用に影響を及ぼしたのだろうかという側面にも定量的検証の焦点を当てる。以下において，われわれは投入要素の自己価格および作物および畜産物の生産量に関する需要弾力性について説明しておこう。

第1に，ε_{ij} $(i, j = L, M, I, B, O)$ は投入要素需要の価格弾力性である。これらの弾力性は，第1章のS-G型多財トランスログTC関数のパラメータに基づいて導出した以下のような数式を用いて推計することができる（Berndt and Christensen, 1973）。

$$\varepsilon_{ij} = S_i \sigma^A_{ij}, \quad i, j = L, M, I, B, O, \tag{5.9}$$

$$\sigma^A_{ij} = \frac{\gamma^t_{ij} + S_i S_j}{S_i S_j}, \quad i \neq j, \ i, j = L, M, I, B, O, \tag{5.10}$$

$$\sigma_{ii}^A = \frac{\gamma_{ii}^t + S_i^2 - S_i}{S_i^2}, \quad i = L, M, I, B, O, \tag{5.11}$$

ここで，σ_{ij}^A's $(i, j = L, M, I, B, O)$ は，言うまでもなく，Allen（1938）の代替の偏弾力性（AES）である[5]。

次に，生産物数量に関する投入要素需要弾力性（ε_{ki}）は以下の（5.12）式によって推計できる。

$$\varepsilon_{ki} = \frac{\partial \ln X_k}{\partial \ln Q_i} = \frac{\partial \ln C}{\partial \ln Q_i} + \frac{\partial \ln}{\partial \ln Q_i}\left(\frac{\partial \ln C}{\partial \ln w_k}\right), \tag{5.12}$$

以下の関係を利用すると，

$$S_k = \frac{w_k X_k}{C} = \frac{\partial \ln C}{\partial \ln w_k},$$

$$i = G, A, \quad k = L, M, I, B, O.$$

第 1 章の（1.27）式で与えられる S-G 型多財トランスログ TC 関数を用いると，ε_{ki} は，近似点では以下の（5.13）式によって与えられる。

$$\varepsilon_{ki} = \alpha_i + \frac{\phi_{ik}}{\alpha_k}, \quad i = G, A, \quad k = L, M, I, B, O. \tag{5.13}$$

2.3　生産物構成変動の投入要素バイアスへの効果

すでにわれわれが第 1 章で結論したように，もし生産技術が投入物－生産物非分離的でかつ投入要素非結合的ならば，多財 TC 関数の分析枠組みの方がより適合性を持っている。このような分析枠組みを用いることによって，ヒックス中立性が投入要素空間に存在すると仮定するならば，われわれは，生産物構成の変化が投入要素バイアスの方向性と大きさにいかなる効果を及ぼすかという興味深い課題を定量的に検証することができる。より厳密に言うと，そのような効果は第 4 章の（4.1）から（4.6）式を用いて推計できる。

---

5)　AES の推計に関しては，第 2 章の表 2-1 を参照していただきたい。

より正確に言うと，生産物構成の変化の投入要素バイアスに及ぼす効果は，以下の第4章の（4.2）式によって得られる。

$$B_k^e = B_k + B_{k_G}^s + B_{k_A}^s, \quad k = L, M, I, B, O.$$

$B_{k_G}^s$ および $B_{k_A}^s$ さらに B_k^e および B_k を推計することによって，われわれは作物および畜産物の構成の変化が投入要素バイアスにいかなる効果を及ぼすのかという課題について，それぞれの効果を定量的に評価することができる。

3　実証結果

3.1　技術変化の生産物バイアス効果

まず第1に，われわれは，先に議論したように，（5.7）式を用いて，全研究期間 1957–97 年に対して，全4階層農家について生産物バイアスの大きさを推計した。その結果は図 5–1 に示されている。上述したように，全4階層農家における農家はすべて正の生産物バイアスを持っていた。このことは，全4階層農家は全研究期間中，畜産物－「増大的」技術変化が進展したということを示唆している。より正確に言うと，階層農家 IV の畜産物－「増大的」技術変化は，1950 年代後半からおよそ 1960 年代後半までかなり顕著であった。われわれは，相対的に大規模畜産農家は，消費者の農産物需要の変化，すなわち，炭水化物中心の食生活からより多くのタンパク質やビタミンの消費からなる食生活パターンへのシフト，にきわめて迅速に反応したものと推測できる。1960 年代後半から 1990 年代後半にかけて，この階層農家 IV の畜産物－「増大的」技術変化はいったん弱まりその後はほとんど一定の水準を保った。

他方，1950 年代から 1970 年代半ば頃のより早い時期においては，他の3階層農家は，畜産物－「増大的」技術の導入に関しては第 IV 階層農家の追随者として行動した。しかしながら，1970 年代半ば頃から 1990 年代後半まで，これら3階層農家は畜産物－「増大的」技術変化において二昇トレンドを示した。生産物空間における畜産物－「増大的」技術変化におけるこの結果は，表 5–1 に示されているように，農業総生産に占める畜産物の比率の

図5-1　生産物バイアス度：全階層農家（都府県），1957-97年

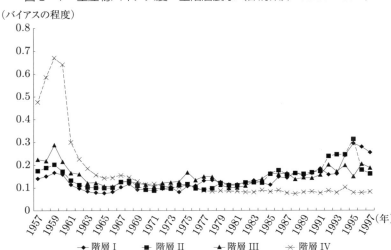

急激な拡大において重要な役割を果たし，1960年における13.6％から2004年における28.5％まで伸ばした。これは，表5-1に観察されるように，米生産の割合を上回ったのである。その米生産の割合は1960年における37.7％から2004年における22.8％に低下した。

3.2　投入要素に関する生産物数量の需要弾力性

　生産物数量に関する投入要素の需要弾力性は，生産物構成が投入要素の相対的使用にいかなる効果を及ぼしているかを定量的に検証するために（5.13）式を用いて推計した。さらに，農家が彼等の作物－畜産物結合生産で使用する投入要素価格の変化に適応するか否かを検証するために，（5.11）式を用いて自己価格需要弾力性も近似点において推計した。需要弾力性の推計値は表5-2に示されている。さらに，これらの弾性値のうち5個のみが伝統的な基準で用いられる10％を上回っているという意味で統計的に少し有意性が低いか（10％台）大幅に有意性が低い（36.3％）。その他の係数はすべて問題なく統計的に有意である。

　まず最初に，表5-2におけるすべての自己価格弾力性はすでに第2章の

表5-2　自己価格および生産物数量に関する投入要素の需要弾力性：都府県，
1957-97年（近似点）

	弾力性	P-値
自己価格に関する需要弾力性		
労働（ε_{LL}）	−0.357	0.002
機械（ε_{MM}）	−0.414	0.152
中間投入財（ε_{II}）	−0.226	0.102
土地（ε_{BB}）	−0.224	0.167
その他投入財（ε_{OO}）	−0.472	0.015
Q_G に関する需要弾力性		
労働（ε_{LG}）	0.875	0.000
機械（ε_{MG}）	0.871	0.000
中間投入財（ε_{IG}）	0.481	0.000
土地（ε_{BG}）	0.854	0.000
その他投入財（ε_{OG}）	0.613	0.000
Q_A に関する需要弾力性		
労働（ε_{LA}）	−0.034	0.363
機械（ε_{MA}）	0.095	0.144
中間投入財（ε_{IA}）	0.410	0.000
土地（ε_{BA}）	0.210	0.023
その他投入財（ε_{OA}）	0.422	0.000

注1：Q_G および Q_A は，それぞれ，作物および畜産物の生産
　　　量を表す。
　2：投入要素自己価格需要弾力性は（5.11）式を用いて推計
　　　した。
　3：生産量に関する投入要素需要弾力性は（5.13）式を用いて
　　　推計した。
　4：t 値よりも P-値を採用した。なぜなら，後者の統計値は
　　　直接に統計的有意性の程度を示してくれるからである。

表2-2に示されており評価もされた。したがって，ここでは，紙幅節約の
ため，第2章におけるものと同じ解説および評価はしない。

　次に，生産構成の変化の相対的投入要素使用に及ぼす効果の検証を行なう。
作物および畜産物の生産量に関する投入要素需要の弾力性は表5-2の下の
部分に示されている。この表に示されている投入要素の生産物数量に関する
需要弾力性からいくつかの重要なファインディングズについて述べておくこ
とにしたい。

　第1に，作物生産量に関する労働需要弾力性 0.875 は，畜産物生産量に関する需要弾力性 −0.034 より絶対的にはるかに大きい。かくして，このことから，畜産を拡大することは作物生産を拡大することよりも，労働需要はきわめて弱い。別の言い方をすると，全研究期間 1957–97 年における畜産の急激な成長は作物の増産よりも，労働の農業から非農業への急激な移動にはるかに強い効果をもたらしたと言える。

　第2に，Q_G に関する機械需要は 1.0 を超えるほどではないにしてもかなり弾力的だった（0.871）が，Q_A に関する機械需要ははるかに非弾力的だった（0.095）。しかしながら，0.095 という弾性値はその P-値が 0.144 であり統計的にはかろうじて有意と言える水準でしかない。このことは，作物生産を拡大するということは，畜産の拡大に比べてはるかに大きな機械投入を要請するということを示唆している。

　最後に，Q_G に関する土地の需要弾力性（0.854）は Q_A に関する土地の需要弾力性（0.210）に比べてはるかに大きかった。P-値を見ても，それぞれ，0.000 および 0.023 であり，これらの弾性値は統計的に高い有意水準を持っている。このことは，日本における畜産業は主として輸入穀物飼料に頼った生産方式であることから，日本的畜産業は大規模な牧草地を必要としないことを見事に反映した実証結果であると言えよう。

3.3　生産物構成変動の投入要素バイアスへの効果

　ヒックス「非中立的」技術変化を原因とする投入要素の相対的使用におけるバイアスを持った効果は，第4章の（4.2）式を用いて推計した。この式は，技術変化バイアスが，そのモデルの投入要素−産出物が非分離的でかつヒックスの「非中立的」技術という性質を持っているため（つまり，ϕ'_{ik} および α'_i（$i = G, A, \quad k = L, M, I, B, O$）がすべてゼロではない），生産物構成によって影響を受けるということを示している。

　表 5–3 における総ヒックスバイアスの推計値は，全研究期間 1957–97 年の技術変化は労働−「節約的」および機械−「使用的」な方向に強いバイアスを持っていたことを示している。このファインディングは，Kako（1978）および 茅野（1984）が得た結果と矛盾しない。彼等はそれぞれ 1953–70 年

表5-3　「純」バイアス，「規模」バイアス，および「総」バイアス効果の推計値
（年当たり%）：都府県，1957-97年（近似点）

投入要素	「純」バイアス効果	「規模」バイアス効果 (Q_G)	「規模」バイアス効果 (Q_A)	「総」バイアス効果
労働（X_L）	−1.29***	0.02	−0.54***	−1.81***
	(71.2)	(−1.1)	(29.9)	(100.0)
機械（X_M）	1.83***	0.26***	−0.66*	1.43*
	(127.7)	(18.2)	(−45.8)	(100.0)
中間投入要素（X_I）	1.06***	−0.31***	1.30***	2.05***
	(51.8)	(−15.0)	(63.2)	(100.0)
土地（X_B）	1.07 * *	0.23***	0.29	1.59***
	(67.2)	(14.7)	(18.1)	(100.0)
その他投入要素（X_O）	0.66*	−0.16	1.28***	1.79***
	(36.9)	(−8.7)	(71.9)	(100.0)

注1：本表は第4章の表4-1と同一のものである。主として本文内容把握時間
　　　節約のためこのような措置を講じた。
　2：*，**，および***は，それぞれ，10，5，1％水準で統計的に有意であるこ
　　　とを示す。

および1958-78年に，米作において労働−「節約的」および機械−「使用
的」バイアスの存在を発見したのであり，本章の結果を支持している。全研
究期間1957-97年において，労働および土地の価格は機械，中間投入要素，
およびその他投入要素の価格に比べて急激に上昇したので，本章の結果お
よびKako（1978）および茅野（1984）の結果もともにヒックス「誘発的技
術革新仮説」（Hayami and Ruttan, 1971）と矛盾しない。さらに，表5-3は，
労働−「節約的」および機械−「使用的」バイアスは，絶対値で見るとかなり
大きいことを示している。それらの値は，それぞれ，−1.81および1.43%で
あった。したがって，これらの労働−「節約的」および機械−「使用的」バ
イアスを伴った技術変化は，全研究期間1957-97年において，労働−機械
代替に対して重要な貢献を果たしたに違いない。

　加えて，これらのヒックスバイアスの推計値は，「純」および「総」バイ
アス効果に関しても，技術変化が中間投入要素，土地，およびその他投入要
素の「使用的」バイアスの方向性を持っていたように見えることを示唆して

いる。

　したがって，われわれはS-G型多財トランスログTC関数の特定化および
その推計に固執するということは，すでに本書の第1章で示したように，通
常型多財トランスログTC関数を用いることよりも，戦後日本農業の生産構
造に関して経済学的により興味深い有用な情報をもたらしてくれるというこ
とをここで再度主張したい。

　さて，表5−3をより注意深く観察すると，全投入要素に関して，「規模」
効果はかなり統計的に有意でありその推計値にも大きなバイアス値を持つも
のがある。

　まず第1に，畜産の労働投入への「規模」効果は負（−0.54）であり，統計
的に有意であった。このことは，本章の研究期間1957−97年において，畜
産の拡大はかなり強い労働−「節約的」効果を持っていたということを意味
している。第2に，作物生産の増大は機械化に対して正の効果，つまり，機
械−「使用的」効果を持っていた。これに反して，畜産の拡大はかなり強い
労働−「節約的」効果を持っていた（−0.66）。このことは，畜産の拡大は機
械のより効率的な利用を促進したであろうということを示唆している。第
3に，作物生産の増大は，それほど強いものではなかったが，中間投入要素
−「節約的」効果を持っていた（−0.31）。この結果は，化学肥料，農薬，お
よびその他の資材の適用方法における効率性がより高まったということを意
味している。一方，畜産の「規模」効果は強い中間投入要素−「使用的」効
果を持っていた（1.30）。このことは，畜産物の増大はより多くの飼料，獣医
療などへの需要を高めたことを意味する。第4に，期待通り，作物生産の増
大は，一般により広大な農地が必要なので，土地−「使用的」効果を持った
（0.23）。最後に，作物生産のその他投入要素への「規模」効果は，その絶対
値は小さいが負であった（−0.16）。このことは，作物生産の拡大は農用建物
や構造物の利用をより効率的にしたからであろうと解釈してもよいのかもし
れない。他方，畜産の拡大はかなり強いその他投入要素−「使用的」効果を
持っていた（1.28）。このことは，その他投入要素の重要な構成要素としての
大動物への支出の増大によって引き起こされた可能性が強い。

　上記のファインディングズは，畜産の拡大は作物生産の拡大に比べて，相

対的に労働の投入量が少なくてすむことを示唆している。この結果と，生産物空間における技術変化が畜産—「増大的」であり，労働需要の弾力性が作物生産に対してよりも畜産に対して（絶対値で見て）低い，という結果と結びつけて考えると，全研究期間 1957 – 97 年における畜産の急激な拡大は，農業から非農業部門への急激な労働移動に対してきわめて大きな貢献を果たしたことを示唆している。

4　要約と結論

　本章では，20 世紀最後のおよそ 40 年間，1957 – 97 年における，畜産の急激な成長の要因およびそれに関わる日本農業の投入要素需要量への効果を定量的に検証した。この目的を遂行するために，第 1 章で定義した S-G 型多財トランスログ TC 関数の推計パラメータを集約的かつ広範囲に用いた。

　実証分析から得られた主要なファインディングズは以下の通りである。技術変化は生産物空間においては畜産物—「増大的」であり，このことが，全研究期間 1957 – 97 年における畜産の急激な成長を説明する供給側の重大な要因であった。さらに，作物と畜産の生産構成の変化は投入要素の相対的な利用度に重大な影響を及ぼした。とりわけ，畜産の拡大は作物生産の拡大に比べて労働投入をそれほど多くは要求しないということが実証的に検証された。このファインディングは，畜産の急激な増大は，全研究期間 1957 – 97 年において，労働の農業部門から非農業部門への移動に対して強いプラスの効果を及ぼしたことを意味する。さらに，畜産の拡大は強い労働—「節約的」技術変化を伴った。このファインディングも，戦後日本農業における畜産の拡大が労働を農業部門から非農業部門へ移動させることに正の貢献をしたというファインディングを支持している。

　戦後日本農業における畜産は，主として，技術革新および経営改善に向けてより積極的な態度で臨んできた，より若く，より高い質だけでなくより強い企業家的意欲を持った農企業によって経営されてきた。それと比較して，田畑農業生産，特に米作は，しばしば 65 歳以上の老齢者，兼業農業者，および専門知識や経営者的意識を十分に持たないいわゆる「単なる業主」を少

なからず抱え込んできた。この結果の政策的な含意は次のようなことになる
だろう。日本農業はより自由な対外貿易などの圧力をかけることによって
その生産効率を高めなければならないということである。かくして，日本政
府，なかんずく，農林水産省にとっては，より高い資質および動機を持った
農業経営者がより大規模の畜産および作物生産に従事することができるよう
な，よりよい経済環境を提供するための必要な方策を採ることが喫緊の課題
である。

第6章

全要素生産性成長に及ぼす規模の経済性
および技術変化の効果

1 序

　よく知られているように，日本経済はおよそ1950年代半ばから1970年代初期まで，平均複利年率（以下，平均年率）10.0％を上回るような急速な成長を経験した。しかしながら，この急激な成長後には，日本経済は，平均年率4.0％水準というはるかに低い並の成長率でしか伸びなくなってしまった。では，農業部門はこのような日本経済全体の急激な環境変動をいかに切り抜けていったのであろうか。日本経済の高度成長期と低成長期において，農業部門と非農業部門の間の関係はいかなるものであったのであろうか。特に，全要素生産性（TFP）の変化を分析することは，実証経済学的にも非常に興味深い課題であるだけでなく，農業部門の経済成長という観点からもきわめて重要なことである。なぜなら，それは農業生産の成長に貢献してきた主要な要因の1つであるからである。したがって，本章の目的は全研究期間1957–97年の農業生産におけるTFPを推計し，定量的に分析かつ評価することにある。

　日本農業においてこの分野では数多くの研究が，主として，Yamada（1982, 1984, 1991），Yamada and Hayami（1975），Yamada and Ruttan（1980），Van der Meer and Yamada（1990）らによってなされた。しかしながら，これらの研究は，ただ，総生産（TO），総投入（TI），およびTFPを推計することによって第二次世界大戦前後に日本農業がいかに成長したかを記述するものでしかなかった。よって，本章の研究は，もう一歩踏み込んで，戦後日本農

業における TFP の成長率に変化をもたらした裏にある経済構造の分析を定
量的に遂行しようとするものである。より明確に言うと，本章の研究の特筆
すべき特徴は以下の点にある。

　第 1 に，Yamada, Hayami, Ruttan およびその他の研究者が研究の基礎
に隠伏的に仮定している生産関数は収穫一定（CRTS）であり，その下で
TFP を推計した。さらに，Törnqvist（1936）近似法を採用する場合におい
ても同じ仮定を置いて推計している。よく知られているように CRTS 仮定
の下では，TFP の成長率は技術変化率に等しい。しかしながら，収穫逓増
（IRTS）が存在する場合には，TFP 成長率の推計値は収穫逓増の効果を含
んでおり，したがって，技術変化の効果を過大に推計することになってし
まう。最近の研究によれば，戦後日本農業には IRTS が存在したという事実
を多くの研究者が実証している。例えば，Kako（1978），茅野（1984, 1985），
Kuroda（1987, 1988a, 1989, 2008a, 2008b, 2008c, 2009a, 2009b, 2009c, 2009d,
2009e, 2010a, 2010b, 2011a, 2011b）などである。

　したがって，本章では，もう一歩踏み込んで，戦後日本農業の TFP 成長
率に対して，技術変化と規模の経済性（もしあれば）がいかほどに貢献した
のかを分離して推計しようと企てている。この目的に対して，戦後日本農業
の生産構造を実証的に検証する。特に，TFP はこの実証的推計の過程で統
計的に検証する。かくして，本章の第 1 の特色は，これまでの研究では行な
われることがなかった，推計された TFP の成長率を生産の経済理論と結合
するという試みに挑戦することである。

　より明確に説明すると，Solow（1957）の「残差」法または TFP 推計法
に基づく過去の研究は，少なくとも，以下の 4 個の重大な短所を持っている。
第 1 に，生産弾性値を推計するために用いられる C-D 型生産関数の単純な推
計法および TFP 推計法はそれらの背骨ともなるべき利潤最大化，費用最小
化，あるいは収益最大化のような企業の生産理論に基づいたものではない単
なる機械的で技術的なものでしかない。第 2 に，C-D 型生産関数の推計は統
計的にきわめて簡単で便利であるという利点は持っているが，そのような関
数の背景になっている仮定のいずれもが厳し過ぎ，現実世界においてはしば
しば非現実的である。それらの仮定とは以下のようなものである。（1）投入

要素空間においても生産物空間においても，技術変化はヒックス「中立的」である。(2) 相似性（単一財生産モデルの場合）または投入物－産出物の分離可能性（多財生産モデルの場合）の仮定がなされていることである。このことは，単一財生産モデルについても多財生産モデルについても，技術変化バイアスに「生産量（または，規模）効果」が存在しないと仮定することと同値である。(3) 特定化された投入要素のいずれのペアについてもその代替の弾力性はすべてかつ常に 1.0 である。(4) C-D 型生産関数手法であれ TFP 法であれ，また時系列データを用いようが横断面データと時系列データのプールデータを用いようが，パラメトリックに推計された係数を用いてすべてのサンプルについて技術変化率を推計することはほとんど不可能であり，そのような実証研究は国内外においても皆無に等しい。この欠陥は，上記の 2 つの短所，(i) ヒックス「中立性」および (ii) 相似性（単一財生産モデル）ないし投入物－産出物非分離性（多財生産モデル）仮定という特性から生じてくるものである。同様の欠陥は，投入要素代替の弾力性についても言える。このことは C-D 型生産関数のみについての重大な欠陥であるが，投入要素のすべてのペアに対して，パラメトリックに代替の弾力性を推計することは不可能である。さらに，ここで付け加えておくと，生産物供給の弾力性および投入要素需要の弾力性についても，パラメトリックにすべてのサンプルについてこれらを推計することは不可能である。

2　総生産 (TO)，総投入 (TI)，および全要素生産性 (TFP)

　本節では，1957–97 年における，(I) 0.5 – 1.0，(II) 1.0 – 1.5，(III) 1.5 – 2.0，(IV) 2.0 ha 以上の全 4 階層農家の平均農家の TO, TI, および TFP の動きを定量的に検証する[1]。TO, TI, および TFP を推計するために用いたデータの主要な資料は，農林水産省が毎年刊行している，『農経調』および

---

1)　まず最初に，TO, TI, および TFP の推計において，われわれは，農企業はすべての生産物について限界費用に基づく価格決定を行なうと同時に利潤最大化を達成し，したがって，それぞれの投入要素の限界生産性はその市場価格に等しいと仮定している，ということを銘記しておいていただきたい。

『物質』である。

　TO，TI，および TFP 指数の推計には，伝統的なディヴィジア集計法を導入する[2]。総生産（Q）および総投入（F）のディヴィジア指数は比例的成長率（$\dot{Q}$ および $\dot{F}$）として，(6.1) および (6.2) 式によって定義される。

$$\dot{Q} = \sum_i \frac{P_i Q_i}{R} \dot{Q}_i,\tag{6.1}$$

$$\dot{F} = \sum_k \frac{P_k X_k}{C} \dot{X}_k,\tag{6.2}$$

ここで，P_i および Q_i は，それぞれ，i 番目の生産物の価格と数量，P_k および X_k はそれぞれ k 番目の投入要素の価格と数量，$R = \sum_i P_i Q_i$ は総収益，$C = \sum_k P_k X_k$ は総費用，そして $\dot{Q}_i$ および $\dot{X}_k$ はそれぞれ i 番目の生産物の比例的成長率および k 番目の投入要素の比例的成長率である。

　$TFP = Q/F$ なので，TFP の比例的成長率（$T\dot{F}P$）は以下の (6.3) 式によって定義される。

$$T\dot{F}P = \dot{Q} - \dot{F}.\tag{6.3}$$

しかしながら，(6.1)〜(6.3) 式は，瞬間的な変化をとらえる公式の形として理解される。一方，本章で用いられるデータは年々得られる。そこで，Törnqvist（1936）の離散データ近似法を (6.1)〜(6.3) 式に導入すると，

$$\Delta \ln Q = \ln\left(\frac{Q_t}{Q_{t-1}}\right) = \frac{1}{2} \sum_i (R_{it} + R_{it-1}) \ln\left(\frac{Q_{it}}{Q_{it-1}}\right),\tag{6.4}$$

$$\Delta \ln F = \ln\left(\frac{F_t}{F_{t-1}}\right) = \frac{1}{2} \sum_k (S_{kt} + S_{kt-1}) \ln\left(\frac{X_{kt}}{X_{kt-1}}\right),\tag{6.5}$$

ここで，$R_i = P_i Q_i / R$ は i 番目の生産物の収益，$S_k = P_k X_k / C$ は k 番目の投入要素費用−総費用比率，そして t は期間を表す。(6.3) 式に対応する離散型近似は以下の (6.6) 式で与えられる。

$$\Delta TFP = \Delta Q - \Delta F.\tag{6.6}$$

---

[2]　以下のパラグラフにおける定式化に関しては，Denny, Fuss, and Waverman（1981, pp. 187–188）および Caves, Christensen, and Swanson（1981, pp. 994–1002）に負うところがきわめて大きい。

Caves-Christensen-Diewert（1982）（CCD）のマルティラテラル指数法を（6.4），（6.5），および（6.6）式に導入して，TO，TI，およびTFPの指数を，1957–97年に対して，各階層農家について推計した。これらの推計では11項目の生産物を以下の4カテゴリーに分類した。(i) 米，(ii) 野菜および果実，(iii) 畜産物，および (iv) その他生産物である。一方，投入要素については，以下の5カテゴリーに分類した。(1) 労働，(2) 機械，(3) 中間投入要素，(4) 土地，および (5) その他投入要素，である[3]。1985年価格で測られているTO，TI，およびTFPに対するCCDマルティラテラル指数を推計する過程で，階層農家Ⅳの1957年値を1.0に設定した。こうすることによって，われわれは，異なる階層農家のTI，TO，およびTFP指数の大きさと動きを各年の水準の絶対値だけでなくその水準の経時的で相対的な変動をも同時に比較できる。これらTO，TI，およびTFPに対するCCDマルティラテラル指数の推計値は，それぞれ，図6-1，6-2，および6-3に示されている。

　図6-1によれば，1957–75年に対して，全4階層農家はTOをかなり急激に増大させたが，その成長率は明らかに階層農家ごとに異なった値を示している。そして，1975年以降においては，各階層農家のTOの成長パターンに明確な差を確認することができる。相対的に小規模階層農家ⅠおよびⅡのTOは，それぞれ，1975年および1977年から1997年まで一貫して減少傾向を示している。これに反して，相対的に大規模階層農家ⅢおよびⅣのTOは，1975年以降においても増大し続けたことが図より観てとれる。階層農家ⅢのTOはおよそ1980年代半ば頃（1984–86年）まで増大傾向を持ったが，その後は多少の上昇下降はあっても1997年まで減少傾向をたどった。一方，階層農家ⅣのTOは，多少の上昇下降はあったが，1975–97年に対しても一貫して上昇傾向を示した。

　異なる階層農家におけるTOの成長パターンの違いをより詳しく検証するために，TOの成長率および4つのカテゴリーの生産物の収益比率でウェ

---

3)　投入要素の範疇化は，第3節で特定化される総費用（TC）関数で用いられるものと同一のものとした。

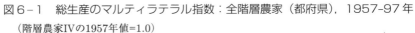

図6-1　総生産のマルティラテラル指数：全階層農家（都府県），1957-97 年

（階層農家IVの1957年値=1.0）

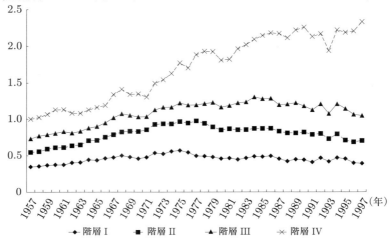

　　◆─階層 I　　■─階層 II　　▲─階層 III　　×─階層 IV

イト付けした成長率を各階層農家について，2 つの期間 1957–75 年および 1976–97 年に対して推計した。その結果は，表6-1 に示されている。この表からいくつかのファインディングズが得られる[4]。

　第 1 に，われわれの予測通り，TO の成長率はかなり高く，全研究期間 1957–75 年に対して，全 4 階層農家において，年率 2.67–3.32％にわたるものであった。このような水準の成長率は農業生産にとっては優れて高いものではあったが，同期間の非農業部門の成長率に比べるとはるかに低かった。1976–97 年には，TO の成長率は，階層農家 I，II，および III においては負に落ち込み，それぞれ，−0.89，−1.35，および −0.54％であった。しかし，階層農家 IV は，この期間においても，1.04％という正の成長率を示した。

─────────────

4)　表6-1 の注 4 で明確に説明したように，TO の成長率（$\dot{Q}$）と 4 範疇の生産物の収益比率でウェイト付けして求めた成長率の和としての成長率は，お互いに必ずしも一致しない。TO は正確に推計された CCD マルティラテラル指数なので，われわれは $\dot{Q}'$ ではなくて $\dot{Q}$ を用いて，以下の議論を進めていく。しかしながら，言うまでもなく，$\dot{Q}'$ は $\dot{Q}$ の大きさをチェックするための参考値として重要な役割を果たす。同様に，表6-2 の注 4 で説明したように，この議論は TI の成長率の場合にも適用できる。

表6-1　総生産（TO）の年平均成長率および各生産物の貢献度　都府県，
　　　　1957-97 年

階層農家	期間	総生産 $\dot{Q}$	米 $R_r\dot{Q}_r$	野菜・果実 $R_{vf}\dot{Q}_{vf}$	畜産 $R_l\dot{Q}_l$	その他 $R_o\dot{Q}_o$	各項目の和 $\dot{Q}' = \sum_i R_i\dot{Q}_i$
	1957–75	2.67	0.18	1.31	0.97	0.07	2.53
階層農家 I	1976–97	−0.89	−0.17	−0.21	−0.29	−0.01	−0.68
	1957–97	0.23	−0.11	0.51	0.15	−0.12	0.43
	1957–75	3.32	0.24	1.63	1.01	0.23	3.11
階層農家 II	1976–97	−1.35	−0.03	−0.46	−0.39	−0.14	−1.02
	1957–97	0.54	−0.06	0.59	0.21	−0.06	0.68
	1957–75	2.79	0.32	1.21	0.82	0.26	2.61
階層農家 III	1976–97	−0.50	−0.15	−0.09	−0.10	−0.03	−0.37
	1957–97	1.03	−0.17	0.81	0.33	0.18	1.15
	1957–75	2.79	0.43	0.77	1.04	0.17	2.41
階層農家 IV	1976–97	1.04	0.31	0.16	0.43	0.35	1.25
	1957–97	2.23	0.10	0.86	0.92	0.42	2.30

注1：階層農家I, II, III, およびIVは，0.5-1.0，1.0-1.5，1.5-2.0，および2.0 ha 以上の階層農家の平均農家である。

2：すべての数値は年当たり％で示されている。

3：R_i はそれぞれの期間における生産物 i の収益比率の平均値である。ここで，$i = r, vf, l, o$ は米，野菜および果実，畜産物，およびその他生産物を表している。

4：TO の成長率（$\dot{Q}$）と4カテゴリーの生産物の収益比率でウェイト付けして求めた成長率の和としての成長率（$\dot{Q}'$）は，お互いに必ずしも一致しない。その理由は，以下の通りである。TO のマルティラテラル年平均成長率および4カテゴリーの生産物のマルティラテラル年平均成長率は，回帰式 $\ln y = a + gt$ を用いて推計した。ここで，y は TO のマルティラテラル指数または各生産物のマルティラテラル指数であり，$g \times 100$ は％で表した成長率である。4カテゴリーの生産物のマルティラテラル年平均成長率の和は以下の式で求めた。$\dot{Q}' = \sum_i R_i g_i = R_i\dot{Q}_i, i = r, vf, l, o$。ここで，$R_i$ は異なる期間の収益比率の平均値である。収益比率が経時的にいかに速く変化したかによって，平均の分散が大きくなり，2期間の成長率 $\dot{Q}$ および $\dot{Q}'$ の差は大きくなる。

第2に，1957-75 年において，収益比率でウェイト付けされた米作の成長率は全4階層農家で非常に低かった。一方，野菜と果実および畜産物の生産の成長率は，全4階層農家において TO の成長率に多大な貢献をした。このことは，1人当たり所得の急激な増大によりこれら生産物の需要が増大したことによってもたらされたと思われる。さらに，これら生産物の増大は，供給側において，農水省が畜産，野菜，果実のような需要の価格弾力性の相対的に高い農産物の供給促進をねらった「農産物の選択的拡大」政策を導入し

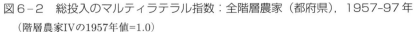

図6-2　総投入のマルティラテラル指数：全階層農家（都府県），1957-97年

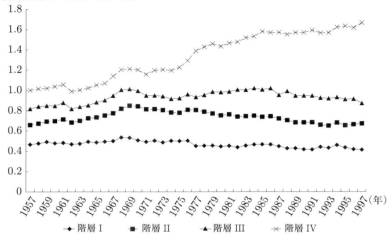

（階層農家Ⅳの1957年値=1.0）

たことによる貢献も大きかった。

　第3に，1976-97年においては，階層農家Ⅳは例外として除くと，全4階層農家で，米作はTOの成長に負の貢献しかしなかった。このことは，日本農業生産史上1969年に初めて導入された水田の減反政策に沿うようにして起こった米需要の一貫した低下によるものであったと思われる。

　第4に，1976-97年においては，階層農家Ⅳを除く全4階層農家で，野菜，果実，および畜産もやはり，TOの成長率に負の貢献をした。これとは反対に，これらの生産物および米でさえも，階層農家ⅣはTOの成長に大きな貢献をした。このことは，これら生産物の大規模専門農家がこの時期に大きく優勢を占めるようになった（畜産が最も顕著）という事実によるものに違いない。

　次に，TIの動きを図6-2で観ることにしよう。ここでは，1968-69年をTIの成長の転換点として見ることができる。しかしながら，この期間以前には，階層農家Ⅱ，Ⅲ，およびⅣの成長パターンはかなりよく似ていたようであるが，TIの絶対値水準は明らかに違っていた。つまり，階層農家が大きくなるにつれて，TIも大きくなっていた。逆に，階層農家Ⅰは1968-69

年までわずかにゆっくりとした上昇トレンドを示した。

　しかしながら，この期間以降においては，TI の成長パターンは各階層農家間で大きく異なっていたようだ。これらの成長パターンは2つのグループに分類できる。1つは，TI が 1969–97 年の期間中，2，3回の上昇はあったけれども，一貫して低下傾向を示した階層農家 I および II である。一方，階層農家 III は 1969 年から 1975 年まで明らかに低下傾向を示し，1975 年から 1984–86 年までは上昇傾向を示し，そしてそれ以降，再び，1986–97 年には低下傾向を示した。これに反して，階層農家 IV は，いくらかの下降はあったものの，1970–97 年まで TI の上昇トレンドを示した。特に，階層農家 IV の 1975–85 年における TI の上昇傾向は，TO の場合と同じくかなり大きなものであった。

　TO の場合と同じように，異なった階層農家間および期間における TI の成長のパターンの違いをより詳しく調べるために，TI の成長率と5個のカテゴリーの投入要素の費用―総費用比率でウェイト付けした成長率を推計した。しかしながら，この推計においては，TO の評価と一貫した議論を行なうために，全研究期間 1957–97 年を 1957–75 年と 1976–97 年の2つの期間に分解した。推計結果は表6–2に示している。この表からいくつかの興味深いファインディングズを説明しておきたい。

　まず最初に，1957–75 年においては，図6–2から予想されたように，TI の成長率は階層農家 II，III，および IV において，それぞれ，1.24，0.92，および 1.29% という数値で示されるようにかなり高かった。しかしながら，階層農家 I の成長率は，たかだか 0.39% 程度の低さであった。TI の成長率は全4階層農家 I，II，III，および IV において労働投入は，−1.70 から −2.35% にわたるような，強い負の貢献を示した。特に，階層農家 I における絶対値で言って最も高い低下率（2.35%）は，小規模階層農家における急激な兼業農家数の増大を示唆している。もちろん，この結果は，相対的に大きな階層農家 II，III，および IV についても同様のことが言えるということを認識しておこう。一方，機械および中間投入要素の伸びは，TI の成長率に対して，すべての階層農家においてかなり重要な貢献をなした。費用―総費用比率でウェイト付けしたこれらの投入要素成長率は，機械および中間投入要

表6-2　総投入（TI）の年平均成長率および各投入要素の貢献度：都府県，
　　　　1957-97 年

階層農家	期間	総投入 $\dot{X}$	肥料 $S_l\dot{X}_l$	機械 $S_m\dot{X}_m$	中間投入財 $S_i\dot{X}_i$	土地 $S_b\dot{X}_b$	その他 $S_o\dot{X}_o$	各項目の和 $\dot{X}' = \sum_k S_k\dot{X}_k$
	1957–75	0.39	−2.35	0.99	1.91	−0.15	0.19	0.59
階層農家 I	1976–97	−0.47	−0.87	0.36	−0.04	−0.06	0.04	−0.57
	1957–97	−0.41	−1.56	0.66	0.58	−0.09	0.07	−0.34
	1957–75	1.24	−1.78	1.02	2.03	−0.15	0.25	1.37
階層農家 II	1976–97	−1.02	−1.12	0.33	−0.22	−0.07	0.09	−0.99
	1957–97	−0.19	−1.43	0.65	0.63	−0.09	0.10	−0.14
	1957–75	0.92	−1.79	0.99	1.81	−0.16	0.17	1.02
階層農家 III	1976–97	−0.39	−0.89	0.34	0.08	−0.07	0.14	−0.40
	1957–97	0.25	−1.20	0.67	0.77	−0.08	0.15	0.31
	1957–75	1.29	−1.70	0.98	1.92	−0.16	0.24	1.28
階層農家 IV	1976–97	0.84	−0.46	0.52	0.47	0.11	0.26	0.90
	1957–97	1.45	−0.78	0.79	1.19	0.04	0.32	1.56

注1：階層農家 I，II，III，および IV は，0.5–1.0，1.0–1.5，1.5–2.0，および 2.0 ha 階層農家の平均農家である。

　2：すべての数値は年当たり％で示されている。

　3：S_k はそれぞれの期間における生産物 k の収益比率の平均値である。ここで，$k = l, m, i, b, o$ は労働，機械，中間投入要素，土地，およびその他投入要素を表している。

　4：TI の成長率（$\dot{X}$）と5カテゴリーの投入要素の収益―総費用比率でウェイト付けして求めた成長率の和としての成長率（$\dot{X}'$）は，お互いに必ずしも一致しない。その理由は，以下の通りである。TI のマルティラテラル年平均成長率および5カテゴリーの投入要素のマルティラテラル年平均成長率は，回帰式 $\ln y = a + gt$ を用いて推計した。ここで，y は TI のマルティラテラル指数または各投入要素のマルティラテラル指数であり，$g \times 100$ は％で表した成長率である。5カテゴリーの投入要素のマルティラテラル年平均成長率の和は以下の式で求めた。$\dot{X}' = \sum_k S_k g_i = S_k\dot{X}_k, k = l, m, i, b, o$。ここで，$S_k$ は異なる期間の費用―総費用比率の平均値である。費用―総費用比率が経時的にいかに速く変化したかによって，平均の分散が大きくなり，2期間の成長率 $\dot{X}$ および $\dot{X}'$ の差は大きくなる。

素のいずれの場合も，全4階層農家においてほぼ等しい大きさであった。機械の場合は 0.98〜1.02％，中間投入要素の場合には 1.81〜2.03％の大きさであった。これらの投入要素の相対的な貢献度の動きは，全研究期間 1957–97 年における急激な労働移動と農業機械化および肥料，農薬，種苗，および 飼料の使用の増大を反映したものである。

　第2に，図6-2に見られるように，階層農家 I，II，および III における TI の成長率は，1976–97 年においては負になったが，階層農家 IV のそれはか

なり高い正の成長率の水準（0.84％）を保った。この期間にはまた，全4階層農家において，TI 成長への貢献は負であったが，その負の貢献の度合いは，前期の 1957–75 年に比べて，全4階層農家において小さくなった。このことは，この期間において，主として非農業部門における労働需要の減少のために，農業から非農業への労働移動のペースが急激に落ちたことに主要な原因があると言える。

　他方，この後期 1976–97 年に対しては，全4階層農家において，機械投入は，0.33％（階層農家 II）から 0.52％（階層農家 IV）という小幅にしかわたらないほぼ類似の成長率で増大した。しかしながら，その成長率は前期 1957–75 年に比べてかなり低下した。このことは，この時期に大いに奨励された乗用型トラクター，コンバイン，田植機のような中型から大型の機械化を反映しているようである。

　さらに，中間投入要素の成長率は階層農家 I および III では無視できる程度の大きさに縮小したのみならず（それぞれ，−0.04 および 0.08％），階層農家 II においては −0.22％の水準にまで落ち込んだ。しかし一方では，階層農家 IV はそれでもまだ相対的に大きい成長率 0.47％を保った。これは，後期 1976–97 年の機械投入の成長率 0.52％に匹敵するものであった。しかしながら，その成長率は，言うまでもなく，前期 1957–75 年のそれに比べるとはるかに小さいものであった。このことは，階層農家 I，II，および III までを含む相対的に小規模農家は肥料，農薬，および飼料の使用を減少させたが，特に相対的に大規模畜産専門農家が飼料使用を増加させ続けたことに典型的に見られるように，相対的に大規模階層農家 IV が中間投入要素の使用を増加させ続けたことが主な要因である。

　加えて，この時期（1976–97 年）においては，野菜，果実，および畜産における比較的大規模な専門農業経営を試みる農家の増加は，農用建物および構築物，大植物，および大動物に対する投資の増加を促進した。このことはまた，その他投入要素の投入水準を高め，そのことが階層農家 IV の TI 成長率の成長に貢献した。

　最後に，階層農家 IV の後期 1976–97 年 0.11％という小さいながらも正の貢献を除くと，土地投入は全研究期間 1957–97 年に対して，全4階層農家に

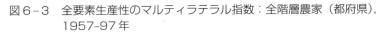

図6-3　全要素生産性のマルティラテラル指数：全階層農家（都府県），
　　　　1957-97 年

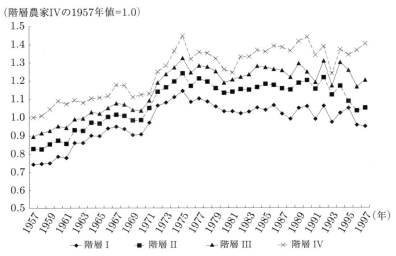

（階層農家Ⅳの1957年値=1.0）

おいて，TI の成長率を低下させる効果を持っていた。階層農家Ⅳの投入要素費用－総費用比率でウェイト付けして計算された成長率0.11％という土地の成長率は，そのスピードは遅いながらも相対的に専門的大規模農家数が増加しつつあることを示唆している。

　ここで，われわれは，図6-3 および 表6-3 に依拠しながら，異なった階層農家の TFP の動きを検証してみよう。まず，図6-3 によると，TFP の成長パターンは，TFP 指数そのものの絶対的水準は階層農家が大きくなるにつれて大きくなっているけれども，1957-75 年に対して全4階層農家間で驚くほど類似したものになっている。しかしながら，相対的に小規模階層農家の TFP の値は相対的に大規模階層農家のそれよりも速い成長を示したことが観てとれる。そしてまた，1976-97 年における TFP 指数の動きは，相対的に小規模階層農家Ⅰ，Ⅱ，およびⅢにおいては多少の上下動はあるものの，互いに類似の停滞的または低下パターンが観られる。しかしながら，階層農家Ⅳの TFP 指数は，1976-90 年には少し違った動きを示している。つまり，それは上昇トレンドを持ったのである。しかし，その後の 1991-97 年

表6-3　各期間の全要素生産性（TFP）の成長会計：都府県，1957-75，1976-97，および1957-97年

		TO	TI	TFP
		$\dot{Q}$	$\dot{X}$	$\dot{TFP}$
階層農家	期間	(1)	(2)	(3) = (1) − (2)
階層農家 I	1957–75	2.67	0.39	2.28
	1976–97	−0.89	−0.47	−0.42
	1957–97	0.23	−0.41	0.64
階層農家 II	1957–75	3.32	1.24	2.08
	1976–97	−1.35	−1.02	−0.33
	1957–97	0.54	−0.19	0.73
階層農家 III	1957–75	2.79	0.92	1.87
	1976–97	−0.50	−0.39	−0.10
	1957–97	1.03	0.25	0.78
階層農家 IV	1957–75	2.79	1.29	1.51
	1976–97	1.04	0.84	0.20
	1957–97	2.23	1.45	0.79

注1：階層農家 I，II，III，および IV は，0.5-1.0，1.0-1.5，1.5-2.0，および 2.0 ha 階層農家の平均農家である。

2：すべての数値は年当たり%で示されている。

3：$\dot{Q}$ および $\dot{X}$ はそれぞれ表 6-1 および 6-2 から転載したものである。$\dot{TFP}$ は TFP の年平均成長率である。

に対しては，その他の相対的に小規模の3階層農家の TFP 指数の動きと類似の停滞的パターンを持つに至った。

　第2に，1957-75 年に対して，全4階層農家における TFP 戎長に2つのジャンプを確認することができる。最初のジャンプは，いささか並のものではあったが，1950 年代末から 1967 年にかけて起こった。第2のジャンプは1970 年代初期から 1975 年にかけて起こった。この第2のジャンプは最初のものと比べてより明瞭に捉えることのできる形で起こった。TFP 成長におけるこれら2つのジャンプは2度の異なるタイプの農業機械化の急速な促進と一貫した動きを示しているようである。第1のタイプの機械化は手押し式耕耘機に代表されるような小型機械の急激な増大という特徴を持っていたが，第2のタイプの機械化は乗用型トラクター，コンバイン，および田植機などの中・大型機械の使用の拡大によって特徴付けられる。

　ここで，表6-3によって上記の TO, TI, および TFP の動きを要約しておくことは有益であろう。この表では，各階層農家の TO の成長率を2つの期間 1957–75 年と 1976–97 年および全研究期間 1957–97 年に対して，分解分析を行なった。いくつかのポイントについて述べておきたい。

　第1に，1957–75 年において，階層農家ⅠおよびⅡの TFP の年平均成長率（それぞれ，2.28 および 2.08%）は，相対的により大きな階層ⅢおよびⅣの年平均成長率（それぞれ，1.87 および 1.51%）を上回るものであった。しかしながら，1976–97 年においては，これらの成長率は大幅に落ち込み，相対的に小規模階層農家Ⅰ，Ⅱ，およびⅢでは負の値をとるに至った。ただ相対的に大規模階層農家Ⅳのみは，その値はきわめて小さい（0.2%）ものではあるが，この期間にもかろうじて正の成長率を保った。

　第2に，1957–75 年に対しては，TFP の成長率は全4階層農家においてかなり高かったけれども，TO の成長率に対する相対的な貢献度は，異なる階層農家間で顕著な違いが見られた。より明確に数字で示すと，それらの貢献度は，それぞれ，85.4（階層農家Ⅰ），62.7（階層農家Ⅱ），67.0（階層農家Ⅲ），および 54.1%（階層農家Ⅳ）であった。これらの数値を眺めると，階層農家が大きくなるにつれて，TO に対する TFP の貢献度が小さくなっているように見える。逆に言うと，階層農家が大きくなるにつれて，TFP 成長率の TO 成長率に対する貢献度は低下傾向を示した。このことは，TO の成長を目指している農家の中で，相対的に小規模農家は TFP の成長率を高めることに依存してきたが，相対的に大規模階層農家は TI の変化を通じて TO の成長率を高めようとしたことを示唆している。

　第3に，1976–97 年には，階層農家Ⅰ，Ⅱ，およびⅢにおける TFP の負の成長率は TO の負の成長率に大きく貢献した。一方，階層農家Ⅳの負の TFP 成長率は，TO の正の成長率（1.04%）の中の 19.2% の貢献をしたのみであった。残りの 80.8% は TI の成長率（0.84%）の貢献によるものであった。

　では一体何が，全研究期間 1957–97 年という期間における TFP の急激な変化および異なる階層農家間の差異の決定要因であったのであろうか。伝統的な計算方法によって求めた TFP 指数を用いるという方法のみによってはこのような設問に対していかなる答えも提供できない。推計された TFP 成

長率が生産の理論と結合されて初めて，この問題に正面から接近することができるのである。

3　分析の枠組み

3.1　全要素生産性（TFP）および生産の理論

本節では，推計された TFP 成長率と生産理論を結合するために，新古典派の総費用（TC）関数の接近方法を用いることにする[5]。その理由は，多数の研究（例えば，Christensen and Greene（1976），Berndt and Khaled（1979），Nadiri and Schankerman（1981），および Denny, Fuss, and Waverman（1981）等々）が示したように，技術特性を知るための種々のパラメータを推計することにおいて，新古典派の総費用（TC）関数を推計するという方法の方が，生産関数を直接に推計することよりはるかに便利でその汎用性において優れているからである。

農企業は通常の正則条件を満たす生産関数を持っていると仮定する。さらに，投入要素価格は外生的に決定され農企業はいかなる産出水準に対しても費用最小化を達成する投入要素構成を採用していると仮定すると，その生産関数の「デュアル」としての費用関数が存在する（Diewert, 1974）。

$$C = G(\mathbf{Q}, \mathbf{P}, t), \tag{6.7}$$

ここで，$\mathbf{Q}$ は作物（Q_G）と畜産物（Q_A）に分類された生産物のベクトルである。$\mathbf{P}$ は投入要素価格ベクトルであり，それは労働価格（F_L），機械価格（P_M），中間投入要素価格（P_I），土地価格（P_B），およびその他投入要素価格（P_O）で構成されている。そして，t は技術変化の代理変数である。この TC 関数におけるこれらの変数の特定化は以下の理由に基づいている。

多財 TC 関数を導入する主な理由は，戦後日本農業において，投入－産出分離性および投入－産出非結合性帰無仮説を厳密に検定しておきたいためである。もし，これらの帰無仮説が棄却されたならば，単一財 TC 関数を導入することによってバイアスを持った結果に導くことがあり得るからである。

---

5)　以下の定式化は，多くを Denny, Fuss, and Waverman（1981）に負っている。

TC 関数（6.7）式を時間に関して微分すると，以下の（6.8）式を得る。

$$\frac{dC}{dt} = \sum_i \frac{\partial G}{\partial Q_i}\frac{\partial Q_i}{\partial t} + \sum_k \frac{\partial G}{\partial P_k}\frac{\partial P_k}{\partial t} + \frac{\partial G}{\partial t}, \tag{6.8}$$

$$i = G, A, \quad k = L, M, I, B, O.$$

（6.8）式の両辺を総費用 C で除し，Shephard（1953）の補題（つまり，$\partial G/\partial P_k = X_k, k = L, M, I, B, O$）を用い，適切な変数の比例的成長率を上付きドットをつけて表現すると，（6.9）式が得られる。

$$\dot{C} = \sum_i \frac{\partial G}{\partial Q_i}\frac{Q_i}{C}\dot{Q}_i + \sum_k \frac{P_k X_k}{C}\dot{P}_k + \frac{1}{C}\frac{\partial G}{\partial t}, \tag{6.9}$$

$$i = G, A, \quad k = L, M, I, B, O.$$

2つの生産物に関する費用弾力性は（6.10）式で定義される。

$$\varepsilon_{CQ_i} = \frac{\partial C}{\partial Q_i}\frac{Q_i}{C} = \frac{\partial G}{\partial Q_i}\frac{Q_i}{C}, \quad i = G, A. \tag{6.10}$$

Christensen and Greene（1976）に従えば，規模の経済性は $RTS = 1 - \sum_i \varepsilon_{CQ_i}$ のように定義される。$RTS > 0$, $RTS = 0$, または $RTS < 0$ に従って，それぞれ，収穫逓増（IRTS），収穫一定（CRTS），または収穫逓減（DRTS）が存在すると定義される。さらに，TC 関数の比例的シフト率（または，費用減少率）を以下の（6.11）式で定義する。

$$\lambda = \frac{1}{C}\frac{\partial C}{\partial t} = \frac{1}{C}\frac{\partial G}{\partial t}, \tag{6.11}$$

よって，（6.9）式は以下の（6.12）式のように書き直すことができる。

$$\dot{C} = \sum_i \varepsilon_{CQ_i}\dot{Q}_i + \sum_k \frac{P_k X_k}{C}\dot{P}_k + \lambda,$$

$$i = G, A, \quad k = L, M, I, B, O. \tag{6.12}$$

（6.12）式は，総費用の成長率は，「規模効果」（$\sum_i \varepsilon_{CQ_i}\dot{Q}_i$），集計された

投入要素価格の変化率（$\sum_k \frac{P_k X_k}{C} \dot{P}_k$），および費用減少率（$\lambda$）の和となることを示している。さらに，われわれは TC 関数のシフトによる結果としての技術変化率効果として λ を定義する。

$C = \sum_k P_k X_k$ を時間に関して全微分すると，以下の（6.13）式を得る。

$$\sum_k \frac{P_k X_k}{C} \dot{P}_k = \dot{C} - \sum_k \frac{P_k X_k}{C} \dot{X}_k$$
$$= \dot{C} - \dot{F},$$
$$k = L, M, I, B, O. \tag{6.13}$$

（6.13）式を（6.12）式に代入すると，以下の（6.14）式が得られる。

$$-\lambda = \sum_i \varepsilon_{CQ_i} \dot{Q}_i - \dot{F}, \quad i = G, A. \tag{6.14}$$

生産物の成長率と生産物費用弾力性（$\varepsilon_{CQ_i}, i = G, A$）に関する情報が得られれば，われわれは費用減少率（$-\lambda$）の大きさを（6.14）式を用いて計算できる。

さてここで，TC 関数のシフト率（$-\lambda$）と TFP の成長率（$\dot{TFP}$）を結合してみることにしよう。総生産物の成長率（$\dot{Q}^P$）は以下の（6.15）式によって定義される。

$$\dot{Q}^P = \sum_i \frac{P_i Q_i}{R} \dot{Q}_i, \tag{6.15}$$

ここで，$R \equiv \sum_i P_i Q_i (i = G, A)$ は総収益であり，$P_i(i = G, A)$ は生産物 Q_i の価格である。

ウェイトとして，収益比率ではなく，費用弾力性を用いて総生産物の成長率を以下の（6.16）式で定義する。

$$\dot{Q}^C = \sum_i \left[\frac{\varepsilon_{CQ_i}}{\sum_i \varepsilon_{CQ_i}} \right] \dot{Q}_i = \frac{\left[\sum_i \varepsilon_{CQ_i} \dot{Q}_i \right]}{\left[\sum_i \varepsilon_{CQ_i} \right]}, \quad i = G, A. \tag{6.16}$$

$\dot{Q}^P$ と $\dot{Q}^C$ の関係を見るために，農企業は限界費用価格決定をしていると想定する。すると，

$$\varepsilon_{CQ_i} = \frac{\partial C}{\partial Q_i}\frac{Q_i}{C} = \frac{P_i Q_i}{C}, \quad i = G, A, \tag{6.17}$$

そして

$$\sum_i \varepsilon_{CQ_i} = \sum_i \frac{P_i Q_i}{C}, \quad i = G, A. \tag{6.18}$$

よって，

$$\dot{Q}^C = \sum_i \frac{P_i Q_i}{\sum_i P_i Q_i}\dot{Q}_i = \sum_i \frac{P_i Q_i}{R}\dot{Q}_i = \dot{Q}^P, \quad i = G, A. \tag{6.19}$$

したがって，限界費用価格決定の下では，$\dot{Q}^P = \dot{Q}^C$ となる。

　すると，(6.16) 式を用いて，(6.14) 式は以下の (6.20) 式のように書き換えることができる。

$$-\lambda = (\sum_i \varepsilon_{CQ_i})\dot{Q}^C - \dot{F}$$

$$= (\sum_i \varepsilon_{CQ_i} - 1)\dot{Q}^C + (\dot{Q}^C - \dot{Q}^P) + (\dot{Q}^P - \dot{F}), \quad i = G, A. \tag{6.20}$$

ところで，$T\dot{F}P = \dot{Q}^P - \dot{F}$ なので，(6.20) 式は以下の (6.21) 式のように書き換えることができる。

$$T\dot{F}P = (1 - \sum_i \varepsilon_{CQ_i})\dot{Q}^C - \lambda + (\dot{Q}^P - \dot{Q}^C), \quad i = G, A. \tag{6.21}$$

　しかしながら，現実には，生産物価格 P_i，ここでは作物および畜産物の価格は何らかの形で政府によって支持されている。そのため，われわれは，ここでは農企業は市場価格に補助金を足し上げた和としての「実効価格」と限界費用を等しくすることによって，限界費用価格を設定するものと仮定する。かくして，われわれは新しい TFP 成長率 $T\dot{F}P'$ を以下の (6.22) 式で定義する。

$$T\dot{F}P' = \dot{Q}^C - \dot{F} = (1 - \sum_i \varepsilon_{CQ_i})\dot{Q}^C - \lambda, \quad i = G, A. \tag{6.22}$$

　ここで，CRTS が存在すると仮定すると，$1 - \sum_i \varepsilon_{CQ_i} = 0$ であり，このことは，$T\dot{F}P' = -\lambda$ を意味する。つまり，伝統的手法によって測られた

TFP の成長率 $\dot{TFP}'$ は, 「デュアル」としての費用減少率の負値と等しくなるという関係を得る。

しかしながら, もし「規模効果」が存在した場合（つまり, $\sum_i \varepsilon_{CQ_i} \neq 1$）, 伝統的な方法で推計された TFP 成長率は, 「規模効果」と「技術変化効果」の双方とも含んだものからなっていることになる。もし費用弾力性 (ε_{CQ_i}) があらかじめわかっているならば, (6.20) 式を用いて, 推計された TFP 成長率 $\dot{TFP}'$ は「規模効果」と「技術変化効果」に分解することができる。このような分解分析はこれらの要素の TFP 成長率ひいては総生産の成長率の変化に対するこれらの効果の相対的な重要性について, きわめて有益な情報を提供してくれるだろう。

3.2 「デュアル」の技術変化率と費用弾力性

本章においては, 「デュアル」の技術変化率, 言い換えれば, 費用減少率は以下の (6.23) 式によって推計される。

$$
\begin{aligned}
\lambda &= -\frac{\partial \ln C}{\partial t} \\
&= -(\alpha_0' + \sum_i \alpha_i' \ln Q_i + \sum_k \beta_k' \ln P_k \\
&\quad + \frac{1}{2}\sum_i \sum_j \gamma_{ij}' \ln Q_i \ln Q_j + \frac{1}{2}\sum_k \sum_n \delta_{kn}' \ln P_k \ln P_n \\
&\quad + \sum_i \sum_k \phi_{ik}' \ln Q_i \ln P_k)/t, \\
&\qquad i,j = G, A, \quad k, n = L, M, I, B, O.
\end{aligned}
\tag{6.23}
$$

さらに, 規模の経済性に関する情報を与えてくれる費用弾力性は以下の (6.24) 式によって推計できる。

$$
\begin{aligned}
\varepsilon_{CQ_i} &= \frac{\partial C}{\partial Q_i}\frac{Q_i}{C} = \frac{\partial \ln C}{\partial \ln Q_i} \\
&= \alpha_i + \sum_j \gamma_{ij}\ln Q_j + \sum_k \phi_{ik}\ln P_k
\end{aligned}
$$

$$+\alpha_i' \ln t + \sum_j \gamma_{ij}' \ln t \ln Q_j + \sum_k \phi_{ik}' \ln t \ln P_k, \qquad (6.24)$$

$$i, j = G, A, \quad k, n = L, M, I, B, O.$$

4　実証結果

4.1　S-G 型多財トランスログ TC 関数のパラメータ推計値

前節において説明したように，TFP 分解分析モデルに対して，規模の経済性と技術変化率を推計するためには，われわれは S-G 型多財トランスログ TC 関数のパラメータを推計することが必要となる。この目的のために，第 2，3，4，および 5 章で遂行したのと同じように，第 1 章の表 1-2 に示されている S-G 型多財トランスログ TC 関数のパラメータ推計値を利用する。

4.2　TFP 成長率の要因分解分析

4.2.1　「規模効果」

まず最初に，われわれは全研究期間 1957–97 年の農業生産における規模の経済性を検証する。前述したように，収穫一定（CRTS）帰無仮説の棄却は収穫逓増（IRTS）（または，収穫逓減（DRTS））が存在したことを示唆していた。規模の経済性（$RTS = 1 - \sum_i \varepsilon_{CQ_i}$）は全 4 階層農家について推計され，その結果は表 6-4 に示されている。

表 6-4 では，1957–75 年において，階層農家 I には収穫逓増（IRTS）が存在したが，階層農家 II，III，および IV には収穫逓減（DRTS）が存在した。このような結果の 1 つの理由は，相対的に小規模農業機械は飽和点まで浸透し，相対的に大規模農家は機械の不分割性による収穫逓増（IRTS）を享受できなくなったからであろう[6]。しかしながら，小規模階層農家 I は，第一段

---

[6]　この結果は，本章で対象にしている 1957–75 年と類似の期間に対して IRTS を見いだした Kako（1978），茅野（1984, 1985, 1990）の研究とは反対の結果を示している。本研究が，S-G 型 2 財トランスログ TC 関数を推計したことに重要な要因があるのかもしれない。すなわち，この 2 財モデルでは，2 つの生産物が同時比例的に増大したときの RTS の存在を検証するという方法を用いるからである。言うまでもなく，この異なった方法が異なった結果を与えたと推量される。

表6-4　各期間の規模の経済性（*RTS*），総生産（TO）の成長率，および「規模
効果」：都府県，1957-75，1976-97，および1957-97年

	期間	階層農家 I	階層農家 II	階層農家 III	階層農家 IV
規模の経済性	1957–75	0.027	−0.022	−0.045	−0.076
	1976–97	0.112	0.069	0.043	0.013
(1)	1957–97	0.073	0.027	0.002	−0.028
TO の成長率	1957–75	2.67	3.32	2.79	2.79
	1976–97	−0.89	−1.35	−0.50	1.04
(2)	1957–97	0.23	0.54	1.03	2.23
「規模効果」	1957–75	0.07	−0.07	−0.13	−0.21
	1976–97	−0.10	−0.09	−0.02	0.01
(3) = (1) × (2)	1957–97	0.02	0.01	0.00	−0.06

注1：階層農家 I，II，III，および IV は 0.5–1.0，1.0–1.5，1.5–2.0，および 2.0 ha 以上の
　　　平均農家を表す。
　2：規模の経済性の推計には，(6.22) 式によって計算した費用弾力性を用いた。
　3：TO の成長率は本章の表6-1から転載した。

階の小規模機械化による収穫逓増（IRTS）をまだ享受していたというファイ
ンディングはそれなりに興味深い現象である。

　これに反して，1976-97年には，全4階層農家で収穫逓増を享受した。こ
のことの主な理由は，田植機やコンバインその他の機械に代表される中・大
型の農業機械が，特に大規模階層農家に急速に普及していったということで
ある。同時に，農用建物や構築物のような資本財への投資が増大した。その
結果，大規模階層農家は，しばらくの間は，これらの固定資産による不分割
性を通じて収穫逓増（IRTS）を享受することができたが，次第にその先駆者
としての有利性を失っていった。このことは，次のファインディングから明
らかである。階層農家規模が大きくなればなるほどIRTS の程度が小さくな
ることは表6-4から明らかに観察できる。このことをより具体的に数値で
見ると，0.013（IV）～0.112（I）である。

　われわれは，すでに第2節の表6-1において TO の成長率を見ながら議
論した。ここでは，*RTS* と TO 成長率の積としての「規模効果」の結果を
見てみることにしよう。第1に，「規模効果」は一般的に言っていずれの期間，
いずれの階層農家においても非常に小さかった。1957-75年の全4階層農家
では TO 成長率はかなり高かったのであるが，階層農家 I を除いて *RTS* の

値がきわめて小さいか負であったので，相対的に中ないし大規模階層農家 II，III，および IV は，この期間において，負の「規模効果」を持つまでに至った。しかしながら，1976–97 年になると，規模の経済性は全 4 階層農家で正になったが，TO 成長率は，階層農家 I，II，および III において負であった。階層農家 IV に関しては，TO 成長率は正（1.04％）であったが，RTS の値は非常に小さかった（0.013）ので，「規模効果」も非常に小さかった。このように見てくると，「規模効果」は全 4 階層農家においてきわめて小さかった，あるいは負であったりした。

4.2.2　「技術変化効果」

　TFP 成長率の要因分解分析の伝統的な方法は，「技術変化効果」（または，費用関数のシフト）を，本章の（6.20）式の TFP 要因分解分析手法を用いて「残差」として計算してきた。例えば，Denny, Fuss, and Waverman（1981, Table 9, p. 206）はその 1 つの例として挙げることができる。われわれは，この方法を利用することにする。しかし，本章の最も重要なポイントは，S-G 型多財トランスログ TC 関数の推計されたパラメータを用いて，全研究期間 1957–97 年における全 4 階層農家の各年について，パラメトリックに「デュアル」の技術変化率を推計することにある。

　「技術変化効果」の動きを数量的に捉えるために，費用減少率の年平均成長率（正の値で表示している）を，1957–75，1976–97，および全研究期間 1957–97 年の 3 期間について推計した。それらの推計結果は表 6–5 に示されている。この表より，少なくとも 2 つの興味深いファインディングズについて以下のように解釈してみたい。

　まず第 1 に，階層農家 II，III，および IV の費用減少率は，1957–75 年の値の方が 1976–97 年の値よりも大きかった。第 2 に，1957–75 年におけるこれら 3 階層農家の費用減少率はそれぞれ，1.18，1.50，および 1.79％であった。しかしながら，これら 3 階層農家の 1976–97 年における費用減少率は，それぞれ，0.78，0.84，および 0.98％に低下した。つまり，階層農家が大きくなればなるほど，1957–75 年および 1976–97 年の両期間においても，技術変化率は比較的大きい。一方，階層農家 I では，費用減少率は，両期間において

表6-5　各期間の「デュアル」技術変化率（年当たり%）：都府県，1957-75，
　　　　1976-97，および1957-97年

期間	階層農家Ⅰ	階層農家Ⅱ	階層農家Ⅲ	階層農家Ⅳ
1957–75	0.72	1.18	1.50	1.79
	(0.37)	(0.22)	(0.68)	(1.02)
1976–97	0.71	0.78	0.84	0.98
	(0.16)	(0.16)	(0.11)	(0.11)
1957–97	0.71	0.97	1.15	1.35
	(0.27)	(0.27)	(0.57)	(0.80)

注1：階層農家Ⅰ，Ⅱ，Ⅲ，およびⅣは0.5–1.0，1.0–1.5，1.5–2.0，および
　　　2.0 ha以上の平均農家を表す。
　2：すべての数値は対応する期間の各年の成長率の単純平均である。
　3：（　）内の数値は標準偏差である。

それぞれ0.72および0.71%であり，これらの値はいずれの期間においても，最も低いものであった。以上をまとめると，これらのファインディングズから，1970年代初期（1973年）から後期（1978年）にかけて2度の「石油危機」を経験した後，日本農業の技術変化は，時間の経過とともに20世紀末まで，停滞気味であったか減少気味でさえあった。

4.2.3　TFP成長率の2通りの要因分解分析

　まず初めに，この小節では，TFP成長率の2通りの要因分解分析手法を構築することにする。1つは，$T\dot{F}P' = (1 - \sum \varepsilon_{CQ_i})\dot{Q}^C + (-\lambda)$であり，ここで$-\lambda$はパラメトリックに推計された「デュアル」の技術変化率である。2つ目の方法は，$T\dot{F}P' = (1 - \sum \varepsilon_{CQ_i})\dot{Q}^C + (-\lambda)'$である。ここで，(6.22)式を用いて求めることができる$(-\lambda)'$は，「残差」としての技術変化率であり，推計結果は表6-6に示されている。この表から得られるいくつかの興味深いファインディングズについて解説しておきたい。

　第1に，別の箇所ですでに見たように（表6-3を参照），1957-75年のTFP成長率は全4階層農家においてかなり高かった。しかし実際には，われわれは階層農家が小さくなればなるほど，TFP成長率は大きくなるという推計結果を確認した。ここで，相対的に大規模階層農家における相対的に低い

表6-6　各期間の全4階層農家の TFP 成長率の要因分解分析（年当たり%）：都府県，1957-75，1976-97，および 1957-97 年

階層農家	期間	TFP 効果 $T\dot{F}P'$ (1)	「規模」 効果 $(1 - \sum_i \varepsilon_{CQ_i})\dot{Q}^C$ (2)	「デュアル」 技術変化 効果 $-\lambda$ (3)	「残差」 技術変化 効果 $-\lambda'$ (4) = (1) - (2)
	1957–75	2.28	0.07	0.72	2.21
		(100.0)	(3.1)	(31.6)	(96.9)
階層農家 I	1976–97	−0.42	−0.10	0.71	−0.32
		(100.0)	(23.8)	(−169.0)	(76.2)
	1957–97	0.64	0.02	0.71	0.62
		(100.0)	(3.1)	(110.9)	(96.9)
	1957–75	2.08	−0.07	1.18	2.15
		(100.0)	(−3.4)	(56.7)	(103.4)
階層農家 II	1976–97	−0.33	−0.09	0.78	−0.24
		(100.0)	(27.3)	(−236.4)	(72.7)
	1957–97	0.73	0.01	0.97	0.72
		(100.0)	(1.4)	(132.9)	(98.6)
	1957–75	1.87	−0.13	1.50	2.00
		(100.0)	(−7.0)	(80.2)	(107.0)
階層農家 III	1976–97	−0.10	−0.02	0.84	−0.08
		(100.0)	(20.0)	(−840.0)	(80.0)
	1957–97	0.78	0.00	1.15	0.78
		(100.0)	(0.0)	(147.4)	(100.0)
	1957–75	1.51	−0.21	1.79	1.72
		(100.0)	(−13.9)	(118.5)	(113.9)
階層農家 IV	1976–97	0.20	0.01	0.98	0.19
		(100.0)	(5.0)	(490.0)	(95.0)
	1957–97	0.79	−0.06	1.35	0.85
		(100.0)	(−7.6)	(170.9)	(107.6)

注1：階層農家 I，II，III，および IV は 0.5-1.0，1.0-1.5，1.5-2.0，および 2.0 ha 以上の平均農家を表す。

　2：すべての数値は年当たり%で表されている。

　3：$T\dot{F}P'$ は表6-3の $T\dot{F}P$ に等しいと仮定されており，同表から転載した。

　4：$T\dot{F}P'$ および $\dot{Q}^C$ についての詳しい議論は第3節の（6.8）から（6.22）式を参照していただきたい。

　5：表中の（　）内の数値はパーセント単位で表した貢献度を表す。

TFP 成長率は，必ずしも，TFP 指数水準の絶対値が相対的に大規模階層農家において低かったということを意味しているわけではないことに注意していただきたい（図6-3を参照）。さらに，1976-97 年においては，小規模階層農家I，II，およびIII の TFP 成長率はすべて負になったが，最大階層農家IV の TFP の年平均成長率は，かなり低かった（0.20%）がそれでも正であった（表6-3を参照）。この2つの異なる期間，1957-75 年および1976-97 年の間に，なぜこのような TFP 成長率の鋭い落ち込みが起こったのだろうか。このことは，きわめて興味深い学術的な設問である。われわれは，この大きな問題に答えることはしばらくおくことにしたい。

　第2に，直前にすでに見たところであるが，「規模効果」は小さい。1957-75 年における階層農家I および1976-97 年における階層農家IV を例外として，その他のすべての階層農家における「規模効果」の成長率はこれらの両期間において負であった。そのうえに，正であれ負であれ，「規模効果」の絶対値での成長率は両期間においてきわめて小さかった。この結果は，筆者が20 年以上前に行なった過去の推計結果とはかなり違ったものである（Kuroda, 1989, pp. 164-165）。Kuroda（1989）は，はるかに大きな（かつ　主として正の）「規模効果」を得た。そして，そこで見られた「規模効果」の1958-75 年から1975-85 年にかけての鋭い落ち込みの傾向は，本章における結果と非常によく似ていた。少なくとも，これらの異なる結果に対して3つの要因が考えられる。(i) Kuroda（1989）は，用いられたS-G型多財トランスログTC 関数の推計において，必要な変数の特定化にCCD 法を導入しなかった。このことは，S-G型モデルのパラメータの推計値にバイアスを生じさせた可能性がある。(ii) Kuroda（1989）はS-G型モデルを導入したけれども，それは単一財トランスログTC 関数モデルであった。(iii) もう1つの重要な要因として，研究対象期間のデータセットを1958-85 年から1957-97 年へと大幅に延長したということも考えられる。同じ文脈で，われわれは，使用するデータセットを，例えば，2015 年まで延長することによって，これらの結果を修正することができるかもしれない。けれども，直感的には，最近の日本農業のみならず非農業部門の現実の動向を観察すれば，それほど大きな修正を本章の結果に対して加えなければならないという必要性はないであろうと

推測することは許されるだろう。

　第3に，表6-6において，われわれは，パラメトリックに推計した技術変化成長率と「残差」法で推計した「技術変化効果」は1957-75年に対しては，かなり比較可能であるということを観察できる。階層農家ⅠおよびⅡに関しては，それぞれ，0.72対2.21％および1.18対2.15％のように，その差はかなり大きいが，階層農家ⅢおよびⅣに関しては，それぞれ，1.50対2.00％および1.79対1.72％のように，その差はかなり小さいものであることを観察することができる。特に，階層農家Ⅳにおいては，1957-75年に対しては両成長率は驚くほど類似の値であった。その小さな「規模効果」から容易に想像できたように，1976-97年の「残差」法で推計された「技術変化効果」は非常に低かったし，しかも，負であった。階層農家Ⅰ，Ⅱ，およびⅢは，それぞれ，-0.32，-0.0.24，および-0.08％であった。しかし，階層農家Ⅳに関しては，0.19％という正ではあるが低い値であった。これに反して，パラメトリック法で推計した「技術変化効果」は，1976-97年に対して，全4階層農家において正であり，かつかなり高い成長率で，それぞれ，0.71，0.78，0.84，および0.98％であった。しかしながら，これらの成長率は，階層農家Ⅰは例外として，前の期間1957-75年における成長率と比べるとかなり低下したことは繰り返すまでもないことであろう。

　1976-97年における全4階層農家の技術変化率の減退は，以下の要因から生じたものではないかと思われる。(i) 1973年に起こった第1次「石油危機」以降，日本経済全体における1人当たり所得の成長率が低下したことによる農産物に対する需要の減退，(ii) 作物および畜産物の価格支持の上昇率の低下，(iii) 特に米作に対する減反政策の導入，(iv) 機械投入および農用機械と農業構築物の費用の増大，である。

　さらに，1957-75年のみでなくその後の1976-97年においても，若中年労働者および高技術を持った質の高い労働者の農業から非農業部門への移動によって，農業生産は，老齢者や低技術労働者によって営まれる傾向が強まった。特に，米作についてはこのことが重大な問題を投げかけてきている。加えて，1960年代初期からの持続的な価格支持政策は，競争の欠如による「たるみ」ないし「やる気なさ」を農業経営にもたらしていった（Leibenstein,

1976）。このいわゆる「X-非効率性」は特に多くの兼業農家において顕著であった。これらの要因が互いに密接に絡み合い，特に，階層農家 II, III, および IV における技術変化のかなり鋭い落ち込みをもたらした可能性が高いと考えることができる。

　次に，われわれはこれらの要因の TFP 成長率に対する相対的な効果の大きさを検討してみよう。表 6-6 においてはっきりと観察されるように，1957-75 年および 1976-97 年のいずれの期間においても，相対的に言って，全 4 階層農家における TFP 成長率の主な決定要因は，その成長率が正であっても負であっても，「技術変化効果」であった。

　TFP 成長率に対する「技術変化効果」の貢献度は，階層農家 I, II, および III に対しては，1976-97 年においては，TFP 成長率そのものが負であったために，負であった。しかしながら，階層農家 IV に対しては，同期間における TFP 成長率に対する「技術変化効果」の貢献度は，正の TFP 成長率によって正であった。いずれにしろ，これらの効果を絶対値で評価すると，全研究期間 1957-97 年において，技術変化は TFP 成長率を高めることに重要な貢献を果たしたということがわかる。そのうえ，「パラメトリック」法で推計した「デュアル」技術変化率は全 4 階層農家においてすべて正の値をとり，かつ，かなり 1.0％ に近い値であった。このことは興味深くかつ有望なファインディングである[7]。

　これまでのところ，われわれは「規模効果」は，規模の経済性および総生産の成長率の程度に依存しながら，TFP 成長率に貢献するということを見

---

7)　しかしながら，ここでもまた，われわれは，表 6-6 の観察から明らかなように，なぜ TFP 成長率と「パラメトリック」法を用いて推計した「デュアル」費用減少率の大幅なギャップが 1976-97 年にそれほどまでに大きかったのだろうかという疑問を抱くことになる。この問題に対しては，われわれは，総生産（TO），総投入（TI），および全要素生産性（TFP）の推計法を検討し直してみる必要性があると考える。加えて，TC 関数モデルの特定化の見直しをも考慮に入れるべきであろう。例えば，可変（ないし，制約付き）費用（VC）関数によるアプローチなどは，準固定的投入要素として土地を導入するという方法を取り入れており，したがって，この方法はより適切であるかもしれない。なぜなら，土地の価格は政府によって統制されているか準統制されているので，土地を可変投入要素として取り扱う方法は推計結果にバイアスをもたらす危険性をはらんでいるからである。

てきた。このことを逆に言うと，技術変化は，TFP 成長率または農業生産の効率性を決定する際に重要な役割を果たすということである。しかしながら，「技術変化効果」と「規模効果」の，TFP 成長率に及ぼす相対的な貢献度は，異なる階層農家間においても，異なる 2 期間においても，大幅な相違を見せた。では一体，このような変化や相違を 2 つの期間および異なる階層農家間にもたらした経済的要因ないし条件はいかなるものだったのだろうか。

　（6.23）および（6.24）式で見たように，「デュアル」技術変化率および費用弾力性は，生産物（Q_G および Q_A）の生産水準，投入要素価格（$P_k, k = L, M, I, B, O$）の変化，および技術条件（t）に依存する。そこで，上記の重要な設問に対する答えを提供するために，生産物構成の変化，投入要素価格の変化，および技術状態が規模の経済性（$1 - \sum_i \varepsilon_{CQ_i}$）および「デュアル」費用減少率（$-\lambda$）に及ぼす効果を以下の小節で検証することにしたい。

4.2.4　生産物構成，投入要素価格，および技術変化の効果

　まず，作物および畜産物の生産量水準，投入要素価格，および技術条件の変化の規模の経済性（RTS）への効果は，第 1 章の S-G 型多財トランスログ TC 関数（1.27）式の推計パラメータを用いて以下の（6.25），（6.26），および（6.27）式を用いて推計できる。

$$\frac{\partial RTS}{\partial \ln Q_i} = \frac{\partial (1 - \sum_i \varepsilon_{CQ_i})}{\partial \ln Q_i}$$
$$= -\frac{\partial \sum_i \varepsilon_{CQ_i}}{\partial \ln Q_i} = -\sum_j \gamma_{ij}^t, \tag{6.25}$$

$$i, j = G, A,$$

$$\frac{\partial RTS}{\partial \ln P_k} = \frac{\partial (1 - \sum_i \varepsilon_{CQ_i})}{\partial \ln P_k}$$
$$= -\frac{\partial \sum_i \varepsilon_{CQ_i}}{\partial \ln P_k} = -\sum_i \delta_{ik}^t, \tag{6.26}$$

$$i = G, A, \quad k = L, M, I, B, O,$$

$$\frac{\partial RTS}{\partial t} = (\sum_i \alpha_i' + \sum_i \gamma_{ij}' \ln Q_i + \sum_k \phi_{ik}' \ln P_k)/t, \qquad (6.27)$$

$$i, j = G, A, \quad k = L, M, I, B, O.$$

推計結果は表6-7に示されている。(6.25) および (6.26) 式に示されているように，これらの式は作物および畜産物の生産水準および投入要素価格の%で表された変化に対する%で表示された RTS の変化を測っているので，生産物構成および投入要素価格に関する RTS の変化の効果は，弾力性の形で表されているものとして解釈できる。(6.27) 式で与えられる t に関する RTS の効果は時間（技術状態）変化に対する対数パーセンテージ変化を表しており，後に簡単な図を用いて解説を試みたい。以下，いくつかの興味深いファインディングズについて述べることにする。

　まず，生産物構成における変化の効果に関する1つの興味深いファインディングについて解説しておくことにしよう。作物生産水準の増大は規模の経済性（RTS）に対して負の効果をもたらした。一方，畜産物生産水準の増大は，1957–75年には RTS に対して正の効果を持ったが，1976–97年にはその効果は負に転じた。しかし，いずれの期間についても，全4階層農家において効果そのものはきわめて小さく統計的に有意ではなかった。この結果は，作物－畜産物複合農業経営において，作物生産の拡大は，全体としての RTS の低下をもたらすであろうということを示唆している。

　次に，労働価格の変化の効果は正であり，後半の期間こそ幾分小さくなったが，全研究期間1957–97年を通じてかなり安定的に推移した[8]。一方，機械，土地，およびその他投入財価格の変化は，全研究期間1957–97年を通じて，RTS に負の効果をもたらした。この期間におけるこれら投入要素の相対価格の実際の動向は，労働と土地の相対価格は急激な伸びを示したが，土地の相対価格は1990年代には低下し始めた。これらの投入要素とは反対に，機械，中間投入要素，およびその他投入要素の相対価格は一貫して減少した。表6-7における推計値を見ると，労働価格の相対的な上昇と機械価格

8）　ここで，本および次小節で議論する投入要素価格は，（マルティラテラル）総生産物価格指数でデフレートされた相対価格であることを銘記しておいていただきたい。

表6-7　生産物構成，投入要素価格，および技術変化が各期間の規模の経済性（RTS）に及ぼす効果：都府県，1957–75，1976–97，および1957–97 年

階層農家	期間	Q_G	Q_A	P_L	P_M	P_I	P_B	P_O	t
階層農家 I	1957–75	−0.093	0.003	0.057	−0.021	0.001	−0.030	−0.008	0.046
		(0.005)	(0.002)	(0.007)	(0.003)	(0.003)	(0.002)	(0.002)	(0.121)
	1976–97	−0.084	−0.001	0.043	−0.015	0.007	−0.023	−0.013	0.124
		(0.003)	(0.001)	(0.003)	(0.001)	(0.001)	(0.002)	(0.001)	(0.025)
	1957–97	−0.088	0.001	0.050	−0.018	0.005	−0.026	−0.010	0.088
		(0.006)	(0.002)	(0.008)	(0.004)	(0.004)	(0.004)	(0.003)	(0.092)
階層農家 II	1957–75	−0.084	0.003	0.052	−0.019	0.001	−0.027	−0.007	−0.010
		(0.004)	(0.002)	(0.006)	(0.003)	(0.003)	(0.003)	(0.002)	(0.115)
	1976–97	−0.076	−0.001	0.039	−0.014	0.007	−0.021	−0.011	0.062
		(0.002)	(0.001)	(0.002)	(0.001)	(0.001)	(0.001)	(0.001)	(0.019)
	1957–97	−0.080	0.001	0.045	−0.015	0.004	−0.024	−0.009	0.029
		(0.005)	(0.002)	(0.008)	(0.003)	(0.004)	(0.004)	(0.003)	(0.012)
階層農家 III	1957–75	−0.081	0.003	0.049	−0.018	0.001	−0.026	−0.007	−0.056
		(0.004)	(0.002)	(0.006)	(0.002)	(0.002)	(0.003)	(0.002)	(0.114)
	1976–97	−0.072	−0.001	0.037	−0.013	0.006	−0.020	−0.011	0.026
		(0.001)	(0.001)	(0.002)	(0.001)	(0.001)	(0.001)	(0.001)	(0.021)
	1957–97	−0.076	0.001	0.043	−0.015	0.004	−0.023	−0.009	−0.012
		(0.005)	(0.002)	(0.007)	(0.003)	(0.003)	(0.004)	(0.003)	(0.088)
階層農家 IV	1957–75	−0.076	0.002	0.046	−0.017	0.001	−0.025	−0.006	−0.111
		(0.003)	(0.001)	(0.005)	(0.002)	(0.002)	(0.002)	(0.002)	(0.151)
	1976–97	−0.068	−0.000	0.035	−0.012	0.006	−0.019	−0.010	0.049
		(0.002)	(0.001)	(0.002)	(0.001)	(0.001)	(0.001)	(0.001)	(0.015)
	1957–97	−0.072	0.001	0.040	−0.014	0.004	−0.021	−0.008	−0.025
		(0.005)	(0.002)	(0.007)	(0.003)	(0.003)	(0.003)	(0.002)	(0.130)

注1：階層農家 I, II, III, および IV は 0.5–1.0, 1.0–1.5, 1.5–2.0, および 2.0 ha 以上の平均農家を表す。さらに，Q_i $(i = G, A)$ は作物および畜産物の生産量を，P_k $(k = L, M, I, B, O)$ は労働，機械，中間投入要素，土地，およびその他投入要素の価格を表し，t は技術状態の代理変数としての時間変数である。

　　2：生産物構成，投入要素価格，および技術状態の変化に関する RTS 効果は，それぞれ，(6.23)，(6.24)，および (6.25) 式を用いて推計した。本表におけるすべての効果の数値は対応する期間の個々の年の単純平均値である。上記の方程式で説明されているように，推計された効果は，t に関する効果以外は，すべて弾力性で表されている。

　　3：（　）内の数値は標準偏差である。

の相対的な低下は，主として，投入要素代替と労働—「節約的」および機械—「使用的」技術変化バイアスを通じて RTS の増大をもたらしたことを示唆している。一方，土地価格の急激な上昇は，農地拡大に対する意欲を削ぐという形で強力な制約要因として働いたので，RTS を縮小する効果を持ったと解釈できる。

　中間投入要素およびその他投入要素の相対価格の変化の効果は，絶対値で言うと両方ともかなり小さかった。特に，中間投入要素の価格変化の効果は，全期間を通じてほとんど無視できるほどのもの（絶対値においてもその統計的有意性水準という意味においても）であった。この結果は，この投入要素の分割性はきわめて高いので，容易に理解できる。他方，その効果は小さかったが，その他投入要素価格の変化の RTS への効果は全期間を通じて負であった。ここで，その他投入要素が農用建物および構築物，大植物，および大動物で構成されていることを思い出してみよう。これらはすべて大なり小なり不分割性の強い特質を備えた投入要素である。したがって，その他投入要素価格の相対的上昇が，全研究期間 1957–97 年にわたって，RTS を減退させる効果を持ったことは容易に理解できる。

　最後に，技術状態の変化が RTS に及ぼす効果を評価することにしよう。技術状態のある1つの変化の効果の経済的含意は，図を用いて説明するとよりはっきり理解できる。図6–4 において，平均費用および限界費用曲線（それぞれ，AC および MC）が描かれている。これらの費用曲線を用いると，規模弾力性（ε_{CQ}，ここで Q は，説明を単純化するために，集計された単一財とする）と，RTS（$1 - \varepsilon_{CQ}$）は以下のように定義できる。規模弾力性（ε_{CQ}）の定義を書き直すと以下の式が得られる。

$$\varepsilon_{CQ} = \frac{\partial C}{\partial Q}\frac{Q}{C} = \frac{\partial C}{\partial Q} \div \frac{C}{Q} = \frac{MC}{AC},$$

ここで，AC および MC は Q の生産の平均および限界費用である。MC と AC の比は，図6–4 において，$\overline{MQ/AQ}$ で表されることから規模の経済性の定義は，$RTS = 1 - \varepsilon_{CQ} = 1 - \overline{MQ/AQ} = \overline{AM/AQ}$ で与えられる。したがって，技術状態の変化の規模の経済性への効果（$\partial RTS/\partial t$）は，技術状態においてある変化が生じたときの $\overline{AM/AQ}$ の比の変化によって決定さ

図 6-4　技術変化の規模の経済性への効果

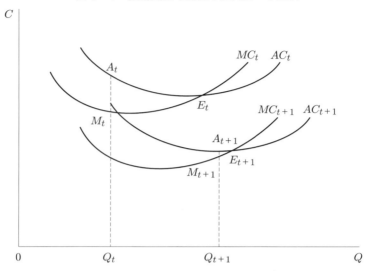

れる。

　いま，t 時点から $t+1$ 時点の間に技術変化があったと想定する。このことは，一般的には，図 6-4 に示されているように，平均費用曲線が右下方にシフトすることを意味する。技術状態の変化の効果が正である（i.e., $\partial RTS/\partial t > 0$）ということは，$\overline{AM}/\overline{AQ}$ の比が，技術状態の変化によって増大することを意味する。このことは，また一方で，生産が，技術状態の変化によってシフトを余儀なくされた最低効率生産規模（Minimum Efficient Scale: MESC）から遠ざかることを意味する。換言すれば，技術状態の変化は活用できる規模の経済性 RTS の程度を拡大したと言える。逆に，もし $\partial RTS/\partial t < 0$ ならば，そのことは，技術状態の変化は農業者が RTS を享受することを後押ししたであろうし，生産は以前より MESC に近い領域でなされるであろうことを意味している[9]。かくして，$\partial RTS/\partial t$ の絶対値での大きさは，技術状態の変化が起こったとき RTS が（もしその値が正であれば）拡大するか（もしその値が負であれば）縮小するかを測る測度として用い

ることが正しいようである。

　さて，われわれは表6-7に示されている $\partial RTS/\partial t$ の推計値を評価することにする。この表によると，1957-75年における技術状態の変化の RTS への効果は階層農家II，III，およびIVにおいては負であった。このことは，技術状態の変化はこれらの階層農家の RTS の大きさを縮小したことを意味している。特に，1960年代においては，相対的に大規模階層農家の RTS は相対的に小規模階層農家の RTS よりもはるかに大きかった。1960年代以降においてさえも，相対的に大規模階層農家の RTS の活用度は相対的に小規模階層農家の RTS の活用度よりも大きかった。このことは，むしろ期待されたことであった。なぜならば，先に表6-4で見たように，1957-75年を通じて，大規模階層農家は小規模階層農家に比べてより大きな規模の経済性を享受できていたからである。例外的な場合として，階層農家Iにおいては，$\partial RTS/\partial t$ が正であった。このことは，階層農家Iの相対的に大規模階層農家に対する追跡的技術変化が，1957-75年を通じて，RTS への正の効果をもたらしたであろうことを意味している。

　逆に，1976-97年においては，$\partial RTS/\partial t$ は，全4階層農家で正になった。このことは，技術変化は，前期に比べると小さくはなったが，平均費用（AC）曲線を，前期に比べてはるかに程度は小さかったが，右下方向に動かしたことを意味している[10]。そのうえに，MC/AC の比が拡大の方向に動いたという事実は，RTS の程度が1976-97年に増大したことを示唆している。

4.2.5　生産物構成および投入要素価格変化の技術変化への効果

　先に見たように，「デュアル」技術変化率（$-\lambda$）は，全4階層農家におけるTFP成長率を高めることにおいて重要な役割を果たした。かくして，本小節では，生産物構成および投入要素相対価格の変化が，「デュアル」技術

---

9)　Stevenson（1980）は，$TS_C = \partial \varepsilon_{CQ}/\partial t$ を技術変化バイアスと定義している。しかしながら，Greene（1983）が指摘したように，Stevenson の TS_C が MESC に対応するものとする解釈は間違っている。なぜなら，ε_{CQ} の変化は実際のところ平均費用曲線の位置の変化というよりもむしろその傾きの変化に関係しているからである。

10)　最大規模階層農家IVは例外として，階層農家I，II，およびIIIにおける TO 指数は停滞気味か減少傾向さえ示したことを，思い起こしていただきたい（図6-1）。

変化率に及ぼした効果を検証してみよう。

　まず第 1 に，生産物水準 Q_i が「デュアル」技術変化率（$-\lambda$）に及ぼす効果は，以下の（6.28）式によって推計することができる。

$$\frac{\partial \lambda}{\partial \ln Q_i} = -(\alpha_i^{'} + \sum_j \gamma_{ij}^{'} \ln Q_j + \sum_k \phi_{ik}^{'} \ln P_k)/t, \qquad (6.28)$$

$$i, j = G, A, \quad k = L, M, I, B, O.$$

　次に，投入要素の相対価格の変化が「デュアル」技術変化率（$-\lambda$）に及ぼす効果は，以下の（6.29）式によって推計することができる。

$$\frac{\partial \lambda}{\partial \ln P_k} = -(\beta_k^{'} + \sum_n \delta_{kn}^{'} \ln P_n + \sum_i \phi_{ik}^{'} \ln Q_i)/t, \qquad (6.29)$$

$$i = G, A, \quad k, n = L, M, I, B, O.$$

　推計された結果は表 6-8 に示した通りである。生産物構成および投入要素価格における変化が「デュアル」技術変化率（$-\lambda$）に及ぼす効果の推計結果は，（6.28）および（6.29）式に明確に示されているように，生産物および投入要素価格水準における％変化に対応する λ の％変化を測った推計結果である。表 6-8 から浮かび上がってくるいくつかの興味深い結果について述べておくことにしよう。

　第 1 に，作物生産量についても畜産物生産量についてもその増大は，1957-75 年において全 4 階層農家の技術変化率をかなり急速に高めた。しかしながら，それらの貢献度を見てみると，作物生産量の増大の方が畜産物生産量の増大よりもその貢献度は高かった。さらに，規模階層が大きいほど，その効果が大きいことを観察することができる。このことは，作物生産でも畜産物生産でも，農業生産者は，1957-75 年においては，革新技術に対してより強い導入性向を持っていたことを示唆している。

　しかしながら，1976-97 年になると，全 4 階層農家における農業生産者の技術変化率を高めようとする意欲は急激に弱まった。この期間のこのような生産意欲ないし生産動機の減退の背景となる要因には，以下のようなものが

表6-8　生産物構成および投入要素価格の変化が各期間の規模の経済性（RTS）
　　　　に及ぼす効果：都府県，1957-75，1976-97，および1957-97年

階層農家	期間	Q_G	Q_A	P_L	P_M	P_I	P_B	P_O
	1957–75	0.0076	0.0028	0.0180	−0.0097	−0.0055	−0.0017	−0.0011
		(0.0108)	(0.0028)	(0.0156)	(0.0103)	(0.0054)	(0.0006)	(0.0004)
階層農家 I	1976–97	0.0003	0.0011	0.0058	−0.0023	−0.0019	−0.0011	−0.0011
		(0.0002)	(0.0002)	(0.0012)	(0.0006)	(0.0003)	(0.0002)	(0.0001)
	1957–97	0.0037	0.0019	0.0115	−0.0057	−0.0036	−0 0014	−0.0007
		(0.0081)	(0.0021)	(0.0122)	(0.0078)	(0.0036)	(0 00005)	(0.0004)
	1957–75	0.0090	0.0029	0.0156	−0.0087	−0.0049	−0 0009	−0.0010
		(0.0125)	(0.0029)	(0.0126)	(0.0090)	(0.0038)	(0.0005)	(0.0004)
階層農家 II	1976–97	0.0007	0.0001	0.0053	−0.0022	−0.0018	−0.0009	−0.0004
		(0.0004)	(0.0001)	(0.0010)	(0.0005)	(0.0003)	(0.0001)	(0.0002)
	1957–97	0.0046	0.0019	0.0101	−0.0052	−0.0032	−0.0009	−0.0007
		(0.0094)	(0.0021)	(0.0099)	(0.0069)	(0.0030)	(0.0004)	(0.0004)
	1957–75	0.0096	0.0032	0.0143	−0.0082	−0.0046	−0.006	−0.0009
		(0.0004)	(0.0001)	(0.0007)	(0.0004)	(0.0002)	(0.0001)	(0.0005)
階層農家 III	1976–97	0.0009	0.0011	0.0050	−0.0021	−0.0017	−0.0008	−0.0004
		(0.0007)	(0.0003)	(0.0012)	(0.002)	(0.0005)	(0.0003)	(0.0001)
	1957–97	0.0049	0.0020	0.0093	−0.0049	−0.0031	−0.0007	−0.0006
		(0.0098)	(0.0025)	(0.0086)	(0.0064)	(0.0027)	(0.0006)	(0.0004)
	1957–75	0.0102	0.0036	0.0199	−0.0074	−0.039	−0.0001	−0.0005
		(0.0134)	(0.0042)	(0.0082)	(0.0074)	(0.0025)	(0.015)	(0.0005)
階層農家 IV	1976–97	0.0013	0.0009	0.0051	−0.0020	−0.0018	−0.0007	−0.0005
		(0.0004)	(0.0001)	(0.0007)	(0.0004)	(0.0002)	(0.0001)	(0.0001)
	1957–97	0.0054	0.0022	0.0082	−0.0045	−0.0027	−0.0004	−0.0005
		(0.0010)	(0.0032)	(0.0065)	(0.0057)	(0.0020)	(0.0011)	(0.0003)

注1：階層農家 I, II, III, および IV は 0.5−1.0, 1.0−1.5, 1.5−2.0, および 2.0 ha以上の平均農家
　　　を表す。さらに，Q_i $(i = G, A)$ は作物および畜産物の生産量を，P_k $(k = L, M, I, B, O)$
　　　は労働，機械，中間投入要素，土地，およびその他投入要素を表す。
　2：生産物構成および投入要素価格の変化に関する RTS 効果は，それぞれ，(6.26) および (6.27)
　　　式を用いて推計した。本表におけるすべての効果の数値は対応する期間の個々の年の単純平
　　　均値である。上記の方程式で説明されているように，すべて弾力性で表されている。
　3：（　）内の数値は標準偏差である。

考えられる。(i) 2度の「石油危機」（1973年および1978年）以降国民1人当たり所得成長率の低下によって農産物に対する需要が低下，(ii) 作物および畜産物の政府による価格支持率の低下，(iii) 特に，米作に対する減反政策の導入（1969年以降毎年），(iv) 機械および農用建物および構築物投入要素の費用の増大，である。さらに，1957–75年に引き続いて1976–97年においても，若者や質の高い農業労働者が農業から非農業部門へ移動したために，農業生産，特に，米作においては老齢化しかつ低い質の労働者にその生産が担われるようになった。さらに付け加えておくと，継続して導入されてきた価格支持政策は，競争の欠如によって農業経営における「たるみ」や「やる気なさ」を醸成していったように思われる（Leibenstein, 1976）。このいわゆる「X–非効率」は，特に，兼業農家にはびこってきたように見える。以上，これらの要因が密接に絡み合って，技術変化のかなり急激な後退を招いたのではないだろうか。

　第2に，労働価格の上昇は技術変化率を上昇させたが，その一方で，機械，中間投入要素，土地，その他投入要素の価格上昇は技術変化率に対して負の効果を持った。現実の農業においては，労働と土地の価格は急激に上昇したが，機械，中間投入要素の価格は全研究期間の1957–97年を通じて一貫して低下した。その他投入要素価格は同期間において，一貫してかなり穏やかな低下傾向を示した（第1章の図1–4参照）。

　労働価格の急激な上昇および機械と中間投入要素価格の相対的に急激な低下の効果は，M-技術革新およびBC-技術革新の同時的進行を通じて労働の機械および中間投入財への代替を引き起こしたに違いない。このことは一方で，特に，1957–75年における技術変化率の上昇をもたらした。表6–8から観察されるように，この傾向は相対的に大規模階層農家よりも小規模階層農家においてより顕著に現れた。しかしながら，ここで，1976–97年においては，この動きは前期の1957–75年に比べてより鋭く落ち込んだ。このような動きの背景には，つい先ほど考察したことと同様の要因があると考えられる。

　第3に，その値は負ではあるが，土地価格変化の効果は（絶対値で見て）全研究期間1957–97年において全4階層農家について，予想外に小さかった。したがって，残念ながら，このファインディングに基づいて，われわれは，

土地価格の低下が，機械，中間投入要素，およびその他投入要素のより効率的使用の可能性を高めるであろうと期待される農地の拡大を容易にすると推論することは困難である。さらに，このこときわめて類似の議論が，その他投入要素価格変化が技術変化率に，絶対値で見て，きわめて小さな効果しかもたらさなかったことにも適用できる。

　まとめると，戦後日本農業における技術変化率を高めた最も重要な要因は，代替の弾力性とバイアスを持った技術変化に緊密な関係を持っていた労働，機械，および中間投入財の価格変化であったようである。つまり，これらの労働―「節約的」，機械―「使用的」，および中間投入要素―「使用的」技術変化バイアスは本研究における全研究期間 1957–97 年の M-技術革新および BC-技術革新ときわめて強い密接な関係を持っていたということである。さらに，作物および畜産物生産が技術変化に対して相対的に見て大きな貢献をしてきたことは，上記の投入要素価格変化の場合と同様に，特に，前期 1957–75 年において，M-技術革新および BC-技術革新ときわめて強い密接な関係を持っていた。

5　要約と結論

　本章の目的は，1957–97 年の日本農業における TFP の成長の変化を決定する要因を探ることにあった。本章では，この検証を異なる 4 階層農家すべてについて遂行した。この目的を達成するために，伝統的な手法で推計された TFP を「規模効果」と「技術変化効果」に分解した。そのファインディングズは以下のようにまとめることができよう。

　異なる 4 階層農家，特に，小規模階層農家と大規模階層農家の間で，TO，TI，および TFP の成長率に相当大きな違いが見られた。特に，大規模階層農家は，日本経済が相対的に低成長段階に入った 1976–97 年においてさえも，かなり高い成長率で TO を増大させた。このことは，TI の増大と主に相対的に高い技術変化によって得られた効率性の上昇によって達成されたものであった。

　他方，1957–75 年における全 4 階層農家の「パラメトリック」な方法で推

計された技術変化率による効率性は正でありかつかなり大きい値であった
が，日本経済全体が低成長段階に入った1976–97年には，その効率性は大幅
に低下した。さらに，技術変化は，農業生産者が1957–75年には，全4階層
農家において，「最低効率生産規模（MESC）」近辺で生産活動を行なうよう
になったという形で規模の経済性（RTS）に影響を及ぼした。しかしながら，
1976–97年においても，技術変化率は全4階層農家で正でありかつかなり高
いと言える水準にあった。このことは，TO および TI ともに減少した相対
的に小規模農家で構成される階層農家 I，II，および III に対して，平均費用
曲線は左下にシフトし，その結果，これらの階層農家は MESC から離れて
縦軸に近づいた領域で生産を行なうようなったことを意味する。結果として，
RTS は拡大した。これとは逆に，相対的に大規模階層農家 IV は，平均費用
曲線を右下にシフトさせ RTS を享受し続けた（図6–4参照）が，RTS の程
度は縮小した。

　最後に，本章の研究結果に基づいた政策的含意について一言述べておくこ
とにしたい。農業生産がより効率的ではるかに低費用でなされ，その結果，
農産物価格が大幅に低下するという方向に切り替えられることが，日本農
業にとって今や喫緊の課題である。この方向において，本章のファインディ
ングズは大規模経営農業が強力に推進されるべきであることを示唆してい
る。この結果は，最低効率生産規模（MESC）をはるかに拡大させるような
技術変化を推進させる方向で実行されるべきであることを意味している。し
かしながら，このことを実行するためには，政府は地価の高騰を招く，例え
ば，減反政策のような各種の制度的な制約を大幅に縮小ないし廃止すべきで
あるし，かつ，より自由な農地移動の促進を図り，その結果，企業家的精神
を持った大規模農家ないし農業法人の数を大幅に増大させるべきである。

　加えて，本章の分析結果からここで主張できることは，技術変化率は，M-
革新技術およびBC-革新技術の積極的な導入によってより積極的な動機でよ
り進んだ効率的農業経営を志向している大規模農業経営において高められる
ということである。

第7章

労働生産性成長率の要因分解分析に対する
新手法による試み

1　序

　日本経済全体が劇的な高度成長を経験した1950年代初期から1970年代初期にかけて，農業労働生産性の成長率もかなり高かった。次節の表7−1で示されるように，全4階層農家について年率6.0％よりもかなり高い成長率であった。しかしながら，1973年および1978年に起こった2度の厳しい「石油危機」を経験して以降，農業労働生産性は1976–97年には，年率でおよそ1.0ないし2.0％にまで大幅に低下した。

　そこで，本章の主要な目的は，大雑把に言えば，20世紀後半の日本農業における労働生産性成長率の急激な低下を引き起こした要因を定量的に検証することである。しかしながら，本章での研究計画は，日本農業部門全体における労働生産性成長率の大幅な低下の原因を探ろうとするものではない。われわれの目的は，異なる階層農家における異なる労働生産性成長率に対する要因を明らかにするとともに，全4階層農家において生じた，2つの異なる期間，1957–75年および1976–97年における労働生産性成長率の急激な低下の要因を定量的に探ることにある。この目的を達成するために，われわれは，毎年農水省から刊行される『農経調』および『物賃』から得ることのできる横断面−時系列のプールデータを用いることにする。

　Solow（1957）は労働生産性成長率を投入要素集約度の成長率と全要素生産性（TFP）の成長率に分解し，これら2つの構成要素の労働生産性成長率への貢献度を定量的に推計するという分析枠組を開発し展開させた先駆的

研究である。この方法は，「成長会計法」と呼ばれ，この記念すべき年，1957
年以降，世界各地で広く利用されてきた[1]。

　しかしながら，よく知られるように，もしある研究者が生産量ないし労働
生産性の成長率の要因分解分析にソロー型の伝統的な成長会計法を適用し
たいと思うならば，彼（彼女）は，その分析において，事前に以下の厳しい
仮定を導入しなければならない。それらの仮定とは，(i) 収穫一定（CRTS），
(ii) 技術変化のヒックス「中立性」，(iii) 生産者均衡，および (iv) 外生的技
術変化，である[2]。もしこれらの仮定が満たされなければ，伝統的な成長会
計分析法はその推計結果にバイアスおよび誤差を引き起こすことになる。さ
らに，伝統的な成長会計分析法は，一般的に，労働生産性成長率を投入要素
集約度および TFP のみに分解するだけであり，それ以上のことはできない。
この意味で，伝統的手法は記述的分析のみに限られたものであると言うこと
ができる。つまり，伝統的手法は，経済的指標における変化の効果や技術構
造の変化が投入要素集約度および TFP に及ぼす効果を推計するというよう
な重要かつ興味深い研究課題を無視しているとも言えるし，そのような課題
に挑戦することができない。換言すると，伝統的な成長会計手法に基づいた
分析は，経済理論，特に，生産の理論とは緊密な関係を持っていなかったの
である。

　したがって，本章では，伝統的方法の代わりに生産者行動の経済理論に基
づいて，労働生産性成長率の変化を分析する新しい手法を展開することに
したい。この目的を遂行するために，本章では「双対」理論および「フレキ
シブル」関数形を導入する。これらの分析道具は 1950 年代初期に開発され，
特に，1960 年代末から 1970 年代初期以降 1990 年代を通じて爆発的な勢いで

---

1)　日本農業における労働生産性の分析にこの成長会計法を適用した研究はほとんどない。
　　しかしながら，山田三郎は一連の論文の中で，農業部門全体の GDP の成長率を要素投
　　入量の成長率と TFP の成長率に分解するという分析を行なった。一方，土井（1985）
　　は Diewert（1976）によって提唱された 2 次近似法を適用して米作における労働生産性
　　成長率を投入要素集約度の成長率および TFP の成長率に分解し定量的分析を行なった，
　　日本農業経済学界では初めての研究者である。
2)　さらに，ソローは，彼の収集したデータに最もよく適応する生産関数は C-D 型生産関
　　数であることを計量経済学的に検証した。

適用されるようになり，理論のみならず実証的研究課題に適用するにはきわめて有用で強力な分析道具であるということが証明された。第3節で詳しく説明されるように，新手法は，労働生産性成長率を，投入要素価格変化による代替と技術変化バイアスからなる「総代替効果」と，規模の経済性と技術変化からなる「TFP 効果」に要因分解することができるという利点を持っている。これら種々の効果を定量的に推計するために，本章は，基本的には『農経調』および『物質』から得られる時系列—横断面プールデータを用いて，トランスログ総費用（TC）関数を 1957–97 年に対して推計する。

　言うまでもなく，トランスログ TC 関数を推計する場合には，ただ1つ必要な仮定は企業の費用最小化仮定である。伝統的成長会計モデルに必須のその他の諸仮定は「事前」には必要ではない。それどころか，この新手法は，トランスログ TC 関数の推計過程において，これらの諸仮定を帰無仮説として統計的に検定することができるという強力な利点を持っている。その結果，これらの諸仮説のうちの収穫一定，ヒックス「中立性」帰無仮説が棄却されたとしても，トランスログ TC 関数の推計されたパラメータを用いて，労働生産性成長率を上記の諸々の効果に分解することによってそれらの効果の重要度を測ることもできる。

　本章は以下のように構成されている。第2節では，戦後日本農業の総収益，労働投入，および労働生産性の現実の動きを観察する。第3節では，労働生産性成長率と TFP の成長率をそれぞれを構成する諸効果に分解することによって，適用される新手法の説明がなされる。第4節はデータと統計的推計法について説明する。第5節は実証結果を示しかつ評価する。第6節は要約と結論を述べる。最後に，付録 A.7 では用いられる変数の定義を行なう。

2　背景データの観察

　ここで，1957–97 年における日本農業の異なる階層農家の実質収益，労働投入量，および労働生産性の動向を見ておくことにしよう。われわれは，『農経調』を用いて，都府県の異なる4階層農家の平均農家のデータを収集した。その4階層農家とは，(I) 0.5 – 1.0，(II) 1.0 – 1.5，(III) 1 5 – 2.0，およ

び（IV）2.0 ha 以上の階層農家である。さらに都府県の平均農家に対しては以下の経済指標の推計に必要な基礎的データを得ることができるので，参考のために，平均農家のデータを収集し 4 階層農家で遂行したのと同じ経済指標を推計した。

　まず，総収益（$TREV = \sum_i P_i Q_i$）は，作物，畜産物，およびその他生産物の販売から得られる収益の和として定義した。『農経調』には合計 11 の生産物項目が記録されている。われわれはまず，Caves, Christensen, and Diewert（1982）（CCD）が開発したマルティラテラル指数法を用いて，集計農業生産物のマルティラテラル生産物価格指数（P_Q）を推計した。この指数の基準年は 1985 年である。次に，実質総収益（$RTREV$）は，名目総収益（$TREV$）をマルティラテラル生産物価格指数（P_Q）によってデフレートすることによって得た。このように，CCD 法は，時系列—横断面プールデータの Törnqvist（1936）指数の推計にとって 1 つの最も適切な方法である[3]。次に，労働投入量（X_L）は，男子労働に換算した農業経営者，家族，結い・手伝い，および雇用労働者の労働時間の総和として定義した。女子労働者の労働時間の男子換算労働時間は，『物賃』から得られる女子日雇い賃金率の男子日雇い賃金率に対する比率を女子労働時間数に乗ずることによって推計した。最後に，実質労働生産性は，全研究期間 1957–97 年に対して，全 4 階層農家および平均農家のすべてのサンプルについて，$RTREV/X_L$ を用いて推計した。

　さて，図 7–1 は，全研究期間 1957–97 年における，全 4 階層農家および平均農家の実質総収益の動向を示している。一見して，われわれは，実質総収益について，1957–75 年に対しては，全 4 階層農家および平均農家におい

---

3)　平均農家に対しては，P_Q 指数を求めるために通常のディヴィジア指数法を適用した。他方，本章で用いるプールデータは，最も適切な CCD 法によって得られた数量および価格指数である。したがって，本章で得られた推計結果は，それぞれの階層農家についてディヴィジア指数を求めそれらを単純に結合してすべての推計を行った Kuroda（1988a）において得られた推計結果よりはるかに信頼性が高いと言える。そのような研究結果を公表することによって，Kuroda（1988a）は，相対的に小規模階層農家の方が相対的に大規模階層農家よりも効率的な生産行動を行なっていたという間違った印象を与えてしまったかもしれない。本章が，戦後日本農業における労働生産性の成長に関してより正確な情報を提供していることを，筆者として，率直な気持ちで期待している。

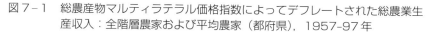

図7-1　総農産物マルティラテラル価格指数によってデフレートされた総農業生
　　　　産収入：全階層農家および平均農家（都府県），1957-97 年

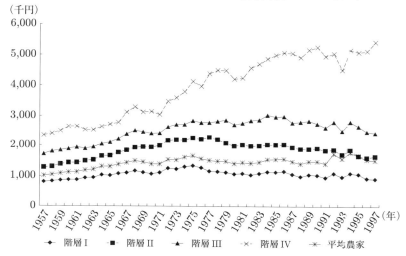

て増大傾向を観察することができる。しかしながら，成長率は各階層農家間
でかなり差異があったようである。階層農家が大きくなるにつれて，実質総
収益の成長率は高くなっていることが確認できる。しかしながら，1975 年
以降には，実質総収益の動向は異なる階層農家間で明らかに異なっているよ
うである。階層農家 I および II は，1976-97 年には，実質総収益は減少傾向
を示した。階層農家 III は，1975 年から 1984-86 年の期間においては，実質
総収益は弱いながらもまだ増大傾向を示していたが，それ以降は減少傾向が
始まった。これらとは逆に，階層農家 IV は全研究期間 1957-97 年を通して，
一貫して実質総収益を増大させる傾向を持っていた。

　一方，図7-2によると，1957-75 年において，全 4 階層農家は，1968 年の
1 年のみにおいては労働投入時間のいくらかの増加が見られるが，かなり急
激な男子換算労働時間における減少を経験したことが観察できる。労働投入
におけるこの急激な減少の主な原因は，1950 年代初期から 1970 年代初期に
かけて非農業部門の急激な成長がもたらした労働需要の大幅な増大であった。
一方，農業労働のきわめて大幅な減少に対応して，農業機械化が猛烈な勢い

図7-2　男子換算労働時間：全階層農家および平均農家（都府県），1957-97年

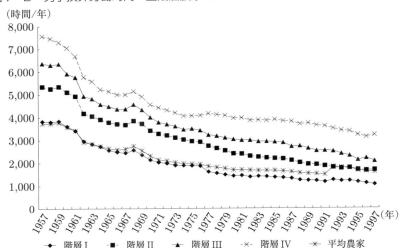

で進行した。このことは，農業機械産業部門における急速な技術変化によってもたらされた農業機械の相対価格の急速な低下によって可能になったのである。この農業機械化は，1957-75年のおよそ20年間において，農業部門から非農業部門への労働移動を加速するという重要な役割を果たしたのである。

　しかしながら，1973年に第1次「石油危機」を経験して以降，非農業部門の成長率は，その前の20年間，すなわち，1953-73年に経験した高度な成長率に比べて，大幅に低下した。このことは，1970年代半ば以降20世紀末まで，農業部門から非農業部門への労働吸収力が弱まったことを意味した。図7-2はこのような現象をはっきりと示している。しかしながら，1976-97年においては，階層農家が異なれば労働投入の減少の程度にいくつかの違いが見られた。階層農家I，II，およびIIIは，1976-97年においては似たり寄ったりの減少傾向を持っていたが，階層農家IVは，同期間において，他の3階層農家に比べて，いくぶん緩やかな減少傾向を持っていたことが観てとれる。

　実質総収益および労働投入の動向を反映して，図7-3は全4階層農家の労働生産性の変化に関する興味深い動向を提供している。ここで，われわれは異なる3期間，1957-75，1976-97，および1957-97年における，全4階層

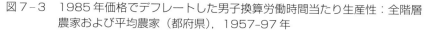

図7-3 1985年価格でデフレートした男子換算労働時間当たり生産性：全階層農家および平均農家（都府県），1957-97年

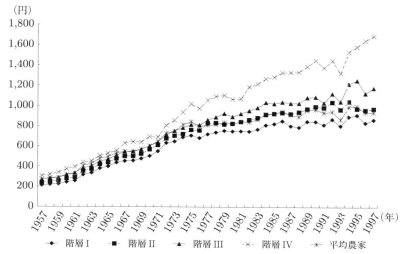

農家の労働生産性の年平均成長率を推計した。その結果は表7-1に示されている。図7-3および 表7-1よりいくつかの興味深いファインディングズが浮かび上がってくる。第1に，図7-1および 図7-2の観察から期待した通り，表7-1は，1957-75年において，全4階層農家の労働生産性はかなり高い成長率で伸びていたことを示している。つまり，これらの全4階層農家I，II，III，およびIVにおいて，労働生産性の年平均成長率は，それぞれ，7.07，6.75，6.35，および6.43％であった。ところが，1976-97年においては，それぞれ，1.03，1.19，1.61，および2.29％であり，前期に比べて大幅に下落した。第2に，前期の1957-75年においては，労働生産性の年平均成長率は，異なる階層間でそれほど大きな差は見られなかったが 強いて言えば，相対的に小規模階層農家の方が相対的に大規模階層農家に比べて，いくらか高い成長率を示した。しかしながら，後期の1976-97年になると，相対的に大規模階層農家の方が，相対的に小規模階層農家に比べて，いくらかより高い労働生産性の成長率を示したことが観察できる。最後に，われわれは労働生産性の動向に関して，少なくとも，1つの積極的な側面を見ることが

表7-1　全4階層農家の各期間の労働生産性年平均成長率：都府県，1957-75，
　　　　1976-97，および1957-97年

期間	階層農家 I	階層農家 II	階層農家 III	階層農家 IV
1957–75	7.07	6.75	6.35	6.43
	(27.9)	(30.2)	(40.0)	(41.4)
1976–97	1.03	1.19	1.61	2.29
	(8.4)	(9.6)	(11.9)	(16.6)
1957–97	3.42	3.52	3.62	4.10
	(13.9)	(15.5)	(18.7)	(23.8)

注1：個々の階層農家の年平均成長率は以下の回帰式を推計することによって
　　求めた。$\ln y = a + gt$. ここで，y は労働生産性，t は時間（年），そし
　　て a および g は推計されるパラメータである。この式の推計後，g に100
　　を乗じて成長率（g）を％で表現できるようにした。
　2：（　）内の数値は，推計された t-値である。すべての推計値は1％を超え
　　る水準で統計的に有意である。

できる。つまり，小さな数値ではあるが，全4階層農家は，1970年代に直面
した2度の「石油危機」の後でさえ，労働生産性の上昇傾向を経験した，と
いうことである。

　以上で，われわれは研究の背景となる情報として重要な経済指標の動向を
実際の統計によって観察した。次節では，それらの観察から得られたファイ
ンディングズを研究の動機として，伝統的なソロー流成長会計法よりも豊富
な情報を手に入れるため，本章独自の新しい要因分解分析モデルを構築する
ことにしたい。本章で提唱するその新モデルは，労働生産性成長率の急激な
経時的変化の要因のみでなく，異なる階層農家間の労働生産性成長率の差異
の要因についても，その定量的な説明に対して企業の理論を明示的に結合し
ようとするものである。

3　分析の枠組み

3.1　S-G型単一財トランスログTC関数アプローチ

　本節の主要な目的は，表7-1に示されているような1957–1997年におけ
る戦後日本農業における労働生産性成長率の大幅な低下の要因を定量的に分

析するためのモデルを展開することにある。この目的を遂行するため，ここで Solow（1957）の労働生産性成長会計モデルに別れを告げることにしたい。その代わりに，われわれは，労働生産性成長率を諸々の効果に要因分解するために，新古典派の費用関数による接近法を導入する。費用関数接近法を導入することの最も重要な利点は，生産関数の「デュアル」としての費用関数の推計は「プライマル」の生産関数を推計することより計量経済学的に適切である，ということである。それはなぜかと言うと，費用関数の右辺の説明変数はすべて外生変数であるために，同時推計問題を避けて通ることができるからである。さらに，費用関数による接近は，生産構造の多岐にわたる特徴を検証するときに利用される種々のパラメータを推計する際に，生産関数による接近よりもはるかに便利である（Christensen and Greene. 1976; Berndt and Khaled, 1979）。

　ここで，農企業は新古典派的正規条件を満たしている生産関数を持っているものと仮定する。加えて，投入要素価格はそれぞれの競争的市場において外生的に決定され，農企業は総費用を最小化する水準で投入要素を使用しており，技術変化は存在すると仮定する。すると，われわれは生産関数の「デュアル」としての費用関数を定義することができる（Diewert, 1974）。

　さて，総費用関数は以下の（7.1）式で表現される。

$$C = G(Q, \mathbf{P}, t, \mathbf{D}). \tag{7.1}$$

ここで，Q は集計された単一財，C は最小化された総費用（$= \sum_i P_i X_i$, $i = L, M, I, B, O$），$\mathbf{P}$ および $\mathbf{X}$ は投入生産要素およびその価格ベクトルであり，それらは，労働（P_L および X_L），機械（P_M および X_M），中間投入要素（P_I および X_I），土地（P_B および X_B），およびその他投入要素（P_O および X_O）から成っている。t は技術変化の代理変数としての時間指数であり，$\mathbf{D}$ は，期間に関するダミー（D_p），階層農家ダミー（$D_s, s = II, III, IV$），および気象ダミー（D_w）から成っている。われわれの S-G 型モデルによる実証分析は，通常型トランスログ TC 関数モデルに比べて重要な利点を持っている[4]。

　Stevenson（1980）および Greene（1983）に従い，計量経済学的推計法に

多少の修正を施して，以下の (7.2) 式のように特定化した単一財トランスログ TC 関数を導入する。

$$\ln C = \alpha_0^t + \alpha_Q^t \ln Q + \sum_i \beta_i^t \ln P_i$$

$$+ \sigma_p D_p + \sum_s \sigma_s D_s + \sigma_w D_w$$

$$+ \frac{1}{2} \sum_i \sum_j \gamma_{ij}^t \ln P_i \ln P_j$$

$$+ \sum_i \delta_{Qi}^t \ln Q \ln P_i, \tag{7.2}$$

$$i, j = L, M, I, B, O,$$

ここで，「ln」は自然対数を示している。ダミー変数のパラメータを除いて，すべてのパラメータは時間とともに対数的に変動するものと仮定している。

$$\alpha_o^t = \alpha_0 + \alpha_0^{'} \ln t,$$

$$\alpha_Q^t = \alpha_Q + \alpha_Q^{'} \ln t,$$

$$\beta_i^t = \beta_i + \beta_i^{'} \ln t,$$

$$\gamma_{QQ}^t = \gamma_{QQ} + \gamma_{QQ}^{'} \ln t,$$

$$\gamma_{ij}^t = \gamma_{ij} + \gamma_{ij}^{'} \ln t,$$

$$\delta_{Qi}^t = \delta_{Qi} + \delta_{Qi}^{'} \ln t, \tag{7.3}$$

$$i, j = L, M, I, B, O.$$

　このように特定化すると，ダミー変数以外のトランスログ TC 関数のすべての係数が時間の「非中立的」効果を持つことを可能にすることができるし，したがって，生産構造のすべての特徴が時間とともに変化することを仮定す

---

4)　われわれは，すでに第1章において，S-G 型モデルの利点については説明した。さらに，S-G 型多財トランスログ TC 関数の方が，S-G 型単一財トランスログ TC 関数モデルよりも，諸々の経済指標の推計において，より信頼性も高く頑健な推計結果を提供してくれることも確認した。しかしながら，労働生産性の定義 Q/X_L のために，本章では S-G 型単一財トランスログ TC 関数モデルを用いざるを得なかった。

ることができる。Stevenson（1980）および Greene（1983）は，もともと，パラメータが時間とともに線形変化をするものと仮定した。しかし，この仮定を長期の時系列データに当てはめるのは適切ではない。なぜなら，そのような場合，非中立的時間効果が異常に大きくなる可能性があるからである。このために，本章では対数線形効果を仮定したわけである。

上記のように特定化したS-G型単一財トランスログ TC 関数は2回微分可能であると仮定され，したがって，この関数の投入要素価格に関するヘッシアンは対称的である。このことは以下の（7.4）式で与えられるような対称性制約を意味する。

$$\gamma_{ij} = \gamma_{ji}, \quad \gamma'_{ij} = \gamma'_{ji}, \quad i \neq j, \quad i,j = L,M,I,B,O. \tag{7.4}$$

Shephard（1953）の補題をトランスログ TC 関数（7.2）に適用し，かつ，農企業が投入要素価格を所与のものとして受け取るものと仮定すると，以下の費用－総費用比率関数（7.5）が導出される。

$$S_i = \beta_i + \sum_j \gamma_{ij} \ln P_j + \delta_{Qi} \ln Q + \beta'_i \ln t + \sum_j \gamma'_{ij} \ln t \ln P_j + \delta'_{Qi} \ln t \ln Q, \tag{7.5}$$

$$i,j = L,M,I,B,O,$$

ここで，

$$S_i = \frac{\partial C}{\partial P_i}\frac{P_i}{C} = \frac{\partial \ln C}{\partial \ln P_i}, \quad i = L,M,I,B,O.$$

トランスログ TC 関数は利潤最大化条件に沿って，内生変数である生産量（Q）の最適量の選択を可能にするような追加的方程式（7.6）式を導出できる（Fuss and Waverman, 1981, pp. 273–313）。

$$R_Q = \frac{\partial C}{\partial Q}\frac{Q}{C} = \frac{\partial \ln C}{\partial \ln Q}$$

$$= \alpha_Q + \sum_i \delta_{Qi} \ln P_i + \alpha'_Q \ln t + \sum_i \delta'_{Qi} \ln t \ln P_i, \tag{7.6}$$

$$i,j = L,M,I,B,O.$$

しかしながら，ここでわれわれは，集計生産物（Q）の価格は政府または他のものにより何らかの形で支持されてきた結果，生産物価格（P_Q）は競争的市場における均衡価格ではない，ということを銘記しておく必要がある。この価格は，均衡価格とは違って，市場一掃価格と補助金の合計額と考えられる。われわれはこの価格を集計生産物（Q）の「実効価格」と呼ぶことにする。したがって，われわれはここでは，農企業は生産物限界収入，つまり，「実効価格」を限界費用に等しくすることによって利潤最大化を行なうと仮定することになる。

　方程式体系への収益－総費用比率方程式（R_Q）の追加導入は，一般的に，収益－総費用比率方程式によってもたらされる追加的な情報によって，特に，生産物関連変数の係数のより効率的な推計結果をもたらす利点を持っている[5]。

　ところで，いかなる TC 関数も投入要素価格に関して一次同次である。このことは，S-G 型トランスログ TC 関数（7.2）式のパラメータに関して以下の（7.7）および（7.8）式で与えられるような制約式を要求する。

$$\sum_i \beta_i = 1, \quad \sum_i \delta_{ij} = \sum_j \gamma_{ij} = 0, \quad \sum_i \delta_{Qi} = 0, \tag{7.7}$$

$$\sum_i \beta_i^{'} = 0, \quad \sum_i \delta_{ij}^{'} = \sum_j \delta_{ij}^{'} = 0, \quad \sum_i \delta_{Qi}^{'} = 0, \tag{7.8}$$

$$i, j = L, M, I, B, O.$$

本質的には，これらと同じ制約式が投入要素費用－総費用比率の「足し上げ」（Adding-up）条件からも得られる。トランスログ TC 関数（7.2）式は相似性および時間指数 t に関してヒックス「中立性」が「あらかじめ」課されていないという意味で一般的な形を保持している。その代わりに，これらの制約式は，仮説として，このモデルの推計の過程で統計的に検定される。

---

5)　収益－総費用比率方程式の回帰方程式体系への追加的導入に関する詳細な議論については，Ray（1982）および Capalbo（1988）を参照していただきたい。

3.2　労働生産性成長率の諸貢献要因への分解分析

さて，労働生産性成長率に対する諸貢献要因への分解に関して新しい手法を提唱することにしよう。先に述べたように，Solow（1957）によってなされた先駆的研究は，ヒックス「中立性」および相似性のような厳しい仮定の下に提唱されたものであり，したがって，ソローは生産技術の「非中立的」技術変化および非相似的特質によってもたらされるバイアスの効果を把握することができなかった。よく知られているように，ソローモデルは，ただ，労働生産性成長率が資本集約度の成長率と「残差」としての技術変化率の和に要因分解することができるというだけで，それ以上の何ものでもない。したがって，われわれは，本章において，S-G 型トランスログ TC 関数モデルに基づいて労働生産性成長率の要因分解分析のより包括的なモデルを展開することにしたい。また，われわれはいかなる投入要素の生産性成長率の要因分解分析も同様の方法を用いて行なうことができるので，ここでは一般的な方法を展開することにする。

まず最初に，i 番目の投入要素生産性（Q/X_i, $i = L, M, I, B, O$）の成長率は以下の（7.9）式のように表現される。

$$
\begin{aligned}
\frac{d\ln(Q/X_i)}{dt} &= \frac{d\ln Q}{dt} - \frac{d\ln X_i}{dt} \\
&= G(Q) - \frac{d\ln X_i}{dt},
\end{aligned}
\tag{7.9}
$$

ここで，$G(\cdot)$ は成長率を意味する。

次に，i 番目の費用最小化を達成する投入要素に対する需要は，以下の関数で与えられる。

$$
X_i = X_i(Q, \mathbf{P}, t, \mathbf{D}), \qquad i = L, M, I, B, O.
$$

この関数の両辺を時間 t に関して全微分し，両辺を X_i で除し，各項を並べ替えると，以下の（7.10）式を得ることができる。

$$
\frac{d\ln X_i}{dt} = \frac{\partial\ln X_i}{\partial\ln Q}G(Q) + \sum_k \frac{\partial\ln X_i}{\partial\ln P_k}G(P_k) + \frac{\partial\ln X_i}{\partial t}.
\tag{7.10}
$$

$$
i, k = L, M, I, B, O.
$$

(7.5) 式で与えられる投入要素費用—総費用比率方程式は，もともと以下の (7.11) 式によって与えられたものである。

$$S_i = \frac{P_i X_i}{C} = \frac{\partial C}{\partial P_i}\frac{P_i}{C} = \frac{\partial \ln C}{\partial \ln P_i}, \tag{7.11}$$

方程式 (7.11) の第1式の両辺の自然対数をとり，各項をアレンジし直すと，以下の関係式を導き出すことができる。

$$\ln X_i = \ln C + \ln S_i - \ln P_i.$$

この方程式を用いて，以下の (7.12) および (7.13) 式を導出することができる[6]。

$$\frac{\partial \ln X_i}{\partial \ln Q} = \frac{\partial \ln C}{\partial \ln Q} + \frac{\partial \ln S_i}{\partial \ln Q} = \varepsilon_{CQ} + \frac{1}{S_i}\frac{\partial S_i}{\partial \ln Q}, \tag{7.12}$$

$$\frac{\partial \ln X_i}{\partial t} = \lambda + \frac{1}{S_i}\frac{\partial S_i}{\partial t}, \tag{7.13}$$

ここで，$\varepsilon_{CQ}\left(= (\partial C/\partial Q)(Q/C)\right)$ は費用—生産量弾力性（略して「費用弾力性」）と定義され，さらに，$\lambda = \partial \ln C/\partial t = G(C)$ は，技術変化あるいは技術変化による「デュアル」の費用減少率と定義される。これらは，本章のS-G型モデルに基づいてそれぞれ以下の (7.14) および (7.15) 式のように定義される。

$$\varepsilon_{CQ} = \frac{\partial C}{\partial Q}\frac{Q}{C} = \frac{\partial \ln C}{\partial \ln Q}$$

$$= \alpha_Q + \sum_i \delta_{Qi} \ln P_i + \delta_Q \ln Q + \alpha'_Q \ln t + \sum_i \delta'_{Qi} \ln t \ln P_i + \delta'_{Qt} \ln t \ln Q, \tag{7.14}$$

$$i, j = L, M, I, B, O,$$

および，

$$\lambda = -\left(\frac{\partial \ln C}{\partial \ln t}\right)/t$$

---

6) われわれは，以下の (7.12) および (7.13) 式において，投入要素価格（P_i）は，技術変化の代理変数としての t の関数ではないことを仮定している。

$$= -\left(\alpha_0' + \sum_i \beta_i' \ln P_i + \frac{1}{2}\sum_i \sum_j \gamma_{ij}' \ln P_i \ln P_j + \sum_i \delta_{Qi}' \ln Q \ln P_i\right)/t,$$

$$\tag{7.15}$$

$$i, j = L, M, I, B, O.$$

ここで，(7.12) 式の第 2 項は，i 番目の投入要素に対する需要への生産量の「非相似性効果」を測っている。もし (7.2) 式で与えられる S-G 型トランスログ TC 関数が相似的であれば，つまり，投入要素費用－総費月比率への生産量変動の効果がないものとすれば，すべての投入要素 $i\,(= L, M, I, B, O)$ に対して $\delta_{Qi}^t = 0$，したがって，「非相似性効果」は消滅する。一方，(7.13) 式の第 2 項は i 番目の投入要素に対する需要への技術変化バイアスの効果を測っている[7]。もし技術変化がヒックス「中立的」であれば，すべての投入要素 $i\,(= L, M, I, B, O)$ に対して $\partial S_i/\partial t = 0$ となり，(7.13) 式の第 2 項は消滅する。

さて，(7.12) および (7.13) 式を (7.10) 式に代入して整理し直し，その方程式を (7.9) 式に代入して整理し直すと，われわれは最終的には以下の (7.16) 式を得ることができる。この式は，i 番目の投入要素生産性の成長率を種々の効果に分解することができることを示している。

$$G\left(\frac{Q}{X_i}\right) = \left[\left(-\sum_j \varepsilon_{ij} G(P_j)\right) - \left(\frac{1}{S_i}\frac{\partial S_i}{\partial \ln Q} G(Q) + \frac{\bar{\ }}{S_i}\frac{\partial S_i}{\partial t}\right)\right.$$

$$\left.+ \left((1 - \varepsilon_{CQ})G(Q) + (-\lambda)\right)\right],$$

$$\tag{7.16}$$

$$i, j = L, M, I, B, O,$$

ここで，ε_{ij} は投入要素 $(i, j = L, M, I, B, O)$ に対する需要の価格弾力性である。それらは S-G 型単一財トランスログ TC 関数 (7.2) 式の推計パラメータを用いて推計することができる（Berndt and Christensen, 1973 を参照していただきたい）。

$$\varepsilon_{ij} = S_i \sigma_{ij}^A, \quad i, j = L, M, I, B, O,$$

$$\tag{7.17}$$

---

7)　技術変化バイアスの導出と説明は，Binswanger (1974) および Antle and Capalbo (1988) によって十分に展開されている。

$$\sigma_{ij}^A = \frac{\gamma_{ij}^t + S_i S_j}{S_i S_j}, \quad i \neq j, \quad i,j = L, M, I, B, O, \tag{7.18}$$

$$\sigma_{ii}^A = \frac{\gamma_{ii}^t + S_i^2 - S_i}{S_i^2}, \quad i = L, M, I, B, O, \tag{7.19}$$

ここで，$\sigma_{ij}^A \ (i,j = L, M, I, B, O)$ は Allen（1938）の「偏」代替弾力性（AES）である[8]。

まず最初に，（7.16）式の第1項の最初の要素は，相対的投入要素価格の変化による「代替効果」である。われわれはこの効果を「価格効果」と呼ぶ。第1項の2番目の要素は2つの効果から成っている。最初の効果は，生産量水準の変化による「バイアス効果」である。われわれはこれを「非相似性効果」と定義する[9]。第2の効果は，技術変化の「純」バイアス効果である。Antle and Capalbo（1988）はこれら2つの効果の和を技術変化の「ヒックスバイアス効果」と定義する。本章においては，これら3つの効果，つまり，(i)「価格効果」，(ii)「非相似性効果」，および (iii)「純」バイアス効果の和を「総代替効果」と呼ぶことにする。「ヒックスバイアス効果」の最後の2つの効果は，本章のトランスログTC関数（7.2）式の推計パラメータを用いて以下のように簡単に推計できる。「非相似性効果」は以下の（7.20）式を用いて推計できる。

$$\frac{1}{S_i} \frac{\partial S_i}{\partial \ln Q} = \frac{\delta_{Qi}^t}{S_i}, \quad i = L, M, I, B, O, \tag{7.20}$$

---

8) Blackorby and Russell（1989）および Chambers（1988）は，森嶋（1967）および McFadden（1963）の代替弾力性（MES および SES）はより精緻に定義されており経済的にも意味のあるものであると主張している。これらの詳細に関する議論は本書第2章で簡潔に要約されている。かくして，われわれは AES に加えて，MES および SES も推計した。労働に関わる代替の弾力性のみを表7–5に示している。推計に用いられた公式は以下に与えておくことにしよう。MES に関しては $\sigma_{ij}^M = S_j(\sigma_{ij}^A - \sigma_{jj}^A) = \varepsilon_{ij} - \varepsilon_{jj}$，そして，SES に関しては $\sigma_{ij}^S = (S_i/(S_i + S_j))\sigma_{ij}^M + (S_j/(S_i + S_j))\sigma_{ji}^M$ である。ここで，SES は相対的な投入要素費用–総費用比率をウェイトとする2つの MES の加重平均であることを再確認しておいていただきたい。

9) Antle and Capalbo（1988）はこの効果を「規模効果」と定義している。しかしながら，われわれはこのパラグラフのすぐ後で，「TFP 効果」の一部として「規模の経済性効果」という用語を用いるので，ここでは，混乱を避けるために，「非相似性効果」という用語を用いることにした。

さらに,「純」バイアス効果は以下の (7.21) 式によって求めることができる。

$$\frac{1}{S_i}\frac{\partial S_i}{\partial t} = \frac{1}{S_i \cdot t}\left(\alpha_i' + \sum_j \gamma_{ij}' \ln P_j + \delta_{Qi}' \ln Q\right), \ i,j = L,M,I,B,O.$$

(7.21)

次に,(7.16) 式の第2項の第1要素の $(1-\varepsilon_{CQ})$ は,よく知られているように,規模の経済性の測度である (Christensen and Greene, 1976)。さらに,第2の要素は「デュアル」の技術変化率である。Denny, Fuss, and Waverman (1981) は,もし生産構造が規模に関して収穫一定でなければ,TFP 成長率,つまり,$G(TFP)$ は,「規模の経済性効果」($(1-\varepsilon_{CQ})G(Q)$) と「技術変化効果」($-\lambda$) に分解されることを証明した[10]。かくして,(7.16) 式の第2項は $G(TFP)$ とまったく同値である。われわれが今やらねばならないことは,$(1-\varepsilon_{CQ})$,$(-\lambda)$,および $G(Q)$ を推計することである[11]。本章の第1節で述べたように,ソローによる伝統的な成長会計法は,i 番目の生産性の成長率が,(i) ヒックス「中立性」,(ii) CRTS,(iii) 生産者均衡,および (iv) 非内生的技術変化という厳しい仮定の下では,投入要素集約忹の成長率と TFP に分解することができるということを示唆している。かくして,われわれは,本章の (7.16) 式の第1項は,伝統的手法の前者と対応しており,第2項は伝統的手法の後者に対応していると主張できる。

本章においてこれまでの伝統的な手法と異なる点は,伝統的な成長会計分析モデルにおける上記の2つの仮定,つまり,(i) ヒックス「中立性」および (ii) CRTS が満たされないような状態の下で,投入要素集約度および TFP の成長率を説明する経済要因を把握することにおいて (7.16) 式が重要な役

---

10) 「デュアル」の技術変化率(λ)は,原則として,負である総費用の減少率である。したがって,λ にはその率の値を正にするために -1 を乗じた。

11) 実際のところ,「技術変化効果」($-\lambda$)は,(7.16) 式において「残差」として推計することができる。しかしながら,もしわれわれがそのような手法を適用すれば,その「残差」は,S-G 型トランスログ TC 関数 (7.2) 式から得られる,ε_{CQ},ε_{ij} やその他のパラメータの推計誤差を含む可能性が強い。したがって,われわれは,S-G 型トランスログ TC 関数 (7.2) 式の推計パラメータを用いて $-\lambda$ をパラメトリックに推計する。言うまでもなく,この方法で推計された $-\lambda$ は,農企業による費用最小化の仮定の下での「技術変化効果」を与えてくれる。

割を果たすということである。実際のところ，このような状態は現実の経済ではきわめて頻繁に観察される。言い換えれば，(7.16) 式は，「総代替効果」の 3 つの要素が投入要素の集約度の成長率にいかなる効果を与えるのかということだけでなく，「規模の経済性効果」および「技術変化効果」が TFP 成長率にいかなる効果をもたらすのかという実証的問題に対して定量的な情報を提供する，という重要な役割を果たすのである。

　したがって，戦後日本農業，特に，1957–97 年における労働生産性成長率に対して，これらの要因がいかなる貢献を果たしたのかという結果に関する信頼のおける定量的情報を得ることは，農業経済学者のみならず農業政策担当者にとってもきわめて重要かつ興味深い課題である。

　ここで，以下の点について注意を喚起しておきたい。つまり，もし生産技術が CRTS（その場合には，生産技術は相似的である）であり，かつ，ヒックス「中立的」であるとしよう。すると，$\partial S_i / \partial \ln Q = 0, \partial S_i / \partial t = 0$，さらに $(1 - \varepsilon_{CQ}) = 0$ である。このことは，(7.16) 式より得られる i 番目の投入要素生産性は，投入要素価格変化のみによる「代替効果」と「技術変化効果」によって説明される。したがって，もしわれわれが，それらの妥当性を検証することもなく，「事前に」，生産技術が CRTS および ヒックス「中立的」であると仮定するならば，投入要素価格変化のみに基づく「代替効果」と「技術変化効果」を過大（または，過小）に推計してしまうことになる可能性が高いので，われわれはバイアスを持った結果に導かれてしまう可能性がきわめて高い。

　したがって，S-G 型単一財トランスログ TC 関数 (7.2) 式の統計的推計の過程で以下の 3 本の基本的な帰無仮説を検定する。それらは，(i) S-G 型モデルの妥当性（これは，技術変化はまったくなしという帰無仮説を検定することと同値である），(ii) CRTS，および (iii) ヒックス「中立的」技術変化である。帰無仮説 (i) に対しては，その帰無仮説，$H_0 : \alpha_0' = \alpha_Q' = \beta_i' = \gamma_{ij}' = \delta_{Qi}' = 0$ を検定する。帰無仮説 (ii) に対しては，その帰無仮説，$H_0 : \alpha_Q = 1, \alpha_Q' = 0, \gamma_{QQ} = \gamma_{QQ}' = 0, \delta_{Qi} = \delta_{Qi}' = 0$ を検定する。そして，帰無仮説 (iii) に対しては，その帰無仮説，$\alpha_i' = \gamma_{ij}' = \delta_{Qi}' = 0$ を検定する[12]。

4　データおよび推計方法

　S-G型単一財トランスログTC関数モデルの推計に必要なデータは，総費用（C），収益—総費用比率（R_Q）および 生産量（Q），5個の生産要素費用—総費用比率（$S_i, i = L, M, I, B, O$），5個の生産要素の価格と数量，つまり，労働（P_L および X_L），機械（P_M および X_M），中間投入要素（P_I および X_I），土地（P_B および X_B），および その他投入要素（P_O および X_O），さらに，技術変化の代理変数としての時間変数 t である。期間ダミー（D_p），農家規模ダミー（$D_s, s = II, III, IV$），および気象ダミー（D_w）も導入された。これらのデータ資料および変数の定義の詳しい説明は付録A.1において明確かつ十分に説明されている。

　(7.1) 式のTC関数の右辺の生産量（Q）は，数学的には外生変数として扱われるが，それは一般的に言って，内生的に決定されるので，同時方程式推計法が方程式体系の推計に用いられる。この方程式体系は，(7.2) 式で与えられるトランスログTC関数，(7.3) で与えられる5本の要素費用—総費用比率方程式，および (7.4) 式で与えられる収益比率方程式から構成されている。ここで，注意すべきポイントは，推計モデルは，7本の方程式と7個の内生変数によって構成されているという点である。したがって，FIML法が用いられる。

　われわれは，「事前に」対称性制約[13]，および (7.4) 式で与えられる線形同次性制約を，トランスログTC関数 (7.2) 式，(7.5) 式で与えられる投入要素費用—総費用比率方程式，および (7.6) 式で与えられる収益—総費用比率方程式に課すこととする。このことによって，5本の投入要素費用—総費用比率方程式の中から1本の投入要素費用—総費用比率方程式を適当に除外することが可能になる。本章では，その他投入要素費用—総費用比率方程式

---

12)　実際には，戦後日本農業の生産構造に関する11本の帰無仮説が本書の第1章ですでに統計的に検定されているので，それらを参照していただきたい。

13)　同値性を課すということは，費用最小化仮定が組み込まれていることを意味する。この費用最小化行動を組み込んだ維持仮説（Maintained hypothesis）は統計的帰無仮説として明示的に検定することができる（Christensen, Jorgenson, and Lau. 1973）。

を除外した。この方程式の係数の推計値は，上記の方程式体系が推計された後，線形同次制約のパラメータ関係式を用いて簡単に推計することができる。

5　実証結果

5.1　S-G 型単一財トランスログ TC 関数の推計

　方程式体系のパラメータの推計結果と統計的有意性の程度を表す P-値を表 7-2 に示す。推定の仮定で，ダミー変数のすべての係数，σ_p, σ_s ($s = II, III, IV$)，および σ_w は，統計的に 10% 水準を超えるような有意水準を持つ係数は存在しなかった。そこで，われわれはこれらのダミー変数を方程式体系から取り除くことにした[14]。

　表 7-2 に見られるように，時間効果なしの係数（表 7-2 の左欄の係数を指す）のうちのいくつかを除いて，ほとんどすべての係数は少なくとも 10% 水準を上回る統計的有意性を示している。一方，対数時間変数に関する係数（表 7-2 の右欄の係数を指す）のうち多くの係数が統計的に有意ではないが，われわれは，ダミー変数の場合のようにはこれらの変数を体系の推計から除外するという方法はとらなかった。また，α' および β' のような技術変化バイアスに関係する係数は，β'_I および β'_O を例外として，統計的に有意であった。次に，回帰の当てはまりの良さを測る統計量は，中間投入要素費用―総費用比率方程式の R^2 が 0.528 でありその他の方程式の R^2 に比べて少し低いけれども，モデル全体で見ればかなり良いものであった[15]。加えて，表 7-2

---

14)　本章で用いられたものと同じデータを用いて通常型トランスログ TC 関数を推計すると，すべてのダミー変数の係数は統計的に有意であった（Kuroda, 2008a, 2008b, 2008c, 2009c）。このことはトランスログ TC 関数の特定化に関して新しい問題を提起することになる。この問題は真摯にとらえ適当な方法で解決されるべきである。

15)　さらに，第 1 章においても遂行したように，われわれは，通常型および S-G 型モデルのそれぞれの費用関数，5 本の投入要素費用―総費用比率方程式および 2 本の収益―総費用比率方程式に対して，共和分関係を検定した。本研究におけるようなパネルデータの検定法に関しては，Banerjee（1999）を参照していただきたい。各々の回帰からの残差を用いて，拡張された Dicky-Fuller（1981）検定を遂行した。その結果は，両方のモデルについて，各々の方程式に対して共和分が存在した。このことは，いずれの方程式についても，長期の関係は経済的に意味があるということを示唆している。

表7-2　S-G型単一財トランスログTC関数のパラメータ推計値：都府県，
　　　　1957-97年

パラメータ	係数	P-値	パラメータ	係数	P-値
α_0	0.065	0.010	α'_0	-0.146	0.000
α_Q	0.978	0.000	α'_Q	-0.051	0.000
β_L	0.472	0.000	β'_L	-0.100	0.000
β_M	0.146	0.000	β'_M	0.054	0.000
β_I	0.211	0.000	β'_I	0.024	0.14_
β_B	0.087	0.000	β'_B	0.014	0.09_
β_O	0.085	0.000	β'_O	0.007	0.346
γ_{QQ}	0.063	0.033	γ'_{QQ}	-0.003	0.902
γ_{LL}	0.109	0.000	γ'_{LL}	-0.050	0.000
γ_{MM}	0.093	0.004	γ'_{MM}	-0.077	0.117
γ_{II}	0.146	0.000	γ'_{II}	-0.033	0.500
γ_{BB}	0.070	0.000	γ'_{BB}	-0.006	0.621
γ_{OO}	0.012	0.185	γ'_{OO}	0.015	0.250
γ_{LM}	-0.046	0.033	γ'_{LM}	0.036	0.020
γ_{LI}	0.005	0.773	γ'_{LI}	-0.009	0.539
γ_{LB}	-0.065	0.000	γ'_{LB}	0.023	0.053
γ_{LO}	-0.003	0.739	γ'_{LO}	0.001	0.929
γ_{MI}	-0.099	0.001	γ'_{MI}	0.048	0.314
γ_{MB}	0.015	0.131	γ'_{MB}	-0.001	0.887
γ_{MO}	0.038	0.004	γ'_{MO}	-0.006	0.724
γ_{IB}	-0.012	0.167	γ'_{IB}	-0.007	0.527
γ_{IO}	-0.040	0.000	γ'_{IO}	0.0002	0.991
γ_{BO}	-0.007	0.111	γ'_{BO}	-0.009	0.045
δ_{QL}	-0.060	0.000	δ'_{QL}	0.007	0.487
δ_{QM}	0.029	0.001	δ'_{QM}	-0.028	0.000
δ_{QI}	0.004	0.949	δ'_{QI}	0.020	0.007
δ_{QB}	0.021	0.000	δ'_{QB}	-0.006	0.181
δ_{QO}	0.010	0.008	δ'_{QO}	0.007	0.009

推計方程式	R^2	S.E.R.
費用関数	0.977	0.108
労働費用－総費用比率方程式	0.861	0.018
機械費用－総費用比率方程式	0.733	0.017
中間投入要素費用－総費用比率方程式	0.528	0.017
土地費用－総費用比率方程式	0.882	0.008
収益－総費用比率方程式	0.708	0.074

注1：推計には対称性および投入要素価格に関する一次同次性制約を課した。
　　2：S.E.R. は回帰の標準誤差を示す。
　　3：係数値の統計的有意性の検定には，t-値ではなくてP-値を用いること
　　　にした。なぜなら，後者は確率の大きさで直接的に統計的有意性の程
　　　度を与えてくれるからである。

のパラメータ推定値に基づいて，投入要素価格に関して，単調性および凹性条件をすべての標本についてチェックした。推計された生産量および投入量に対する費用—総費用比率は正であったので，生産技術は単調性を満たしている。投入要素価格に関する凹性条件についても，ヘッセ行列の対角要素の固有値がすべてのサンプルに対して負であったので，満たされた。このことは，推計される価格弾力性はすべて負であることを意味している[16]。

　これらの結果は，推計された S-G 型単一財トランスログ TC 関数は曲線条件を満たす真のデータの 2 次近似を表していることを示唆している。したがって，表 7-2 の推計されたパラメータは，信頼できるものであり，以下の節におけるさらなる分析に利用される。この結果に基づいて，第 3 節で説明した 3 本の帰無仮説を Wald 検定法によって検定した。その検定結果を示す統計は表 7-3 に示されている。いくつかの興味深いファインディングズについて以下で評価することにしよう。

5.2　3本の帰無仮説の検定結果

　第 1 に，表 7-3 によると，S-G 型単一財トランスログ TC 関数モデルの妥当性に関わる帰無仮説の検定は 1% 水準を上回る有意性で強力に棄却された。このことは，その係数が時間とともに変化するという仮定を置く S-G 型単一財トランスログ TC 関数モデルの方が，その係数が時間とともに変化することはなく一定であると仮定している通常型単一財トランスログ TC 関数モデルよりも適切な分析枠組みであるということを示している。さらに，この結果は非技術変化という帰無仮説が棄却されたことをも意味している。換言すれば，この結果は，全研究期間 1957–97 年において，何らかの形で技術変化は存在したということを示唆している。

　第 2 に，CRTS 帰無仮説はいかなる統計的有意水準をもってしても完全に棄却された。この結果は，規模の経済性の指標である $RTS = 1 - \sum_i \varepsilon_{CQ_i}$ が近似点において 1.079 という 1.0 より大きな値を示し，かつ，その統計的

---

[16]　予測していた通り，表 7-4 に示されているように，推計された投入要素の自己価格需要弾力性は，近似点において，すべて（統計的に有意な）負の値であった。

表 7-3　農業生産技術構造に関する帰無仮説の検定：都府県，1957-97 年

帰無仮説	Wald 検定統計値	自由度	P-値
(1) S-G 型モデルの妥当性	252.0	20	0.000
(2) 収穫一定	886.4	1	0.000
(3) ヒックス中立性	50.8	5	0.000

注：S-G 型モデルの妥当性に関わる帰無仮説の検定は，本文中にも述
べたごとく，非技術変化帰無仮説の検定と同値である。

有意性を表す P-値が 0.000 であることから，日本農業には規模の経済性が存在したと解釈し得るということを意味している。

　第 3 に，表 7-3 は，ヒックス「中立性」帰無仮説が 1 ％の統計的有意水準をしのぐ水準で強力に棄却されたことを示している。このことは，戦後日本農業における技術変化は，いずれかの投入要素は「節約的」であり，いずれかの投入要素は「使用的」であったことを意味している。近似点で推計された「純」バイアスの値は，労働，機械，中間投入要素，土地，およびその他投入要素に対して，$-1.28(***)$, $1.29(***)$, $0.48(*)$, $0.70(**)$, および $0.36(x)$ であった。ここで，$(***)$, $(**)$, $(*)$ は，それぞれ，1，5，および 10 ％水準で統計的に有意であることを示しており，(x) は統計的に有意でないことを示している[17]。われわれは，これらの推計値から，戦後日本農業における技術変化は，ヒックスの意味で，労働―「節約的」であり，機械―，中間投入要素―，土地―，およびその他投入要素―「使用的」であったということを推測できる。

---

17)　これらの推計値は表 7-6 に示されている。ここで，以下の結果を銘記しておくことにしよう。われわれは，本章で使われたものとまったく同じデータを用いて通常型トランスログ TC 関数を推計した。その結果は，労働および機械に関するバイアスの推計値は統計的に有意ではあったが，中間投入要素，土地，および，その他投入要素に関するバイアスは統計的に有意ではなかった（Kuroda, 2008a, 2008b, 2008c）。このことは，本章での，S-G 型トランスログ TC 関数に基づくバイアスの推計値は，通常型トランスログ TC 関数の推計に基づくバイアスの推計値に比べて，少なくとも，中間投入要素と土地に関するバイアスの推計値は改良されたことを意味している。さらに，S-G 型多財トランスログ TC 関数モデルの推計パラメータを用いて推計した「純」バイアスの推計値は，推計値と符号は同じではあるが，すべての推計値は 1 ％水準を上回る統計的有意性を示した。

5.3　投入要素需要の自己および交叉価格弾力性

　まず最初に，われわれは（7.16）式の中の「価格効果」を推計するために労働需要の自己価格弾力性を推計する必要がある。しかしながら，われわれはその他の4個の投入要素（機械，中間投入要素，土地，およびその他投入要素）需要の自己価格弾力性の推計値も必要である。さらに，われわれは，労働に関わるその他の4個の投入要素需要の交叉価格弾力性の推計値も必要である。これらの労働需要の自己および交叉価格弾力性はすべて近似点で推計し，その結果は表7-4に示されている。表7-4によると，すべての投入要素需要の自己価格弾力性は負であり，5％水準を上回る統計的有意性を示している。このことは，凹性条件妥当性の帰無仮説の検定結果を考慮すれば当然の結果であると言える（表7-3参照）。以下において，この表から得られるいくつかの重要なファインディングズについて解説しておきたい。

　まず第1に，すべて5個の投入要素の自己価格弾力性は，絶対値で見て，1.0以下である。このことは，すべての投入要素の需要は，教科書的に表現すれば，非弾力的であるということを意味している。しかしながら，弾力性の数値をより注意深く見てみると，機械およびその他投入要素の需要はその他の3個の投入要素需要よりも相対的に弾力的であるであることがわかる。ここで，農業機械化が本章の研究期間1957–97年において急速に進展したことを思い出すことにしよう。このことは，農業者が機械に対する需要を増大させる強い誘因になったことを示している。さらに，その他投入要素が農用建物および構築物，大動物，および大植物で構成されていることも思い起こそう。したがって，われわれは，これらの投入要素で構成されているその他投入要素に対する需要が相対的により弾力的であるということは，増大した農機具の格納空間に対する必要性の増加，各種農機具および構築物や大動物飼育のための農用建物の増加，および果実や野菜の貯蔵および運搬のための倉庫等の構築物の拡大を反映したものであるという推測が全研究期間1957–97年を通じて可能である。

　一方，表7-4において，労働に関わる交叉価格弾力性は，統計的には有意ではないが負の労働－土地の交叉価格弾力性を例外として，すべて1.0より

表7-4　近似点での自己価格および交叉価格に関する投入要素需要弾力性：都府県，1957-97年

自己価格 弾力性 ε_{ii}	弾力性 （P-値）	交叉価格 弾力性 ε_{Lj} ε_{jL}	弾力性 （P-値）
ε_{LL}	-0.470 (0.000)	ε_{LM}	0.172 (0.001)
ε_{MM}	-0.719 (0.000)	ε_{ML}	0.321 (0.006)
ε_{II}	-0.281 (0.056)	ε_{LI}	0.224 (0.000)
ε_{BB}	-0.272 (0.086)	ε_{IL}	0.356 (0.000)
ε_{OO}	-0.617 (0.000)	ε_{LB}	-0.011 (0.786)
		ε_{BL}	-0.039 (0.784)
		ε_{LO}	0.085 (0.002)
		ε_{OL}	0.034 (0.020)

注1：弾力性の推計の詳細については，本書の第1章を参照していただきたい。
　2：$i = L, M, I, B, O$ および $j = M, I, B, O$ は，それぞれ，自己価格および交叉価格弾力性に対応している。
　3：t-値ではなくP-値を用いた。なぜなら，P-値はt-値に比べて，統計的有意性の確率の程度を直接的に与えてくれるので，よりわかりやすいからである。

小さいが正の値を示している。この結果は，労働（X_L）−機械（X_M），労働（X_L）−中間投入要素（X_I），および 労働（X_L）−その他投入要素（X_O）はすべて互いに代替財であることを意味している。

　加えて，労働生産性成長率の要因分解分析のための諸々の効果の推計には直接的には関係していないが，表7-5は労働関連の投入要素のみの間の代替の弾力性の3つの指標を示している。つまり，表7-4の需要の価格弾力性の推計の副産物として，近似点において推計したAES，MES，および

表7-5　近似点での労働投入要素関連の AES，MES，および SES の推計値：都府県，1957-97 年

σ_{Lj} σ_{jL}	AES （P-値）	MES （P-値）	SES （P-値）
σ_{LM}	0.863 (0.003)	0.892 (0.000)	0.857 (0.000)
σ_{ML}		0.791 (0.000)	
σ_{LI}	0.955 (0.000)	0.504 (0.000)	0.628 (0.000)
σ_{IL}		0.826 (0.000)	
σ_{LB}	-0.105 (0.784)	0.261 (0.159)	0.298 (0.083)
σ_{BL}		0.431 (0.000)	
σ_{LO}	0.922 (0.002)	0.701 (0.000)	0.724 (0.000)
σ_{OL}		0.813 (0.000)	

注 1：AES，MES，および SES はアレン，森嶋，および マクファデン（シャドウ）の代替の弾力性を表す。AES，MES，および SES の推計に関する詳細な説明は Kuroda and Kusakari（2009）において十分になされている。よく知られているように，AES と SES は対称的であるが，MES は非対称的である。
　　 2：本表に報告されている弾力性は，労働関連の代替弾力性であり，したがって，$j = M, I, B, O$ である。
　　 3：t-値ではなく P-値を用いた。なぜなら，P-値は t-値に比べて，統計的有意性の確率の程度を直接的に与えてくれるのでよりわかりやすいからである。

SES の推計値も示しておいた。表7-5を一覧して，われわれは，$X_L - X_M$，$X_L - X_I$，および $X_L - X_O$ は互いに代替財であり，その代替の程度は，AES，MES，および SES の間でかなり類似しているという推計結果を見てとることができる。このファインディングは，労働関連の機械，中間投入要素，その他投入要素需要の交叉価格弾力性の推計結果から得られたファインディングを支持している。しかしながら，幸運にも，われわれはもう1つの投入要素代替性の重要な特徴を発見することができた。つまり，σ_{LB} および σ_{BL}

のMES およびSES の推計値によれば，その他の場合に比べていささかその代替性は弱く，推計された弾性値も統計的にそれほど有意性が高いとは言えないものもあるが，労働と土地は互いに代替財であるということである。

5.4　技術変化の投入要素バイアス

S-G 型モデルは，トランスログTC 関数（7.2）式の変数の近似点で，技術変化の投入要素バイアスを容易に推計することができる。すべての投入要素バイアスの推計値は年当たり％で測られており，それらの推計値は表7-6 に示されている。以下，この表から得られるいくつかの興味深いファインディングズについて解説しておきたい。

第1に，表7-6 の第1欄に，「純」バイアス効果の程度が示されている。この表をよく見ると，労働，機械，中間投入要素，および土地は10％水準を凌ぐレベルで統計的に有意であるが，その他投入要素はいかなるレベルにおい

表7-6　近似点での技術変化バイアスの構成要素(%)：都府県，1957-97年

投入要素	「純」バイアス効果	「規模」バイアス効果	「総」バイアス効果
労働	−1.28***	−0.10***	−1.38***
	(92.8)	(7.2)	(100.0)
機械	1.29***	0.003	1.29***
	(100.0)	(0.0)	(100.0)
中間投入要素	0.48*	0.07***	0.55*
	(87.3)	(12.7)	(100.0)
土地	0.70**	0.11**	0.81**
	(86.4)	(13.6)	(100.0)
その他投入要素	0.36	0.13***	0.49
	(73.5)	(26.5)	(100.0)

注1：「純」バイアス効果，「規模」バイアス効果，および「総」バイアス効果は
　　　Antle and Capalbo（1988, Eq.（2-20），p. 41）によって展開された公式
　　　を用いて推計した。
　2：*，**，および*** は推計されたバイアス値が，10, 5, および1％水準で
　　　統計的に有意であることを意味する。
　3：（　）内の数値はパーセントで表された貢献度である。

ても統計的に有意ではない。

第2に，投入要素バイアスに関しては，労働−「節約的」であるが，機械−，中間投入要素−，および土地−「使用的」である。労働−「節約的」および機械−「使用的」バイアスの大きさ（それぞれ，−1.28および1.29％）は，絶対値で見ると，かなり大きい。一方，中間投入要素−「使用的」および土地−「使用的」バイアス（それぞれ，0.48および0.70％）もかなり大きいと言ってもよさそうな水準である。しかし，その他投入要素に関しては，そのバイアスの大きさは0.36％という正の値ではあるが，統計的には有意ではない。

第3に，機械−，中間投入要素−，および土地−「使用的」技術変化が同時並行的に起こったということは，Hayami and Ruttan（1971）が提唱したM-およびBC-技術革新が，日本農業における20世紀の最後の40年間に，同時に進行したということを示唆している。

第4に，非相似性（「規模」）バイアス効果は表7−6の第2欄に示されている。絶対値で見たこの効果の大きさは，全5個の投入要素の「純」バイアス効果の大きさに比べてはるかに小さい。機械は例外として，残り4個の投入要素の「規模」バイアス効果はすべて5％水準をしのぐ統計的有意水準を満たしている。「規模」バイアス効果の推計結果は，労働−「節約的」，機械−「中立的」，中間投入要素−，土地−，その他投入要素−「使用的」である。

最後に，「純」バイアス効果と「規模」バイアス効果の和としての「総」バイアス効果は表7−6の最後の欄に示されている。一般的に，「総」バイアス効果の大きさは絶対値で見ると，大きくなっている。それは，全5個の投入要素に対して2つの効果が同じ符号を持っているからであり，したがって，投入要素バイアスの方向も労働−「節約的」，機械−，中間投入要素−，土地−「使用的」であった。その他投入要素−「使用的」かどうかについてはわれわれは自信を持って判断することができないが，どちらかと言えば，その他投入要素−「使用的」であったと推量する[18]。

5.5　労働生産性成長率変化の要因分解分析

　(7.16) 式を用いて労働生産性成長率を種々の効果に要因分解した結果は
表 7−7 に示している。要因分解分析の計算は，1957–75, 1976–97, および
1957–97 年の 3 期間，全 4 階層農家について行なった[19]。日本経済は（言う
までもなく，世界経済全体についても）1973 年に第 1 次「石油危機」を経験し，
この 1973 年以降はきわめて厳しい景気後退に直面した。このような厳しい
景気後退は，いくらかの時間的遅れをもって，日本農業にも浸透してきた。
かくして，前期の 1957–75 年と後期の 1976–97 年の両期間は，第 1 次「石油
危機」の前期および後期として捉えることができる。

　さて，表 7−7 の要因分解分析の推計結果を評価することにしよう。まず，
一般的な評価を行ない，次いで，前期 1957–75 年と後期 1976–97 年の 2 期間
および全 4 階層農家間における差異についての評価を行なうことにしたい。

　まず，われわれは，「総代替効果」は，1957–75 年，1976–97 年のみでなく
全期間 1957–97 年においても，全 4 階層農家における労働生産性成長率に対
して，70％以上の貢献をしたことがわかる。「総代替効果」のすべての要因
のうち，投入要素相対価格の変化によって引き起こされた「価格効果」と
「純」バイアス効果が労働生産性成長率上昇に対して最も重要な役割を果た
したということはきわめて明らかである。非常に注意深く「総代替効果」を
構成する効果を検討してみると，繰り返しになるが，投入要素の相対価格の
変化によってもたらされた「価格効果」と「純」バイアス効果が労働生産性

---

18)　表 7−6 の推計値は，S-G 型多財トランスログ TC 関数の推計パラメータを用いて計
　　算した本書の第 4 章の表 4−1 に示されている推計結果を基本的には支持している。そこ
　　では，われわれは統計的に有意なその他投入要素−「使用的」バイアスを得ている。さ
　　らに，われわれは，2 生産物，つまり，作物および畜産物に関して，2 つの明確な「規模」
　　バイアス効果を得たことをここで再び確認しておきたい。
19)　本章では，言うまでもないが，サンプルとして用いられたすべての農企業はまった
　　く同じ TC 関数を持ち，したがって，S-G 型トランスログ TC 関数と同じ係数を持つと
　　仮定されている。しかしながら，個々の農企業は Q および P_i $(i = L, M, I, B, O)$ に
　　関しては，異なる値を持っているので，例えば，ε_{CQ} および λ のような経済指標に対
　　しては，全研究期間 1957–97 年について異なった数値をとることを再確認しておいてい
　　ただきたい。

表7-7　労働生産性成長率の要因分解分析：都府県，1957-97年

| 階層農家 | 期間 | 労働生産性の成長率 (1) | 価格効果 | 総代替効果 | | | | |
| | | | | ヒックスバイアス効果 | | | 合計 (2) |
				非相似性効果	純バイアス効果	小計	
階層農家Ⅰ	1957–75	7.07	2.38	0.06	2.52	2.58	4.96
		(100.0)	(33.7)	(0.8)	(35.6)	(36.5)	(70.2)
	1976–97	1.03	0.31	0.07	0.88	0.95	1.26
		(100.0)	(30.1)	(6.8)	(85.4)	(92.2)	(122.3)
	1957–97	3.42	1.52	0.07	1.64	1.71	3.23
		(100.0)	(44.4)	(2.0)	(48.0)	(50.0)	(94.4)
階層農家Ⅱ	1957–75	6.75	2.54	0.12	2.55	2.67	5.21
		(100.0)	(37.6)	(1.8)	(37.8)	(39.6)	(77.2)
	1976–97	1.19	0.57	0.09	0.91	1.00	1.57
		(100.0)	(47.9)	(7.6)	(76.5)	(84.0)	(131.9)
	1957–97	3.52	1.79	0.10	1.67	1.77	3.56
		(100.0)	(50.9)	(2.8)	(47.4)	(50.3)	(101.1)
階層農家Ⅲ	1957–75	6.35	2.59	0.15	2.60	2.75	5.34
		(100.0)	(40.8)	(2.4)	(40.9)	(43.3)	(84.1)
	1976–97	1.61	0.96	0.10	1.02	1.12	2.98
		(100.0)	(59.6)	(6.2)	(63.4)	(69.6)	(129.2)
	1957–97	3.62	1.70	0.12	1.82	1.94	3.64
		(100.0)	(47.0)	(3.3)	(50.3)	(53.6)	(100.6)
階層農家Ⅳ	1957–75	6.43	2.70	0.19	2.61	2.80	5.50
		(100.0)	(42.0)	(3.0)	(40.6)	(43.5)	(85.5)
	1976–97	2.29	1.08	0.12	0.96	1.08	2.16
		(100.0)	(47.6)	(5.2)	(41.9)	(47.2)	(94.3)
	1957–97	4.10	1.84	0.15	1.73	1.88	3.72
		(100.0)	(44.9)	(3.7)	(42.2)	(45.9)	(90.7)

注1：各種効果の推計には（7.16）式を用いた。
　2：すべての数値はパーセントで表されている。（　）内の数値は労働生産性成長率
　　への貢献度を示している。

成長率に最も重要な貢献をしたことがはっきりと見てとれる。

　先に表7-6ではっきりと示されたように，それぞれ，1957-75年および
1976-97年について，全4階層農家間にバイアスの程度に差異はあるけれど

表 7-7　（続き）

階層農家	期間	規模の経済効果	技術変化効果	小計 (3)	総合計効果 (4)=(2)+(3)	残差 (5)=(1)−(4)
		TFP 効果				
階層農家 I	1957–75	0.02 (0.3)	0.49 (6.9)	0.51 (7.2)	5.47 (77.4)	1.60 (22.6)
	1976–97	−0.10 (−9.7)	0.56 (54.4)	0.46 (44.7)	1.72 (167.0)	−0.69 (−67.0)
	1957–97	0.01 (0.3)	0.52 (15.2)	0.53 (15.5)	3.76 (109.9)	−0.34 (−9.9)
階層農家 II	1957–75	−0.08 (−1.2)	0.93 (13.8)	0.85 (12.6)	6.06 (89.8)	0.69 (10.2)
	1976–97	−0.10 (−8.4)	0.64 (53.8)	0.54 (45.4)	2.11 (177.3)	−0.92 (−77.3)
	1957–97	0.01 (0.3)	0.77 (21.9)	0.78 (22.2)	4.34 (123.3)	−0.82 (−23.3)
階層農家 III	1957–75	−0.11 (−1.7)	1.23 (19.4)	1.12 (17.6)	6.46 (101.7)	−0.11 (−1.7)
	1976–97	−0.00 (0.0)	0.69 (42.9)	0.69 (42.9)	2.77 (172.0)	−1.16 (−72.0)
	1957–97	0.01 (0.3)	0.94 (26.0)	0.95 (26.2)	4.59 (126.8)	−0.97 (−26.8)
階層農家 IV	1957–75	−0.16 (−2.5)	1.51 (23.5)	1.35 (21.0)	6.85 (106.5)	−0.42 (−6.5)
	1976–97	0.00 (0.0)	0.79 (34.5)	0.79 (34.5)	2.95 (128.8)	−0.66 (−28.8)
	1957–97	−0.04 (−1.0)	1.12 (27.3)	1.08 (26.3)	4.80 (117.1)	−0.70 (−17.1)

も，技術変化は，労働—「節約的」，機械—，中間投入要素—，土地—，その他投入要素—「使用的」であった。われわれは，技術変化バイアスと相対価格の変化の動向を調べることによって，いわゆるヒックス「誘発的技術革新」仮説を検定した。その結果，ヒックス「誘発的技術革新」妥当性という帰無仮説は一般的に棄却されなかった。つまり，Hayami and Ruttan（1971）が提唱したヒックス「誘発的技術革新」仮説は，本書における全研究期間であ

る1957–97年，幾分大雑把に言うと，20世紀後半の日本農業においてその妥当性が検証されたということである[20]。このことは，一方で，農業の技術革新は，農家はその相対価格が上昇した投入要素（より具体的に言えば，労働）の使用を節約し，その相対価格が低下した投入要素（より具体的に言うと，機械および肥料や農薬などの中間投入要素）の使用を増大させた[21]。この意味で，バイアスを持った技術変化による「代替効果」は，より広い意味での投入要素相対価格の変化によって引き起こされた「代替効果」として把握することができる。

　したがって，われわれは，大部分の「総代替効果」は投入要素価格の相対的変化によって引き起こされる2種類の「代替効果」から成っているということが言えそうである。さらに言うならば，これらの代替効果がきわめて大きな貢献をしているというファインディングは，全4階層農家は全研究期間1957–97年において投入要素の相対価格の動向にきわめて敏感に反応したに違いないということを示唆している。

　次に「TFP効果」の評価を行なうことにする。よく知られているように，TFPの成長は生産効率性の重要な測度と考えられてきた。本章では，TFP成長率の効果は，1957–75年および1976–97年の異なる2期間においてもそしてまた異なる4階層農家間においても，はっきりとした違いが見られた。第1に，TFP成長率は，階層農家Ⅱ，Ⅲ，およびⅣにおいて，1957–75年から1976–97年にかけて急激に低下した。階層農家Ⅱについては，0.85から0.54％へ，階層農家Ⅲについては，1.12から0.69％へ，そして，階層農家

---

20)　Kako (1978), Kawagoe, Otsuka, and Hayami (1986), およびKuroda (1988b, 2011b) のみしか挙げないが，これらの過去の研究においてヒックス「誘発的技術革新」仮説の検証は広範になされた。これらの研究の結果は一般的に本章における結果と矛盾しないものであった。

21)　われわれは，土地の相対価格の急激な上昇にもかかわらず，土地－「使用的」バイアスが存在した現象に対して慎重な説明が必要である。この逆説的な現象に対して考慮し得る説明の1つは，技術革新フロンティアが，本章の研究期間において土地－「使用的」バイアスを持っていた，と推測することである。本章の全研究期間1957–97年において，一般的により広大な土地を要請する急激な農業機械化が促進された現実を考えると，この推測は妥当性を持っていると言えそうである。このあたりのより詳しい議論に関しては，本書の第4章を参照していただきたい。

IV については，1.35 から 0.79％へ，と。階層農家 I に関しては，成長率の低下の程度は微小であり，0.51 から 0.46％へと，わずか 0.05％の低下であった。これに反して，TFP 成長率は 1957–75 年から 1976–97 年にかけて低下したけれども，TFP 成長の労働生産性成長率に対する貢献度は全 4 階層農家において大幅に増大したことが表 7–7 より観察できる。その数値の大きさは相対的に小さいけれども，この傾向は「純」バイアス効果の場合と酷似している。次に，「TFP 効果」の 1 要素である「規模の経済性効果」の労働生産性成長率に対する貢献度はすべての階層農家においてきわめて小さい。階層農家 III および IV についてはいずれもその貢献度はゼロ，そして，階層農家 I および II についてはその貢献度は負であり，その値はそれぞれ −9.7 および −8.4％であった。このことは，これらの 2 階層農家においては，(7.16) 式の乗数項である実質総収益の成長率が負であったことに起因している。

　ここで，われわれの研究結果と土井（1985）の研究結果とを比較してみたい。土井（1985）は，ソロー流の伝統的成長会計法を用いて，日本における米作の労働生産性成長率を投入要素集約度の成長率と TFP 成長率に要因分解した。彼の推計結果によると，1959–69 年および 1969–79 年における全国平均の TFP 年平均成長率は，それぞれ，0.3 および 1.4％であった（土井 1985，表 II-3-5, p.187）。土井の研究期間は本章の研究では前期の 1957–75 年ときわめてよく似ているので，土井の米作における研究は，一般的に言って，本章における推計結果を支持するものであると言っても差し支えなさそうである。

　さて，われわれは種々の効果がなぜ 2 つの期間および 4 階層農家間で異なるのか，その原因を以下で探求することにしよう。

　第 1 に，「総代替効果」は，1957–75 年から 1976–97 年の期間にかけて全 4 階層農家間における労働生産性成長率に対する貢献度を高めたけれども，パーセントで表された「総代替効果」そのものの効果の程度は前期から後期にかけて大幅に低下した。同じような傾向が「価格効果」および「ヒックスバイアス効果」にも見てとれる。しかしながら，表 7–7 をもう少し注意深く点検してみると，階層農家が小さければ小さいほど，「価格効果」，「ヒックスバイアス効果」，および「総代替効果」の 2 期間にわたる効果の程度の落ち込みは大きくなっていることがわかる。

　第2に,「価格効果」と「ヒックスバイアス効果」の低下は, 1957–75年および1976–97年の2期間における労働生産性成長率の低下に大きく起因した。しかしながら, 相対的に大規模農家の労働生産性成長率の低下の程度は,「価格効果」と「ヒックスバイアス効果」の低下の程度が相対的に大規模農家に対して低かったという事実と密接に関係しているように見える。前述したように,「純」バイアス効果は,「総」バイアス効果の一部としての「ヒックスバイアス効果」であり, 広い意味で, 投入要素価格の変化による効果とみなされる。したがって, 上記の結果は, 全4階層農家は前期の1957–75年において労働生産性成長率を上昇させるために投入要素価格変化に反応したが, 相対的に大規模農家の方が小規模農家よりも弾力的に要素価格変化に反応したということを示唆している。

　それでは,「TFP効果」に関してはどうだったのだろうか。

　まず,「総TFP効果」を見ると, すべての期間, 1957–75, 1976–97, および1957–97年に対して, 階層農家が大きくなるほど,「総TFP効果」は大きくなるという推計結果を明らかに観察できる。

　第2に,「総TFP効果」の重要な構成要素である「規模の経済性効果」はきわめて小さいかゼロに近く, あるいは, 負でさえあった。したがって, 労働生産性成長率への貢献は微々たるものであった。この結果は, 主に, 規模の経済性 $(1 - \varepsilon_{CQ})$ の程度または生産量の成長率 $G(Q)$ がきわめて小さいかあるいは負でさえあったという推計結果によるものであった。このことは,「技術変化効果」はほとんど「総TFP効果」に等しいということを示している。この事実は表7–7においてはっきりと確認することができる。つまり, 本章の全研究期間1957–97年における「総TFP効果」の動向はほとんど, 同期間における「技術変化効果」の動向に依存していた, ということである。

　第3に,「総TFP効果」は全4階層農家において, 前期の1957–75年から後期の1976–97年にかけて低下した, ということは明瞭である。そのうえ, 低下の度合いは階層農家が大きくなるにつれてより大きく低下した。加えて, 1957–75年における労働生産性成長率に対する「総TFP効果」の貢献度は, 階層農家Ⅰ, Ⅱ, Ⅲ, およびⅣに対してたかだか7.2, 12.6, 17.6, および

21.0％でしかなかった。この傾向は全研究期間 1957–97 年の結果ときわめて
類似している。つまり，対応する貢献度は，階層農家 I, II, III, および IV
に対して，それぞれ，15.5, 22.2, 26.2, および 26.3％であった。このファ
インディングズは，Krugman（1994）の，投入要素は増大させるが技術変化
はほとんどゼロのソ連型の経済成長は，将来，やがて消えてなくなるという
有名な仮説を思い出させてくれる。

　第 4 に，相対的に大規模階層農家において，「総 TFP 効果」（または，「技術
変化効果」）の絶対値は前期の 1957–75 年から後期の 1976–97 年にかけて大
幅に低下した。例えば，階層農家 IV においては，1.35 から 0.79％へと半減
に近いほどの大幅な低下であった。しかしながら，「総 TFP 効果」の労働生
産性成長率に対する貢献度はかなり大きいものであり，階層農家 I, II, III,
および IV においてそれぞれ，44.7, 45.4, 42.9, 34.5％であった。この結果
は，農業生産において，総生産量したがって労働生産性を高めるためには，
技術変化率を高めることがいかに重要であるかということを意味している。

　ここで，戦後日本農業において，なぜ，投入要素価格の変化によって引き
起こされた狭義の「価格効果」と「純」バイアス効果をも含めたより広義の
「価格効果」と「技術変化効果」が 1970 年代半ば以降きわめて急激に低下し
たのか，その要因に対して特別な光を当てることが適切であると言えよう。
そのような低下に対して以下の理由を挙げることができると思われる。

　まず，以下の要因は農家が農業経営を改善しようとする動機を弱めたに違
いない。（1）2 度にわたる「石油危機」によって日本経済全体が厳しい打撃
を受けて以降 1 人当たり GNP の成長率の急激な低下は農産物に対する需要
を減退させた。（2）作物のみでなく畜産物の生産の増加率が低下した。（3）
1969 年に日本の米作の歴史上初めて導入された減反政策は，現在に至るま
ですべての農家にほぼ一律に施行されている。（4）より効率的で生産性の高
い米作を目指している農家にとって，いまや悪名高い『農地法』のために土
地移動は制約されかつその価格はきわめて高い。そのうえ，小規模農家によ
る利益資産としての土地への強い執着のために，企業家的農家ないし農業法
人にとって容易なことでは土地拡大が進まない。

　第 2 に，すでに別の節でも触れたように，およそ 1953 年頃から 1973 年な

いし 1975 年頃までのおおむね 20 年間に，日本経済は劇的な急成長を遂げ，若い息子達をはじめ農業経営者自身のような質の高い労働者の相当数が非農業部門へと吸引された。その結果，年配者（しばしば，65 歳以上）や主婦が，特に小規模農家における主要な労働者とならねばならなくなった。

第 3 に，最近ではその支持の程度は大幅に減じられたが，農産物，特に，米に対する相も変わらぬ価格支持政策は，自由な競争をこれまで妨げてきた。このことは，別の見方をすると，農業経営における，Leibenstein（1976）が言うところのいわゆる「ゆるみ」あるいは「X-非効率」性を醸成し続けてきた。

互いに緊密な関わりを持っているこれら上記の要因が，後期の 1976–97 年に，農業生産の成長率の減退と農業生産において価格に関わる「代替効果」のみならず「技術変化効果」における低下に対しても強く関わってきた，と言っても過言ではないであろう。

6　要約と結論

Solow（1957）によって提唱された伝統的な成長会計モデルに別れを告げ，本章は「非相似的」かつ「ヒックス非中立的」TC 関数の分析枠組みを用いて，労働生産性成長率が（i）「価格効果」と「技術変化のバイアス効果」から成る「総代替効果」および（ii）「規模の経済性効果」と「技術変化効果」から成る「TFP 効果」に分解できる分析枠組みを展開した。この新手法は，投入要素集約度成長率および TFP 成長率の背景となる経済的要因を定量的に把握することができる。この手法を用いて，本章は，全 4 階層農家について，1957–75 年から 1976–97 年の労働生産性成長率の急激な低下の要因を定量的に分析した。本章の実証的ファインディングズは以下のように要約することができる。

第 1 に，1957–75 年，76–97 年および全期間 1957–97 年の 3 期間のいずれに対しても，「総代替効果」は「TFP 効果」よりも労働生産性成長率に対してはるかに大きな貢献をした。

第 2 に，全 4 階層農家について，1957–75 年から 1976–97 年にかけての労

働生産性成長率の急激な低下の原因は「総代替効果」の大幅な低下によるものであった。とりわけ，「価格効果」と「ヒックス（労働-「節約的」）バイアス効果」がその「総代替効果」の低下の2つの最も重要な要因であった。

　第3に，「TFP 効果」も 1957-75 年から 1976-97 年の2期間にかけて急激に低下した。この「TFP 効果」の急激な低下の主要な要因は「技術変化効果」の低下であった。

　日本農業における労働生産性成長率の増加に関して，少なくとも2つの政策を提唱することができる。

　第1に，定量的な検証によると，肥料，農薬，種苗，および機械の各投入要素は労働と互いに良好な代替財であった。したがって，これら投入要素に関する価格政策は，労働との代替を促進する方向へと注意深く工夫されるべきである。日本農業における中間投入要素の価格は，国際水準に比べてほとんど2倍も高い水準にある。したがって，農協は協同的購買力を高め，肥料，農薬，および機械産業に対して価格低下交渉をより積極的に行なうことが要請される。

　同時に，農産物に対する継続的な価格支持政策は，中間投入要素産業に対してこれら投入要素の価格を高く設定したり，その高水準を維持したりする恰好の口実を与えている。かくして，政府による農産物価格支持政策の弱体化ないし一部撤廃は，肥料，農薬，機械などの産業がこれらの農業投入要素の価格を高い水準に維持する誘因を弱めることになるに違いない。さらに，そのような価格支持政策の弱体化は，一方では，より大きな利益を生み出したいという強い意欲を持つ，特に，大規模な農家に対しては，生産費用削減に向けてより一層の努力を促すことになるだろう。

　第2に，生産性成長率および技術変化率を上昇させて「TFP 効果」を高めるためには，農業経営改善によって農家が生産量を高めようとする強い意欲を持つ方向を模索しなければならないことは言うまでもない。このように考えると，米作における作付け制限や農地移動および売買取引の制限は大幅に緩めるべきであり，大胆に撤廃すべきである。このことに加えて，公的農業 R&D および普及活動（合わせて，R&E）をさらに強化・促進し農業の技術革新をより活性化することが喫緊の課題でもある。

　ここで，いくつかの断り書きを述べておきたい。まず，本章（本書と言った方がよいかもしれない）の重要な制約点は，投入要素の質の変化の取り扱いが不十分であることにある。第 1 に，人的資本概念はデータ不足のため取り入れることができなかった。戦後において農業者の教育水準は上昇したように思える。もしそうならば，本章における労働投入量は過小推計されているかもしれない。さらに，機械や農用自動車のヴィンテージもデータの欠如でカウントされていない。明らかに，これらの質は向上してきた。このことは，機械投入要素量も過小推計されていることを意味する。最後に，本章における土地投入は異なる農業地域のみならず異なる階層農家に関してもその質の差異はまったく考慮されていない。しかしながら，情報不足のために，本章における土地投入量が過大評価されているのか過小評価されているのか，その判断はきわめて難しい。これらすべての制約条件は，得られた推計結果にバイアスをもたらしている可能性がある。しかしながら，事前には，誰もそれらのバイアスがどれほど厳しいものであるのか，そして，それらのバイアスがどういう方向性を持っているのかについて，予測はきわめて困難である。

　次に，本章で用いられたサンプルは『農経調』から得られた都府県の全 4 階層農家の「平均」農家である。このことは，例えば，ある「平均」農家は総収益の 70％は米，30％は畜産物の生産から得たものである，ということを意味している。現実には，特に近年においては，そのような農家はきわめて少ないかほとんどゼロに近い。時が経つにつれて，日本農業においては，生産の専門化が進んできた。そのような状況下では，本章で用いられたものと類似のモデルを用いて，米，酪農，柑橘，野菜などに特化した農家をサンプルとした分析をする方がより適切であると言えよう。

　最後に，1957–75 年および 1976–97 年という 2 つの期間において多くの経済指標に差異があったというファインディングは，戦後日本農業に構造変化が起こったのではないかということを示唆している。この仮説を検証するために，本章で用いられたモデルと同じモデルを異なる 2 つの期間に適用してその実証結果を比較検証してみることは，適切であるだけではなく興味深い研究課題であろう。

付録 A.7 変数の定義

　集計された生産量 Q および価格指数 P を除いて，通常型トランスログ TC
関数に用いられたデータ資料および変数の定義はその他の章，つまり，第 1
章から第 6 章までのものとまったく同じである。したがって，ここでは，集
計された生産量と価格指数（Q および P）のみの定義をしておこう。Q およ
び P に関しては，10 項目の作物と集計された 1 項目の畜産物の収益と価格
指数がそれぞれ『農経調』と『物賃』から得られる。ここで，価格指数の
基準年は 1985 年である。言うまでもなく，Q および P を推計するためには
CCD 法を用いた。

可変費用関数による日本農業の生産構造分析

第8章

生産構造の分析に対する総費用関数アプローチと可変費用関数アプローチ

1　序

　本章の主要な目的は，特に，20世紀後半1957–97年の戦後日本農業の生産構造を定量的に分析するに当たっていかなる接近方法がより適切であるのか，それを探ることにある。この目的を追求するために，われわれは第I部の第1章から第7章まで，農企業はその投入要素のいずれの使用についても均衡を達成しているという仮定を要求するトランスログ総費用（TC）関数を分析道具として用いてきた。同様のアプローチを用いた研究としては，例えばKuroda（1987, 1988a, 1988b, 1989, 1995, 1997a, 1997b, 2003, 2005, 2007, 2008a, 2008b, 2008c, 2009a, 2009b, 2009c, 2009d, 2009e, 2011a, 2011b），Kuroda and Abdullah（2003），Kuroda and Lee（2003），Kuroda and Kusakari（2009）などがある。これらの研究において，われわれは，5個の投入要素（労働，機械，中間投入要素，土地，およびその他投入要素）をすべて可変投入要素として扱ってきた。このことは，われわれは農企業はこれら全5個の投入要素に関して最適雇用を達成することによって総費用を最少化する経済行動をとっていると仮定してきたことを意味している。換言すれば，これら5個の投入要素は「可変」投入要素と呼ぶことができ，それらは総費用（TC）関数において内生変数である，ということを意味している。この意味で，われわれは第I部で使用したTC関数モデルを，全投入要素が静態均衡を達成しているという意味で「長期」モデルと呼ぶことができる。

　しかしながら，多くの場合，土地投入要素ストックは短期的には固定され

ているので，農企業はその拡張経路から外れることが要請される。そのような場合においては，TC 関数の推計パラメータに基づいて推計された経済指標，例えば，規模の経済性（RTS）の程度，技術変化の率とバイアスの方向性，投入要素の需要弾力性および代替弾力性などの真の値を正確に把握することができなかったかもしれない。なぜならば，TC 関数の下で仮定されている費用最小化が達成されていなかったかもしれないからである。

　TC 関数に代わるものとして，われわれは，与えられた生産量水準，「可変」投入要素価格，「準固定的」投入要素量，および技術の条件の下で，ただ単に凸性等量曲線および可変投入要素の投入量に関して費用最小化の要請を満たしさえすれば，「可変」費用（VC）関数を推計することができる。

　本章においては，われわれは土地投入要素を準固定的投入要素として取り扱う VC 関数を導入する。このことは，農企業は，「可変」投入要素（本章では，労働，機械，中間投入要素，およびその他投入要素）のみに関しては費用最小化を達成する水準まで使用するが，「準固定的」投入要素としての土地の利用に関しては，観測期間内（本章では 1 年間）において必ずしもその最適（可変費用最小化）利用水準は達成できないということを意味している。この意味において，われわれは VC 関数モデルを「短期」モデルと呼ぶことができる。現実に目を移すと，日本農業における土地価格（地代）は政府によって統制されてきており，われわれにとっては，そのような土地価格を「市場」地価と呼ぶことはできない。さらに，繰り返しになるが，土地という生産要素は，もともと，農業生産環境の変化に対応して 1 年以内に土地利用水準を調整することがかなり困難であるという意味で，準固定的投入要素という固有の性格を持っている。したがって，われわれは，戦後日本農業の生産構造を分析するには，VC 関数モデルの方が TC 関数モデルよりも適切なのではないかと推量する。

　ここで，われわれが，VC 関数の推計パラメータに基づいて土地の観測水準でそのシャドウ価格[1] を推計し，土地のシャドウ価格と市場価格との差異

---

1)　本章においては，土地の「シャドウ価格」，「シャドウ価値」，および「限界生産性」の用語は同値のものとして使用されることを，あらかじめお断りしておきたい。

を検討することによって，静態均衡モデルからの離脱が適切であるか否かを検証できることを銘記しておくことは重要かつ興味深いことである。

　かくして，本章におけるこれまでの静態均衡モデルとの相違は以下の3点に絞られる。第1に，われわれは，同じデータセットを用いて，多財 TC および VC 関数を推計し，戦後日本農業の生産技術に関する第I部第7章と類似の以下のような諸々の仮説を検定する。それらは，(i) 投入要素－生産物分離性，(ii) 投入要素の非結合性，(iii) 収穫一定，(iv) C-D 型生産関数による特定化，(v) 生産物空間および生産要素空間における技術変化の「ヒックス中立性」などの帰無仮説である。これらを遂行することによって，われわれは，戦後日本農業の生産構造を分析するためには，多財 TC 関数による特定化および多財 VC 関数による特定化のいずれが最も適切なのかという課題に対して，明示的に検証し結論を導き出すことができる。

　第2に，VC 関数の推計結果に基づいて，われわれは準固定的投入要素としての土地のシャドウ価格を推計し，それと現行の土地価格（地代）とを比較することによって，戦後日本農業に長期均衡が存在したか否かをインフォーマル（あるいは，簡便）な方法で検証してみる。

　最後に，長期均衡の存在の検証の結果のいかんにかかわらず，われわれは，TC および VC 関数の推計パラメータに基づいて，投入要素需要の価格弾力性および代替の弾力性，規模および範囲の経済性，および技術変化の率とバイアスの方向と程度といった経済指標を推計する。

　本章の残りの部分の構成は以下の通りである。第2節は分析枠組みを提供する。第3節はデータと推計方法について説明する。第4節は実証結果を評価する。最後に，第5節は簡単な要約と結論を述べる。

2　分析の枠組み

2.1　総費用（TC）関数によるアプローチ

　本章では以下の TC 関数を導入する。

$$CT = G(\mathbf{Q}, \mathbf{P}, t, \mathbf{D}), \tag{8.1}$$

これは第I部第1章のTC関数（1.1）式とまったく同じものである。（1.1）式における費用Cは本章における費用関数（8.1）式におけるCTと同値である。しかしながら，われわれは，本節で示されるVC関数に対して使用される変数CVと明示的に区別するために，変数CTを用いている。

このことに加えて，（8.1）式で与えられるTC関数のトランスログ特定化，導出される可変投入要素費用－総費用比率および可変収益－総費用比率方程式，生産構造に関する（合計12本の）仮説検定のための公式は，第I部第1章における（1.2）から（1.26）式で説明されたものとまったく同じものである。ただ1つだけ違うことは，(i) 可変投入要素費用－総費用比率および可変収益－総費用比率および (ii) トランスログTC関数の全パラメータに上付き記号Tを付け足した点である。

さらに，われわれは，(i) 投入要素の需要および代替の弾力性，(ii) 規模および範囲の経済性，および (iii) 技術変化の率およびバイアスを推計するための数式は紙幅節約のためここでは示さない。なぜなら，これらに関する詳細は，それぞれ，第I部第2章および第3章で十分に説明されているからである。

2.2　可変費用（VC）関数によるアプローチ

われわれは本小節において，土地面積（$Z_B = X_B$）が準固定的投入要素として取り扱われるVC関数を展開する。しかしながら，費用比率方程式およびVC関数モデルに基づく戦後日本農業の生産構造に関する種々の仮説の検定のための経済指標は，TC関数モデルによるものと，基本的には同一の順序でかつきわめて類似のものになっている。したがって，以下の説明は，紙幅節約のために，できる限り簡潔なものにしたい。

さて，以下のVC関数を考えてみよう。

$$CV = G(\mathbf{Q}, \mathbf{P}, Z_B, t, \mathbf{D}), \tag{8.2}$$

ここで，（8.2）式の右辺の変数は，（8.1）式で与えられるTC関数の場合ときわめて類似している。しかしながら，CVは土地費用を含まない総可変費用であり，$\mathbf{P}$は土地価格P_Bを含んでいない。その代わりに，土地面積Z_Bが

準固定的投入要素として（8.2）式に含まれている。かくして，VC 関数（8.2）式における $\mathbf{P}$ は，TC 関数モデルの場合における 5 価格変数とは違って，4 価格変数しか含んでいない。つまり，労働（P_L），機械（P_M），中間投入要素（P_I），および その他投入要素（P_O）の 4 価格変数のみである。言い換えれば，われわれはここで，農企業はこれらの 4 可変投入要素の価格のみに関して費用を最小化していると仮定している。この意味で，VC 関数（8.2）式は「短期」の費用関数と呼ばれているのである。

さて，計量分析には以下の（8.3）式で与えられる通常型トランスログ VC 関数が用いられる。

$$\ln CV = \alpha_0^V + \sum_i \alpha_i^V \ln Q_i + \sum_k \beta_k^V \ln P_k + \beta_B^V \ln Z_B + \beta_z^V \ln t$$

$$+ \sigma_p^V D_p + \sum_s \sigma_s^V D_s + \sigma_w^V D_w$$

$$+ \frac{1}{2} \sum_i \sum_j \gamma_{ij}^V \ln Q_i \ln Q_j + \frac{1}{2} \sum_k \sum_n \delta_{kn}^V \ln P_k \ln P_n$$

$$+ \sum_i \sum_k \phi_{ik}^V \ln Q_i \ln P_k$$

$$+ \frac{1}{2} \gamma_{BB}^V (\ln Z_B)^2 + \sum_i \theta_{iB}^V \ln Q_i \ln Z_B + \sum_k \theta_{kB}^V \ln P_k \ln Z_B$$

$$+ \sum_i \mu_{it}^V \ln Q_i \ln t + \sum_k \nu_{kt}^V \ln P_k \ln t + \nu_{Bt}^V \ln Z_B \ln t$$

$$+ \frac{1}{2} \nu_{tt}^V (\ln t)^2, \tag{8.3}$$

$$i, j = G, A, \quad k, n = L, M, I, O, \quad s = II, III, IV.$$

トランスログ VC 関数（8.3）式に，Shephard（1953）の補題を適用すると，われわれは可変投入要素費用−総可変費用比率関数を導出できる。農企業において可変投入要素価格が与えられたものとすると，以下の（8.4）式で与えられるような可変投入要素費用−総可変費用比率方程式を導出することができる。

$$S_k^V = \frac{\partial CV}{\partial P_k} \frac{P_k}{CV} = \frac{\partial \ln CV}{\partial \ln P_k}$$

$$= \beta_k^V + \sum_n \delta_{kn}^V \ln P_n + \sum_i \phi_{ik}^V \ln Q_i + \theta_{kB}^V \ln Z_B + \nu_{kt}^V \ln t,$$
(8.4)
$$i, j = G, A, \quad k, n = L, M, I, O.$$

　通常型多財トランスログ TC 関数モデルの場合と同様に，通常型多財トランスログ VC 関数は，利潤最適化条件に沿って内生的な生産物（Q_G および Q_A）の最適選択を表す以下の（8.5）式で与えられるような追加的な方程式を導出し，全方程式体系の構成要因として使用することができる（Fuss and Waverman, 1981, pp. 288–289）。

$$R_i^V = \frac{\partial CV}{\partial Q_i} \frac{Q_i}{CV} = \frac{\partial \ln CV}{\partial \ln Q_i}$$
$$= \alpha_i^V + \sum_k \phi_{ik}^V \ln P_k + \sum_j \gamma_{ij}^V \ln Q_j + \theta_{iB}^V \ln Z_B + \mu_{it}^V \ln t,$$
(8.5)
$$i, j = G, A, \quad k, n = L, M, I, O.$$

ここで，われわれは，TC 関数モデルの場合と同様に，農企業は各生産物の限界収入，すなわち，「実効価格」（もう少し正確に言うと，市場生産価格プラス補助金）をその限界費用に等しくすることによって利潤最大化を図っているという仮定を導入していることに注意を喚起しておきたい。

　いかなる実用的な VC 関数においても，投入要素価格は一次同次でなければならない。通常型多財トランスログ VC 関数（8.3）式においては，このことは，$\sum_k \beta_k^V = 1$，$\sum_n \delta_{kn}^V = 0$，および $\sum_k \phi_{ik}^V = 0$　（$i = G, A, \quad k, n = L, M, I, O$）を要求する。通常型多財トランスログ VC 関数（8.3）式は，(i) 投入要素－産出物分離性，および (ii) 技術変化の「ヒックス中立性」が「事前に」制約されていないという意味で一般的な形式である。その代わりに，これらの制約式は帰無仮説として，この関数の推計過程で統計的に検証される，ということも銘記しておいていただきたい。

2.2.1　土地のシャドウ価格の推計

　VC 関数の推計パラメータに基づいて日本農業の生産構造に関する帰無仮説を統計的に検定する前に，われわれはここでまず，「長期」均衡（すなわち，TC 関数）の妥当性を検証しておきたい。

一般に，

> 長期均衡からの乖離は，企業が準固定的投入要素の非均衡水準量を使用
> する事態が発生することによってのみ生ずる。このことは，準固定的投
> 入要素の観察水準で評価されたシャドウ価格と市場価格の間の乖離に
> よって把握され得るので，長期均衡からの乖離は価格の不完全な調整か
> らも生じ得る現象であることとは対照をなしている（Kulatilaka, 1985,
> p. 257, footnote 8）。

この重要な提唱に従って，われわれは VC 関数（8.3）式の推計パラメー
タに基づいて土地の観測水準（Z_B）においてそのシャドウ価格（P_B^S）を推
計し，それと政府によって統制されてきた土地の市場価格（地代）との間に，
1957–97 年にどのような差異があったのか比較してみる。

なお，われわれは，土地のシャドウ価格をいかに推計するかという課題に
対する歴史的背景に関するサーベイについても，過去の研究者によって遂行
された推計値についても，ここでは示さない。これらの問題については，第
9章で十分に議論することにしたい。

さて，観測された土地投入水準（Z_B）でのシャドウ価格（P_B^S）は，通常
型多財トランスログ VC 関数（8.6）式を用いて以下のように推計することが
できる。

$$
\begin{aligned}
P_B^S &= -\frac{\partial CV}{\partial Z_B} = -\frac{\partial \ln CV}{\partial \ln Z_B}\frac{CV}{Z_B} \\
&= -(\alpha_i^V + \sum_k \phi_{ik}^V \ln P_k + \sum_j \gamma_{ij}^V \ln Q_j + \theta_{iB}^V \ln Z_B \\
&\quad + \mu_{it}^V \ln t)\frac{CV}{Z_B}.
\end{aligned}
\tag{8.6}
$$

推計されたシャドウ価格（P_B^S）については，現実に観測された土地価格（地
代）とグラフを用いて比較してみたい。そうすることによって，われわれは，
自らの目を通して，シャドウ価格と現行の土地価格の間の乖離を把握するこ
とができ，農家の土地利用における長期均衡の存否をインフォーマルな（統

計的には厳密ではない）方法で検証することができる。

2.2.2　生産構造の帰無仮説検定

TC 関数モデルの場合と同様に，この小節では生産構造を代表する重要な概念を取り扱うことにする。つまり，（i）投入要素－生産物の分離性，（ii）投入要素非結合性，（iii）非技術変化，（iv）投入要素空間および生産物空間におけるヒックス「中立的」技術変化，（v）C-D 型生産関数，（vi）規模および範囲の経済性，についてその帰無仮説を統計的に明示的に検定することにしたい。これらの帰無仮説の展開は，基本的には，TC 関数モデルの場合ときわめてよく似ている。したがって，帰無仮説検定の説明は，重複を避けるために，可能な限り簡潔にしたい。

2.2.2.1　投入要素－生産物分離性帰無仮説
通常型多財トランスログ VC 関数（8.3）式において，特に，投入要素－生産物分離性は，トランスログ近似のパラメータが以下の（8.7）式で与えられる条件をすべての $k(=L,M,I,O)$ に対して同時に満足させることを要求する。

$$H_0 : \phi_{G_k}^V \alpha_A^V = \phi_{A_k}^V \alpha_G^V. \tag{8.7}$$

2.2.2.2　投入要素非結合性帰無仮説
投入要素非結合性帰無仮説は，通常型多財トランスログ VC 関数（8.3）式のパラメータ推計値を用いて，以下の（8.8）式で与えられる帰無仮説が成り立つかどうかを検定することによって，その妥当性を検定することができる。

$$H_0 : \gamma_{GA}^V = -\alpha_G^V \alpha_A^V, \tag{8.8}$$

この定式化は TC 関数の場合とまったく同様である。

2.2.2.3　非技術変化帰無仮説
とりわけ，日本農業生産に技術変化が存在するか否かを検定することはきわめて重要である。このことは，技術変化に関わる以下のパラメータが，通常型多財トランスログ VC 関数（8.3）式においてすべてゼロであるということを意味する。

$$H_0 : \beta_t^V = \mu_{it}^V = \nu_{jt}^V = \nu_{Bt}^V = \nu_{tt}^V = 0, \tag{8.9}$$

$$i = G, A, \quad k = L, M, I, O.$$

2.2.2.4　投入要素空間におけるヒックス「中立的」技術変化帰無仮説

通常型多財トランスログ VC 関数（8.3）式のパラメータの推計値を用いると，ヒックス「総」バイアス効果は（8.10）式によって表現される。

$$\begin{aligned}
B_k^{eV} &= \frac{\nu_{k_t}^V}{S_k^V} + \Big(\frac{\phi_{k_G}^V}{S_k^V} + \frac{\phi_{k_A}^V}{S_k^V} \Big) \lambda^V \\
&= B_k^V + B_{k_G}^{sV} + B_{k_A}^{sV}, \tag{8.10}
\end{aligned}$$

$$k = L, M, I, O,$$

ここで，B_k^V および $B_{k_G}^{sV}$ および $B_{k_A}^{sV}$ は「純」バイアス効果および作物と畜産物に関する「規模」バイアス効果である。さらに，

$$\lambda^V = -\frac{\partial \ln CV / \partial \ln t}{\sum_i \partial \ln CV / \partial \ln Q_i} = \frac{-\varepsilon_{CVt}}{\sum_i \varepsilon_{CVQ_i}}, \tag{8.11}$$

$$i = G, A,$$

ここで，

$$\begin{aligned}
\varepsilon_{CVt} &= \frac{\partial \ln CV}{\partial \ln t} \\
&= \beta_t^V + \sum_k \nu_{kt}^V \ln P_k + \sum_i \mu_{it}^V \ln Q_i + \nu_{Bt}^V \ln Z_B + \nu_{tt}^V \ln t, \tag{8.12}
\end{aligned}$$

$$i = G, A, \quad k = L, M, I, O.$$

かくして，投入要素空間におけるヒックス「中立性」の検定は以下の帰無仮説の検定と同値になる。

$$H_0 : B_k^{eV} = 0, \quad k = L, M, I, O. \tag{8.13}$$

もしすべての $k = L, M, I, O$ に対して $B_k^{eV} = 0$ ならば，投入要素空間における技術変化はヒックス「中立的」となる。しかしながら，もし $B_k^{eV} \neq 0$ な

らば，投入要素空間における技術変化は「ヒックス非中立性」と呼ばれ，もし $B_k^{eV} < 0$ ならば k 要素－「節約的」で，もし $B_k^{eV} > 0$ ならば，k 要素－「使用的」と呼ばれる。ここで，VC 関数モデルによる定式化は土地投入要素が準固定的投入要素であるという点を除き，基本的には，TC 関数モデルの場合と同じである，ということを銘記しておいていただきたい。

2.2.2.5　生産物空間におけるヒックス「中立的」技術変化帰無仮説　この場合，TC 関数モデルで展開されたものとまったく同じ方法を何らかの修正をする必要もなく導入できる。したがって，ヒックス生産物「中立性」帰無仮説の検定は以下の（8.14）式で与えられる帰無仮説を検定することによって実行できる。

$$H_0 : B_{GA}^{QV} = \frac{\mu_{Gt}^V}{\varepsilon_{CVQ_G}} - \frac{\mu_{At}^V}{\varepsilon_{CVQ_A}} = 0. \tag{8.14}$$

もし $B_{GA}^{QV} = 0$ ならば，生産物空間における技術変化はヒックス「中立的」と呼ばれる。前述したように，生産物空間における技術変化は，もし $B_{GA}^{QV} > 0$ ならば，畜産物－「増大的」（畜産物－「選好的」）技術変化と呼ばれる。しかし，もし $B_{GA}^{QV} < 0$ ならば，作物－「増大的」（作物－「選好的」）技術変化と呼ばれる。

2.2.2.6　生産要素空間におけるヒックス「中立的」技術変化帰無仮説　この場合も生産物空間における「中立性」の帰無仮説検定の場合と同様に，以下のように，ただ土地価格（P_B）を土地投入量（Z_B）に置き換えることによって，TC 関数モデルで用いたものとまったく同じ手法を適用することができる。

$$H_0 : B_k^{eV} = 0, \quad B_{GA}^{QV} = 0, \quad k = L, M, I, O. \tag{8.15}$$

もし $k=L, M, I, O$ のすべてに対して $B_k^{eV} = 0$，および $B_{GA}^{QV} = 0$ が同時に成立すれば，生産要素空間においても生産物空間においてもヒックス「中立性」が同時に成立する。でなければ，生産要素空間においてか，あるいは，生産物空間においてか，あるいは，両空間において同時にヒックス「非中立

性」が存在する。

2.2.2.7　C-D 型生産関数帰無仮説

農業生産技術が C-D 型生産関数で特定化できるか否かは，以下の（8.16）式で与えられる帰無仮説を検定することによって検証できる。

$$H_0 : \gamma_{ij}^V = \gamma_{BB}^V = \delta_{kn}^V = \phi_{ik}^V = \theta_{iB}^V = \theta_{kB}^V = \mu_{it}^V = \nu_{kt}^V = \nu_{Bt}^V = \nu_{tt}^V = 0, \tag{8.16}$$

$$i, j = G, A, \quad k = L, M, I, O.$$

つまり，トランスログ VC 関数（8.3）式の推計された 2 次項の係数がすべて同時にゼロであるという生産技術の特定化である。

2.2.2.8　作物および畜産物の結合生産における収穫一定（CRTS）帰無仮説

再び，Caves, Christensen, and Swanson（1981），Panzar and Willig（1977, 1981），および Baumol, Panzar, and Willig（1982）に従って，CRTS および範囲の経済性は，多財トランスログ VC 関数の理論的枠組みの中で検定することができる。このことは，まず，以下の（8.17）式で与えられる CRTS 帰無仮説 $RTS^V = 1$ を検定することによって遂行できる。

$$RTS^V = \frac{1 - \partial \ln CV / \partial \ln Z_B}{\sum_i \partial \ln CV / \partial \ln Q_i} = \frac{1 - \varepsilon_{CVZ_B}}{\sum_i \varepsilon_{CVQ_i}}, \tag{8.17}$$

ここで，

$$\varepsilon_{CVZ_B} = \frac{\partial \ln CV}{\partial \ln Z_B} = \beta_B^V + \sum_i \theta_{iB}^V \ln Q_i + \sum_k \theta_{kB}^V \ln P_k$$
$$+ \gamma_{BB}^V \ln Z_B + \nu_{Bt}^V \ln t, \tag{8.18}$$

および

$$\varepsilon_{CVQ_i} = \frac{\partial \ln CV}{\partial \ln Q_i} = \alpha_i^V + \sum_k \phi_{ik}^V \ln P_k + \sum_j \gamma_{ij}^V \ln Q_j$$
$$+ \theta_{iB}^V \ln Z_B + \mu_{it}^V \ln t, \tag{8.19}$$

$$i, j = G, A, \quad k = L, M, I, O,$$

これらは，それぞれ，費用−土地弾力性および費用−生産量弾力性として定義される。

$RTS^V = 1$ を，通常型多財トランスログ VC 関数の近似点で評価すると，われわれは通常型多財トランスログ VC 関数（8.3）式のパラメータ推計値を用いて，以下の（8.20）式で与えられる帰無仮説を検定することになる。

$$H_0 : RTS^V = \frac{1 - \gamma_{BB}^V}{\alpha_G^V + \alpha_A^V} = 1. \tag{8.20}$$

もし $RTS^V = 1$ ならば，CRTS が存在する。もし $RTS^V > 1$ ならば，IRTS が存在する。そして，もし $RTS^V < 1$ ならば，DRTS が存在する。

2.2.2.9　作物および畜産物の結合生産における非範囲の経済性帰無仮説

われわれは以下のように，TC 関数モデルに対して展開された範囲の経済性仮説の検定方法を，VC 関数モデルにおける範囲の経済性仮説の検定に適用できるように修正しておきたい。つまり，範囲の経済性は，農企業が，土地が準固定的生産要素として扱われている際に多財を生産するとき，多財の結合生産の「可変」費用（CV）は，個々の生産物を独立して生産する際の「可変」費用の和よりも小さいということを意味している。つまり，本章においては，もし $CV(Q_G, Q_A) < C_G^V(Q_G, 0) + C_A^V(0, Q_A)$ であるならば，範囲の経済性が存在するということである。しかしながら，範囲の経済性を直接的に検証することはきわめて難しい。そこで，われわれは，TC 関数モデルの場合に行なったのと同じく，Baumol, Panzar, and Willig（1982）の提唱した手法を適用することにする。彼等によると，「費用補完」という概念は範囲の経済性の存在に対する十分条件であって，それは以下のように検定することができる。

$$\frac{\partial^2 CV}{\partial Q_G \partial Q_A} < 0. \tag{8.21}$$

トランスログ VC 関数（8.3）式を用いると，この条件は以下のように書き換えることができる。

$$\frac{\partial^2 CV}{\partial Q_i \partial Q_j} = \frac{CV}{Q_i Q_j}\left[\frac{\partial^2 \ln CV}{\partial \ln Q_i \partial \ln Q_j} + \frac{\partial CV}{\partial \ln Q_i}\frac{\partial \ln CV}{\partial \ln Q_j}\right]$$

$$= \frac{CV}{Q_i Q_j}\left[\gamma_{ij}^V + \left(\alpha_i^V + \sum_k \phi_{ik}^V \ln P_k + \sum_j \gamma_{ij}^V \ln Q_j\right.\right.$$

$$+ \theta_{iB}^V \ln Z_B + \mu_{it}^V \ln t\Big)\Big(\alpha_j^V + \sum_k \phi_{jk}^V \ln P_k$$

$$+ \sum_i \gamma_{ij}^V \ln Q_i + \theta_{jB}^V \ln Z_B + \mu_{jt}^V \ln t\Big)\Bigg] < 0, \qquad (8.22)$$

$$i,j = G, A, \quad k, n = L, M, I, O.$$

われわれは（8.22）式の [　] 内の要素を $ESCOPE^V$ と呼ぶことにする。もしわれわれが $ESCOPE^V$ を通常型多財トランスログ VC 関数（8.3）式の近似点で評価すると，以下の（8.23）式を得る。

$$ESCOPE^V = \gamma_{ij}^V + \alpha_i^V \alpha_j^V, \quad i,j = G, A. \qquad (8.23)$$

$CV/Q_i Q_j > 0$ なので，もし $ESCOPE^V < 0$ であれば，われわれは作物と畜産物の結合生産には範囲の経済性が存在すると言うことができる。また，もし $ESCOPE^V \geqq 0$ ならば，作物と畜産物の結合生産には範囲の経済性は存在しないと言うことができる。

2.2.3　戦後日本農業の生産構造の基本的経済指標

　ここではまず，TC 関数モデルにおいて遂行したことと同様に，通常型多財トランスログ VC 関数（8.3）式の推計パラメータに基づいて，基本的な経済指標を推計することにしよう。

2.2.3.1　投入要素需要弾力性およびアレン，森嶋，ならびにマクファデン（シャドウ）代替弾力性（AES，MES，および SES）　まず第 1 に，投入要素需要の自己および交叉価格需要弾力性はそれぞれ以下の（8.24）および（8.25）式によって推計できる。

$$\varepsilon_{kk}^V = (\delta_{kk}^V + S_k^{V^2} - S_k^V)/S_k^V, \qquad (8.24)$$

$$\varepsilon_{kn}^V = (\delta_{kn}^V + S_k^V S_n^V)/S_k^V \quad (k \neq n). \tag{8.25}$$

第 2 に，AES は以下の（8.26）および（8.27）式によって推計できる。

$$\sigma_{kk}^{AV} = (\delta_{kk}^V + S_k^{V^2} - S_k^V)/S_k^{V^2}, \tag{8.26}$$

$$\sigma_{kn}^{AV} = (\delta_{kn}^V + S_k^V S_n^V)/S_k^V S_n^V \quad (k \neq n). \tag{8.27}$$

第 3 に，MES は以下の（8.28）式によって推計できる。

$$\sigma_{kn}^{MV} = S_n^V(\sigma_{kn}^{AV} - \sigma_{nn}^{AV}) = \varepsilon_{kn}^V - \varepsilon_{nn}^V. \tag{8.28}$$

最後に，SES は以下の（8.29）式によって推計できる。

$$\sigma_{kn}^{SV} = \frac{S_k^V}{S_k^V + S_n^V}\sigma_{nk}^{MV} + \frac{S_n^V}{S_k^V + S_n^V}\sigma_{nk}^{MV}, \tag{8.29}$$

$$k, n = L, M, I, O.$$

2.2.3.2　作物および畜産物の結合生産における規模の経済性と範囲の経済性の推計

規模の経済性（RTS）は，全研究期間 1957–97 年につき，全 4 階層農家の個々の観測値に対して，(8.17)，(8.18)，および (8.19) 式を用いて推計することができる。一方，規模の経済性（RTS）の推計の場合と同様に，全研究期間 1957–97 年の個々の観測値に対して，(8.22) 式を用いて範囲の経済性を推計することができる。しかしながら，われわれは，紙幅節約のために，全研究期間に対してそれぞれの階層農家の規模および範囲の経済性の平均値のみを報告するにとどめることにする。

2.2.3.3　可変費用（VC）関数モデル推計値に基づく PGX^V および PGY^V 技術変化の計測

通常型多財トランスログ VC 関数の推計結果に基づいて，われわれは技術変化ストック（t）の増加による技術変化の大きさおよび規模の経済性の程度を推計できる。Caves, Christensen, and Swanson（CCS）(1981) によって開発された手法を用いることによって，われわれは 2 つの年当たり％の形で，技術変化指標を推計することができる。それらは，(i) 生産量水準一定の下で，t に関する投入要素－「節約的」技術変化率（PGX^V）で

あり，(ii) 投入要素量水準一定の下で，t に関する生産量—「増大的」技術変化率（PGY^V）である。CCS（1981）によると，$PGY^V = RTS^V \times PGX^V$ であり，ここで RTS^V は RTS を表す。したがって，もし CRTS が存在するならば，つまり，$RTS^V = 1$ ならば，$PGX^V = PGY^V$ が成り立つ。

　まず第1に，トランスログ VC 関数（8.3）式の推計パラメータを用いると，PGX^V は以下の（8.30）式によって推計できる。

$$PGX^V = -\frac{\partial \ln CV/\partial \ln t}{1 - \partial \ln CV/\partial \ln Z_B}\frac{1}{t} = -\frac{\varepsilon_{CVt}}{1 - \varepsilon_{CVZB}}\frac{1}{t}. \tag{8.30}$$

第2に，PGY^V は以下の（8.31）式によって推計できる。

$$\begin{aligned} PGY^V &= -\frac{\partial \ln CV/\partial \ln t}{\sum_i \partial \ln CV/\partial \ln Q_i}\frac{1}{t} = -\frac{\varepsilon_{CVt}}{\sum_i \varepsilon_{CVQ_i}}\frac{1}{t} \\ &= RTS^V \times PGX^V, \\ & \qquad i = G, A, \end{aligned} \tag{8.31}$$

ここで，RTS^V，ε_{CVZB}，および ε_{CVQ_i} は，すでに，(8.17)，(8.18)，および (8.19) によって定義されている。

2.2.3.4　投入要素バイアス

投入要素バイアスは，(8.10)，(8.11)，および (8.12) 式を用いて，全研究期間 1957–97 年に対して，全4階層農家の全サンプルについて推計することができる。しかしながら，紙幅節約のために，近似点での推計値のみについて報告することにしたい。

2.2.3.5　生産物バイアス

生産物バイアスの程度は (8.14) 式によって推計される。ここでも，紙幅節約のために，近似点での推計値のみについて報告することにしたい。

3　データおよび推計方法

　TC および VC 関数モデルを推計するために必要なデータは，総費用および総可変費用（CT および CV），総収益および総可変収益（R_G^T および R_G^V）

ならびに $(R_A^T$ および $R_A^V)$, 作物と畜産物の生産量 $(Q_G$ および $Q_A)$, さらに, それぞれ, 5 および 4 個の可変投入要素費用−総費用比率と可変投入要素費用−総可変費用比率 $(S_k^T, k = L, M, I, B, O$ および $S_k^V, k = L, M, I, O)$, および TC 関数の場合には 5 個の可変投入要素価格と量, 労働 $(P_L$ および $X_L)$, 機械 $(P_M$ および $X_M)$, 中間投入要素 $(P_I$ および $X_I)$, 土地 $(P_B$ および $X_B)$, ならびにその他投入要素 $(P_O$ および $X_O)$ で構成されている。一方, VC 関数の場合には, 土地投入要素に関して土地の価格 (P_B) ではなく準固定的投入要素としての土地面積 $(Z_B = X_B)$ で構成されている。かくして, この場合には, 4 個の可変投入要素費用−総可変費用比率 $(S_k^V, k = L, M, I, O)$ しかない。さらに, TC 関数モデルでは 2 個の収益−総費用比率 $(R_i^T, i = G, A)$ が必要であるが, VC 関数モデルでは 2 個の可変収益−総可変費用比率 $(R_i^V, i = G, A)$ が必要である。しかしながら, TC および VC 関数モデルのいずれにおいても, 時間トレンド (t) は技術変化の代理変数として導入され, さらに, 期間ダミー変数 (D_p), 土地面積ダミー $(D_s, s = II, III, IV)$, および 気象ダミー (D_W) が導入される。これらの変数は, TC および VC 関数の両モデルにおいて共通である。データの資料および変数の定義についての詳細は第 I 部第 1 章の付録 A.1 において説明されている。

　ところで, それぞれ, (8.1) および (8.2) 式で与えられる TC および VC 関数の右辺に置かれる生産物数量 $(Q_G$ および $Q_A)$ は, 一般的には内生的に決定される性質を持っているので, 方程式体系の推計には同時方程式体系推計法が要請される。まず, TC 関数モデルにおいては, 第 I 部第 1 章ですでに与えられているように, TC 関数モデルに対する方程式 (1.2) 式で与えられるトランスログ TC 関数, (1.3) 式で与えられる 5 本の可変投入要素費用−総費用比率方程式, および (1.4) 式で与えられる 2 本の総収益−総費用比率方程式を合わせると合計 8 本の方程式で構成される体系になっている。ここで, 推計モデルは 8 本の方程式と 8 個の内生変数が存在するという意味で「完全」であることを銘記しておこう。同様にして, VC 関数モデルでは, 読者は, TC 関数モデルの場合と同じ要領で, 7 本の方程式と 7 個の内生変数が存在することを簡単に確認できる。したがって, 本章でも, この VC 関数

モデルはTC関数モデルと同様に「完全」であることを確認できるわけである。そこで，われわれはTCならびにVC関数モデル双方の推計に対して完全情報最尤法（FIML）を導入することにした。この方法において，対称性および価格に関する一次同次性の制約が課された。このことによって，2つのTCおよびVC関数の体系の推計の際に，TCおよびVC関数体系モデルより，それぞれ，1本の可変要素投入費用－総費用比率方程式および可変投入要素費用－総可変費用比率方程式を除外することができる。本章では，TC関数モデルからはその他投入要素費用－総費用比率方程式を，VC関数モデルからはその他投入要素費用－総可変費用比率方程式を除外した。しかしながら，それぞれの推計式体系から除外されたこれらの方程式のパラメータの推計は，この価格に関する一次同次性の制約式を用いることによって，それぞれの体系の推計結果に基づいて簡単に求めることができる。

4　実証結果

4.1　総費用（TC）および可変費用（VC）関数モデルの推計結果

　通常型多財トランスログTCおよびVC関数の推計パラメータとP-値は，それぞれ，表8-1および8-2に示されている。まず第1に，TC関数の50個のパラメータのうち13個のパラメータが10％水準を下回っており統計的に有意ではなかった。統計的当てはまりの良さは表8-1の下段に表示されており，TC関数に関してかなり高い当てはまりを示している。一方，通常型多財トランスログVC関数の推計パラメータの場合，ダミー変数の係数はいずれも統計的に有意ではなかった。したがって，通常型多財トランスログVC関数の推計からは，これら5個のダミー変数は除外することにした。その結果，表8-2に見られるように，推計されたパラメータ数は合計45個である。この45個の推計パラメータのうち6個のみが10％水準を下回っており統計的に有意ではなかった。表8-2の下段に示されているように，TC関数の場合と同様に，VC関数モデルにおいてもその当てはまりはかなり良かったことを示している[2]。

　加えて，表8-1に与えられているTC関数モデルのパラメータ推計値に

表8-1　通常型多財トランスログ TC 関数のパラメータ推計値：都府県，
1957-97 年

パラメータ	係数	P-値	パラメータ	係数	P-値
α_0	0.097	0.000	δ_{LO}	-0.003	0.748
α_G	0.816	0.000	δ_{MI}	-0.077	0.002
α_A	0.192	0.000	δ_{MB}	-0.005	0.592
β_L	0.458	0.000	δ_{MO}	0.042	0.000
β_M	0.154	0.000	δ_{IB}	-0.011	0.109
β_I	0.209	0.000	δ_{IO}	-0.048	0.000
β_B	0.095	0.000	δ_{BO}	-0.010	0.003
β_O	0.085	0.000	ϕ_{GL}	-0.019	0.145
β_t	-0.168	0.000	ϕ_{GM}	0.028	0.003
σ_P	0.029	0.147	ϕ_{GI}	-0.025	0.000
σ_2	-0.046	0.010	ϕ_{GB}	0.027	0.000
σ_3	-0.111	0.000	ϕ_{GO}	-0.011	0.000
σ_4	-0.228	0.000	ϕ_{AL}	-0.033	0.000
σ_w	0.015	0.074	ϕ_{AM}	-0.026	0.000
γ_{GG}	0.261	0.000	ϕ_{AI}	0.044	0.000
γ_{GA}	-0.129	0.000	ϕ_{AB}	-0.003	0.503
γ_{AA}	0.161	0.000	ϕ_{AO}	0.018	0.000
δ_{LL}	0.047	0.172	μ_{Gt}	-0.041	0.008
δ_{MM}	0.072	0.015	μ_{At}	-0.035	0.000
δ_{II}	0.110	0.000	ν_{Lt}	-0.042	0.041
δ_{BB}	0.063	0.000	ν_{Mt}	0.048	0.020
δ_{OO}	0.019	0.107	ν_{It}	0.004	0.736
δ_{LM}	-0.032	0.210	ν_{Bt}	-0.005	0.639
δ_{LI}	0.026	0.016	ν_{Ot}	-0.005	0.469
δ_{LB}	-0.037	0.013	ν_{tt}	-0.026	0.295

推計方程式	R^2	$S.E.R.$
総費用関数	0.975	0.070
労働費用−総費用比率方程式	0.821	0.026
機械費用−総費用比率方程式	0.820	0.017
中間投入要素費用−総費用比率方程式	0.679	0.013
土地費用−総費用比率方程式	0.836	0.009
作物収益−総費用比率方程式	0.814	0.056
畜産物収益−総費用比率方程式	0.854	0.022

注1：方程式体系の推計には対称性および投入要素価格に関する一次同
　　　次性制約が課された。
　2：$S.E.R.$ は回帰の標準誤差を示す。
　3：P-値は統計的有意性の程度を直接に与える確率の値を示す。

表8-2　通常型多財トランスログ VC 関数のパラメータ推計値：都府県，
　　　　1957-97年

パラメータ	係数	P-値	パラメータ	係数	P-値
α_0	0.057	0.001	δ_{MO}	0.061	0.000
α_G	0.902	0.000	δ_{IO}	-0.052	0.000
α_A	0.212	0.000	ϕ_{GL}	-0.139	0.002
β_L	0.504	0.000	ϕ_{GM}	0.091	0.003
β_M	0.171	0.000	ϕ_{GI}	0.029	0.140
β_I	0.231	0.000	ϕ_{GO}	0.020	0.116
β_O	0.094	0.000	ϕ_{AL}	-0.049	0.000
β_B	-0.310	0.000	ϕ_{AM}	-0.025	0.000
β_t	-0.221	0.000	ϕ_{AI}	0.052	0.000
σ_P	n.a.	n.a.	ϕ_{AO}	0.022	0.000
σ_2	n.a.	n.a.	γ_{BB}	-0.421	0.001
σ_3	n.a.	n.a.	θ_{GB}	0.108	0.356
σ_4	n.a.	n.a.	θ_{AB}	0.054	0.013
σ_w	n.a.	n.a.	θ_{LB}	0.138	0.004
γ_{GG}	0.258	0.028	θ_{MB}	-0.057	0.059
γ_{GA}	-0.176	0.000	θ_{IB}	-0.049	0.015
γ_{AA}	0.169	0.000	θ_{OB}	0.032	0.000
δ_{LL}	0.096	0.000	μ_{Gt}	0.077	0.062
δ_{MM}	0.066	0.012	μ_{At}	-0.020	0.000
δ_{II}	0.130	0.000	ν_{Lt}	-0.060	0.041
δ_{OO}	0.015	0.173	ν_{Mt}	0.053	0.000
δ_{LM}	-0.061	0.001	ν_{It}	0.117	0.068
δ_{LI}	-0.012	0.229	ν_{Ot}	-0.005	0.463
δ_{LO}	-0.024	0.004	ν_{Bt}	-0.114	0.013
δ_{MI}	-0.066	0.002	ν_{tt}	-0.066	0.000

推計方程式	R^2	$S.E.R.$
可変費用関数	0.965	0.077
労働費用－総可変費用比率方程式	0.740	0.031
機械費用－総可変費用比率方程式	0.726	0.023
中間投入要素費用－総可変費用比率方程式	0.815	0.012
作物収益－総可変費用比率方程式	0.843	0.059
畜産物収益－総可変費用比率方程式	0.828	0.026

注1：統計的に有意ではなかったので，すべてのダミー変数は推計式か
　　　ら除外した。
　2：方程式体系の推計には対称性および可変投入要素価格に関する一
　　　次同次性制約が課された。
　3：$S.E.R.$ は回帰の標準誤差を示す。
　4：P-値は統計的有意性の程度を直接に与える確率の値を示す。
　5：n.a. は，「適用なし」(not applicable) を意味する。

基づいて，投入要素価格に関して，単調性および凹性条件をすべての標本についてチェックした。推計された生産量および投入量に対する収益－総費用比率および投入要素費用－総費用比率は正であったので，生産技術は単調性を満たしていると言える。投入要素価格に関する凹性条件についても，ヘッセ行列の対角行列の固有値がすべてのサンプルに対して負であったので，これも満たされたと言える。このことは，推計される価格弾力性はすべて負であることを意味しており，経済理論的に意味のある推計結果が得られることを示唆している。

　一方，表 8-2 に与えられている VC 関数モデルのパラメータ推計値を用いた場合には，TC 関数モデルの場合と同様に，生産物に対しても投入要素に対しても，推計されたすべての収益－総費用比率および投入要素費用－総費用比率は正であったので生産技術は単調性条件を満たしている。さらに，投入要素価格に関する凹性条件についても，ヘッセ行列の対角要素の固有値がすべてのサンプルに対して負であったので，この条件は満たされた。このことは，推計される 4 個の可変投入要素の価格弾力性はすべて負であることを意味している。

　準固定的投入要素としての土地に関する凸性条件に関しては，本章においてはその固有値は $[\gamma_{BB} + \beta_B(\beta_B - 1)]$ で与えられ，この値がゼロより大きいかそれに等しいものでなければならない。大規模階層農家 III および IV のすべてのサンプルに関してはその固有値は正であり，したがって，Z_B に関する凸性条件は満たされた。これに反して，小規模階層農家 I および II に関する固有値の中にはかなり多くのサンプルについて負の値が見つかった。特

---

2)　さらに，第 1 章においても遂行したように，われわれは，通常型 TC 費用関数，5 本の投入要素費用－総費用比率方程式および 2 本の収益－総費用比率方程式に対して，共和分関係を検定した。本研究におけるようなパネルデータを使用したモデルの検定法に関しては，Banerjee（1999）の方法が最も適切であると思われる。彼の手法に従って，各々の回帰からの残差を用いて，ADF 検定を遂行した。その結果は，両方のモデルに対して，各々の方程式に対して共和分が存在した。このことは，いずれの方程式に対しても，長期の関係は経済的に意味があるということを示唆している。一方，通常型トランスログ VC 関数モデルに対しては，VC 関数モデルそれ自体が，その性質上，「短期」の関係を表したものであるので，共和分関係の検定の必要性はないと判断し，その手法を敢えて用いることはしなかった。

に，最小階層農家Iに関してはこの傾向が強かった。このことは，Z_B に関しては，これら2つの小規模階層農家の多くのサンプルについて凸性条件が満たされなかったことを示唆している[3]。

　これらのファインディングズは，通常型多財トランスログTC関数の推計は曲率条件を満足させるデータへの2次近似を表していることを示唆している。表8-1に示されている推計パラメータは，それゆえ，信頼のおけるものであり，以下の節におけるさらなる実証的分析に用いられる。一方，トランスログVC関数においては，われわれは，準固定的投入要素としての土地（Z_B）に関係する経済指標についていくつかの信頼のおけない推計値に直面してしまう。しかしながら，ここで，土地を可変投入要素として扱ったS-G型多財トランスログTC関数の特定化を行なったとき，全4階層農家の全サンプルの固有値の推計値は負であり，したがって，このことは全4階層農家の全サンプルに対して凹性条件は完全に満たされたことを意味しているということを思い出してみよう。これらの結果から，われわれは，分析枠組みにおいてはきわめて重要であるがその取り扱いがきわめてやっかいな変数の取り扱い方について，重要で価値ある教訓を学んだと言える。言うまでもなく，この問題については，われわれははるかに慎重でかつ注意深い研究が必要である。

4.2　総費用（TC）関数モデルの妥当性のインフォーマルな検定

　戦後日本農業の生産構造に関する諸々の帰無仮説検定の評価をする前に，TC関数（または，「長期均衡」）モデルを用いることの妥当性のインフォーマルな検定の結果を見ておくことにしよう。この仮説検定を遂行するために，われわれは，1957–97年における全4階層農家のサンプルに対して，(8.6) 式を用いて観測値レベルにおける土地のシャドウ価格を推計した。それらの結果は，都府県平均農家に対して観測された地代とともに図8-1に示されている[4]。

---

3)　TC および VC 関数の曲率条件に関する詳細については Lau（1976）および Hazilla and Kopp（1986）を参照していただきたい。

図8-1　1985年価格で評価された総農産物のマルティラテラル価格指数でデフ
レートされた10a当たりの土地のシャドウ価格と平均農家の観測され
た地代：全階層農家および平均農家（都府県），1957-97年

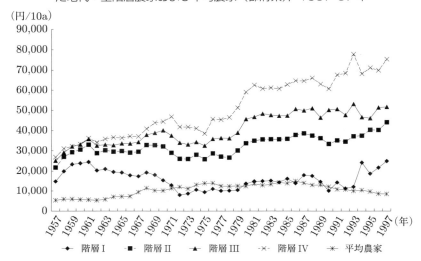

ここで，シャドウ価格および観測された地代はともに，1985年価格で評価
された総合農産物のマルティラテラル価格指数でデフレートしたものである
ので，シャドウ価格も現行の地代も実質値で把握することができるというこ
とを銘記しておいていただきたい。ここでは，少なくとも2つの重要なファ
インディングズに着目してみたい。

第1に，全研究期間1957-97年を通して，農家経営規模が大きいほど，土
地のシャドウ価格は大きくなる。

第2に，最も重要なファインディングは，全4階層農家の土地のシャドウ
価格は明らかに地代の観測値とは異なる，ということである。しかしながら，

---

4)　現実には，われわれは，全研究期間1957-97年に対して，『農経調』から各階層農家に
　　ついて現行の地代を得ることができる。それらの計測値を一覧して，全4階層農家間に
　　おいて観測された地代にいくらかの差異を確認することができる。しかしながら，それ
　　らの差異はきわめて小さいものであるし，推計された地代の水準と動向は都府県の平均
　　農家の現行の地代水準と動向にきわめて類似している。かくして，われわれは都府県平
　　均農家の地代を「代表的」なものとして選び，それを図8-1に示すことにした。こうす
　　ることによって，図8-1をいたずらに複雑化しなくて済むという利点もある。

最小階層規模農家の場合，シャドウ価格と観測地代は，1971-93年の期間において大雑把に言って，それらの水準は近かったようである[5]。このファインディングは，農企業は，土地費用も含む総費用を最小化する水準まで土地利用を行なっていなかったことを意味する。このことは，もう少し厳しい言い方をすると，TC関数モデルは戦後日本農業の生産構造を分析することに対しては適切ではないことを意味している。そのような長期的費用関数を適用すると，推計結果に重大なバイアスをもたらす可能性が高いことは想像に難くない。

この結論を銘記したうえで，われわれは，後の小節においては，戦後農業の生産構造に関する諸々の帰無仮説を検定したり，投入要素需要および代替の弾力性，規模および範囲の経済性，ならびに技術変化の率とバイアスを推計し評価することにする。しかし，いずれにしろ，われわれはこれらの定量的分析を，通常型多財トランスログTCおよびVC関数のパラメータ推計値に基づいて遂行することになる。したがって，不適切なトランスログTCおよびVC関数が適用されたときに，バイアスが一体どの方向にかつどのくらいの大きさで生じるのか，それらを把握できることにもなる，と言うことができる。

4.3　9本の帰無仮説の検定結果

第1に，表8-3によると，投入要素－生産物分離性の帰無仮説は，TCおよびVC関数両モデルにおいて，強く棄却された。この結果は，1つの集計生産物指数を作成するための作物と畜産物の一貫した集計は存在し得ないということを意味する。このことは，一歩推し進めて言えば，この生産技術には投入要素における非結合性はないということを意味している（Hall, 1973）。

第2に，投入要素における非結合性に関する帰無仮説も強く棄却された。この結果は，投入要素の非結合性は存在しない，したがって，各生産物に対応する各生産関数は存在しないことを意味する。

---

5)　われわれは，0.5ha以下の階層農家のシャドウ価格は，階層農家Iの場合よりも長期間にわたって，平均農家の現実地価より低かった可能性が高いと推量できそうである。

表 8-3　通常型多財トランスログ TC および VC 関数の推計パラメータに基づく
　　　　生産構造に関する帰無仮説の検定：都府県，1957-97 年

帰無仮説	TC 関数			VC 関数		
	Wald 検定 統計値	D.F.	*P*-値	Wald 検定 統計値	D.F.	*P*-値
(1) 投入要素－生産物 分離性	281.7	10	0.000	460.0	10	0.000
(2) 投入要素結合性	28.1	1	0.000	4.0	1	0.045
(3) 非技術変化	121.1	8	0.000	347.1	8	0.000
(4) 投入要素空間における ヒックス「中立性」	18.1	5	0.001	43.3	4	0.000
(5) 生産物空間における ヒックス「中立性」	29.7	2	0.000	16.2	2	0.000
(6) 投入要素空間および 生産物空間における ヒックス「中立性」	73.1	7	0.000	80.3	6	0.000
(7) C-D 型生産関数	7,202.5	28	0.000	12,066.8	28	0.000
(8) 作物および畜産物の結合 生産における収穫一定	0.5	1	0.490	2,795.0	1	0.000
(9) 作物および畜産物の結合 生産における非範囲の経 済性	23.1	1	0.000	4.0	1	0.045

注 1：D.F. は自由度を表す。
　　2：*P*-値は統計的有意性の程度を直接に与える確率の値を示す。

　これら 2 本の帰無仮説検定の結果から，すでに第 1 章で明らかになったよ
うに，戦後日本農業の生産構造を特定化するためには，単一財 TC 関数より
も多財 TC 関数の方が適切である。さらにこのことは，多財 TC 関数でなく
て単一財 TC 関数モデルを導入すれば，推計結果はバイアスを持つであろう
ことを示唆している。したがって，本章において，多財 TC 関数の分析枠組
みの使用に固執することはきわめて適切な方法であると言える。
　さらに，通常型多財トランスログ TC 関数の推計を行なうと，技術変化の
生産物空間におけるヒックス「中立性」や作物と畜産物の結合生産における
規模の経済性および範囲の経済性の存在といったきわめて興味深いかつ重要

な帰無仮説の検定を行なうことが可能になる。

第3に，非技術変化帰無仮説に対する Wald 検定の P-値は，TC 関数モデルにおいても VC 関数モデルにおいても，0.000 であった。このことは，非技術変化帰無仮説が強く棄却されたことを意味しており，言い換えれば，戦後日本農業にはなんらかの形で，技術変化が存在したことを意味している。

第4に，表8–3では，投入要素空間におけるヒックス「中立的」技術変化帰無仮説は，TC 関数モデルにおいても VC 関数モデルにおいても，強力に棄却された。この結果は，戦後日本農業の技術変化は，いずれかの投入要素に対しては「節約的」であったが，いずれかの投入要素に対しては「使用的」であったということを意味している。このようなバイアスの方向性に関する推計値については次節で詳説することにしたい。

第5に，表8–3は，生産物空間におけるヒックス「中立的」技術変化帰無仮説は，TC 関数モデルにおいても VC 関数モデルにおいても，強力に棄却されたことを示している。この結果は，戦後日本農業における技術変化は投入要素空間においても生産物空間においても，バイアスを持っていたということを意味している。ここでも，バイアスの方向についての議論は次節で詳説することにしたい。

第6に，投入要素空間においても生産物空間においても，技術変化のヒックス「中立性」帰無仮説が強力に棄却されたということは，上の第4および5の帰無仮説の棄却という結果から当然のことであると言える。

第7に，表8–3に明らかなように，C-D 型生産関数帰無仮説は，TC 関数モデルにおいても VC 関数モデルにおいても，完全に棄却された。このことは，C-D 関数の特定化における可変投入要素のいかなるペアの代替の弾力性も1であるという厳しい仮定は戦後日本農業の生産構造を特定化するにはまったく不適切であるということを意味する。さらに，C-D 型生産関数はもともとヒックス「中立的」技術変化を仮定しているので，この C-D 型生産関数の棄却という結果は投入要素空間のみでなく生産物空間においてもヒックス「中立的」技術変化に関する上記第4および第5帰無仮説の検定結果とまったく矛盾しない。

第8に，作物と畜産物の結合生産における CRTS 帰無仮説は，TC 関数モ

デルにおいては，50％に近い確率で棄却できなかった。一方，VC 関数モデルにおいては，CRTS 帰無仮説は強く棄却された。推計された作物と畜産物の結合生産における *RTS* の程度は，TC 関数モデルと VC 関数モデルの近似点において，それぞれ，0.992 および 1.176 であった。これらの結果は，戦後日本農業において，全研究期間 1957–97 年に対して，平均して言うと，それぞれ，TC 関数モデルでは CRTS，VC 関数モデルでは IRTS が存在したということを示唆している，ということになる。

　第 9 に，表 8–3 に示されているように，範囲の経済性なしという帰無仮説は TC 関数モデルにおいては強く棄却された。一方，同帰無仮説は VC 関数モデルにおいても，およそ 5 ％水準で棄却された。範囲の経済性の推計値は，TC および VC 関数モデルにおいて，それぞれ，0.027 および 0.015 であった。これらの値は正であり，戦後の作物と畜産物の結合生産において，範囲の不経済性が存在したことを示唆している。

　要するに，この小節における最も重要なファインディングは，戦後日本農業の生産構造を分析するためには，単一財費用関数モデルよりも多財費用関数モデルの方が優れた接近方法であると強調することができるということである。この結果は，第 1 章で得られた結果とほとんど同じ結論である。次小節においては，これらの推計された規模および範囲の経済性だけでなく技術変化の率とバイアスのような経済指標の大きさが，間違ったあるいはあまり適切ではない（TC 関数）接近方法が適用されたときに生じるバイアスをよりよく理解するために，TC および VC 関数モデルの間でどの程度の差異が見られるのか定量的に精査してみたい。

4.4　TC 関数および VC 関数モデルに基づく一部の推計結果の比較

4.4.1　投入要素の自己価格需要弾力性

　TC および VC 関数の推計パラメータに基づいて推計した近似点における投入要素需要の自己価格弾力性は表 8–4 に示されている。言うまでもなく，VC 関数モデルの場合においては，土地は外生変数の準固定的投入要素として特別に扱われているので，土地の自己価格需要弾力性は推計することができない。

表8-4　通常型多財トランスログ TC および VC 関数の推計パラメータに基づく近似点での投入要素の自己価格需要弾力性推計値の比較：都府県，1957-97年

投入要素	TC 関数	VC 関数
労働 (ε_{LL})	−0.440	−0.304
	(0.000)	(0.000)
機械 (ε_{MM})	−0.380	−0.445
	(0.047)	(0.004)
中間投入要素 (ε_{II})	−0.264	−0.205
	(0.041)	(0.020)
土地 (ε_{BB})	−0.238	n.a.
	(0.002)	(n.a.)
その他投入要素 (ε_{OO})	−0.688	−0.741
	(0.000)	(0.000)

注1：（　）内の数値は，統計的有意性の確率の程度を直接的に示す P-
　　　値である。
　2：VC 関数モデルに基づく投入要素の自己価格需要弾力性は（8.24）
　　　式によって推計した。TC 関数モデルに基づくそれらの推計は，
　　　第1章の表1-4において TC 関数モデルに対して用いられたもの
　　　と同様の公式を適用することによって遂行された。
　3：n.a. は「適用なし」（not applicable）を意味する。

　さて，この表の数値を一目見て，推計された自己価格需要弾力性はすべて
統計的に有意であり，その弾力性の符号に関しても大きさに関しても，TC
および VC の両関数モデルの間できわめて類似している。これら自己価格需
要弾力性はすべて負であり，経済理論に合致している。さらに，すべての弾
力性は 1.0 より小さい。このことは，1957-97 年における各投入要素に対す
る需要は，一般的に，価格変動に対して非弾力的であったことを示している。
投入要素に対する需要は原則として派生需要であるので，このことは農産物
に対する需要は一般的に非弾力的であるという一般的な傾向を反映したもの
であると言える。

4.4.2　AES，MES，および SES の推計

　TC および VC 関数モデルに基づく AES，MES，および SES の推計値は

表8-5に示されている。すでに示されたように，AES および SES は対称であるが MES は非対称である。さらに，繰り返しになるが，VC 関数モデルの場合においては土地は準固定的投入要素（Z_B）として扱われているので，われわれは VC 関数のパラメータ推計値に基づいて土地関連の代替の弾力性は推計できない。さて，表8-5における推計値に関していくつかの点に注目しておきたい。

　第1に，推計された AES の評価から始めることにしよう。一般に，代替性および補完性関係は TC および VC 関数モデルに基づく2系列の推計値の間に一貫性が見られる。しかしながら，TC 関数モデルに基づく σ_{LB}^A，σ_{MB}^A，σ_{IB}^A，および σ_{BO}^A のような土地関連の弾力性は10％以上の水準では統計的に有意ではない。一方，σ_{LI}^A，σ_{LO}^A，σ_{MI}^A，σ_{MO}^A，および σ_{IO}^A は TC および VC 関数のいずれのモデルにおいてもともに統計的に有意である。さらに，絶対値で見ると，TC 関数モデルに基づく推計結果の方が，VC 関数モデルの推計結果に基づく弾力性よりも幾分か大きいように見える。最後に，われわれはこれらの推計値から，労働と機械，労働と中間投入要素，労働とその他投入要素，および機械とその他投入要素は互いに代替財であるが，機械と中間投入要素および中間投入要素とその他投入要素は互いに補完財であると言えそうである。

　次に，ほとんどの MES の推計値は，σ_{MI}^M，σ_{IM}^M，および σ_{OI}^M 以外は統計的に有意である。σ_{MI}^M および σ_{OI}^M 以外のものについては，ほとんどすべての投入要素のペアについては正である。このことから，機械と中間投入要素およびその他投入要素と中間投入要素のペアを除けば，投入要素のすべてのペアは互いに代替財であるということがわかった。これら2つの弾性値は統計的にゼロであるとみなすことができる。この結果は，機械と中間投入要素およびその他投入要素と中間投入要素を互いに独立財とみなすことができるということを意味している。したがって，TC および VC 関数に基づく2系列の推計値の間で σ_{ij}^M の大きさにそれほど大幅な差異はないが，TC 関数モデルの場合には，非対称の代替の弾性値にかなり大きな弾性値のペアが散見される。

　最後に，「最も完全な」（Chambers, 1988, p. 97）投入要素の代替弾力性の推

表8-5　通常型多財トランスログ TC および VC 関数の推計パラメータに基づく
近似点での AES，MES，および SES 推計値の比較：都府県，1957-97 年

σ_{ij}	AES		MES		SES	
	TC関数	VC関数	TC関数	VC関数	TC関数	VC関数
σ_{LM}	0.542 (0.138)	0.298 (0.000)	0.464 (0.038)	0.496 (0.003)	0.639 (0.008)	0.564 (0.001)
σ_{ML}			0.688 (0.003)	0.455 (0.003)		
σ_{LI}	1.273 (0.000)	0.898 (0.000)	0.529 (0.000)	0.413 (0.000)	0.684 (0.000)	0.521 (0.000)
σ_{IL}			1.023 (0.000)	0.757 (0.000)		
σ_{LB}	0.146 (0.671)	n.a. (n.a.)	0.251 (0.010)	n.a. (n.a.)	0.295 (0.006)	n.a. (n.a.)
σ_{BL}			0.507 (0.012)	n.a. (n.a.)		
σ_{LO}	0.910 (0.001)	0.493 (0.008)	0.765 (0.000)	0.787 (0.000)	0.779 (0.000)	0.751 (0.008)
σ_{OL}			0.857 (0.000)	0.553 (0.000)		
σ_{MI}	−1.385 (0.076)	−0.669 (0.219)	−0.026 (0.928)	0.051 (0.807)	0.085 (0.750)	0.211 (0.322)
σ_{IM}			0.167 (0.591)	0.330 (0.153)		
σ_{MB}	0.665 (0.288)	n.a. (n.a.)	0.301 (0.001)	n.a. (n.a.)	0.370 (0.001)	n.a. (n.a.)
σ_{BM}			0.483 (0.024)	n.a. (n.a.)		
σ_{MO}	4.234 (0.000)	4.778 (0.000)	1.046 (0.000)	1.190 (0.000)	1.041 (0.000)	1.216 (0.000)
σ_{OM}			1.033 (0.000)	1.263 (0.000)		
σ_{IB}	0.423 (0.240)	n.a. (n.a.)	0.278 (0.002)	n.a. (n.a.)	0.301 (0.002)	n.a. (n.a.)
σ_{BI}			0.352 (0.032)	n.a. (n.a.)		
σ_{IO}	−1.720 (0.001)	−1.409 (0.000)	0.541 (0.001)	0.609 (0.000)	0.358 (0.008)	0.398 (0.000)
σ_{OI}			−0.095 (0.573)	−0.120 (0.335)		
σ_{BO}	−0.236 (0.572)	n.a. (n.a.)	0.668 (0.000)	n.a. (n.a.)	0.454 (0.000)	n.a. (n.a.)
σ_{OB}			0.215 (0.019)	n.a. (n.a.)		

注1：（　）内の数値は，統計的有意性の確率の程度を直接的に示す P-値である。
　2：VC 関数モデルに対する AES，MES，および SES は，（8.26）から（8.29）
　　式を用いて推計した。TC 関数モデルに対する AES，MES，および SES の
　　推計値は，第2章の表2-3から転載した数値である。
　3：n.a. は「適用なし」（not applicable）を意味する。

計値，すなわち，SES の推計値は表8-5の右側2欄に示されている。SES
は AES と同様に対称である。MES の場合と同様に，TC および VC 関数
モデルの推計パラメータを用いて求めた σ_{MI}^S は統計的に有意ではない。し
たがって，われわれはそれらの値をゼロとみなすことができる。このことは，
機械と中間投入要素が互いに独立財であることを意味する。これ以外につい
ては，TC および VC 関数の推計パラメータを用いて推計したその他すべて
の投入要素のペアの推計値はすべて正であり統計的にも有意である。この結
果は，機械と中間投入要素を例外として，すべての投入要素は互いに代替財
であることを示唆している。さらに，弾力性の大きさは TC および VC 関数
モデルの間で，一般的に，きわめて近い。さらに，SES の弾性値は MES の
対応する推計値の間で非常に類似している。

　MES と SES の推計値を AES の推計値と比べてみると，われわれは弾力
性の推計値に大きな差異を見てとることができる。1つは，機械と中間投入
要素および中間投入要素とその他投入要素は，AES の場合には互いに補完
財としての推計結果を得たが，MES および SES を適用すると，これらは互
いに代替財である。もう1つの差異は，機械とその他投入要素は，全3通り
の推計値ともに AES による推計値の方が MES と SES による推計値よりも
はるかに大きい。このように，投入要素間の代替性および補完性の推計値に
おけるこれほどの差異を確認すると，われわれは，AES 手法のみによって得
た投入要素間の代替性および補完性に関し，それら推計値からの結論を導く
際に注意深くかつ慎重でなければばならない。これらの結果から鑑みて，わ
れわれは MES および SES も推計することはきわめて望ましいことである
と結論しておきたい。ここで再び，本章で得られた結果は，第1章で得られ
たほとんど同じ結論を支持している。

　要約すると，われわれは AES，MES，および SES の間で，弾性値の大き
さにいくつかの重大な差異を見つけたが，AES，MES，および SES の推計
値は，TC および VC 関数モデル間でかなり類似している。しかしながら，
われわれは，本章の初めの部分で発見したように，土地が均衡点において使
用されていないという事実にもかかわらず，土地を可変投入要素とみなして
扱っているという意味において，TC 関数モデルは VC 関数モデルよりも劣

るので，VC 関数モデルのパラメータ推計値に基づいて推計された弾性値の方がより信頼性が高い，ということは銘記しておかねばならない。

4.4.3　総費用（TC）および可変費用（VC）関数モデルに基づく規模の経済性および範囲の経済性の推計

　まず最初に，投入要素需要の自己価格弾力性や代替の弾力性の場合とは違って，われわれは TC および VC 関数モデルの推計パラメータに基づいて推計された作物と畜産物の結合生産における規模の経済性（RTS）と範囲の経済性には大幅な差異を発見した。したがって，全研究期間 1957–97 年につき全4階層農家に対して，2つのモデルから推計した規模の経済性（RTS）と範囲の経済性をグラフ化し，それらを観察することによって規模の経済性（RTS）と範囲の経済性の差異に関する多くの情報を得ることができるだろう。TC および VC 関数モデルに基づいて推計された規模の経済性（RTS）と範囲の経済性は，それぞれ，図 8–2 と 8–3 および図 8–4 と 8–5 に示されている。これらに加えて，われわれは，ダブルチェックの意味合いをこめて，各階層農家の作物と畜産物の結合生産における規模の経済性（RTS）と範囲の経済性に関する 1957–97 年の平均値の要約表を作成した。この要約情報は表 8–6 に示した通りである。以下において，いくつかの重要な点をこれらの図と表から特に言及しておくことにしよう。

　表 8–6 によると，TC 関数モデルの場合，作物および畜産物の結合生産において，階層農家 I および II では平均値で見て IRTS が観察されたが，階層農家 III および IV においてはおおむね CRTS が観察された。これに反して，VC 関数モデルの場合，全4階層農家は平均値において IRTS を示しており，規模の経済性（RTS）の程度は各階層間で互いにきわめて近い値である。一方，TC 関数モデルが用いられた場合，推計された範囲の経済性の値は統計的には有意とは言えないけれども，全4階層農家のほとんどにおいて作物と畜産物の結合生産による範囲の経済性が存在したようである。しかしながら，VC 関数モデルの場合には，階層農家 I および II のみが範囲の経済性の存在を示し，他の階層農家 III および IV は，統計的に有意とは言えないが，範囲の不経済性の存在を示した。ここで，銘記しておくべき点は，TC および VC 関

表8-6　通常型多財トランスログTCおよびVC関数の推計パラメータに基づく
各階層農家の作物－畜産物結合生産における規模の経済性および範囲の
経済性の推計値の比較：都府県，1957-97年

階層農家	TC関数		VC関数	
	規模の経済性の程度	範囲の経済性の程度	規模の経済性の程度	範囲の経済性の程度
階層農家 I	1.0709	−0.0516	1.1899	−0.1032
	(0.0664)	(0.0805)	(0.0469)	(0.1251)
階層農家 II	1.0233	−0.0340	1.1699	−0.0193
	(0.0582)	(0.0533)	(0.0374)	(0.0627)
階層農家 III	0.9985	−0.0271	1.1709	0.0069
	(0.0527)	(0.0260)	(0.0265)	(0.0251)
階層農家 IV	0.9722	−0.0122	1.1797	0.0270
	(0.0485)	(0.0366)	(0.0235)	(0.0325)
平均	1.0162	−0.0312	1.1776	−0.0221
	(0.0671)	(0.0546)	(0.0355)	(0.0877)

注1：VC関数モデルにおける規模および範囲の経済性は（8.17）および（8.22）式を用いて推
計した。TC関数モデルにおける規模および範囲の経済性は，第1章の（1.20）および
（1.26）式を用いて推計した。
　2：（　）内の数値は標準偏差である。
　3：「平均」農家の規模および範囲の経済性の程度は，全4階層農家 I, II, III, および IV の
各階層農家の全サンプルの平均値である。

数に基づいて推計されたすべての規模の経済性（RTS）の程度は統計的に有意
であるが，範囲の経済性はすべて統計的に有意ではないということである。

　次に，われわれはグラフを用いて，全研究期間1957-97年における規模
の経済性（RTS）と範囲の経済性の実際の経時的動向を見てみることにしよ
う。図8-2および8-3は，それぞれ，TCおよびVC関数モデルの推計パ
ラメータに基づいて推計された全4階層農家の規模の経済性（RTS）の動向
を示したものである。一方，図8-4および8-5は，それぞれ，TCおよび
VC関数モデルの推計パラメータに基づいて推計された全4階層農家の範囲
の経済性の動向を示したものである。これらの図において，1957-97年にお
ける規模の経済性（RTS）および範囲の経済性の動向にいくつかの興味深い
特徴を観察することができる。

　図8-2によると，全4階層農家に対して，1950年代後期から1960年代

図 8-2　通常型多財トランスログ TC 関数の推計パラメータに基づき推計された
　　　　作物および畜産物の結合生産における規模の経済性：全階層農家（都府
　　　　県），1957-97 年

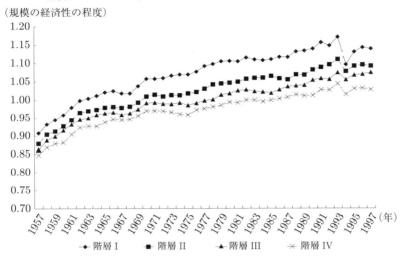

（規模の経済性の程度）

-◆- 階層 I　　-■- 階層 II　　-▲- 階層 III　　-✕- 階層 IV

初期にかけて，作物と畜産物の結合生産において規模に関する収穫逓減
（DRTS）が認められた。しかしながら，階層農家 I は 1962 年頃から規模に
関する収穫逓増（IRTS）を享受し始め，階層農家 II は 1970 年から，階層農
家 III は 1979 年から，そして階層農家 IV は 1986 年から IRTS を享受し始め
たということが観てとれる。1950 年代半ば頃から 1960 年代後期にかけて小
型農業機械化が日本中至るところで急激に進行し，1970 年代初期以降，中
型ないし大型機械が日本全体に広まっていったことを考えると，機械投入要
素の特徴としての「不分割性」が拡大したのであるから，本章の全研究期間
1957-97 年において，全 4 階層農家に IRTS が存在したに違いないと期待す
るのは自然なことである。したがって，われわれは TC 関数の推計に基づく
このファインディングには疑いを抱かざるを得ない。この結果は，TC 関数
モデルにおいては土地が可変投入要素として扱われ，その使月水準は均衡に
達しているという大胆な仮定から生じたものである可能性がきわめて高いこ
とを示していると思われる。
　一方で，VC 関数モデルにおいては，土地は準固定的投入要素として扱わ

図8-3　通常型多財トランスログVC関数の推計パラメータに基づき推計された作物および畜産物の結合生産における規模の経済性：全階層農家（都府県），1957-97年

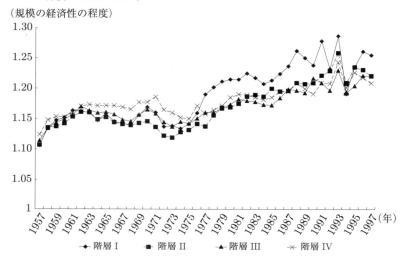

（規模の経済性の程度）

→ 階層Ⅰ　　　 ■ 階層Ⅱ　　　 ▲ 階層Ⅲ　　　 ✕ 階層Ⅳ

れており，したがってその使用水準は，このサンプル期間（1年）内では変えることができない。VC関数モデルに基づく規模の経済性の程度の推計値は図8-3に示されている。図8-3によると，全4階層農家は，全研究期間1957-97年において，IRTSを享受していたことは一目瞭然である。よく知られているように，小型耕耘機に代表されるような農業生産の相対的に小規模な機械化は1950年代半ば頃に起こり急激な勢いで全国に普及していった。この農業機械化の動きに対応して，全4階層農家は1950年代半ばから1960年代初期を通して急激な勢いでIRTSを享受した。その後，1960年代末頃まで，IRTSの拡大のスピードは停滞気味になったが，1970年代初期以来，乗用型トラクター，ハーヴェスター，田植機などに代表される中・大型機械の導入が急速に進んだ。ところで，これらの中・大型機械は小型耕耘機に比べると，はるかに強力な「不分割性」を持っていた。このような特徴を持つ小型機械から中・大型機械への転換によって，IRTSの程度は，特に1975年以降，全4階層農家で拡大した。

図8-4　通常型多財トランスログTC関数の推計パラメータに基づき推計された
　　　　作物および畜産物の結合生産における範囲の経済性：全階層農家（都府
　　　　県），1957-97年

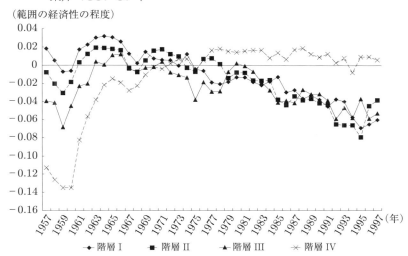

作物あるいは畜産物あるいは両生産物であろうと，相対的に大「（生産量）
規模」を持つ大「（土地）面積規模」農家数が，現実には日本農業において増
加しつつあることを考えると，VC関数モデルに基づくこの結果はTC関数
モデルから得た結果よりも日本農業の生産構造の実態をよりよく反映したも
のであると言うことが可能であろう。

　次に，それぞれ，TCおよびVC関数モデルの推計パラメータに基づいて
推計した後，図8-4および8-5に示されている範囲の経済性の評価を行な
うことにしよう。まず，TC関数モデルに基づいて推計され図8-4に描かれ
た範囲の経済性を観てみると，われわれは，全研究期間1957-97年において，
全4階層農家間で範囲の経済性は異なった動きをしていたことを観察できる。
第1に，階層農家IVは1957年から1971年までは，作物と畜産物の結合生
産において範囲の経済性を享受したが，1972年以降はその結合生産に範囲
の不経済性を経験するようになった。この結果は，およそ1960年代後半以
降畜産業における専門化が急速に進み，畜産農家は畜産に専門化した方がよ

図8-5　通常型多財トランスログ VC 関数の推計パラメータに基づき推計された
作物および畜産物の結合生産における範囲の経済性：全階層農家（都府
県），1957-97 年

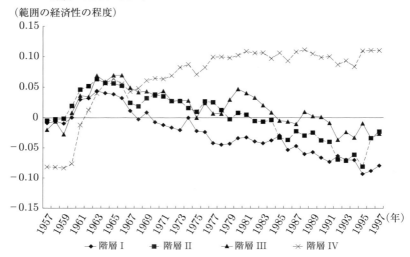

（範囲の経済性の程度）

凡例：
◆ 階層 I　　■ 階層 II　　▲ 階層 III　　× 階層 IV

り効率的な経営を行なうことができると考えたことを反映しているように推
察できる。次に，階層農家 III は，1963-66，1971，および 1980 年の数年を
除き，ほぼ全期間において，範囲の経済性を享受した。一方，相対的に小規
模階層農家 I および II は，一般的に言って，1957 年から 1973-74 年まで，範
囲の不経済性に直面したが，それ以降には，階層農家 II における 1976-78 年
を除き，範囲の経済性を享受し始めた。この結果は，小（土地面積）階層農
家にとっては，作物と畜産物の結合生産を経営することはより有利であると
いうことを示唆している。

　他方，図8-5 は，VC 関数モデルに基づいて推計された範囲の経済性のグ
ラフである。これらのグラフは，図8-4 に示されている TC 関数モデルに
基づく範囲の経済性のグラフとはかなり違った様相を呈している。グラフそ
のものの形は 2 つのモデルの間でかなり似ているが，範囲の経済性の値その
ものは，2 つのモデルの間でかなり異なっている。第 1 に，階層農家 IV は，
日本経済全体の高度成長と並行して進んだ農業部門の急速な成長の初期，よ

り具体的には1957–61年，においては，範囲の経済性を享受したが，1962年以降には，この階層農家は作物と畜産物の結合生産における範囲の不経済性を経験してきている。このファインディングは，作物生産農家あるいは畜産物生産農家は作物ないし畜産物に特化することによってより効率的な農業経営を営んでいたことを示唆している。第2に，階層農家 II および III は，1960年代初期から1980年代初期の頃まで，範囲の不経済性に直面していた。しかしながら，それ以降，これら2階層農家は範囲の経済性を享受している。最後に，階層農家 I は，1960–69年には範囲の不経済性に直面していたが，それ以降，この階層農家は作物と畜産物の結合生産における範囲の経済性を享受している。図8–4および8–5に基づくファインディングズは，（土地）面積規模が大きくなればなるほど，作物か畜産物に特化した農業経営を営む方がより効率的であるということを示唆している。

　ここで，日本農業における規模および範囲の経済性に関する代表的な研究をサーベイしておくことにしよう。川村・樋口・本間（1987）および草苅（1990b）は多財トランスログ TC 関数を推計し，規模の経済性（RTS）と範囲の経済性を計算した。いずれの研究においても，彼等は2作物の結合生産における範囲の経済性を発見した。川村・樋口・本間（1987）が彼等の TC 関数に導入した2生産物は米および畜産物を含むその他生産物であったが，2つの研究が特定化した費用関数は，すべての投入要素価格を捨象してしまうという意味であまりにも単純すぎるものであった。草苅（1990b）も川村・樋口・本間（1987）とほとんど同じ方法で通常型2生産物 TC 関数を特定化した。しかしながら，彼の場合には，米と野菜が2つの生産物であった。これら2つの代表的（というより，公刊されている論文はこの2本しか掘り起こすことができなかった）な研究における2生産物費用関数の特定化は，本章におけるわれわれの作物－畜産物結合生産における規模の経済性（RTS）と範囲の経済性の推計結果との違いを引き起こしたに違いない。

　戦後日本農業における範囲の経済性の存在を検証しようとしたこれら2つの代表的研究と本研究との違いは，以下の2つの点にある。(i) 本研究では，2つの生産物として作物と畜産物を区分した。(ii) 本研究において導入された費用関数は，生産技術について投入要素－生産物は非分割的であるだけで

なく，技術変化は投入要素空間においても生産物空間においてもヒックス「非中立的」であるという特定化を行なっているという意味で，きわめて一般性が高い。したがって，本章は，川村・樋口・本間（1987）ならびに草苅（1990b）によって得られた結果よりも包括的で信頼性の高い推計結果を提供していると言うことができよう。

　要約すると，われわれは，VC 関数モデルに基づいて，全研究期間 1957–97 年において，全 4 階層農家における IRTS の存在をこれまでの研究に比べてはるかに明確に検証することができた。さらに，VC 関数モデルに基づく範囲の経済性の程度の動向は，TC 関数で求められたものよりも明確な動向を示した。

4.4.4　総費用（TC）および可変費用（VC）関数モデルに基づく 技術変化の率と投入要素バイアスの推計

　まず最初に，表 8–7 には，TC および VC 関数モデルの推計パラメータを用いて，その変数の近似点で推計された PGX および PGY を示した。この表によると，PGX の成長率は，TC および VC 関数モデルのいずれに基づいた推計値であっても，およそ平均年率 1.04%でほとんど同値である。一方，VC 関数モデルに基づいて得られた PGY の成長率は，TC 関数モデルに基づいて求められた PGY の成長率よりも大きく，それぞれ，平均年率 1.23 および 1.03%であった。この結果は，VC 関数モデルの推計パラメータを用いて推計した近似点における RTS が TC 関数に基づいて推計した近似点における RTS よりも大きい値を示したからである（$PGY = PGX \times RTS$ であることを思い出していただきたい）。

　大まかに言うと，TC および VC 関数モデルから推計した PGX および PGY の値は，VC 関数モデルに基づいて推計された PGY の場合を除けば，ほとんど等しい。この結果の主要な要因は，VC 関数モデルから得られた PGY を高めることにおいて重要な役割を果たした規模の経済性（RTS）の存在だったように思われる。

　次に，TC および VC 関数モデルに基づいて推計された技術変化の投入要素バイアスの評価をすることにしよう。推計結果は表 8–8 に示されている。

表8-7　通常型多財トランスログ TC および VC 関数の推計パラメータに基づく
　　　　近似点での PGX および PGY 推計値の比較：都府県，1957-97 年

	TC 関数	VC 関数
PGX	1.040	1.045
	(0.000)	(0.000)
PGY	1.032	1.229
	(0.000)	(0.000)

　　　注1：（　）内の数値は，統計的有意性の確率の程度を直接的に示す P-
　　　　　　値である。
　　　　2：VC 関数モデルに対しては，PGX および PGY は（8.30）およ
　　　　　　び（8.31）式を用いて推計した。他方，TC 関数モデルに対しては，
　　　　　　推計式は第1章第4.2.2節および表1-5の注1に説明されている。

　この表におけるいくつかの興味深いファインディングズに注目してみたい。
　第1に，「総」バイアス効果を見ると，投入要素バイアスの方向は，TC お
よび VC 関数の両モデルにおいて，労働—「節約的」，機械—「使用的」，中
間投入要素—「使用的」であることがはっきりと見てとれる。バイアスの大
きさは，機械—「使用的」バイアスを除いて，2つのモデルの間でかなりよ
く似ている。VC 関数モデルより得られた機械—「使用的」バイアスは年率
2.439％であったが，TC 関数モデルから得られたそれは年率1.248％であっ
た。このことは，「短期」モデルから得た機械—「使用的」バイアスは「長
期」モデルに基づくそれよりも大きいことを意味する。土地（TC 関数モデ
ルについてのみであるが）およびその他投入要素に関しては，「総」バイアス
効果は，一見，土地—「節約的」およびその他投入要素—「使用的」に見え
るが，両モデルにおいてこれらのバイアスは統計的にともに有意ではない。
　第2に，TC および VC の両関数モデルともに，「純」バイアス効果は，労
働—「節約的」，機械—「使用的」，中間投入要素—「使用的」であったが，TC
関数モデルにおける中間投入要素—「使用的」バイアスは統計的に有意では
なかった。さらに，土地（VC 関数モデルには適用できないが）およびその他
投入要素に関する「純」バイアス効果は，TC 関数モデルにおいても VC 関
数モデルにおいても統計的に有意ではなかった。労働，機械，および中間投
入要素の場合においては，「純」バイアス効果が，これら投入要素の「総」バ

表8-8　通常型多財トランスログ TC および VC 関数の推計パラメータに基づく
投入要素の「純」，「規模」，および「総」バイアス効果の推計値の比較：
都府県，1957-97 年

技術変化 バイアス	TC 関数			VC 関数		
	バイアス の程度	P-値	総バイアス への貢献	バイアス の程度	P-値	総バイアス への貢献
「純」バイアス-L	−0.566	0.041	56.0	−0.737	0.000	59.1
「規模」バイアス-LG	−0.054	0.145	5.3	−0.378	0.002	30.3
「規模」バイアス-LA	−0.391	0.002	38.7	−0.132	0.000	10.6
「総」バイアス-L	−1.011	0.000	100.0	−1.247	0.000	100.0
「純」バイアス-M	1.924	0.020	154.2	1.918	0.000	78.6
「規模」バイアス-MG	0.234	0.003	18.8	0.725	0.003	29.7
「規模」バイアス-MA	−0.911	0.000	−73.0	−0.204	0.000	−8.4
「総」バイアス-M	1.248	0.140	100.0	2.439	0.000	100.0
「純」バイアス-I	0.111	0.736	10.0	0.314	0.068	39.6
「規模」バイアス-IG	−0.154	0.000	−14.0	0.171	0.140	21.6
「規模」バイアス-IA	1.150	0.000	103.9	0.307	0.000	38.8
「総」バイアス-I	1.107	0.001	100.0	0.792	0.000	100.0
「純」バイアス-B	−0.310	0.639	247.6	n.a.	n.a	n.a.
「規模」バイアス-BG	0.365	0.000	−291.7	n.a.	n.a.	n.a.
「規模」バイアス-BA	−0.180	0.503	144.0	n.a.	n.a.	n.a.
「総」バイアス-B	−0.125	0.855	100.0	n.a.	n.a.	n.a.
「純」バイアス-O	−0.373	0.469	−61.8	−0.316	0.463	−108.3
「規模」バイアス-OG	−0.162	0.000	−26.9	0.284	0.116	97.4
「規模」バイアス-OA	1.138	0.000	188.7	0.324	0.000	110.9
「総」バイアス-O	0.603	0.272	100.0	0.292	0.454	100.0

注1：投入要素バイアスの程度は，VC 関数モデルの場合には（8.10）式を用いて推計した。TC
　　関数モデルの場合には，第1章の（1.9）式を通常型トランスログ TC 関数用に修正して，推
　　計した。
　2：L, M, I, B, O は，それぞれ，労働，機械，中間投入要素，土地，およびその他投入要素を
　　指す。一方，G および A は，それぞれ，作物および畜産物を指す。
　3：バイアスの程度は，標本平均での年当たり％で示されている。
　4：P-値は，推計された各バイアスの統計的有意性の程度を直接に示す。
　5：n.a. は「適用なし」（not applicable）を意味する。
　6：例えば，「規模」バイアス-LG および「規模」バイアス-LA は，それぞれ，作物および畜産
　　物に関する労働の「規模」バイアスを表している。他の投入要素についても同じ要領を適用
　　すればよい。

イアス効果に対して最も重要な貢献をした。

　第3に，各投入要素の「規模」バイアス効果は，作物および畜産物の生産水準の変化に対応する2つの異なった効果からなっている。労働投入に対しては，TC および VC 関数の両モデルに対して，作物および畜産物の増産は双方とも労働―「節約的」効果を持っている。このことは，農業者は，作物であろうと畜産物であろうと，それらをより多く生産することによって労働をより効率的に使用するということを示唆している。一方，作物生産の増加は労働―「使用的」バイアス効果を持っていたが，畜産物生産の増大は機械―「節約的」効果を持った。効果の程度は2つのモデルの間で異なるが，TC 関数モデルから得られた結果も VC 関数モデルから得られた結果も同じ傾向を示している。中間投入要素に関しては，作物生産に関する「規模」バイアス効果は，TC 関数モデルに対しては負（−0.154）であったが，VC 関数モデルに対しては同効果は正（0.171）であった。これに反して，畜産物生産に関する「規模」バイアス効果は，TC および VC 関数モデル双方についても正であったが，畜産物生産に関する中間投入要素―「使用的」バイアス効果については，TC 関数モデルにおけるその効果の方が VC 関数モデルにおけるその効果よりもはるかに大きく，それぞれ，1.150 および 0.307％であった。TC 関数モデルにおける土地バイアス効果の場合には，作物生産に関する「規模」バイアス効果が正の 0.365％であり統計的に有意であった。この結果は，きわめて常識的ではあるが，作物生産の増大はより広大な土地を要求するということを意味している。最後に，TC 関数モデルにおいて，作物生産に関するその他投入財の「規模」バイアス効果は負で統計的に有意であった（−0.162）が，VC 関数モデルにおいては正で統計的に 12％水準で有意であった（0.284）。他方，畜産に関する「規模」バイアス効果は，TC 関数モデルに対しても VC 関数モデルに対しても正でありかつ統計的に有意であり，それぞれ，1.138 および 0.324％であった。

　要約すると，TC および VC 関数両モデルにおいて，5 個の投入要素（VC 関数モデルにおける土地は除いて）の「純」，「規模」，および「総」バイアスは，バイアスの方向性においてもその程度においても，一般的に言って，きわめてよく似ている。しかしながら，作物生産に関する中間投入要素とその他投

入要素のみの「規模」バイアス効果については，両モデル間で反対の符号が示されている。VC 関数モデルの方が TC 関数モデルよりも良好な（バイアスのない）結果をもたらしてくれることを思い出すと，われわれは VC 関数モデルから得られた推計値をより信頼のおける推計値として用いる方がよさそうである。

4.4.5　総費用（TC）および可変費用（VC）関数モデルにおける生産物　　　　バイアスの推計

　TC および VC 関数の推計パラメータに基づいて推計された生産物バイアスは，それぞれ，図8−6および8−7にグラフの形で示されている。2つの図を一瞥すると，TC および VC 関数モデルから得られた全4階層農家における生産物バイアスはすべて正であり，その大きさも経時的な動向もきわめて類似しているように見える。少なくとも，これらの図におけるいくつかのポイントが注目に値する。

　第1に，推計された生産物バイアスはすべて正であり，そしてこのことは，1957–97 年の日本農業における生産物バイアスは全4階層農家において，畜産物−「増大的」であったということを意味している。この結果は，畜産物−「増大的」バイアスは，一方では，消費者の畜産物に対する需要の急激な増加に対応したものであり，他方では，1961 年に制定された『農業基本法』によって唱導された重要な政策である畜産物増大に代表される「選択的拡大」に対応するものであった，と言えるだろう。

　第2に，TC 関数に基づく畜産物−「増大的」バイアスの推計値の程度は，VC 関数モデルに基づく同バイアスの程度よりも小さかった。または，実際のところ，われわれは，TC 関数モデルによる生産物バイアスのそのような小さな差異は，むしろ，無視しても差し支えないだろう。

　第3に，われわれは図8−6および8−7における生産物バイアスの興味深い動きを観察することができる。1950 年代後半から 1960 年代初期にかけて，畜産物−「増大的」バイアスは，特に，最大の階層農家 IV においてかなり急激であった。しかしながら，階層農家 IV のそのバイアスの程度は，およそ 1960 年代半ばから 1990 年代末にかけてはほとんど一定であった。これに

図8−6　通常型多財トランスログ TC 関数の推計パラメータに基づき推計された
　　　　「畜産物−増大」バイアス：全階層農家（都府県），1957-97年

（生産物バイアスの程度）

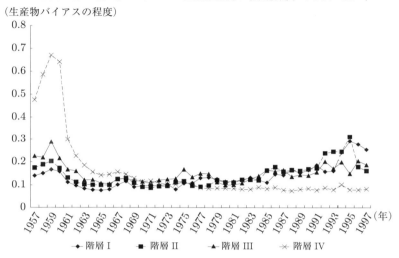

図8−7　通常型多財トランスログ VC 関数の推計パラメータに基づき推計された
　　　　「畜産物−増大」バイアス：全階層農家（都府県），1957-97年

（生産物バイアスの程度）

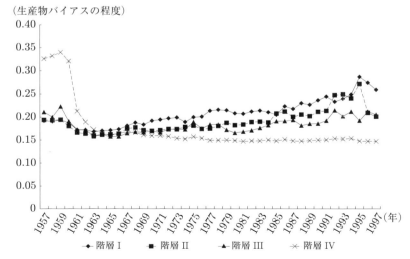

反して，その他の相対的に小規模な階層農家 I, II, および III は，1960年代半ば頃から1990年代半ば頃まで，畜産物－「増大的」バイアスの上昇トレンドを示した。なお，これらの動向は，図8-7に示されている VC 関数モデルに基づいて得られた結果によってより一層明瞭に把握できる。

5　要約と結論

　本章の主要な目的は，戦後，特に，20世紀後半，より具体的には1957-97年における日本農業の生産構造を分析するためには，TC 関数モデルかあるいは VC 関数モデルか，いずれがより適切かを判定し検証することであった。この目的を遂行するために，われわれは，いかにも洗練されてはいるがきわめて複雑な統計的検定法ではなく，非常に初歩的な手法を用いた。すなわち，われわれが本章で試みたことは，まずまったく同じデータセットを用いて TC および VC 関数モデルを推計し，それらの推計されたパラメータを用いて，投入要素需要および要素代替の弾力性，規模および範囲の経済性，ならびに技術変化の率および投入要素空間と生産物空間におけるバイアスに代表されるような経済指標の推計結果の比較を行なうことであった。いずれのモデルが適切であるかを判断しようとするわれわれの方法は，VC 関数モデルにおいて，土地を可変投入要素としてではなく準固定的投入要素として扱い，そのシャドウ価格を推計しその値と政府によって統制された地代を比較してみることであった。実証結果は以下のように要約することができる。

　まず第1に，毎年農林水産省から刊行されている『農経調』から都府県を選びその4つの階層農家の土地のシャドウ価格を推計してみたところ，これらのシャドウ価格は政府によって統制されている地代より一般的に高かった。このことは，政府によって統制された地代は土地の市場価格とはみなすことができない，ということを示唆している。したがって，すべての投入要素が最適水準を達成していると仮定されている TC 関数に基づく接近方法は，推計結果に重大なバイアスをもたらす可能性を孕んでおり，したがって，そのような推計結果から導き出される政策的含意にもきわめて重大なバイアスをもたらすことになる，ということを意味する。例えば，われわれは，本章に

おける2つの違ったモデル，すなわち，TC および VC 関数モデルを使って全研究期間 1957–97 年の規模の経済性を推計してみたところ，その経時的動向においてもその大きさにおいても，かなり違った推計結果を得た，ということを思い出していただくだけでも十分であろう。

　第2に，投入要素需要および代替の弾力性および技術変化の率ならびに投入要素と生産物バイアスのような経済指標については，TC 関数モデルでも VC 関数モデルでも，一般的に数値的にきわめてよく似通っておりかつ頑健な推計結果を提供するということを発見した。しかしながら，われわれは以下のような事情にも特に言及しておかねばならない。つまり，まったく同じ2つの費用関数モデルを他の農業地域，例えば，東海および近畿地域のデータを用いて推計してみたところ，諸々の経済指標の推計結果にきわめて大幅な差異を見いだしたということである。

　いずれにしろ，われわれは，重要な経済指標に関してより信頼性が高くかつ頑健な推計結果を得るためには，TC 関数モデルよりも VC 関数モデルを用いた方がより適切であり，したがってより信頼性が高いと結論しておきたい。

　最後に，1つの重要な但し書きを付け加えておくことにしたい。本章における VC 関数モデルでは，土地は準固定的投入要素として扱われているので，われわれは，投入要素需要および代替の弾力性，ならびに技術変化の率ならびに投入要素バイアスなどの土地関連の経済指標を得ることができない。この重要な問題を解決するためには，Kulatilaka（1985）が提唱するような方法は有用であるかもしれない。つまり，この方法によると，準固定投入要素（例えば，土地）のシャドウ価格と最適雇用水準を同時に推計できる，という点が魅力的である。TC 関数モデルの中で，推計されたシャドウ価格を用いると土地関連の重要な経済指標の信頼できる（長期の）推計値を得ることができるかもしれない。言うまでもなく，筆者は Kulatilaka（1985）の方法を本書で用いている同じデータベースに適用してみた。残念ながら，筆者は本書に掲載できるような論理的で，頑健であり，かつ信頼できる推計結果を得ることができなかった。したがって，われわれは，続く第9章および第10章でも，本章で用いた VC 関数モデルを用いることにする。

第9章

土地のシャドウ価格の推計と
土地移動の可能性

1　序

　1961 年に『農業基本法』が制定されて以来，大規模で，より効率的で生産的な農業を実現することは日本農業の重要な課題であった。特に，この懸案は，主として日本の農産物市場をより幅広く自由化せよという諸外国からの圧力によって増幅されてきた。その結果，小規模農家から大規模農家への転換を促進することが最も重要な優先課題と考えられるようになった。この考え方に沿って，種々の政策が政府によって導入された。1970 年における『農地法』の改定。1975 年における『農地利用増進法』の制定。1992 年における『新食料，農業，および農村に関する政策の方向付け』に関する新政策の導入。および，1995 年における WTO（World Trade Organization: 世界貿易機関）などである。

　しかしながら，政府によるこれらの努力にもかかわらず，小規模農業から大規模農業への転換の進展スピードはきわめて遅かった。この遅々として進まない土地移動の主要な理由は，農地の「市場」価格の急激な高騰にあると考えられてきた[1]。田畑（1984），石原（1981），およびその他の研究者は，農地の「市場」価格は，伝統的な「土地への残差収益」法によって計算された農地の資本還元価値より高かったことを指摘した。

---

1)　「農地」と「土地」は本章において相互に同義語として用いられていることに注意していただきたい。

　しかしながら，土屋（1962）によってすでに指摘されたことであるが，この伝統的な手法には決定的に重要な欠陥がある。Ricardo（1821）までさかのぼることができるこの伝統的方法によれば，まず，総収益から土地を除くすべての生産要素費用を差し引き，その残差を土地面積で除して推計した値が土地単位当たりの平均残差収益である。次に，この土地単位面積当たりの残差収益を適切な割引率によって資本還元したものが土地単位当たり収益（地代）である。

　この方法においては，すべての生産要素は暗黙のうちに均衡を達成していると仮定されている。この仮定の最も重大な欠陥は，労働費用を推計するための家族労働の評価の仕方にある。農業生産はいかなる国においても家族労働によって担われている[2]。日本では，農業生産において，家族労働は総労働投入の95％以上を占めている。このような状態の下では，土地への残差収益は，一般的には賃金を支払われていない家族労働がいかなる水準で評価されるかによって，過小評価あるいは過大評価され得る。

　しかしながら，家族労働の評価は，確固とした理論的根拠もなく，農業臨時雇用労働の賃金率（例えば，荏開津・茂野，1983）あるいは非農業雇用賃金率（典型的には，農林水産省から毎年刊行されている『物賃』）で評価されてきた。例えば，もし，一般的には農業賃金率より高い非農業賃金率が使用されれば，土地の残差収益は相対的に少額になるであろうし，したがって，適当な割引率で資本還元された地代は相対的に低いものになるであろう。言うまでもなく，資本還元化するための適切な割引率の選択もきわめて慎重に行なうべきであろう。なぜかと言って，そのことが推計すべき地代の高さを直接的に変化させるからである。

　本章の主要な目的は，したがって，伝統的な古典派の残差収益法に包含されている上記のような欠点を避けるため，より実践的な地価の推計方法を導入することにある。この目的を達成するために，本章は，新古典派の所得分配理論，つまり，限界生産性原理を採用する。より正確に言うと，古典派の残差収益法を用いた土地の平均生産性を推計するのではなく，土地の限界収

---

2)　本章では，「家族労働」は農業経営者自身の労働も含んでいる。

益（土地のシャドウ価格）を推計し[3]，地価の市場価格とシャドウ価格（P_B^S）の間の関係を精査しておきたい。推計は，前各章で遂行した場合と同様に，20世紀後半，特に，1957–97年に対して，都府県の4つの階層農家からなる集計農家データベースを用いて遂行する。

　ここで，労働と土地が同時に準固定投入要素として扱われるかなり複雑なモデルを導入する前に，われわれは，最初の試みとして，第8章と同じく，土地のみを準固定投入要素としてモデルの中に導入する。このことは，われわれは家族および経営者の労働の価格は農業臨時雇い労働賃金で評価できると仮定していることを意味する。換言すれば，労働は均衡点まで雇用されていると仮定されている。このような仮定を導入することは，経営主および家族労働者および雇用労働者は，一般に，類似の農作業を行なうという観察に基づくと，現実からかけ離れたものではないと考えられよう。その結果，このような土地のみが準固定的投入要素であるという仮定に基づくモデルからは，われわれは，もし労働を内生変数として取り扱うことに関する上記の仮定が妥当でなければ，ただ過大または過小推計バイアスに直面する土地のシャドウ価格（P_B^S）を推計するのみであるということになるだろう[4]。

　P_B^S の推計を実行するためには，少なくとも，2つの接近方法がある。1つは，可変利潤（VP: Variable Profit）関数モデル，および2つ目は，すでに第8章で導入された可変費用（VC）関数モデルである。まず第1に，VP 関数モデルの場合には，特に，相対的に小階層農家においては利潤が負であるサンプルの数が多いというきわめて望ましくない重大問題に直面してしまう。われわれはトランスログ型を適用しようとしているので，このような負の利潤を持つサンプルは数学的問題を引き起こしてしまう[5]。もう1つの方法は，すでに第8章で用いられたように，そのモデルの展開において負の数値

問題を心配する必要のない，土地を準固定的要素として取り扱うトランスログ VC 関数を採用することである。さらに，土地のシャドウ価格（P_B^S）は，第 8 章でなされたように，通常型トランスログ VC 関数のパラメータ推計値を用いて簡単に推計できる。したがって，われわれは本章においても，第 8 章と同様に，同じ通常型多財トランスログ VC 関数モデルを採用する。この意味で，伝統的残差収益法の欠点は少なくとも部分的にではあるが回避できる[6]。さらに，「デュアル」の VC 関数モデルは，「プライマル」の生産関数とは違って，P_B^S も含む諸々の経済指標への効果の直接的提供が可能なので，減反政策の P_B^S への効果を分析するためには最も便利な接近方法である。

ここではしたがって，まず，VC 関数の推計パラメータを用いて，P_B^S を全 4 階層農家の平均農家に対して推計する。その推計結果に基づいて，政府の農業政策に密接に関わる以下の課題について分析する。

第 1 に，異なる階層農家の P_B^S の推計値を用いて，小規模農家から大規模農家への土地移動の可能性を検討してみたい。

さらに，次節でフォーマルな形で示されるように，P_B^S は生産物数量，可変投入要素の価格，土地投入量，および技術変化の関数なので，P_B^S に対するこれらの変数の変化の効果は，全 4 階層農家のすべてのサンプルに対して簡単に推計できる。VC 関数モデルによる接近方法のこのような利点によって，生産物構成政策，減反政策，技術革新政策，および投入要素補助金政策の P_B^S への効果を異なる階層農家について精査することが可能になる。

特に，この文脈において興味深くかつ重要な課題は，これらの効果が異なる階層農家間で「中立的」なのかあるいは体系的に異なっているのかを定量的に精査してみることである。Gardner and Pope（1978, p. 297）が指摘しているように，これらの効果が階層農家間で「中立的」であるのか否かを精査してみることは，階層分化において重要な意味を持っている。もし，例えば，技術革新政策が小規模階層農家におけるよりも大規模階層農家においてより高い土地収益率をもたらすならば，小規模階層農家から大規模階層農家

6）　読者は，ここではわれわれが労働を内生変数として扱っていることを思い起こしていただきたい。

への土地移動が促進されるだろうし，その逆は逆の効果をもたらすだろう。しかしながら，彼等がすでに指摘しているように，理論的であれ実証的であれ，この研究分野の文献はほとんど皆無に等しい。かくして，本章で遂行されるこれらの政策の効果が「中立的」であるか否かの定量的分析は，この分野の研究に重要な貢献をもたらすことが期待される。

まず，地価に関する文献をサーベイしておこう。農地価格の研究は，日本（例えば，頼（1972），武部（1984），宮崎（1985））だけでなく他国においても（例えば，Chryst, 1965; Floyd, 1965; Herdt and Cochran, 1936; Feldstein, 1980; Traill, 1982; Van Dijk, Smit, and Veerman, 1986; Alston, 1986; Burt, 1986; Featherstone and Baker, 1987; among others）数多く蓄積されてきたが，P_B^S を推計した研究は驚くほど少ない（例えば，Locken, Bills, and Boisvert, 1978; 荏開津・茂野，1983; 神門，1988; 草苅，1994）。ここでは，戦後日本農業に対してなされた最後の3研究のみについて，簡単にコメントしておくことにしたい。

荏開津・茂野（1983）は，1951–79年について，米作に対して特殊なC-D生産関数を推計し，その推計パラメータを用いて P_B^S を推計した。しかしながら，均衡条件に基づく P_B^S を推計する際に，彼等は，家族労働のシャドウ価格は農業の臨時雇い賃金率に等しいと仮定した。家族労働の評価に関する仮定が妥当でなければこの方法は適切ではないかもしれないが，本章の研究でもこの手法を援用する。

神門（1988）も，米作に関して，1970年および1984年に対して，2次制限付き（可変）費用関数の推計パラメータに基づいて P_B^S を推計した。彼の手法はかなり興味深いものであるが，彼の接近方法の争点の1つは，彼は，農企業は中間投入要素と労働で構成される可変費用を最小化すると「事前に」仮定していることである。より具体的に説明すると，彼の研究の1つの重大な問題点は，家族労働の価格が，農業部門における臨時雇い労働賃金よりもかなり高い非農業部門の臨時雇い労働賃金率に等しいと恣意的に仮定した，という点である。もしこの仮定が妥当しないならば，推計された P_B^S はバイアスを持っていることになる。

　草苅（1994）は，米作に対して労働と土地が準固定的投入要素であると仮定する VP 関数を定義してこれを推計し，労働と土地のシャドウ価格（P_L^S および P_B^S）を同時に推計した。この研究において，(i) 労働のシャドウ価格（P_L^S）は，特に，相対的に大規模農家において農業賃金率より高く，そして (ii) 利潤関数の推計に用いた全 4 階層農家の P_B^S は，『物賃』に報告されている政府統制地代よりはるかに高かった。本章から得られる教訓は，世界のいかなる国や地域における農業においても，本質的な特徴である自己所有の家族労働および土地などをいかなる投入要素として取り扱い金銭的にいかに評価するかという問題に直面したとき，われわれは非常に慎重にこれに対処しなければならない，という点である。

　本章の残りの部分は以下のように構成されている。第 2 節は分析の枠組みを示す。第 3 節はデータと推計方法を説明する。第 4 節は実証結果を報告し評価する。最後に，第 5 節では，簡単な要約と結論を述べる。

2　分析の枠組み

　本章の目的は 2 つある。第 1 に，われわれは，第 8 章ですでに推計された通常型 2 財トランスログ VC 関数の推計パラメータを用いて，土地のシャドウ価格（P_B^S）を推計する。実際のところ，P_B^S の推計はすでに第 8 章でなされた。しかしながら，本章では，P_B^S の推計値に基づいて，小規模農家から大規模農家への土地移動の可能性を探る経済的基準を展開する。この課題と関連して，われわれは作物と畜産物の結合生産における規模の経済性（RTS）と投入要素-「節約的」（PGX）および生産物-「増大的」（PGY）技術変化率を推計する。これらの経済指標も第 8 章ですでに推計されているが，それらの評価はかなり簡潔に済ませた。そこで，本章においては，より丁寧な方法を用いることによって，これらの推計値を掘り下げた分析と評価を試みたい。第 2 に，われわれは本章において，第 8 章の表 8-2 に示されている通常型多財トランスログ VC 関数の推計パラメータに基づいて，P_B^S に対する諸々の政策効果を推計する方法を展開する。

2.1　土地のシャドウ価格（P_B^S），規模の経済性（RTS），および投入要素－「節約的」技術変化率（PGX）と生産物－「増大的」技術変化率（PGY）

第 8 章の繰り返しになるが，以下に，土地のシャドウ価格（P_B^S），投入要素－「節約的」および生産物－「増大的」技術変化率（それぞれ，PGX および PGY）の推計方法を簡潔に記しておくことにしよう。ただし，ここでは，数式を見やすくするために右肩付き記号 V は以下のすべての数式では省くことにすることにしたい[7]。

まず最初に，準固定的投入要素としての P_B^S は以下の（9.1）式で与えられる。

$$P_B^S = -\frac{\partial CV}{\partial Z_B} = -\frac{\partial \ln CV}{\partial \ln Z_B}\frac{CV}{Z_B} = -\varepsilon_{CVZB}\frac{CV}{Z_B}$$

$$= -(\beta_B + \sum_i \theta_{iB} \ln Q_i + \sum_k \theta_{kB} \ln P_k + \gamma_{BB} \ln Z_B$$

$$+ \nu_{Bt} \ln t)\frac{CV}{Z_B}, \tag{9.1}$$

$$k = L, M, I, O, \quad i = G, A.$$

第 2 に，RTS は以下の（9.2）式によって得られる。

$$RTS = \frac{1 - \partial \ln CV/\partial \ln Z_B}{\sum_i \partial \ln CV/\partial \ln Q_i} = \frac{1 - \varepsilon_{CVZB}}{\sum_i \varepsilon_{CVQ_i}}, \tag{9.2}$$

$$i = G, A.$$

第 3 に，PGX は以下の（9.3）式によって得られる。

$$PGX = -\frac{\partial \ln CV/\partial \ln t}{1 - \partial \ln CV/\partial \ln Z_B}\frac{1}{t} = -\frac{\varepsilon_{CVt}}{1 - \varepsilon_{CVZB}}\frac{1}{t}. \tag{9.3}$$

最後に，PGY は以下の（9.4）式によって得られる。

$$PGY = -\frac{\partial \ln CV/\partial \ln t}{\sum_i \partial \ln CV/\partial \ln Q_i}\frac{1}{t} = -\frac{\varepsilon_{CVt}}{\sum_i \varepsilon_{CVQ_i}}\frac{1}{t}$$

---

7)　導出された数式の詳しい説明は，第 8 章第 2 節でなされている。

$$= RTS \times PGX, \tag{9.4}$$

$$i = G, A.$$

Caves, Christensen, and Swanson (1981) によると，$PGY = RTS \times PGX$ となる。かくして，もし CRTS（すなわち，$RTS = 1$）が存在すれば，$PGX = PGY$ となる。

2.2　土地移動可能性の基準

　実証分析の結果に基づくファインディングズについては後ほど十分な評価をする予定であるが，ここではまず，後節において示される結果を前倒しして述べておくことにしたい。すなわち，本分析期間 1957–97 年においては，売買による土地移動は，政府による持続的な土地移動促進政策にもかかわらず，遅々として進まなかった。このようなきわめて不活発な売買による土地移動の最も重要な理由の1つは，農民は彼等の土地を利益資産として所有しておきたいというきわめて強い選好を持っている，ということである。農民は彼等の土地を必ずしも純粋に農業目的ではなく，工場建設，高速道路，鉄道，ショッピングセンター，住宅居住地，などなど非農業的用途に向けて，農地としてよりもはるかに高い価格で彼等の土地を売却できることを期待し続けて農地を手放すことを躊躇してきた，と考えられてきた。

　それでは，賃貸による小規模農家から大規模農家への土地移動の可能性はどうであろうか。小規模農家から大規模農家への賃貸が促進されるためには，少なくともいかなる経済条件を満たしていなければならないのであろうか。以下の議論を単純化するために，階層農家 I（0.5 – 1.0 ha）および IV（2.0 ha 以上）を，それぞれ，小規模および大規模農家とみなすことにする。日本農業においては，70％以上の農家が 1.0 ha 以下の階層農家に分類されるので，ここで行なう定量的探求は，より効率的で高生産性の大規模農家による農業生産の可能性に対して重要な意味を持っている。

　梶井（1981），新谷（1983），加古（1984），速水（1986），および茅野（1990）を参照して，本章は，小規模農家から大規模農家への農地の販売あるいは賃貸を行なうための意思決定を支えるための以下の2つの基準を提案する。

「基準 I」

$$\frac{(P_B^S)^{IV}}{(P_B^S)^I} > 1, \tag{9.5}$$

「基準 II」

$$\frac{(P_B^S)^{IV}}{(FI)^I} > 1, \tag{9.6}$$

ここで，

$$FI = \sum_i P_i Q_i - (P_M X_M + P_I X_I + P_O X_O + P_L^H X_L^H + P_B^R Z_B^R). \tag{9.7}$$

(9.7) 式の最後の 2 項は，それぞれ，年雇および臨時雇い労働支払い賃金額および借地の地代である。つまり，FI は少し修正された「農業所得」であり，それは自己雇用の投入要素，すなわち，つまり，農業経営者と家族の労働および自己所有地に帰属する所得である[8]。ここで，P_B^S と FI は 10 a 当たり 1,000 円単位で推計されることを注意しておきたい。

　理論的に言うと，農業所得，あるいは，より厳密には，「農企業」の利潤は，一般に，総収益から自己雇用労働および土地に対する費用も含んだ総費用を差し引いた残額であると定義される。しかしながら，現実には，多くの「農家－家計」は，必ずしも自己雇用投入要素の「費用」を，教科書の企業の理論で説くように，費用としては計算しない。彼等はむしろそのような「費用」を，「農家家計所得」の一部として「農業所得」とみなすのが通常である。

　第 1 の基準は，もし大規模農家の P_B^S が小規模農家の P_B^S より大きければ，小規模農家はその土地を大規模農家に貸し出すだろう，ということを意味する。この基準は，小規模農家が，もし農業をやめてしまっても，それを続けるよりも稼ぎの多い兼業機会を見つけることができるのであれば，妥当であると言える。

---

8)　日本の農業経済学者の間ではいわゆる「農業所得」を以下のように定義することが多い。

$$FI = \sum_i P_i Q_i - (P_M X_M + P_I X_I + P_O X_O).$$

(9.7) 式の （　） 内の最後の 2 項，つまり，$P_L^H X_L^H + P_B^R Z_B^R$ は，雇用労働と借地の雇用が大きくなるにつれて無視できない金額になることは明らかである。

2.3 諸外生変数変化の土地のシャドウ価格 (P_B^S) に及ぼす効果

ここで，外生変数 (Q_i, $i = G, A, P_k, k = L, M, I, O, Z_B$，および t) の変化が土地のシャドウ価格 (P_B^S) に及ぼす効果を定量的に分析してみることは，これらの外生変数は農業の政策手段に密接に関連しているので，学術的に興味深いだけでなく経済的にも意味のあることである。まず第1に，作物および畜産物の生産水準の変化が及ぼす P_B^S への効果は，P_B^S を上昇させるためにはいかなる方向に生産物構成を持っていくべきかという政策課題と強い関係を持っている。第2に，機械，中間投入要素，およびその他投入要素のような可変投入要素の価格変化の P_B^S への効果の分析は，政府による農業投入財補助金政策の効果の間接的ではあるが重要な情報を提供してくれるだろう。第3に，土地投入量の変化の P_B^S への効果の分析は，1969年以降に日本農業に導入された減反政策の P_B^S への重要な効果に関する情報を提供してくれるだろう。最後に，公的農業 R&E 政策は農業の技術変化と緊密でかつ強い関係を持っているので，技術変化が P_B^S 水準に及ぼす効果に関して重要な定量的情報を提供してくれることが期待される。

まず最初に，作物と畜産物からなる生産物構成が変化したときの P_B^S への効果は，少々単調な計算から，(9.1) 式で与えられる VC 関数の推計パラメータを用いて，以下の (9.8) 式によって計算することができる。

$$\frac{\partial P_B^S}{\partial Q_i}\frac{Q_i}{P_B^S} = \frac{1}{\varepsilon_{CVZB}}(\mu_{iB} + \varepsilon_{CVZB} \times \varepsilon_{CVQ_i}), \tag{9.8}$$

$$i = G, A.$$

第2に，可変投入要素価格変化の P_B^S への効果は，同様にして，以下の (9.9) 式によって推計することができる。

$$\frac{\partial P_B^S}{\partial P_k}\frac{P_k}{P_B^S} = \frac{1}{\varepsilon_{CVZB}}(\nu_{kB} + \varepsilon_{CVZB} \times S_k), \tag{9.9}$$

$$k = L, M, I, O.$$

第3に，土地投入量の変化の P_B^S への効果は，以下の (9.10) 式によって計算できる。

$$\frac{\partial P_B^S}{\partial Z_B}\frac{Z_B}{P_B^S} = \frac{1}{\varepsilon_{CVZB}} \times (\gamma_{BB} + \varepsilon_{CVZB}(\varepsilon_{CVZB} - 1)). \qquad (9.10)$$

最後に，技術変化の P_B^S への効果は以下の（9.11）式によって推計できる。

$$\frac{\partial P_B^S}{\partial t}\frac{t}{P_B^S} = \frac{1}{\varepsilon_{CVZB}} (\nu_{Bt} + \varepsilon_{CVZB} \times \varepsilon_{CVt}). \qquad (9.11)$$

3　データおよび推計方法

すべてのデータ資料および VC 関数の推計に必要な変数の定義ならびに本章における VC 関数の統計的推計方法はすべて第1および7章の付録 A.1 および A.7 で十分に説明しておいたので，ここでは繰り返さない。

4　実証結果

通常型多財トランスログ VC 関数モデルの推計結果と9本の生産構造に関わる帰無仮説の結果は第8章のそれぞれ表8-2および8-3に示されている。さらに，詳細な説明は第4節に示されている。読者は必要ならばそれらの説明を参照していただきたい。

4.1　土地のシャドウ価格（P_B^S）の推計結果：1957–97年

われわれは，すでに第8章において全研究期間 1957–97年に対し，全4階層農家について P_B^S を推計した（図8-1）。本章においても，これらの推計結果とそれらに対する外生変数の効果の評価が中心課題となるため，ここに図9-1として再掲する。

ここで，P_B^S と観測された地代は 1985年価格基準の総農産物のマルティラテラル価格指数でデフレートされており，われわれは P_B^S と現行の地代は実質値で表されていることを再度，記しておこう。少なくとも2つの重要なファインディングズについて説明しておきたい。

図 9-1　1985 年価格で評価された総農産物のマルティラテラル価格指数でデフ
　　　　レートされた 10a 当たり土地シャドウ価格と平均農家の観測された地
　　　　代：全階層農家および平均農家（図 8-1 の再掲），1957-97 年

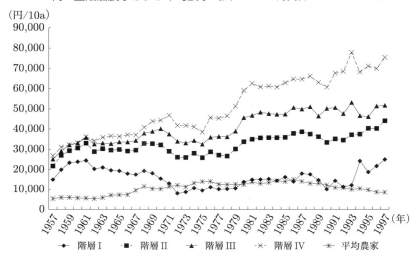

第 1 に，全研究期間 1957-97 年において，階層農家が大きくなればなるほ
ど，P_B^S は大きくなることはきわめて明らかである。

第 2 に，最も重要なファインディングとして，相対的に大規模階層農家
の P_B^S は観測された地代よりはるかに大きかった。しかしながら，最も小さ
い階層農家 I の場合，P_B^S と観測された地代の値は 1971-93 年には大雑把に
言って，きわめて近かった。この結果は興味深いファインディングである[9]。

4.2　現行と「最適」の土地費用－総費用比率の推計および土地の
　　　「最適」生産弾力性の推計

ここで，われわれは，違った視点から P_B^S に関する上記の結果を解釈して
みたい。つまり，（i）異なる階層農家の現実と「最適」の土地費用比率の間

---

9)　われわれは，0.5 ha 以下の農地しか持たない農企業の P_B^S は，本章の階層農家 I の場
　　合よりも，平均農家の観測地代よりも小さかったであろうということは，十分にあり得
　　たことと推量できる。

の差異を調べてみること，そして，(ii)「最適」土地費用比率から推計することのできる土地の「最適」生産弾力性水準を推計してみることはきわめて興味深いことである。特に，戦後日本農業における土地の生産弾力性の水準は日本農業経済学界において最近まで議論の多い争点である。したがって，戦後日本農業の土地の生産弾力性の経済理論と整合的な水準を推計しようとする試みはこれまでずっと興味深い挑戦であった。

4.2.1　現行と「最適」の土地費用－総費用比率

さて，全研究期間 1957–97 年に対して，都府県の全 4 階層農家と平均農家の土地の現実および「最適」の費用比率は図 9–2 に示されている。この図によると，階層農家が大きくなればなるほど，土地の費用は大きい。さらに，全 4 階層農家の土地の費用比率の動向は相互にきわめてよく似ている。つまり，1957 年から 1960 年にかけて，土地の費用比率は全 4 階層農家において増大したが，それ以降，1960–72 年には，急激に減少した。しかしながら，1972 年から 1997 年にかけては，全 4 階層農家は土地の費用比率を小さい率ながらも増大させる傾向を持っていた。われわれは，P_B^S の場合と同様に，最小階層農家 I は，1971–93 年において土地の現実の費用比率にきわめて近い「最適」農地費用比率を持っていたように見える，ということを銘記しておくことにしよう。

4.2.2　土地の「最適」生産弾力性の推計

ここで，われわれは土地の「最適」費用比率に基づいて，土地の「最適」生産弾力性を求めることにしよう。われわれは，土地の「最適」生産弾力性を通常型多財トランスログ VC 関数の場合に対して以下のように定義する[10]。

$$\frac{\partial \ln TR}{\partial \ln Z_B} = \frac{\partial \ln CV}{\partial \ln Z_B} / \sum_i \frac{\partial \ln CV}{\partial \ln Q_i}, \tag{9.12}$$

---

10)　われわれは，(9.12) 式で与えられる土地の生産弾力性の定義式を導出するには，多少，面倒な計算を行なわねばならない。

図9-2　土地の現行および「最適」費用－総費用比率：全階層農家（都府県），
　　　　1957-97年

（費用分配率）

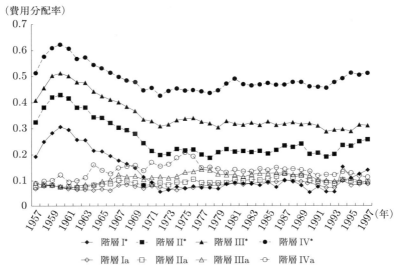

注：添え字aおよび*は，それぞれ，土地の現行および「最適」の費用比率を表す。

ここで，$TR\,(=\sum_i P_i Q_i)$ は，定義式 $\pi = \sum_i P_i Q_i - CV$ or $CV = TR - \pi$ を通して，可変費用（VC）および利潤（π）と関係している総収入である。

　（9.12）式を用いて推計した全4階層農家の「最適」土地生産弾力性は図9-3に示されている。まず第1に，土地費用比率と生産弾力性の動きはすべての階層農家においてきわめてよく似ている。つまり，われわれは，1957-60年に対してはこれらの指標の増加傾向を観察し，それ以降1961-72年に対しては減少傾向を観察し，そしてまた，1973-97年に対しては，再び，穏やかな増加傾向を観察することができる。つまり，土地投入に関して，20世紀後半の技術変化のバイアスは，1950年代においては土地－「使用的」だったのだが，1960年代から1970年代初期にかけて土地－「節約的」になり，そして，1970年代初期以降，弱いけれども，再び土地－「使用的」になった。第2に，「最適」土地費用比率の場合と同様に，農家の規模が大きくなるほど，土地の「最適」生産弾力性も大きくなる。第3に，われわれはこの図9-3におい

図9-3　土地の「最適」費用－総費用比率および「最適」生産弾力性：全階層農
　　　　家（都府県），1957-97年

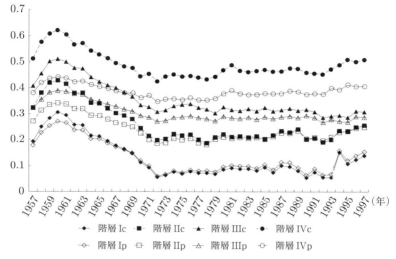

注：添え字cおよびpは，それぞれ，土地の「最適」費用－総費用比率と「最適」生産弾力
　　性を表す。

て，農家の規模が大きくなるほど，「最適」の土地費用比率と「最適」の土地
生産弾力性の差が大きくなることを観察することができる。(9.12) 式の右
辺の分母——実はそれは RTS の推計の重要な要素なのであるが——に見ら
れるように，2つの弾力性間の差異はそれぞれ異なった階層農家の RTS の
程度によって強い影響を受けたと思われる。そこで次に，われわれは RTS
の程度を検証してみることにしよう。

　しかしながら，先に進む前に，図9-2において，現行の土地費用比率と
「最適」の土地費用比率ならびに全4階層農家および「平均」農家の「最適」
土地生産弾力性に関して上記の動向を確認しておこう[11]。平均的に言えば，

11）　「平均」農家とはここでは全4階層農家の単純平均である。本来ならば，各階層に属
　　する農家戸数をウェイトとする加重平均値を用いるべきなのであるが，そのようなデー
　　タを手に入れることはできないので，あえて単純平均を用いることにした。

「最適」土地費用比率は現行の土地費用比率よりはるかに大きかった。さらに，土地の「最適」費用比率は土地の「最適」生産弾力性よりも大きかった。

　ここで，われわれは，本章で得た土地生産弾力性を過去の研究の結果と比べてみることにしたい。実際，戦後におけるマクロデータに基づく C-D 型生産関数，したがって，土地の生産弾力性の推計はほんの数人の研究者によってしかなされていない。すなわち，唯是（1964），新谷（1983），および小俣（2003）が主要な研究であると言っても過言ではない。土地の生産弾力性の推計に関しては，唯是は 1951–62 年に対して 0.411，新谷は 1955–75 年に対して 0.198，そして，小俣は 1960–99 年に対して 0.432 を得た。本章における全研究期間 1957–97 年に対する「最適」土地生産弾力性の平均値は 0.310 であった。新谷推計は他の推計値と比べて多少小さいが，われわれは，大雑把に言って，戦後農業における土地の生産弾力性はおおよそ 0.20–0.43 辺りにあり，そしてそれは，政府統制地代を用いて推計した費用比率を有意に上回るものであった，と推量することができる。このファインディングは，一方で，戦後日本農業の生産技術を分析するための費用関数モデルにおいて可変投入要素として土地を取り扱う TC 関数を特定化することは適切ではない，ということをはっきりと示唆している。

4.2.3　規模の経済性（RTS）の推計

　先に述べたように，本章の主要な目的は，より大規模農場におけるより生産性および効率性の高い農業生産を達成するための小規模農家から大規模農家への土地の移動が可能であるか否かを検証することにある。しかしながら，この課題に挑戦するためには，1 つの重要な前提条件が満たされているか否かを精査してみることが必須である。つまり，われわれにとって，ここでは，戦後日本農業に規模の経済性（RTS），より厳密に言うと，規模に関する収穫逓増（IRTS）が存在したのかどうかを定量的に検証しておくことが第一義的に必須の課題である。この目的を遂行するために，われわれは，（9.2）式を用いて，1957–97 年に対して全 4 階層農家のすべてのサンプルについて作物と畜産物の結合生産における規模の経済性（RTS）を推計した[12]。結果は，すでに，第 8 章の図 8–3 に示されている。

図8-3を再び観察してみると，少なくとも2つの興味深いファインディングズを検討してみる価値があると思われる。いくつかの解釈は第8章でなされたものの繰り返しになるがご容赦いただきたい。

まず第1に，全研究期間1957–97年に対し，全4階層農家においてIRTSが存在したことが確認された。さらに，IRTSの経時的動向を観察してみると，1950年代後期から1960年代初期の全4階層農家において，IRTSが急激に増大したことを観てとることができる。この結果は，小型耕耘機に代表されるような比較的小規模機械の急速な増大によって引き起こされたものと考えられる。しかしながら，このような小型農機による機械化が日本全国に普及する1970年頃から1973年にかけて，IRTSの程度は停滞気味になるかあるいは低下気味にさえなった。歴史的に見ると，第2段階の農業機械化がこの時期から始まったのである。すなわち，乗用型トラクター，耕耘機，田植機などに代表されるような中・大型機械化が，まず，相対的に大規模農家から，次いで，相対的に小規模農家にまで普及していった。中・大型機械化のより強い「不分割性」によって，IRTSは，最初の「石油危機」が起こったにもかかわらず，1973年頃から急激に高まった。

第2に，階層農家IIIおよびIVのような相対的に大規模農家は，中・大型機械を導入する際の先導者的役割を果たした。その結果，彼等は中・大型機械導入の初期，例えば，1970年から1976年頃まではIRTSを大いに享受した。しかしながら，相対的に小規模階層農家IおよびIIのような農家が新型機械の導入に追いつき始めると，まず最小の階層農家I，少し遅れて階層農家IIのIRTSの程度は，相対的に大規模階層農家IIIおよびIVのIRTSの程度を上回るようになった。このファインディングは，この事実が小規模農家から大規模農家への土地移動に対する1つの持続的な障害としての役割を果たした一要因であったという意味できわめて重要である。

---

12)　実際のところ，われわれは第8章の（8.17）式を用いて全研究期間1957–97年に対して全4階層農家のすべてのサンプルについて RTS を推計した。第8章の（8.17）式と第9章の（9.2）式は同値である。ただ，後者には，TC関数とVC関数を区別するための右肩文字"V"がついているだけである。

4.3　小規模農家から大規模農家への土地移動の可能性

　さて，われわれは，それぞれ（9.5）および（9.6）式によって与えられる 2
つの基準によって，小規模農家から大規模農家への土地移動の可能性を探っ
てみることにしよう。第 1 の基準は，もし階層農家 IV の P_B^S が階層農家 I の
P_B^S より大きければ，小規模（階層 I）農家は大規模（階層 IV）農家に対し
て土地を貸すだろう，ということを意味している。図 9–1 によれば，階層
農家 IV の P_B^S は階層農家 I の P_B^S よりはるかに大きい。このことは，基準 I
は，全研究期間 1957–97 年に対して完全に満足しているということを示唆し
ている。次に，基準 II は，もし大規模（階層 IV）農家の P_B^S が小規模（階層
I）農家の自己所有の家族労働と土地に帰属する「農業所得」額より大きけれ
ば，小規模農家から大規模農家に対して賃貸による土地移動の可能性が存在
する，ということを意味している。そこで，図 9–4 を観察すると，この基準
は 1957 年から 1993 年に至るまで満たされていなかった。これら 2 つの基準
による検証結果は，2 つの基準に基づく 2 つの比率を示している図 9–5 にお
いてより明確な形で示されている。

　要約すると，農業者が何らかの理由で農業から完全に引退するのであれば，
小規模農家から賃貸という形で土地移動を考えるとき，基準 II はより現実
的であると言える。もしそうならば，われわれは，1957 年から 1990 年頃ま
で，小規模農家は大規模農家に彼等の土地を貸し出す態勢は整っていなかっ
た，と結論できそうである。しかしながら，1991 年以降については，土地
移動の増加傾向に対する一縷の希望の光を見ることができそうである。この
ことをより確実なものとしてとらえるには，より最近（例えば，1998 年以降
2015 年頃まで）のデータが必要である。

　ここで，実際の土地移動の動向を調べてみることにしよう。表 9–1 にお
いて，(i) 土地所有権の移転と (ii) 土地賃借権の移転による土地移動面積が，
都府県について，1960 年から 2006 年の期間の抽出された年に対して示され
ている。この表によれば，賃貸された土地面積は『農業経営基盤強化促進
法』が発足した 1980 年以降増加した。一方，土地所有権の移転による土地
移動は 2000 年以降に増大し始めた。後者の移動に大きく依存する形で，総

図 9-4　1985 年価格で評価された総農業生産物のマルティラテラル価格指数に
　　　　よってデフレートされた第 IV 階層農家の土地のシャドウ価格と全階層
　　　　農家の農業所得の比較：都府県，1957-97 年

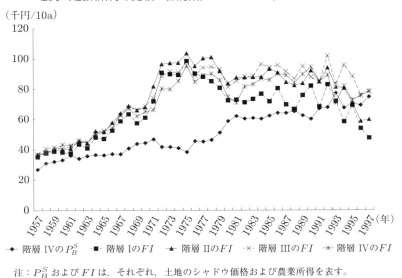

(千円/10a)

注：P_B^S および FI は，それぞれ，土地のシャドウ価格および農業所得を表す。

図 9-5　1985 年価格で評価された総農業生産物のマルティラテラル価格指数に
　　　　よってデフレートされた第 IV 階層農家の土地のシャドウ価格と第 I 階層
　　　　農家の土地のシャドウ価格との比率：都府県，1957-97 年

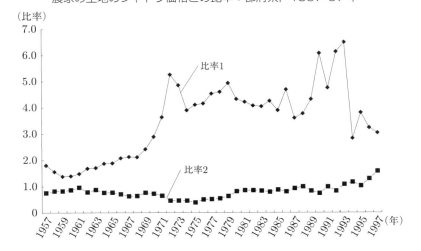

(比率)

表9-1　土地耕作権の移動：都府県，1960-2006年

（単位：1,000 ha）

抽出年	土地所有権の移動	土地賃貸借権の移動	合計	総耕地面積	総耕地面積に対する移動面積の比率
	(1)	(2)	(3)=(1)+(2)	(4)	(5)=(3)/(4)（%）
1960	67.4	4.4	71.8	5,186.4	1.4
1970	127.9	6.7	134.6	4,808.9	2.8
1980	68.3	105.5	173.8	4,321.0	4.0
1990	40.9	101.2	142.1	4,034.0	3.5
2000	221.1	103.9	325.0	3,649.0	8.9
2006	220.0	95.5	315.5	3,505.5	9.0

資料：農林水産省『農林水産省統計表』農林水産層統計局：東京，抽出年。
注1：土地所有権移転による耕作地の移動は，(i) 有償を伴う自作農家の自作地所有権の移転，(ii) 有償を伴わない自作農家の自作地所有権の移転，および (iii) 小作農家の土地所有権の小作農家への移転，からなっている。
　2：賃貸権の移転は，(i) 賃貸権の創設，(ii) 賃貸権の移転，および (iii) 土地使用融資権の創設および移転，からなっている。
　3：1980年以降の耕地移転の総面積は，(i) 耕作農地権の移転および (ii) 1980年に制定された『農地利用改良法』の下での「農地利用改良」に対する使用権の創設，からなっている。

耕地面積に対する総移転面積の比率は，2000年以降急激に高まり，およそ9％になった。われわれはこの数値をどう評価すべきだろうか。高いのだろうか，あるいは，低いのだろうか。筆者自身は，まだまだ低すぎると強く主張したい。しかしながら，筆者は，多くの農業経済学者や政策担当者の期待に反して，なぜ土地移動が順調に進まなかったのかという現実問題に関しては，経済合理的な理由が存在したに違いないと確信している。そこで，以下の小節において，この独特の現象に対するいくつかの原因を挙げてみたい。

4.4　緩慢な土地移動の要因

まず最初に，われわれは，これまでに全4階層農家に対して土地のシャドウ価格（P_B^S）を推計し，大規模（階層IV）農家の土地の P_B^S の方が小規模（階層I）農家の P_B^S よりはるかに大きいことを発見した。このことは，小規模農家は彼等の土地を，少なくとも，賃貸によって大規模農家に移転させる

準備は整っていたことを示唆している（図9-1および9-5を参照していただきたい）。しかしながら，われわれは，この基準は必ずしも適切なものではなかったことを確認した。

そこで次に，われわれは，大規模農家の P_B^S を自己所有の投入要素，すなわち，労働と土地に帰属する小規模農家の「農業所得」（FI）と比較するというもう1つの基準（基準II）を導入した（図9-4および9-5を参照していただきたい）。前者（P_B^S）が後者（FI）を容易に上回るならば，小規模農家から大規模農家への賃貸借による土地移動は戦後日本農業においてはるかに活発だったかもしれない。このことは，いかにして「農家」を「企業」と「家計」の複合体として取り扱うかという重要な点について，われわれがより慎重でなければならないことを示唆している。もしわれわれが「農家」の「家計」としての側面に注目した場合，「農企業」にとっての家族労働と自己所有土地に支払う「費用」は，「家計」にとっては家族労働と土地に帰属する家計「所得」の一部とみなされる。われわれはこの収益を「農業所得」と定義した。したがって，われわれは，もし大規模農家の P_B^S が小規模農家の FI を上回っていたとすれば，小規模農家ははるかに速いペースで彼等の土地を大規模農家に移転させていたかもしれない，と推測できる。

次に，この推測に密接に関係していることであるが，われわれはここで，全4階層農家について，総収益を総作付け面積で除して推計した10 a 当たりの平均土地生産性の動向を調べてみることにしよう。さらに，この平均土地生産性は，全研究期間1957-97年における全4階層農家の実質平均土地生産性を求めるために，1985年価格で評価された総農産物のマルティラテラル価格指数によってデフレートされたものである。その結果は図9-6に示されている。

この図から少なくとも2つのファインディングズを銘記しておきたい。まず，全4階層農家の実質土地生産性は1957年から1970年代半ば頃まで急激に上昇した。しかしながら，1970年代半ば以降には，実質土地生産性は全4階層農家において停滞気味であった。次に，しばしば観察されることであるが，特に1957年から1980年代半ばにかけて，農家の規模が小さくなればなるほど，実質土地生産性は高かった。1980年代半ば，あるいは1970年代半

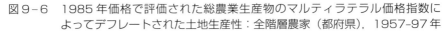

図9-6　1985年価格で評価された総農業生産物のマルティラテラル価格指数に
　　　よってデフレートされた土地生産性：全階層農家（都府県），1957-97年

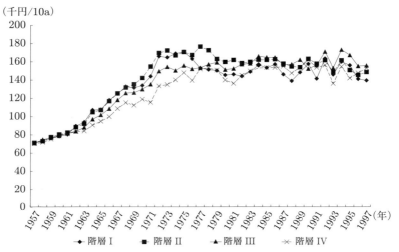

ば以降でさえも，われわれは，全4階層農家の実質土地生産性は互いにかな
り近い水準であったことを観察できる。

　これらのファインディングズは，小規模農家は農業生産において，必ずし
も大規模農家に比べて効率性が低いないし劣っていたということを示唆し
ていない。このことは，換言すれば，全研究期間1957-97年において，小規
模農家から大規模農家への土地移動を活性化しなかった1つの重要な要因で
あったと言えるかもしれない。

　さらに，われわれは，小規模農家は，第8章の図8-3で見たように，大規
模農家の場合よりも大きな程度で規模の経済性を享受していた，ということ
を確認した。本章における規模の経済性の定義は，作物と畜産物の結合生産
の生産水準の同時比例的上昇は単位当たり（または，平均）生産費用を低下
させる，ということである。このことは，農業者は小「サイズ」（面積）の土
地であっても，その土地の生産量「規模」水準を高めることによって規模の
経済性を享受できるということを意味している[13]。

　最後に，全研究期間に対して全4階層農家の技術変化について検証して

みることは興味深いことだと思われる。Caves, Christensen, and Swanson (1981) に従って、われわれは、第8章の（8.3）式の通常型多財トランスログ VC 関数の推計されたパラメータに基づいて、投入要素―「節約的」（PGX）および生産物―「増大的」（PGY）技術変化を推計した。まったく同じ推計はすでに第8章で行っているが、その場合、推計は近似点においてのみであった。ここでは、われわれは、PGX および PGY の推計を、全研究期間 1957–97 年のすべてのサンプルについて行なった

　PGX および PGY の推計結果は、それぞれ、図9–7および9–8に示されている。ここで、われわれは、これら2つの図から1957, 1958, および1959年を除外した。なぜなら、これら3年間の PGX および PGY の推計値についてはその理由がはっきりしない原因のために異常値が発生したからである。

　さて、一見して、それぞれ、図9–7および9–8に示されている PGX および PGY の経時的動向はほとんど同様であったように見える。われわれが明確に観察できるただ1つの違いは、1960–70 年における技術変化の2つの指標の数値の大きさである。この期間には、主に規模の経済性の大きさの差によって、全4階層農家において、PGY は PGX よりも少し大きかったということである。これら2つの図から少なくとも2つの興味深いファインディングズが注目される。

　第1に、1960–62 年には、大規模階層農家の方が小規模階層農家よりも技術変化のスピードは速かったけれども、技術変化は全4階層農家で急激な増大傾向を持った。そして、異なるスピードの技術変化という傾向は1970年頃まで続いた。しかしながら、技術変化率は、PGX で見ても PGY で見ても、1962年からおよそ1975年頃までかなり急激な減少傾向を持った。とは言っても具体的に数値で見ると、技術変化率は、PGX に関しては1962–74年、PGY に関しては1962–80年において、それぞれ年率1.0％より高かった。

---

13)　実際のところ、生産量「規模」の経済と「土地面積（サイズ）」規模の経済性（RTS）を混同して理解している農業経済学者は多い。農業者が農地規模（面積）を拡大したからといって、彼等が同時に生産量水準を上昇させない限り、彼等は必ずしも規模に関する収穫逓増（IRTS）を享受できないのである。特に、日本農業経済学界においては、後者の意味での IRTS を強調する研究者が多い。

図 9-7　VC 関数の推計パラメータに基づき推計された投入要素－「節約的」技術変化率（PGX）：全階層農家（都府県），1960-97 年

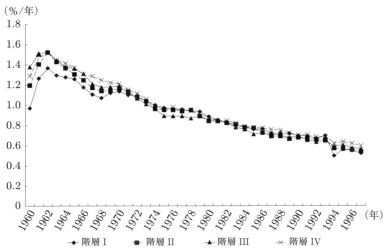

図 9-8　VC 関数の推計パラメータに基づき推計された生産物－「増大的」技術変化率（PGX）：全階層農家（都府県），1960-97 年

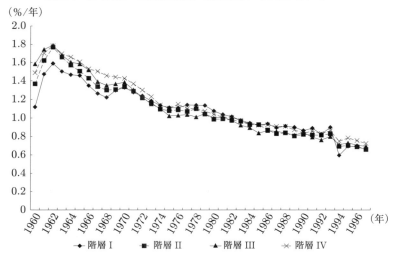

　第 2 に，1962–97 年の間，全 4 階層農家は，PGX で測ろうと PGY で測ろうと，一貫して技術変化の低下傾向を示した。特に，われわれは，技術変化率は，1970 年代初期以降，中・大型機械化が日本全体に広がったという事実にもかかわらず，技術変化率は経時的に停滞気味になり，さらに一貫して低下傾向を示したことを観察できる。しかしながら，ここで，日本農業において最初の減反政策が 1969 年に導入されたことを思い出してみよう。1969 年以降毎年施行された減反政策は農業者の“やる気”を萎えさせ，技術変化率を低下させる要因となったに違いない。そこで，われわれがここで指摘しておきたいことは，小規模農家であれ大規模農家であれ，すべての階層農家における農業技術革新活動は，およそ 1975 年以降全研究期間を通じて，きわめて類似したものであった，というファインディングである。このことは，一方では，図 9–6 で観られたように，全 4 階層農家の実質平均土地生産性がきわめて類似していたという結果をもたらした重要な要因であったと言えるであろう。

　したがって，われわれは全 4 階層農家における農業技術革新のかなり不活発な活動が，小規模農家から大規模農家への土地移転に関わる誘因を抑制した重要な要因であったと結論づけることができよう。

4.5　各種農業政策の土地のシャドウ価格（P_B^S）への効果

　先にも述べたように，小規模農家から大規模農家への土地移動を起こさせる最も重要な変数は，大規模農家（階層農家 IV）の P_B^S の大きさである。そこで，われわれはこの小節において，種々の農業政策の P_B^S への効果を実証的に精査してみる。それらの政策とは，(i) 生産物構成の変化，(ii) 肥料，農薬，種苗，および諸材料などの中間投入要素への補助金援助，(iii) 減反政策，および (iv) 農業 R&E 活動への投資，の 4 政策である。類似の統計的な検証は，可変利潤（VP）関数の分析枠組みが導入される第 III 部第 11～14 章において遂行される。したがって，われわれは，本章において得られた結果とそれらの章で得られる結果との相互検証を行いたい。

4.5.1　生産物構成変化の土地のシャドウ価格（P_B^S）への効果

よく知られているように，生産物構成の変化は，1961 年に制定された『農業基本法』の最も重要な政策手段の 1 つとしてのいわゆる「選択的拡大政策」の導入によって加速された。この政策は，原則として，「近代的」で「欧米風の」食料消費の増大に対応して，畜産物，野菜，および果実の生産を拡大させようと意図したものであった。ここでは，われわれは，作物と畜産物の構成の変化が一体いかなる効果を P_B^S にもたらしたのかという課題について，図 9 – 9 および 9 – 10 を観察しながら検証してみたい。

まず最初に，図 9 – 9 によると，作物生産の増大は，全研究期間 1957–97 年において，階層農家 II，III，および IV の P_B^S を高める効果を持っていた。この効果は 1950 年代後期からおよそ 1960 年代中期にかけてそのピークに達していた。しかしながら，これらの階層農家では，それ以降，この効果は低下傾向をたどり，かつ停滞気味な状況に陥ってしまった。一方，階層農家 I においては，作物生産の増加は，1957–67 年には P_B^S には正の効果を持ったが，1970 年以降においては，それはかなり強い負の効果を P_B^S にもたらした。このファインディングから，1 ha 以下の土地しか持たない小規模農家は，作物生産の最適水準を超えてあまりにも集約的に土地を利用し過ぎたのであろうと推量することができる。その結果，そのような状態での作物生産の増加は土地利用の効率性をむしろ低下させ，したがって，P_B^S を低下させたに違いないと思われる。

次に，われわれは，図 9 – 10 から，階層農家 IV における畜産の増加は，全研究期間にわたって，P_B^S を一貫して上昇させてきたということを見てとることができる。このことは，相対的に大規模農家における畜産の急激な特化および拡大に強く関係していたに違いない。階層農家 III は，1991 年までの畜産の増大によって，P_B^S に対して正の効果を持っていたが，それ以降には，負の効果を経験し始めた。階層農家 II においては，畜産の増大は 1971 年までは P_B^S に対して正の効果を持っていたが，それ以降においては，その効果は負に転じた。最後に，1966 年以来，階層農家 I は畜産の増大が強力に P_B^S の低下をもたらすという経験をした。このファインディングは，再び，1.0 ha 以下の土地しか持たない相対的に小規模農家は作物生産の最適水準を

図9-9　作物生産量の変化が土地のシャドウ価格に及ぼす効果：全階層農家（都
　　　　府県），1957-97年

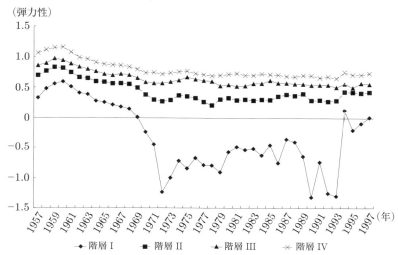

図9-10　畜産物生産量の変化が土地のシャドウ価格に及ぼす効果：全階層農家
　　　　　（都府県），1957-97年

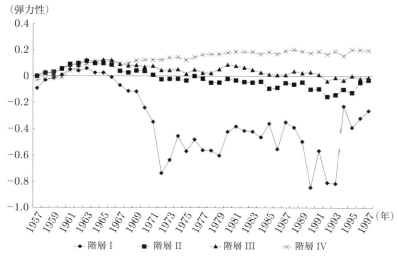

超えてあまりにも集約的に土地を利用したに違いなく，したがって，そのような状態で畜産を拡大しようとすれば，土地利用の効率性は下がり，その結果農業経営の効率性も下がってしまった，ということを意味している。そのため，P_B^S は低下した，というわけである。

4.5.2　可変投入要素価格変化の土地のシャドウ価格（P_B^S）への効果

　この小節では，われわれは 4 つの可変投入要素（労働，機械，中間投入要素，およびその他投入要素）価格の変化の P_B^S に及ぼす効果を定量的に精査してみよう。

　第 1 に，図 9–11 によると，労働価格の上昇は全研究期間 1957–97 年において，階層農家 III においてはわずかながらではあったが，階層農家 IV においては明確に，P_B^S に対して正の効果を持った。このファインディングをどのように解釈すればよいのだろうか。われわれの解釈は以下の通りである。労働価格の上昇は労働に対する需要を減退させ，そのことは，労働と機械が互いに代替財であるので，機械に対する需要を増大させた[14]。さらに，機械と土地は互いに補完財（第 8 章の表 8–5 で確認していただきたい）なので，機械に対する需要の増大は土地に対する需要を増大させた。このことは P_B^S（限界生産性）の上昇を引き起こした。

　他方，相対的に小規模階層農家 I および II に関しては，1960 年代中期および後期以降においては，労働価格の上昇は P_B^S に対して低下傾向をもたらしたことが観察された。このファインディングは以下のように解釈することができるであろう。労働価格の上昇は労働への需要減少をもたらし，そのことは，他方で，労働と機械は互いに代替財であるので，機械に対する需要を増大させた。しかしながら，機械と土地は互いに代替財であったかもしれないので，機械需要の増大は土地需要を減少させ，したがって P_B^S を低下させた，という解釈でありかつ推量である。

---

14)　第 8 章の表 8–5 に示されたように，σ_{LM} は，AES，MES，および SES のいずれの定義によってもすべて正であった。このことは，労働と機械は互いに代替財であることを意味する。

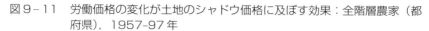

図9-11　労働価格の変化が土地のシャドウ価格に及ぼす効果：全階層農家（都府県），1957-97年

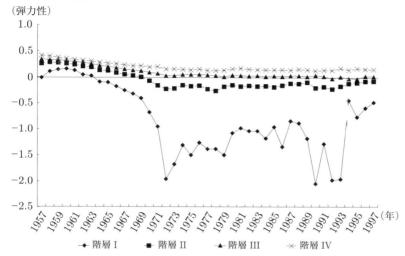

ここでわれわれは，労働価格の上昇の場合に対しては，投入要素代替性または補完性が全研究期間1957-97年における P_B^S の上昇あるいは下降に対して重要な役割を演じたものと推量する。しかしながら，残念なことに，本章で定式化されている VC 関数の分析枠組みにおいては土地が準固定的投入要素として取り扱われているので，機械と土地が互いに代替財であったのか互いに補完財であったのかについての正確な情報を得ることができない。

　第2に，図9-12に示されているように，機械価格の上昇は，全研究期間1957-97年に対し全4階層農家において P_B^S を上昇させる効果を持っていた。この現象に対しては以下のような解釈が可能であろう。機械価格の上昇は機械需要を減退させた。このことは，機械と労働は互いに代替財であるので，労働需要を増大させた。労働需要の増大は，労働と土地が互いに補完財である限り，P_B^S を増大させたに違いない。われわれは，この種の投入要素の補完が研究期間中に起こったに違いないと推測したい。しかしながら，残念なことに，本章では土地を準固定的投入要素として扱う VC 関数モデルを導入しているので，労働と土地が互いに代替財なのか互いに補完財なのかに関す

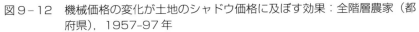

図 9-12　機械価格の変化が土地のシャドウ価格に及ぼす効果：全階層農家（都
府県），1957-97 年

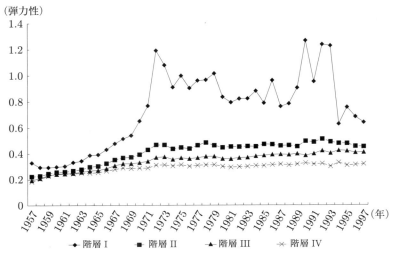

（弾力性）

　→ 階層 I　　　→ 階層 II　　　→ 階層 III　　　→ 階層 IV

る信頼できる情報を持っていない。

　第 3 に，図 9-13 では，主として肥料，農薬，および飼料によって構成される中間投入要素価格の上昇は，全研究期間 1957-97 年に対し全 4 階層農家において P_B^S を上昇させる効果を持っていた。このファインディングは，機械価格上昇の場合と同様に解釈することが可能である。つまり，中間投入要素価格の上昇は中間投入要素需要を減少させ，そのことは，中間投入要素と労働は互いに代替財であるので労働需要の増大をもたらす[15]。労働需要の増大は，労働と土地が互いに補完財である限り P_B^S を上昇させる。われわれは，このような補完がこの研究期間中に起こったのではないかと推測する。しかしながら，再び，本章の VC 関数モデルからは労働と土地が補完関係を持っていたのか代替関係を持っていたのかに関する信頼できる情報は得ることができないのである。

---

15)　第 8 章の表 8-5 に示されているように，σ_{LI} は，Allen，森嶋，および McFadden（Shadow）のいずれの定義においても，すべて正であり，このことは，労働と中間投入要素は互いに代替財であるということを意味している。

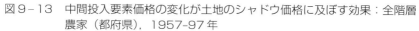

図9-13　中間投入要素価格の変化が土地のシャドウ価格に及ぼす効果：全階層
　　　　農家（都府県），1957-97年

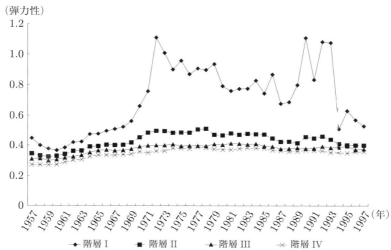

第4に，図9-14に示されているように，その他投入要素価格上昇はP_B^Sを上昇させるということがわかった。再び，このファインディングは機械および中間投入要素価格上昇の場合と非常に類似しており，したがって，その解釈もきわめて類似したものになる。つまり，その他投入要素価格の上昇はその他投入要素需要を減退させ，そのことは，その他投入要素と労働は互いに代替財であるので，労働需要を増大させる[16]。労働と土地が互いに補完財である限り，労働需要の増大は土地需要の増大をもたらし，そして，労働のシャドウ価格を上昇させる。われわれは，全研究期間1957-97年において，このようなメカニズムが日本農業に対して働いていたのかもしれないと推測する。

　要約すると，われわれは，上記のファインディングズから，機械，中間投入要素，およびその他投入要素価格を引き下げる効果を持ったであろう投入

---

16)　再び，第8章の表8-5に示されているように，σ_{LO}は，AES，MES，およびSESのいずれの定義においても，すべて正であり，このことは，労働とその他投入財は互いに代替財であるということを意味している。

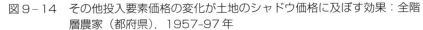

図9-14　その他投入要素価格の変化が土地のシャドウ価格に及ぼす効果：全階層農家（都府県），1957-97年

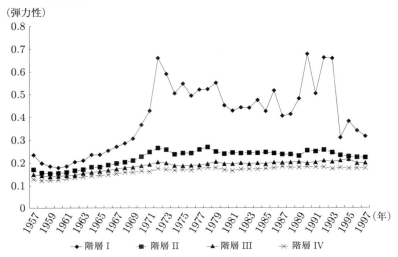

要素補助金政策は，全研究期間において，全4階層農家の P_B^S を低下させる方向に働いたであろうと推測できる。しかしながら，そのような政策の効果は規模中立的でなかったことも重要なファインディングである。つまり，農家の規模が小さいほど，この政策の P_B^S を低下させる効果は大きかったのである。換言すれば，相対的に小規模な農家は，P_B^S の低下において，相対的に大規模な農家よりも急激な低下を経験した，ということなのである。これに反して，もし投入要素価格を低下させることと同様の効果をもたらす投入要素補助金政策のような農業政策とは異なる政策が，相対的に小規模農家の P_B^S を相対的に大規模農家の P_B^S よりも高める方向に働くことが期待されるならば，投入要素補助金政策は小規模農家から大規模農家への土地移動を制限することにおいて重要な役割を果たしていたかもしれない。

4.5.3　土地投入量変化の土地のシャドウ価格（P_B^S）への効果

　土地投入量の変化が P_B^S に及ぼす効果を定量的に調査することは，本章のVC関数モデルにおける準固定的生産要素に関する凸性条件を検定すること

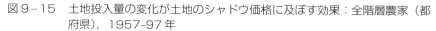

図9-15　土地投入量の変化が土地のシャドウ価格に及ぼす効果：全階層農家（都府県），1957-97年

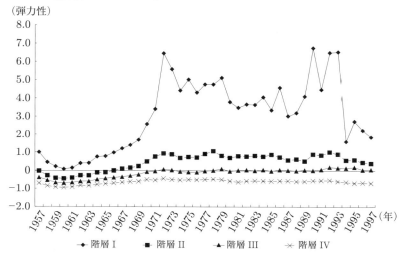

と同値である。一方，この検証は，減反政策が P_B^S に及ぼす効果についての重要な情報を提供してくれるので，その意味でも，きわめて興味深い。

　さて，図9-15に示されているように，相対的に大規模階層農家（IIIおよびIV）においては，土地投入量の変化が P_B^S に及ぼす効果は，全研究期間1957-97年に対して，負ないしゼロに近い値を示している。このことは，これらの観測データは凸性条件を満たしているということを示唆している。すなわち，土地投入量を増大させると P_B^S（限界生産性）が低下する，ということである。かくして，これらの2階層農家に対しては，1969年に導入された減反政策は P_B^S を上昇させたであろう。

　これとは逆に，階層農家Iにおいては全研究期間について，そして，階層農家IIにおいては1966-67年頃から1997年まで，土地投入量の増大は P_B^S を上昇させた。理論的に言えば，階層農家Iの全部，およびIIの1957-65年までの観測データは凸性条件を満たしていない。しかしながら，政策的観点から見ると，減反政策は階層農家IおよびIIの1966-67年頃から1997年までの P_B^S を引き下げたであろうし，そして，このことは，全研究期間1957-97

図9-16　技術変化が土地のシャドウ価格に及ぼす効果：全階層農家（都府県），
　　　　　1957-97年

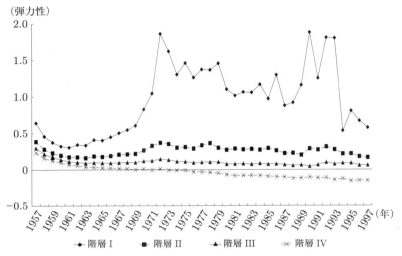

４.５.４　技術変化の土地のシャドウ価格（P_B^S）への効果

　全研究期間1957-97年の全４階層農家における技術変化が P_B^S に及ぼす効果は，図9-16に示されている。一見して，階層農家Ⅰ，Ⅱ，およびⅢは，その効果の大きさにはこれら３階層農家間にきわめて大きな差異が存在したけれども，全研究期間1957-97年において，技術変化の P_B^S への正の効果を享受したということが，観てとれる

　逆に，最大の階層農家Ⅳに対しては，技術変化は P_B^S に対して，1957-75年には小さな正の効果ないしゼロの効果しか提供しなかったし，その後にはその効果は負になってしまった。この結果は，小規模農家から大規模農家への土地移動という観点からすると，かなり期待はずれのファインディングであった。しかしながら，ここで，全４階層農家は PGX および PGY の推計値によって表される技術変化に関しては正の値を享受した，ということを

思い出してみよう。より注意深く調べてみると，これら 2 つの技術変化の指標に関しては，1960 年代初期から 1997 年まで，全 4 階層農家において類似の減少傾向を持っていた（図 9–7 および 9–8 を参照していただきたい）。したがって，最大規模階層農家 IV における技術変化の P_B^S に対する負の効果という結果に対する 1 つの可能な解釈は，1970 年代初期頃から導入され普及していった中・大型機械化が，この階層農家の限られた農地面積に対しては「過剰投資」点に達してしまい，そのような状態では，さらに改良された近代的機械を投入しても期待したほどの効果も得られなかったし，P_B^S を上昇させるどころかむしろ減退をさえさせてしまったかもしれない　ということではなかったのかという解釈である。

　ここで，以上の 4 つの農業政策が P_B^S にもたらした効果の結果を要約しておくことにしよう。(i) 生産物構成，すなわち，野菜，果実，および畜産物の増大は，特に，相対的に大規模な農家において，P_B^S 上昇に対して正の効果を持った。(ii) 労働価格の上昇は相対的に大規模な農家の P_B^S を上昇させるという点に関しては正の効果を持った。このことは，労働と土地は互いに代替財であることを示唆している。(iii) 機械価格，中間投入要素，およびその他投入要素の価格上昇は全 4 階層農家の P_B^S を増大させた。このことは，機械と土地，中間投入要素と土地，およびその他投入要素と土地はすべて互いに代替財であることを意味している。(iv) 土地投入量の拡大は，相対的に大規模な階層農家の P_B^S を低下させたが，相対的に小規模な階層農家においては P_B^S を上昇させた。このことは，減反政策は相対的に大規模な階層農家の P_B^S を上昇させたが，相対的に小規模な階層農家においては P_B^S を低下させた。(v) 技術変化は相対的に小規模な階層農家（I，II，および III）の P_B^S を上昇させる効果を持ったが，最大規模階層農家（IV）の P_B^S を低下させる効果を持った。

5　要約と結論

　本章の主要な目的は，繰り返しになるが，通常型多財トランスログ VC 関数モデルを用いることによって，20 世紀末のおよそ 40 年間，1957–97 年に

おける戦後日本農業の技術構造について定量的分析を行うことにある。

　もう何度も述べたことではあるが，この分析期間において，生産物構成が劇的に変化した。特に，畜産は作物生産に比べて急激に増大した。一方，農業労働力の非農業部門への急激な移動に対応して，農業生産の機械化が急激なスピードで進行し全国的に普及していった。1950年代半ば頃から1970年代初期にかけては小型機械化が，1970年代初期から最近年に至るまでは中・大型機械化が急速に普及してきた。

　第8章ではっきりと確認したように，日本農業に対して通常型多財トランスログTC関数を特定化し推計しようとする場合，われわれは，1970年以前の地代は政府によって統制されていたので，いかにして土地価格を定義するかについては非常に慎重でなければならない。『農地法』が1970年に改定された後においてさえ，地代は「標準地代」という名の下に（準）統制されてきた。このことは，土地を1つの準固定的生産要素として扱う方がより適切であるということを意味する。さらに，われわれは，通常型多財トランスログVC関数モデルの方が通常型多財トランスログTC関数モデルよりもよりうまく適合するということも確認した。したがって，本章の目的を達成するために，われわれは通常型多財トランスログVC関数を適用しそれを推計した。その推計結果は第8章の表8-5に示されている。

　とりわけ，最も重要なファインディングは，全研究期間1957-97年において全4階層農家の P_B^S は政府によって統制されてきた地代よりも高かった，ということである。このことは，長期均衡は上記の研究期間中には達成されなかったことを意味する[17]。しかしながら，P_B^S の推計値は小規模階層農家から大規模階層農家への土地移転の可能性を探る場合には非常に便利である。実際に，農地の売買による土地移動はきわめて限られているので，われわれは小規模農家から大規模農家への賃貸による土地移動の動向を集中的に検証した。そのような場合，われわれは，小規模農家は「企業」というよりも「家計」として扱うべきであると主張したい。このことは，家族労働と自

---

17)　全4階層農家の P_B^S の大きさの経時的動向および差異に関する詳細な評価は，本章の図9-1に基づいてなされている。

己所有農地に関わる「費用」は，「農家」が「農企業」として扱われるときには農業生産の総費用の一部とみなされることを意味している。しかしながら，もし「農家」が「家計」として扱われた場合には，そのような自己所有の家族労働と土地に帰属する「費用」は「農家家計」にとっては「家計所得」または「農業所得」の一部とみなされる。そこで，われわれは，大規模農家のP_B^S（または，限界生産性）が小規模農家の「農業所得」を上回らない限り，賃貸による土地移転は起こらない，という基準を提案した。図9-5を観察すると，たかだか1993年以降くらいから，この基準がかろうじて満たされるようになったということが把握できる。このファインディングは，この基準が，日本農業において，20世紀後半に小規模農家から大規模農家への土地移動がいかに遅々としたものであったかという現象に対して，「企業－家計複合体」（丸山，1984）に代表される「農家」の経済理論をベースにした説明を試みることによって最も重要な要因の1つをあぶり出した，ということを示唆している。

　さらに，われわれは，(i) 相対的に小規模農家の方が規模の経済性（RTS）の程度が大きい，(ii) 相対的に小規模農家の方が相対的に大規模農家よりも平均土地生産性が高い，および (iii) 1960年代初期より正ではあるが技術変化は全4階層農家とも類似の減少傾向を持った，ということを発見した。上記のファインディングとともにこれらのすべてのファインディングズは，20世紀後半の期間における日本農業においては，相対的に小規模農家の農業経営は，相対的に大規模農家の農業経営に比べて，必ずしも劣っていたり効率性が低かったりしたとは言い難いということを示唆している。これらの要因こそが，なぜ日本農業においてより大規模で高効率的かつ高生産性農業を形成するための土地移動が不活発であったのかという問題に対する重要な原因であったと言えそうである。

　そこで，次に，われわれは以下のような種々の農業政策の効果を定量的に分析した。(i)「生産物の選択的拡大計画」によって代表されるような生産物構成の変化，(ii) 機械，肥料，農薬その他の投入要素に対する補助金政策，(iii) 減反政策，および (iv) 技術革新および普及活動政策，である。

　これらの定量的分析によるファインディングズに基づき，われわれの結論として，より効率的な農業生産を追求するために小規模農家から大規模農家へのより弾力的な土地移動を可能にするような以下の政策手段を提案したい。(i) はるかに大規模な農場（例えば，50–100 ha）での作物と畜産物のより特化した生産の促進を図る。(ii) 相対的に大規模農家の P_B^S を高めることにおいてより有利な方向に働くような投入要素補助金政策を考案し導入する。(iii) 小規模農家と大規模農家の P_B^S の格差を拡大するために，相対的に大規模農家よりも相対的に小規模農家の P_B^S を減ずる方向に働くような，一律的ではなく差別的な減反政策の導入を行なう。そして，(iv) より大規模で特化した専門農家を育成し得るようなより近代的かつ魅力的な農業技術革新の推進を図る[18]。

　最後に，1つの但し書きをしておきたい。本章における分析を通じて得られた1つの重要な教訓は，地代が統制されているために，日本農業の生産技術を分析する場合には VC 関数を特定化することがきわめて重要であり適切である，ということである。したがって，われわれが得た結論を支持かつ強化するためには，同様の分析枠組みを異なった農業地域（例えば，東北や近畿地域など）および異なる研究期間に適用することによって，本章で得たファインディングズと類似のファインディングズを蓄積することが肝要である。さらに，本章の「序」で述べたように，原則として，農業労働市場は存在しないので，土地と同時に労働も準固定的生産要素として扱う VC 関数モデルを特定化し適用する方法がより適切かもしれない。すなわち，農業労働の95％以上は家族労働によって構成されており，そのために，家族労働の価格を臨時雇い労働の賃金率で評価するという方法が用いられてきた。われわれは家族労働のシャドウ価格を知ることも確かに必要である。

---

18)　近藤（1998）はわれわれの提案したものと類似の政策提言を行なっている。特に，すべての階層農家に一律の減反政策を適用することは，大規模農家における高効率的農業生産を目指すべく構造変換を推し進めようとする政府の期待とは一致したものではなかったことを強調している。

第10章

規模の経済性と構造変化

1 序

　規模の経済性（*RTS*）を推計することは，構造変化，効率性，および生産性の変化の要因を明らかにするための必須要件である。そこで，本章の主要な目的は2つある。(i) 1つ目の目的は，1957–97年における戦後日本農業の異なった4つの階層農家について各々の *RTS* を定量的に推計することであり，(ii) 2つ目の目的は，生産物構成における変化，投入要素補助金政策，減反政策，および農業技術革新活動政策のような種々の政策の *RTS* への効果を定量的に分析することである。

　実際のところ，われわれはすでに第8章において，通常型多財トランスログ VC 関数の推計パラメータに基づいて *RTS* を全研究期間 1957–97 年に対して全4階層農家について推計し，*RTS* の経時的動向および階層農家間におけるその程度の差異について十分に評価した。そこでは，われわれは全研究期間に対し全4階層農家について収穫逓増（IRTS）を見いだした。したがって，本章における主要な目的は，上記の種々の政策が *RTS* の程度にいかなる効果をもたらしたのかという課題に対する定量的な評価に焦点を合わせることにある。

　しかしながら，先に進む前に，ここで，日本農業における *RTS* を推計した過去の研究の簡潔なサーベイをしておくことが適切であろう。これまでのところ，かなり多くの研究者が戦後日本農業における *RTS* を推計した（例えば，Kako, 1978; 加古, 1979a, 1979b, 1983, 1984；茅野, 1984, 1985, 1990; 新谷，

1983である）。しかしながら，これらの研究は，言うまでもなく，単一財TC
関数を用いて，米作のみのRTSを推計したものである。一方，多財TC関
数を用いて規模の経済性（RTS）と範囲の経済性を推計した研究もいくらか
はある（例えば，本間，1988; 本間・樋口・川村，1989; 草苅，1990a, 1990b）。さ
らに，通常型多財トランスログVC関数モデルに基づいて推計されたRTS
の研究結果も蓄積されつつある（例えば，草苅，1994; Kuroda, 2009c, 2009d,
2009e, 2010a, 2010b）。

　本章の残りの部分は以下のように構成されている。第2節では，VC関数
に基づく分析枠組みが構築される。第3節は使用されるデータと推計方法
の説明に当てられる。第4節では，実証結果とその評価がなされる。最後に，
第5節は簡単な要約と結論で締めくくる。

2　分析の枠組み

　上記の目的を達成するために，本章は，すでに第8章の表8-2に示されて
いる通常型多財トランスログVC関数モデルの推計パラメータを大いに利用
する。

2.1　作物および畜産物の結合生産における
　　　規模の経済性（RTS）の推計

　第8章の（8.17）式に示されているように，RTSは通常型多財トランスロ
グVC関数（8.3）に基づいて推計することができる。以下に（8.17）式を再
掲し，（10.1）式とする。

$$RTS = \frac{1 - \partial \ln CV / \partial \ln Z_B}{\sum_i \partial \ln CV / \partial \ln Q_i} = \frac{1 - \varepsilon_{CVZB}}{\sum_i \varepsilon_{CVQ_i}}, \tag{10.1}$$

繰り返しになるが，もし$RTS = 1$ならば収穫一定（CRTS）が存在し，もし
$RTS > 1$ならば収穫逓増（IRTS）が存在し，そしてもし$RTS < 1$ならば収
穫逓減（DRTS）が存在する。

2.2　規模の経済性（RTS）に対する農業諸政策の効果

　言うまでもなく，われわれはすべての外生変数（$\mathbf{Q}, \mathbf{P}, Z_B, t$）の RTS への効果を推計することができる。まず第 1 に，作物（Q_G）と畜産物（Q_A）で構成されている結合生産物 $\mathbf{Q}$ のそれぞれの生産物の生産量の変化の効果を定量的に分析することは，1961 年に制定された『農業基本法』の「選択的拡大政策」のような生産物構成政策の変化の効果を定量的に分析することと同値である。第 2 に，労働価格の変化の RTS への効果の推計は，非農業部門における急激な賃金上昇によって引き起こされた農業賃金率の急上昇の効果に関するきわめて興味深い情報を提供してくれるものと期待される。第 3 に，機械，中間投入要素，およびその他投入要素価格の変化の RTS への効果の定量的分析は，そのことが，投入要素補助金政策が RTS にいかなる効果を及ぼしたのかを知るための重要な情報を提供してくれるだろうと推測できるので，きわめて重要でかつ興味深い。第 4 に，準固定的投入要素としての土地投入量の変化の RTS への効果はどのようなものであろうか。正であろうか，それとも，負であろうか。この効果の定量的追究は，日本農業において 1969 年に初めて導入され現在までずっと続けられている減反政策による RTS への効果を探ることと密接に関わっているので，学術的視点からだけでなく現実的な視点からもきわめて重要でかつ興味深い。最後に，時間指数 t によって捉えられると仮定される技術変化の RTS への効果を定量的に分析することは，農業生産の効率性および生産性を上昇させるという観点からも重要でありかつ興味深い。以上のように，異なった階層農家に対してだけでなくかなり長期間である 1957–97 年に対するこれらの政策変数の RTS への効果の定量的分析は，将来の日本農業に対して，重要かつ興味深い情報を提供してくれるに違いない。

　さらに，これらの政策手段の RTS への効果を評価するために，本章ではそれら効果の程度および相対的な重要性を容易に把握できるように弾力性の形でそれらの効果を推計し評価することにする。

　さて，まず初めに，通常型多財トランスログ VC 関数（8.3）式の推計パラメータを用いると，$Q_i \ (i = G, A)$ の RTS の効果は以下の（10.2）式で与え

られる。

$$\frac{\partial(RTS)}{\partial Q_i}\frac{Q_i}{(RTS)} = -\left[\frac{\theta_{iB}}{1-\varepsilon_{CZ_B}} + \frac{\sum_i \gamma_{Gi}}{\sum_i \varepsilon_{CQ_i}}\right], \qquad (10.2)$$

$$i = G, A.$$

次に，可変投入要素価格の変化の RTS への効果は以下の（10.3）式によって得られる。

$$\frac{\partial(RTS)}{\partial P_k}\frac{P_k}{(RTS)} = -\left[\frac{\theta_{kB}}{1-\varepsilon_{CZ_B}} + \frac{\sum_i \phi_{ik}}{\sum_i \varepsilon_{CQ_i}}\right], \qquad (10.3)$$

$$i = G, A, \quad k = L, M, I, O.$$

さらに，土地投入量の変化の RTS への効果は以下の（10.4）式によって得られる。

$$\frac{\partial(RTS)}{\partial Z_B}\frac{Z_B}{(RTS)} = -\left[\frac{\gamma_{BB}}{1-\varepsilon_{CZ_B}} + \frac{\sum_i \theta_{iB}}{\sum_i \varepsilon_{CQ_i}}\right], \qquad (10.4)$$

$$i = G, A, \quad k = L, M, I, O.$$

最後に，技術変化の RTS への効果は以下の（10.5）式によって得られる。

$$\frac{\partial(RTS)}{\partial t}\frac{t}{(RTS)} = -\left[\frac{\nu_{Bt}}{1-\varepsilon_{CZ_B}} + \frac{\sum_i \mu_{it}}{\sum_i \varepsilon_{CQ_i}}\right], \qquad (10.5)$$

$$i = G, A, \quad k = L, M, I, O.$$

3　データおよび推計方法

　第9章でなされたように，通常型多財トランスログ VC 関数の推計に必要なすべてのデータ資料および変数の定義と，本章における通常型多財トランスログ VC 関数体系の統計的推計方法は第1章と7章の付録 A.1 と A.7 の中で十分に説明されているので，本章においては説明を割愛する。

4　実証結果

4.1　可変費用（VC）関数モデルに基づく規模の経済性および範囲の経済性の推計

　通常型多財トランスログVC関数モデルに基づく規模の経済性（*RTS*）および範囲の経済性は全研究期間1957–97年に対して全4階層農家について推計した。その結果は第8章の図8–3および8–5に示されている。さらに，これらの図における推計結果の評価はかなり詳しくなされているので，ここで再び同じ説明を繰り返すことは避けたい。したがって，本章では，諸々の政策変数の*RTS*への効果の評価のみに焦点を合わせることにしたい。

4.2　規模の経済性（*RTS*）に対する農業諸政策の効果

　言うまでもなく，小規模農家から大規模農家への土地移動に対するもう1つの重要な変数（前章で議論された P_B^S 以外の変数）は*RTS*の大きさである。前章で遂行されたように，われわれは本小節においても，（i）生産物構成に関する変化政策，（ii）機械，肥料，農薬，種苗などからなる中間投入要素への補助金政策，（iii）減反政策，および（iv）農業の研究開発および普及活動政策，で代表されような政策手段が*RTS*の程度に及ぼす効果を定量的に分析し精査することにしたい。

4.2.1　生産物構成変化の規模の経済性（*RTS*）への効果

　全研究期間1957–97年における全4階層農家に対する作物および畜産の生産水準の変化の*RTS*への効果は，それぞれ，図10–1および10–2に示されている。この2つの図から得られるいくつかのファインディングズに着目してみよう。

　第1に，2つの図を一瞥すると，作物にしろ畜産にしろ，それらの増大はすべての階層農家において，*RTS*に対して負の効果を持っていたことが観てとれる。

　第2に，全研究期間1957–97年において，階層農家が小さいほど，作物生産であっても畜産物生産であっても，その増大が*RTS*を低下させる効果は

図 10-1　作物生産水準の変化が作物および畜産物の結合生産における規模の経
済性に及ぼす効果：全階層農家（都府県），1957-97 年

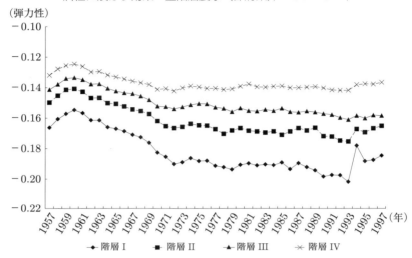

図 10-2　畜産物生産水準の変化が作物および畜産物の結合生産における規模の
経済性に及ぼす効果：全階層農家（都府県），1957-97 年

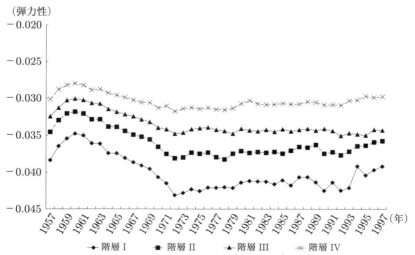

一貫して大きくなった。この傾向は, 全4階層農家について, 特に, 初期の1957–72年において顕著であった。この期間は日本経済全体が高成長率で急激に拡大した期間に対応している。さらに, この期間には, 1961年に制定された『農業基本法』に基づく最も重要な農業政策の1つとしてのいわゆる「選択的拡大」政策によって, 野菜, 果実, および畜産物といった強い需要を持つ農産物の生産増大が促進された。これらの要因は, 作物と畜産物の生産増大をもたらしたに違いない。そしてこのことが, 平均費用の限界費用に対する比である *RTS* の急激な低下をもたらしたに違いない[1]。この現象の背景となる論理は以下の通りである。IRTS の状態の下では, 平均費用の限界費用に対する比は1より大きい。生産量が「最低効率的平均費月」に向かって増大されると, 平均費用の限界費用に対する比は次第に小さくなりやがて1, つまり, CRTS に近づく。しかしながら, 1973年以降, 負の効果は作物生産においても畜産物生産においても, 経時的にかなり一貫した動きを示したようである。

第3に, 図10−1および10−2においてはっきりと観察されるように, 全研究期間1957–97年における全4階層農家について, 作物生産を増加することによる IRTS 低下の効果の程度は, 絶対値で見て, 畜産物生産を増大することによる IRTS 低下の効果よりはるかに大きかった。階層農家 IV を例にとってみると, 1957–97年について, 作物生産増大による *RTS* 低下効果は絶対値でおよそ0.13–0.14程度であったが, 畜産物生産増大による *RTS* 低下効果は絶対値平均でおよそ0.03であった。これらの数値は作物生産の1%の増大は規模の経済性の程度をおよそ0.13–0.14%引き下げるが, 畜産物生産の1%の増大は *RTS* の程度をおよそ0.03%しか引き下げない, ということを意味している。このことは, 畜産物生産の増大は最低平均費用水準での最も効率的な生産水準を達成する余地が, 作物生産の増大に比べてはるかに大きいことを意味している。この結果は, 本章の研究期間1957–97年において, なぜ大規模畜産農家数がかなり急激に伸びたのかという疑問に対する答

---

1) 正確に言うと, 平均費用の限界費用に対する比としての規模の経済性の定義は, 本章の多財費用関数の場合には用いることができない。したがって, 読者にはこの定義を大雑把なものとして捉えていただきたい。

図 10-3　労働価格の変化が作物および畜産物の結合生産における規模の経済性
に及ぼす効果：全階層農家（都府県），1957-97 年

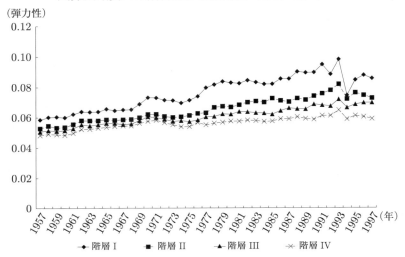

4.2.2　労働価格変化の規模の経済性（*RTS*）への効果

　図 10-3 によると，労働価格（または，"農業賃金率"）の変化の *RTS* に及
ぼす効果は，全研究期間 1957-97 年において，全 4 階層農家に対してすべて
正であった。さらに，階層農家が小さいほどその効果は大きくなり，その効
果の程度は全 4 階層農家において増加傾向を示した。その増加傾向の程度は，
1957 年から 1970 年代初期にかけてよりも，1970 年代初期から 1997 年にか
けての後期において大きかった。例えば，再び，階層農家 IV の場合，労働
価格の変化の *RTS* に及ぼす効果は，1957 年において 0.045 であったが，そ
れが徐々に増大して 1997 年にはおよそ 0.060 あたりまでに上昇した。この
ことは，農業賃金率の 1 ％の上昇は，全研究期間 1957-97 年の間に，*RTS* の
程度を 0.045-0.060％上昇させたということを示唆している。しかし，より
小規模階層農家は，同期間に，大規模階層農家 IV よりも大きな効果を持っ
ていたということは，図 10-3 より明らかである。

　もし農業賃金率が急激に上昇すれば，農家は労働を相対的に安価な機械に代替することはきわめて当然の経済行動である。現実に，農業賃金率の急激な上昇は，非農業部門における賃金率のより急激な上昇と，1950 年代中頃から 1970 年代初期にかけての農業労働者の非農業部門への地滑り的に急激な移動に伴って起こったのである。全研究期間 1957–97 年における農業機械化もかなり急激であった。ところで，この機械化は，1950 年代半ばから 1970 年代初期にかけての最初の段階では，手動式耕耘機に代表されるような小型機械化であったが，やがて 1970 年代初期以降においては，乗用型トラクター，ハーヴェスター，コンバイン，田植機などに代表されるような中・大型機械化という段階に突入して今日に至っている。このような小型から中・大型機械へという農業機械化様式の変化は，いわゆる「不分割性」の程度を増大させたに違いない。その結果，農業賃金率の上昇による RTS への効果の程度は，前半の期間（1957–1970 年代初期）においてよりも後半の期間（1970 年代初期–1997 年）において，より大きくなったに違いない。このことは図 10 – 3 よりはっきりと観てとれる。

　これもまた明白に図 10 – 3 に示されているように，全研究期間 1957–97 年において，農家の規模が小さいほど，農業賃金率の RTS の程度の上昇への効果は大きくなるという推計結果の観測はきわめて興味深い。一般に，例えば，1 ha 以下の農地しか所有していない相対的に小規模な農家のうち 90% 以上が，その戸主や長男や次男といった主要労働者が非農業部門において雇用されている兼業農家である。そして，このような兼業農家が，農業機械化の先導者である大規模な農家に追いつこうとして懸命に農業機械化を図ってきた。このことが，なぜ，大規模農家におけるよりも小規模農家において，農業賃金率の上昇が RTS の程度の上昇効果を大きくしてきたのかということを説明する主要な要因であったに違いない，と推量できる。

　繰り返しになるが，まとめると以下のようになる。全研究期間 1957–97 年における農業機械化はかなり急激なものであった。その機械化は，初期の段階（1950 年代後期から 1970 年代初期）においては，例えば，手動式耕耘機によって代表されるような小型機械化ではあったが，後の段階（1970 年代初期から 1990 年代後期，さらに現在にかけて）においては，例えば，乗用型トラク

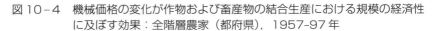

図10-4　機械価格の変化が作物および畜産物の結合生産における規模の経済性
　　　　に及ぼす効果：全階層農家（都府県），1957-97年

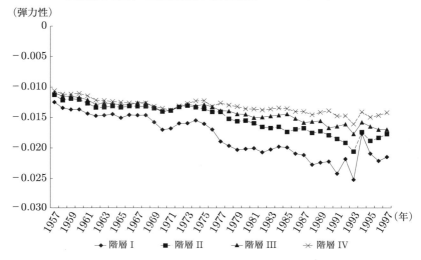

ターなどに代表されるような中・大型機械化が促進されていった。このような小型から中・大型機械への転換は，「不分割性」の程度を高め RTS への効果の程度を高めたであろうと容易に推測される。その結果，小規模な農家における農業賃金率の上昇の RTS の程度に及ぼす効果は，大規模な農家における同様の効果よりも大きかったであろうと推論できる。

4.2.3　その他の可変投入要素価格変化の規模の経済性（RTS）への効果

　まず最初に，全研究期間 1957-97 年における全4階層農家に対する RTS の程度への機械価格変化の効果は図10-4に示されている。われわれの期待通り，弾力性で推計された効果は全4階層農家において負であった。図10-4のインフォーマルな観察から，全研究期間 1957-97 年にわたるこれら効果の大きさは，階層農家 IV においては -0.011 から -0.015 であり，階層農家 III においては -0.012 から -0.017 であり，階層農家 II においては -0.012 から -0.020 であり，そして階層農家 I においては -0.012 から -0.025 であった。この結果は，絶対値で見て，階層農家が小さくなればなるほど，機

図 10-5　中間投入要素価格の変化が作物および畜産物の結合生産における規模
　　　　　の経済性に及ぼす効果：全階層農家（都府県），1957-97 年

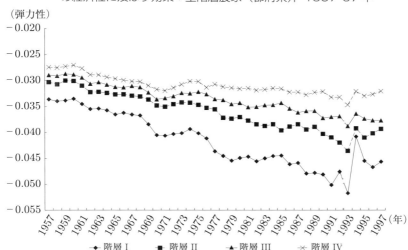

械価格変化の RTS の程度への効果は大きくなることを示唆している。ここ
で，負の効果は，機械価格の 1 ％の上昇は，例えば，0.015％だけ RTS の程
度を低下させるということを意味している。

　図 10-4 によれば，相対的に小規模な階層農家は，機械価格の上昇によっ
て RTS へのより強い負の効果を被ると言えそうである。逆に言えば，政府
が農家に対して補助金を提供することによって農業機械化を促進するような
政策（例えば，投入要素補助金政策）を導入すれば，RTS の程度を上昇させる
ため，相対的に小規模農家の方が大規模農家よりも有利な効果を得ることに
なると推量される。

　次に，図 10-5 において，中間投入要素価格変化の RTS の程度への効果
に関して，機械価格の場合ときわめて類似した結果を観察することができる。
これらの効果は，全研究期間 1957-97 年において全 4 階層農家について，す
べて負であった。さらに，これらの効果は，絶対値で見て，全 4 階層農家で
経時的に増大傾向を持った。ところで，中間投入要素価格の上昇によって引
き起こされる RTS の程度への効果の大きさは，絶対値で見ると，機械価格

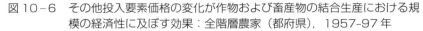

図10-6　その他投入要素価格の変化が作物および畜産物の結合生産における規
　　　　模の経済性に及ぼす効果：全階層農家（都府県），1957-97年

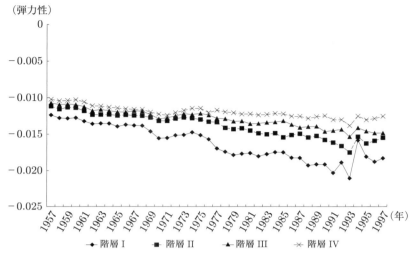

の変化の場合に比べて，少しではあるが大きかった。前者の中間投入要素価
格変化の場合のこれらの効果は，およそ -0.011（階層農家IV）から およそ
-0.025（階層農家I）であったが（図10-5），後者の機械価格の変化の場合
の効果は，およそ -0.027（階層農家IV）からおよそ -0.052（階層農家I）で
あった（図10-4）。

　図10-5のインフォーマルな観察によると，相対的に小規模な階層農家の
方が相対的に大規模な階層農家よりも，中間投入要素価格の上昇が RTS の
程度にもたらすより強い負の効果を被っていたということがわかる。逆に言
うと，政府が農家に対して補助金を提供することによってより多くの中間投
入要素の投入を促進するような政策（例えば，肥料や農薬などの投入要素補助
金政策）を導入したら，RTS の程度を上昇させるため，相対的に小規模な農
家の方が相対的に大規模な農家よりも有利な効果を得ることになるであろう。

　最後に，図10-6によれば，農用建物と構築物，大植物，および大動物
によって構成されるその他投入要素の価格の変化の RTS の程度への効果は，
全研究期間1957-97年における全4階層農家について，負であった。その効

果の大きさと経時的変化は，機械および中間投入要素価格変化の効果の場合
ときわめてよく似ている。したがって，ここでは，上記の2生産要素の場合
と同様の解説を繰り返すことはしない。ここでは，その他投入要素に補助金
政策を導入すれば RTS が拡大するが，この場合にも小規模農家の方が大規
模農家よりもはっきりとより有利な結果を享受することになる，ということ
を指摘すれば十分であろう。

　要約すると，われわれは，機械，中間投入要素，およびその他投入要素の
価格上昇は，全4階層農家における RTS の程度を引き下げる効果を持つと
いう結果を得た。逆に言うと，この結果は，これら投入要素への補助金政策
は全4階層農家における RTS の程度を引き上げる効果を持つということに
なる。現実に，全研究期間 1957–97 年において，政府は農業者に対してこれ
らの投入要素に対する直接的ないし間接的な補助金政策を実行していた。こ
のことは，言い換えれば，政府は RTS を高める効果において，相対的に小
規模な農家により有利な結果を与えてきたということを意味していた。これ
らのファインディングズは，直接的であれ間接的であれ，投入要素補助金政
策は小規模農家から大規模農家への土地移動を制約する方向に働いたことを
意味している。

4.2.4　土地投入量変化の規模の経済性（RTS）への効果

　土地投入量の変化が RTS の程度に及ぼす効果は図 10–7 に示されている。
上記の場合と同様に，この効果は全研究期間 1957–97 年について全4階層農
家に対して推計された。この効果はすべて正であり，絶対値で見て，作物生
産水準の変化の場合の効果（図 10–1 参照，この符号は逆に負である）以外の，
その他すべての外生変数の変化の効果に比べて，かなり大きい。少なくとも，
この図から2つの興味深くかつ重要な点について特に言及しておきたい。

　第1に，図 10–7 によると，全研究期間 1957–97 年において全4階層農家
に対して，土地投入量の変化の RTS の程度への効果の大きさは，相対的に小
さい階層農家ほど大きかったことは明白である。ここで，階層農家Ⅰを例に
とってみよう。土地投入量の変化の RTS の程度への効果の大きさは，その
ピークの期間（1972–76 年）においてはおよそ 0.22 であった。このことは，農

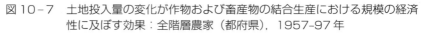

図 10-7　土地投入量の変化が作物および畜産物の結合生産における規模の経済
　　　　　性に及ぼす効果：全階層農家（都府県），1957-97年

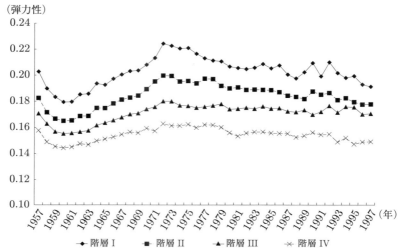

地の 1 ％の拡大は RTS を 0.22％上昇させるということを意味している。その他の階層農家も似たような程度の効果の大きさを示した。それらの効果は，階層農家 II ではおよそ 0.20％，階層農家 III ではおよそ 0.18％，そして階層農家 IV ではおよそ 0.16％であった。

　第 2 に，全 4 階層農家において，土地投入量の変化の RTS の程度への効果は 1957 年から 1960-61 年にかけてかなり急激に低下したが，その後急速に上昇して 1972 年にはそれぞれのピークに達し，そしてその後は 1990 年代末まで緩やかな低下傾向をたどった。これらの動きはこの期間に起こった 2 つの性質の異なる農業機械化という現象に並行した動向であるように見える。第 1 の機械化は，1950 年代後半から 1960 年代後半ないし 1970 年代初期にかけて起こった手動式耕耘機の急激な普及で特徴付けられる小型農業機械化であった。第 2 は，1970 年代初期以降最近年まで普及しつつある乗用型トラクター，田植機，コンバイン，ハーヴェスターなどに代表される中・大型農業機械化であった。言うまでもなく，第 2 のタイプの農業機械化は，収穫逓増の主要な要因としてのより強い「不分割性」を伴った。図 10-7 をインフォー

マルな形で観察すると，われわれは，全 4 階層農家で起こった土地投入量の拡大の *RTS* の程度の拡大効果の動きは，平均してみると，前期でよりも後期での方が大きかったと言えそうである。

　この図 10–7 から得られるファインディングに基づいて，われわれは，1969年以降導入された減反政策は全 4 階層農家において *RTS* の程度への効果を引き下げる効果を持ったと評価することができる。つまり，階層農家規模が小さくなればなるほど，*RTS* の程度を引き下げる効果は大きくなる，ということである。この意味で，減反政策は，20 世紀後半の日本農業において，相対的に小規模農家から相対的に大規模農家への土地移動に対して好ましい効果を及ぼしてきたと言えそうである。

4.2.5　技術変化の規模の経済性（*RTS*）への効果

　言うまでもなく，時間指数で表されている技術変化は幅広い概念から成り立っている。(i) 作物や畜産物の改良，肥料，農薬，種苗などの改良，農業機械と各種道具および農用自動車の改良，(ii) インターネット情報を駆使した好機を逃さぬマーケティング，他の農業者や農協従業員との情報の交換やスーパーマーケットや一般の食料品販売店主などとのインタビュー，会計学，簿記，および商法や民法でさえも，これらの高い知識を求めての勉強である。さらに，これは公的機関，農協，および農業大学などの研究活動も含んでいる。

　図 10–8 は，全研究期間 1957–97 年の全 4 階層農家において，技術の変化が *RTS* の程度に及ぼした効果を示している。一瞥して，読者は，この経時的動向は，土地投入量の変化が *RTS* の程度の変化に及ぼした効果の動きときわめてよく似ているとお気づきのはずである。ただ 1 つ違う点は，図 10–7 と比べて図 10–8 の縦軸に与えられた効果の大きさの差である。図 10–8 に示されている技術の変化による *RTS* の程度への効果は，図 10–7 に示された土地投入量の変化による *RTS* の程度の変化への効果に比べてはるかに小さいものである。

　さて，図 10–8 に示されている結果の評価をすることにしよう。

図 10-8　技術変化が作物および畜産物の結合生産における規模の経済性に及ぼす効果：全階層農家（都府県），1957-97 年

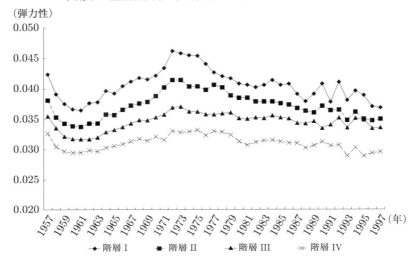

　第 1 に，全研究期間 1957-97 年において，技術変化が RTS の程度に及ぼした正の効果の大きさは，農家の規模が小さいほど，より大きい。このことは，小規模農家は，新しい技術を導入することにおいて大規模農家に追いつくために大いなる努力をした，ということを示唆している。階層農家 I を例にとってみよう。技術変化の RTS の程度に及ぼした効果は，1972-76 年のピークの期間に 0.045 であった。このことは，技術変化の 1 ％の上昇は RTS の程度を 0.045 ％だけ高めたということを示唆している。その他の階層農家は，同じピーク期間において，より小さな効果しか享受できなかった。階層農家 II ではおよそ 0.040，階層農家 III ではおよそ 0.036，そして階層農家 IV ではおよそ 0.033 であった。実際には，われわれは，技術変化が規模の経済性の程度に及ぼす効果の大きさは，この推計結果で得られた順序の逆になるであろうと期待していた。その意味で，図 10-8 に基づくこのようなファインディングは，より大規模農家で高効率かつ高生産性の農業生産を達成するためには小規模農家から大規模農家への土地移動の可能性を考慮する際に，かなり期待はずれの結果である。

　第 2 に，全 4 階層農家において，技術変化の *RTS* の程度に及ぼした効果は 1957 年から 1960–61 年にかけて急激に低下した。その後は，これらの効果は急激に上昇して 1972 年にそれぞれのピークに達し，そしてそれ以降，これらの効果は 1997 年まで徐々に低下した。技術変化の *RTS* の程度に及ぼした効果は，全研究期間 1957–97 年に起こった 2 つのタイプの農業機械化と並行的な動きを示したように見える。第 1 に，繰り返しになるが，1950 年代後期から 1970 年代初期にかけて起こった手動耕耘機に代表されるような小型農業機械化の段階，第 2 に，1970 年代初期以降の，乗用型トラクター，ハーヴェスター，田植機，耕耘機などに代表されるような中・大型機械化の段階，である。言うまでもなく，第 2 のタイプの機械化は，IRTS の存在の重要な要素である「不分割性」をより強める効果を伴った。図 10–8 を一瞥して，全 4 階層農家における技術変化の *RTS* の程度に及ぼす正の効果は，農業機械化の第 1 段階の 1957–71 年よりも第 2 段階の 1972–97 年において大きかったとはっきり言えそうである。

　図 10–8 から得られたこのファインディングに基づいて，われわれは今や全研究期間 1957–97 年において技術変化の *RTS* の程度への効果がいかなるものであったのか評価できる。技術変化は *RTS* の程度に対して正の効果を持っていた。しかしながら，そのような革新技術は，大規模農家にとっては，彼等の農業生産および経営に積極的な導入を促すほどの魅力を提供するものではなかったように思える。われわれはここでは，毎年続く減反政策（または，生産調整政策）が，専門農家化すべく努力しようとしている大規模農家の"やる気"に水をかけてしぼませるような効果しかもたらさなかったのではないかと推測する。この意味で，農業技術革新活動は小規模農家から大規模農家への土地移転に対して好ましい効果をもたらしてこなかったのだろうと言えそうである。

4.2.6　現実の土地移動と耕地規模および耕地面積によって分類した 農家戸数

　ここで，現実の土地移動と耕地規模および耕地面積によって分類した農家戸数について復習しておくために，第 9 章の表 9–1 に戻ることにしよう。そ

こで得たわれわれの結論は，総耕地面積に対する総移動面積の割合は2000年以降急激に伸びたが，その割合はまだおよそ9％というレベルであった。しかしながら，筆者は，収穫逓増が存在するにもかかわらず，多くの農業経済学者および政策担当者の期待に反して，なぜ土地移動がスムーズに進行しなかったのかという現象に対して，合理的な経済的理由があったに違いないと主張したい。

　次に，表10-1は耕地面積によって分類した農家戸数を示している。1990年の『農業センサス』によると，「農家」とは10a以上の農地で農業を営んでいる家計または10a以下の耕地しかなくても15万円以上の農業販売額を稼得している家計であると定義している。さらに，1990年センサス以来，農家はさらに2つのカテゴリーに分けられる。その主要農産物が販売目的のために生産されている「商業的農家」，および，米のようなその主要作物が自己消費に回されるような「非商業的農家」とにである。表10-1からいくつかのポイントを整理しておくことにしよう。

　まず最初に，総農家戸数は，1960年から2005年の45年の間に303.4万戸と劇的に減少した。1990年から2005年の間には，総農家戸数は373.9万戸から278.9万戸にまで減少した。つまり，15年間に95万戸の減少であった。この数値は非商業的農家戸数と非常に近い数字である。

　加えて，1960–80年には，(i) 2.0ha未満の農家戸数は，558.8万戸から320.7万戸に減少した。(ii) 2.0–5.0haの農家戸数は23.5万戸からたかだか32.2万戸までにしか増えなかった。そして，(iii) 5.0ha以上の農家戸数は，20年もかかって，2,000戸から1.3万戸までにしか増えなかった。これらの観察を通じて言えることは，1960–1990年間における構造変化はきわめて遅々としたものであった，ということである。

　一方，1990–2005年には，構造変化の傾向はその前の期間に比べて少し変化したように見える。すなわち，1990–2005年には，5ha未満の農家戸数でさえ減少し始めた，ということである。一方で，5ha以上の農家戸数は2.6万戸（1990年）から5.0万戸（2005年）へと徐々にではあるが，増加し始めた。しかし残念ながら，この5万戸という数値は全農家戸数のほんの1.8％でしかない。3–5haおよび5ha以上の農家戸数を足し合わせたとしても，2005

表10-1　耕地面積別農家戸数：全国，1960-2005年

（単位：1,000戸）

抽出年	総農家戸数	商業的農家戸数					非商業的農家戸数
		小計	0.0-1.0 ha	1.0-2.0	2.0-5.0	5.0-	
1960	5,823	n.a.	4,181	1,405	235	2	n.a.
	(100.0)	(n.a.)	(71.8)	(24.1)	(4.0)	(0.03)	(n.a)
1970	5,176	n.a.	3,603	1,272	296	5	n.a.
	(100.0)	(n.a.)	(69.5)	(24.6)	(5.7)	(0.1)	(n.a.)
1980	4,542	n.a.	3,226	981	322	13	n.a.
	(100.0)	(n.a.)	(71.0)	(21.6)	(7.1)	(0.3)	(n.a.)
			0.0-1.0 ha	1.0-3.0	3.0-5.0	5.0-	
1990	3,739	2,884	1,753	1,004	100	26	855
	(100.0)	(77.1)	(46.9)	(26.9)	(2.7)	(0.7)	(23.0)
2000	3,050	2,274	1,358	774	99	43	776
	(100.0)	(74.6)	(44.5)	(25.4)	(3.2)	(1.4)	(25.4)
2005	2,789	1,911	1,109	657	94	50	878
	(100.0)	(68.5)	(39.8)	(23.6)	(3.4)	(1.8)	(31.5)

資料：農林水産省統計部『ポケット農林水産統計』農林統計協会：東京，各年版。
注1：（　）内の数値は総農家戸数に占めるパーセントで表示した割合である。1980年以外の年には，プラスおよびマイナス0.1％の丸めによる誤差がある。
　2："n.a." は「入手不能」(not available) を意味する。

年の時点で，その割合はたかだか5.2％でしかなかった。5 ha以上の農家戸数が徐々に増えつつあるとしても，この程度の増加ではまだまだわれわれの期待（例えば，50％以上）からはるかに遠いものであると言わなければならない。

　われわれは，5 ha以上農家の増加傾向は，前節で定量的に確認し評価したように，収穫逓増の存在を反映したものであることは認める。しかし，同時に，表10-1で確認したように，収穫逓増の存在は大規模農家への土地移動をより活発に行なうということに関しては必ずしも十分に効果的ではなかったとも言わなければならない。なぜなら，小規模農家でさえ大規模農家より大きな程度のIRTSを享受していたからである。このように，高効率的かつ高生産性大規模農業への転換が遅々としてしか進まないという結果は，投入要素補助金政策，減反および生産調整政策，不活発な技術革新活動のような

政府の農業政策によって引き起こされた可能性が高いと言えそうである[2]。

　要約すると，われわれは，戦後，特に，全研究期間である 1957–97 年において，高効率的かつ高生産性大規模農業への転換への前提条件としての収穫逓増が日本農業に存在したというファインディングを得た。一方，小規模農家から大規模農家への農地移動はそれほど活発なものではなかった。その結果，5 ha 以上の農家戸数は全研究期間 1957–97 年を通じてほんのわずかしか増えなかった。この遅々としてしか進まない日本農業の構造変化の原因の 1 つとして挙げられることは，かなり大きな程度の IRTS が小規模農家にも存在したことである。このことは，投入要素補助金政策，減反政策，および不活発な技術革新政策によって引き起こされた可能性がきわめて高いと推量されるのである。

5　要約と結論

　本章の主要な目的は，20 世紀後半，具体的には，1957–97 年に日本農業の生産構造，特に，収穫逓増が存在するか否かについて，定量的に調査・分析することにあった。この期間には，生産物構成は大幅に変化した。特に，畜産は穀物生産に比べて急激に増大した。他方，農業労働の非農業部門への急激な移動に対応して，農業生産の機械化が驚くべきスピードで進行した。1950 年代半ばから 1970 年代初期にかけては，手動式の耕耘機に代表されるような小型機械がみるみるうちに日本全国至る所に普及していった。その後は，乗用型トラクターや田植機に代表されるような中・大型機械化が最近まで普及しつつある。

　上記の目的を追求するために，通常型多財トランスログ VC 関数モデルを導入し，主として農水省から毎年刊行されている『農経調』および『物賃』

---

2)　ここでは価格支持政策もこれらに加えるべきである。しかし，本章は生産物価格を外生変数として含まない VC 関数の枠組みを用いているので，われわれは生産物価格の変化の RTS の程度への効果を定量的に推計することができなかった。これを可能にするには，われわれは利潤関数の分析枠組みを導入しなければならない。これは本書の第 III 部で広範に活用される。

から得られるデータを用いて，1957–97 年に対して推計した。通常型多財ト
ランスログ VC 関数の推計パラメータに基づいて，われわれはまず，農業生
産を大規模農場での高効率かつ高生産性の農業生産へと構造変化させるた
めの前提条件として RTS の程度を全 4 階層農家について推計した。さらに，
われわれは，農産物の「選択的拡大」政策，投入要素補助金政策，減反政策，
および公的農業技術革新政策のような政府の農業政策に密接な関わりを持つ
VC 関数の外生変数の変化の効果を推計した。規模の経済性（*RTS*）と範囲
の経済性の程度と経時的変化は第 8 章で詳しく解説したので，ここでは繰り
返さないことにする。

　ここで強調しておきたい 1 つの点は，大規模農場経営のための前提条件で
ある収穫逓増は存在したのであるが，1970 年代初期から 1997 年まで，相対
的に小規模農家の収穫逓増の大きさは大規模農家のそれに見劣りするもので
はなく，むしろ大規模農家の収穫逓増の程度よりも大きかったという事実で
ある。そして，このような結果は，一般的に言って，異なる階層農家に対し
て一律に適用してきた投入要素補助金政策，減反政策，および技術革新政策
のような政策手段の導入によるものであったに違いないと思われる。した
がって，このような必ずしもきめ細やかであるとは言えない政策手段の導入
は，大規模農場における高効率かつ高生産性の農業生産への構造変化を狙っ
たとしても，大規模農家の農業経営意欲の向上を必ずしもかき立てるもので
なかったのであろうと推測してさしつかえないであろう。

　この問題と密接な関わりを持っているのであるが，第 9 章は，小規模農家
は大規模農家に比べてかなり高い土地生産性を達成してきたことを示してい
る。第 9 章はまた，「農家」を「農企業」と「家計」の複合体として取り扱う
と，自己の労働と土地に帰属する「農業所得」は家計として「所得」の一部
であって，農企業としての「費用」ではない，というミクロ経済学上，重要
な点を示唆した。もし，この「農業所得」を「農業利潤」に加えた場合，小
規模農家の「農業所得」は，1990 年代初期まで，大規模農家の土地のシャド
ウ価格を上回っていた。このことは，小規模農家は彼等の土地を大規模農家
に移転させるという必要性を感じていなかった，ということを意味している。

　第9章の表9−1および本章の表10−1に示されているように，この遅々
とした不活発な農地移動と5ha以上の農地を保有する大規模農家のほんの
わずかな増加は，それぞれ，これまでに農林水産省によって導入されてきた
種々の政策は，戦後の日本農業を小規模から高効率かつ高生産性の大規模農
業に構造変換するためのものとしては期待したほどの効果を挙げ得なかった，
ということをはっきりと物語っていると言っても過言ではない。

　本章における実証分析から導出される結論として，農林水産省は，大規模
農家がより専門的で魅力的な農業に従事できるように，大規模農家にとって
より有利に働く種々の農業政策を考案し導入すべきであると，筆者は主張し
たい。現実には，大半の小規模兼業農家の主要な所得は非農業部門の仕事か
ら得られるものであり，それは農家家計所得のほとんど90％を超えている
のである。

　ここで，少なくとも，いくつかの但し書きを書き加えておきたい。

　まず第1に，日本農業に対して多財VC関数を定式化し推計する際に，ほ
とんどすべてのダミー変数は，VC関数モデルを用いた本章における推計で
は統計的に有意ではなかったが，TC関数を採用した場合には統計的に有意
であったので，費用関数の定式化においてダミー変数の定義をいかにすれば
よいかについて，きわめて慎重に検討しなければならない。

　第2に，日本農業史上初めてとなる減反政策が1969年に導入されたこと
を考慮に入れると，VC関数の推計期間を，例えば，この減反政策が導入さ
れる数年前からの1965−97年に設定してみるのも1つの興味深い試みであっ
た。筆者は，言うまでもなく，これを試みたのであるが，1957−97年のデー
タセットでの推計に比べて，各種推計パラメータの頑健性および安定性とい
う点では見劣りのする結果であった。これは多分，サンプル数減少による自
由度の減少が影響しているのであろうと思われる。

　最後に，2次関数モデル，一般化レオンティエフモデル，一般化C-Dモデ
ル，およびその他の可能なモデルが存在する。主としてその取り扱いやすさ
と推計が比較的容易であることのために，通常型トランスログ関数が，国際
的にも日本国内においても，一般経済学分野のみでなく農業経済学分野にお
いて最も多く適用されてきたけれども，トランスログ型の適用によって得ら

れた結果をより頑健で信頼性の高いものにするために，他のフレキシブル関
数の定式化も援用してみることを強く勧めたい。

第 III 部

戦後日本農業における諸政策効果の分析

第11章

戦後日本農業における生産物価格支持政策の効果
──可変利潤（VP）関数による接近

1 序

　1961年に『農業基本法』が制定されて以来，日本農業における主要な関心の1つは大規模農場で高効率的かつ高生産性農業を実現することにあった。この関心は，日本市場における米をも含む農産物の自由化に対する諸外国からの持続的な圧力によってさらに高まってきた。したがって，小規模経営農業から大規模経営農業への変換が大々的に促進され，そのために，政府によって種々の政策手段が導入された。それらは，1970年および1980年における『農地法』の改定，1975年における『農地利用増進計画』の着手，1980年における『農地利用増進法』の制定，であった。

　高効率─高生産性─大規模農業への転換に対するこれらの政策の効果については，第9章の表9-1および第10章の表10-1において，全日本における土地移動に関する一般的な情報が与えられている。

　これらの表を注意深く眺めてみると，政府による持続的な土地移動推進の努力にもかかわらず，小規模農家から大規模農家への土地の移動は，われわれの期待に反して，それほど顕著な進展を示さなかった，ということがわかる。この不活発な土地移動に対して挙げられる1つの重要な原因は，農地価格の急激な上昇であった。これは，高速道路，鉄道，工場，および住宅地の建設のような非農業部門における土地利用の高まりによるきわめて強い土地需要によるものであった。このような非農業部門による土地需要の増大は，農業者に対して彼等の土地を高収益を生む資産として保持しておこうという

強い誘因を与える効果をもたらしてきた。

　したがって，われわれが本章においてその実証分析の新発展として狙っている点は，農地価格の高騰に対して農業部門内で生起した重要な要因を定量的に精査・分析しかつ評価することに特別の光を当ててみるというところにある。より具体的に述べると，政府が導入してきた主要な農業政策手段，すなわち，価格支持政策，減反政策，投入要素補助金政策，および研究開発－普及（R&E）政策が，近代的な高効率－高生産性－大規模農業への転換という目的に対して，果たして所期の効果をもたらし得たのか否かを定量的に精査・分析し評価するところに，本章および後に続く第12，13，および14章の独創性があると言える。

　ここで特に言及しておかねばならないことは，この第III部では，研究期間として1965–97年を選んだ，ということである。なぜなら，上記の価格支持政策，減反政策，投入要素補助金政策，および研究開発－普及政策は1960年代に集中的に導入されたものであるからである。

　さて，表11–1に示されているように，価格支持政策は1つの重要な農業政策手段であった。特に，1960–99年においては小麦・大麦の生産水準が低かった事実から判断して，予算割合の面からも米の価格支持政策がきわめて重要な政策手段であったと言えよう。

　一方，表11–1の第 (v) 欄に示されているように，米ほどには強くなかったけれども，畜産物の価格も，「畜産振興計画」を通して直接あるいは間接的な形で支持されてきた。なぜかというと，畜産物は『農業基本法』に基づく「選択的拡大」政策の中で最も重要な需要増大的農産物であったからである。

　ここで，図11–1において，作物と畜産物それぞれの価格と生産量の動向を簡単に観察してみることにしよう。図11–1を一瞥して，特に1975年から1997年にかけて，われわれは作物価格の方が畜産物価格よりもはるかに鋭く上昇していることを観てとることができる。このことは，1970年代および1980年代の米価支持予算の急激な増大と軌を一にしている。

　一方，畜産物の価格は1970年代後期から停滞気味である。これは，主に，全研究期間1965–97年における牛乳生産の規模拡大による牛乳供給の急激な増大を反映したものであると言える。その結果，全研究期間において，畜産

表11-1　農業予算：1960-99年

（単位：10億円）

抽出年	国家予算 (i)	農業予算 (ii)	価格支持政策		
			計 (iii)	米，小麦，および大麦 (iv)	畜産 (v)
1960	1,765	139	31	29	0
		(7.9)	(22.3)	(93.5)	(0.0)
1965	3,745	346	128	121	0.3
		(9.2)	(37.0)	(94.5)	(0.2)
1970	8,213	885	393	375	15
		(10.8)	(44.8)	(95.4)	(3.8)
1975	20,387	2,000	858	811	30
		(9.8)	(42.9)	(94.5)	(3.5)
1980	43,681	3,108	773	652	16
		(7.1)	(24.9)	(84.3)	(2.1)
1985	53,222	2,717	582	456	10
		(5.1)	(21.4)	(78.4)	(1.7)
1990	69,651	2,519	311	232	9
		(3.6)	(12.3)	(74.6)	(2.9)
1995	78,034	3,423	284	184	6
		(4.4)	(8.3)	(64.4)	(2.1)
1999	81,860	2,549	364	243	5
		(3.1)	(14.3)	(66.8)	(1.4)

資料：農林水産省統計局。『農業白書付属統計表』，政府出版局：1999，pp. 20-21.

注1：第（ii）欄の（　）内の数値は，国家予算に占める農業予算の割合（％）。

　2：第（iii）欄の（　）内の数値は，農業予算に占める価格支持政策予算の割合（％）。

　3：第（iv）欄の（　）内の数値は，価格支持政策予算に占める米，小麦，および大麦向け予算の割合（％）。

　4：第（v）欄の（　）内の数値は，価格支持政策予算に占める畜産向け予算の割合（％）。

物の作物に対する交易条件が着実に低下した。これに反して，図11-2によると，作物の総生産額は，停滞気味ないし減少傾向さえ持っていた。このことは，米作の動向とほぼ一致していた。一方，畜産は1960年から1992年頃までは一貫して増大したが，それ以降は停滞ないしわずかだが減少さえし始

図 11-1　1985 年価格で評価した作物および畜産物価格指数および両価格指数
　　　　　の比率：1960-97 年

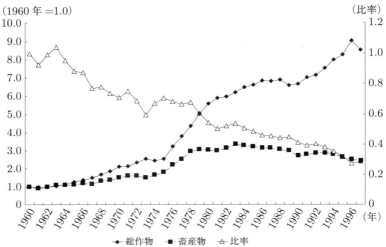

（1960 年 =1.0）　　　　　　　　　　　　　　　　　　　　　（比率）

◆ 総作物　■ 畜産物　△ 比率

めた。しかしながら，畜産の生産額は，すでに 1980 年以来，米生産額を上
回っていたことは，銘記しておくべきであろう。

　さて，われわれはここで本章における仮説を立てることにしよう。つまり，
20 世紀後半における価格支持政策は，作物のみでなく畜産物の供給，生産利
潤，農地価格，および収穫逓増のような重要な経済指標を増大させることに
おいて，大規模農家に対してよりも小規模農家に対して，より有利な結果を
もたらした。このことは，小規模農家から大規模農家への土地の移転を制約
する方向に働いた，という仮説である。この仮説を実証的に検証するために，
われわれは，労働と土地を準固定的投入要素であると仮定した多財可変利潤
（VP）関数の分析枠組みを導入することにする。

　われわれは，多財 VP 関数を通常型トランスログ VP 関数として特定化し，
(i) 通常型多財トランスログ VP 関数，(ii) 2 本の生産物収益－可変利潤比率
方程式，および (iii) 3 本の可変投入要素費用－可変利潤比率方程式の計 6 本
の方程式によって構成される同時方程式体系を推計する。その推計されたパ
ラメータを用いて，(1) 名目可変利潤（VP'），(2) 規模の経済性（RTS），お

図11-2　2000年価格で評価した総作物，米，および畜産物の生産額：
1960-97年

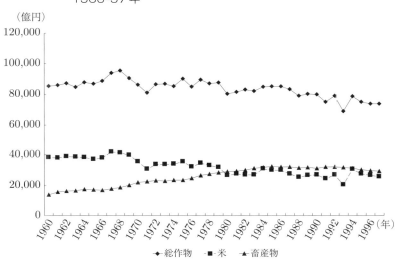

（億円）

--◆--総作物　--■--米　--▲--畜産物

よび（3）土地のシャドウ名目価格（$w_B^{S'}$）[1] のような種々の経済指標を，全
研究期間 1965-97 年に対して全4階層農家の全サンプルについて推計する。
　さらに，われわれは，作物価格と畜産物価格の変化が，（i）作物と畜産物
の供給量，（ii）可変投入要素需要量，（iii）名目可変利潤（VF'），（iv）規模
の経済性（RTS），および（v）土地のシャドウ名目価格（w_B^S）に及ぼす効
果を推計する。これらの経済指標の推計と価格支持政策のそれら経済指標へ
の効果の推計は，全研究期間 1965-97 年に対して全4階層農家のすべてのサ
ンプルについて遂行するので，われわれにとって，これらの効果が農家の土
地面積規模に関して「中立的」であったのか否かという重要な課題を検証す
ることを可能にしてくれる。もう少し具体的に言えば，われわれは，全研究

---

1)　本章から第14章においては可変利潤（VP）関数を導入し，その要素価格には，第8
　章から第10章で導入された可変費用（VC）関数で用いられた P_k とは区別するため w_k
　を用いる。本章第2節の「分析の枠組み」で厳密に定義されるが，ここでは，土地のシャ
　ドウ名目価格は $w_B^{S'}$ を用いることにする。言うまでもないが，VC 関数モデルと VP 関
　数モデルのパラメーター推計値を用いて推計された土地のシャドウ名目価格の値は，類
　似はしているが，異なる。図8-1と図11-4で確認していただきたい。

期間において，価格支持政策からの恩恵をより多く享受できたのは小規模農家だったのかそれとも大規模農家だったのか，というきわめて重要な疑問を投げかけているのである。

　これまでに，数人の研究者が日本農業における土地のシャドウ価格を推計したが（例えば，荏開津・茂野，1983; 茂野・荏開津，1984; Kuroda, 1988a, 1988b, 1992; 草苅，1989，1994），いずれの研究も，価格支持政策の土地のシャドウ価格への効果を定量的に分析するという課題には挑戦していない。本章における研究は，そのような効果を定量的に推計し把握しようとする初めての試みであり，農業部門における土地移動をいかにすれば容易に遂行できるのかという課題に対する有益な情報を政策担当者に提供できることを期待している。

　本章の残りの部分は以下のように構成されている。第 2 節は分析の枠組みを説明する。第 3 節はデータと推計方法について述べる。第 4 節は実証結果を示し評価する。最後に，第 5 節では，簡単な要約と結論を述べる。

2　分析の枠組み

　上記のように，本章の主要な目的は，価格支持政策が，(i) 作物と畜産物の供給量，(ii) 可変投入要素需要量，(iii) 名目可変利潤（VP'），(iv) 規模の経済性（RTS），および (v) 土地のシャドウ名目価格（$w_B^{S'}$）のような種々の経済指標に及ぼした効果を定量的に精査・分析し評価することにある[2]。この目的を達成するために，本節では通常型多財トランスログ VP 関数による分析枠組みを構築することにする[3]。しかしながら，その前に戦後日本農業の生産構造に関係する以下の問題を定量的に精査・分析しておくことは重要なことである。より具体的に言うと，われわれは，通常型多財トラ

---

[2]　言うまでもなく，農業政策担当者の立場に立てば，投入要素補助金政策，減反政策，R&E 政策がこれらの経済指標に対して定量的にいかなる効果を及ぼしたのかという設問に対して本章でなされるものと同様の分析を試みることは，学術的にも興味深いことであるし，農業政策的にもきわめて重要な信頼性の高い情報を得ることになる。しかしながら，これらすべての学術的研究を 1 章のみで実行するにはスペースが限られている。したがって，筆者としては，これらの農業政策の効果の定量的分析およびそれらの評価は次章以下（第 12–14 章）で詳しく行なうことにしたい。

ンスログVP関数の推計パラメータに基づいて，(i) 戦後日本農業の生産構造に関する数本の帰無仮説を検定する，(ii) 生産物供給および生産要素需要弾力性，(iii) RTS，および (iv) $w_B^{S'}$ を推計する[4]，(v) 推計された $w_B^{S'}$ に基づいて，小規模農家から大規模農家への土地移動の可能性を探る[5]。先へ進む前に，われわれはここで検定すべき帰無仮説に関してもう少し詳しく説明し，価格支持政策の効果を評価するために用いられる方法について述べておくことにしよう。より具体的には，20世紀後半における価格支持政策は農地価格の上昇を招き，大規模農場におけるより高効率かつ高生産性農業経営にとって必須条件である小規模農家から大規模農家への土地移動を制限した，という主張を巡る帰無仮説に関してより詳しく解説することにしよう。

さて，戦後，特に，1950年代半ば以降の日本経済の急激な成長は，主として非農業部門の労働に対する強い需要によって，農業部門から非農業部門への膨大な労働移動を伴った。この強力な需要のために，労働は資本に比べてはるかに高価な生産要素になった。このことは，ひるがえって，日本農業の急速な機械化を引き起こし，機械の「不分割性」のために日本農業に収穫逓増（IRTS）を引き起こした[6]。理論的には[7]，そのような機械的（M-）技術変化は土地の限界生産性（または，シャドウ価格）に以下のような効果

---

3)　われわれは，本書の第I部において，Stevenson (1980)-Greene (1983)(S-G)型トランスログTC関数の方が，通常型トランスログTC関数よりも推計結果の当てはまり，頑健性，信頼性，安定性，および曲率条件などの統計的かつ経済学の理論的条件をよりよく満たすという意味で優れているということを見いだした。しかしながら，後ほど定式されるVP関数の場合においては，上記のような条件を比較した場合，通常型トランスログVP関数モデルの方がS-G型トランスログVP関数モデルよりも優れているということを発見した。そこで，われわれは，本章において定式化されるVP関数は基本的には企業の短期行動を定義したものであるので，トランスログ型に定式化されたVP関数の係数が，S-G型トランスログVP関数に仮定されているように，推計パラメータが時間の経過とともに変動するという仮定は適切ではないと結論した。

4)　第9章の注3ですでに述べたごとく，本章においても，土地（または，農地）の $w_B^{S'}$ は「シャドウ価格」，「シャドウ名目値」，および「限界生産性」と呼ばれ，同値のものとして取り扱われていることに再び注意を喚起しておきたい。

5)　同様の分析は，1957-97年のデータセットを用いて通常型多財トランスログVC関数の推計パラメータを用いて推計された土地のシャドウ価格に基づき，1957-97年に対して，第II部の第8，9章ですでになされた。したがって，本章では，これらの結果と比較しながらその評価の解釈を試みていただきたい。

を与えることになる。新技術を十分有利に使いこなすことによって家族労働と機械のより効率的な使用を達成するために，新技術を導入した農業者はより広大な土地を需要しようとする。これは，土地の需要（あるいは，限界生産性）曲線は右方へシフトすることを意味する。このことは，ひるがえって，短期においては土地の供給は制約されているので（つまり，供給曲線は一定であると考えられるので）土地の限界生産性（シャドウ価格）の上昇をもたらす。

　もし，同時に，政府によって価格支持政策が導入されたとしたら，より多くの農業者がより多くの利潤を求めて彼等の農地を拡大しようと欲するだろう。このことは，土地に対する需要を高め，したがって，そのことは農地の限界生産性（シャドウ価格）を高めることになるだろう。一方，もし政府が価格支持政策を採用しない場合には，その結果はまったく逆になるだろう。新技術を用いたより大規模な農業を採用することによって，農業者は，一般に，以前に比べてより大量の，例えば，米を生産することが可能になるだろう。しかしながら，非弾力的な米需要は，米供給曲線の右方シフトによってその価格をかなり大幅に低下させるであろう。この米価の低下は土地に対する派生需要を減退させるであろう。つまり，米価の低下は，土地の限界生産性曲線を下方にシフトさせ，その結果，$w_B^{S'}$ を低下させるであろう。

　この理論的推論は，土地価格変化の説明における価格支持政策の重要性を示唆している。この理論的解説に基づいて，われわれは，価格支持政策とM-技術変化があいまって，20世紀後半における農地価格の上昇に重要な役割を果たした，と言うことができる。そこで，価格支持政策の農地のシャドウ名目価格に対する効果を定量的に分析するために，われわれは，労働と土地を準固定的投入要素として扱う通常型多財トランスログ VP 関数体系を推計する[8]。このように定式化した可変利潤（VP）関数を導入することによっ

---

6) 戦後における日本の米作に収穫逓増（IRTS）が存在したことを実証的に明らかにした研究としては，例えば，加古（1983, 1984）および茅野（1984）を参照していただきたい。実際のところ，日本農業における IRTS を実証的に明らかにした研究は，これら以外にも数多くある。

7) 土地価格と技術変化に関する詳細な分析および解説については，Herdt and Cochrane（1966）および Van Dijk, Smit, and Veerman（1986）を参照していただきたい。

て，われわれは，家族労働と土地のシャドウ名目価格，さらには，生産物価格の変化が家族労働と土地のシャドウ名目価格（それぞれ，$w_L^{S'}$ および $w_B^{S'}$）をも含む諸々の経済指標に及ぼす効果を直接的に推計することができる。

本章における主要な関心は，小規模農業から大規模農業への生産構造の転換の可能性を定量的に分析かつ精査することにあるので，(i) 作物と畜産物の供給量，(ii) 可変投入要素需要量，(iii) 名目可変利潤（VP'），(iv) RTS，および (v) $w_B^{S'}$，およびこれら経済指標に及ぼす価格支持政策の効果を，全研究期間 1957–97 年に対して全4階層農家について推計する。特に，価格支持政策が，異なった階層農家に対して異なった効果を及ぼすのかそれとも階層農家の大きさに関して「中立的」であるのかを定量的に調べてみることは，学術的にも政策的にも興味深い問題である。Gardner and Pope（1978）が指摘しているように，このような効果の異なる耕作面積に関する中立性を検証するということは耕作面積の分布において重要な意味を持っている。例えば，もし価格支持政策が大規模農業よりも小規模農業においてより高い土地収益率（換言すれば，シャドウ価格）をもたらすならば，土地の小規模農家から大規模農家への移動は制約されるだろうし，その逆ならば，土地の小規模農家から大規模農家への移動は促進されるだろう。

2.1 可変利潤（VP）関数モデル

以下の (11.1) 式で与えられる多財 VP 関数を考えてみよう。以下，右肩の記号 $'$ はその変数が「名目」を表すことを意味している。

$$VP' = G(\mathbf{P}', \mathbf{w}', \mathbf{Z}, t, \mathbf{D}). \tag{11.1}$$

ここで，VP' は名目可変利潤であり，$\mathbf{P}'$ は，作物名目価格（P_G'）と畜産物名目価格（P_A'）で構成される生産物名目価格ベクトルであり，$\mathbf{w}'$ は，機械名目価格（w_M'），中間投入要素名目価格（w_I'），およびその他投入要素名目価格（w_O'）で構成される可変投入要素名目価格ベクトルであり，$\mathbf{Z}$ は，労働投入量（Z_L），土地投入量（Z_B），および全農家に外生的に与えられる生

---

8) 戦後日本農業においては，95％以上の農業労働は家族労働であるので，「家族労働」および「労働」という用語は，本章ではほとんど等しいものとして用いている。

産性パラメータとしての公的農業技術知識資本ストック量（Z_R）で構成される準固定的投入要素量ベクトルであり，t は Z_R の変化によって捕捉されない技術変化の代理変数としての時間指数であり，$\mathbf{D}$ は，期間ダミー（D_p），農場規模ダミー（D_s, $s = II, III, IV$），および気象条件ダミー（D_w）である[9]。

VP'，$\mathbf{P}'$，および $\mathbf{w}'$ を $P_A{}'$ によってデフレートすると，（11.1）式で与えられる名目 VP' 関数 は以下の（11.2）式で与えられる「実質」VP 関数に書き換えることができる。

$$VP = F(P_G, \mathbf{w}, \mathbf{Z}, t, \mathbf{D}), \tag{11.2}$$

ここで，$VP = VP'/P_A{}'$，$P_G = P_G{}'/P_A{}'$，$\mathbf{w} = \mathbf{w}'/P_A{}'$。

さて，計量経済学的推計に関しては，以下の（11.2）式によって仮定される通常型多財トランスログで定式化された VP 関数を導入する[10]。

$$
\begin{aligned}
\ln VP =\ & \alpha_0 + \alpha_G \ln P_G + \sum_k \alpha_k \ln w_k + \sum_l \beta_l \ln Z_l \\
& + \frac{1}{2}\gamma_{GG}(\ln P_G)^2 + \sum_k \gamma_{Gk} \ln P_G \ln w_k \\
& + \frac{1}{2}\sum_k \sum_n \gamma_{kn} \ln w_k \ln w_n + \frac{1}{2}\sum_l \sum_h \delta_{lh} \ln Z_l \ln Z_h \\
& + \sum_k \phi_{Gk} \ln P_G \ln w_k + \sum_l \phi_{Gl} \ln P_G \ln Z_l \\
& + \sum_k \sum_l \phi_{kl} \ln w_k \ln Z_l + \mu_{GR} \ln P_G \ln Z_R
\end{aligned}
$$

---

9)　変数の定義に関する詳細は付録 A.1 に示されている。

10)　われわれは，最初は，農産物マーケティングの新しい手法や農業経営への情報技術の導入などのような公的農業 R&E 活動からは独立した技術変化の効果を捕捉するために時間変数 t を加えた VP' 関数（11.1）式を定式化した。しかしながら，時間変数 t と公的農業技術知識資本ストック変数 Z_R との間の多重共線性のために統計的に満足のできる推計結果が得られなかった。さらに，すべてのダミー変数（D_p, D_s, $s = II, III, IV$, および D_w）の係数はいかなる伝統的水準で見ても統計的に有意ではなかった。したがって，われわれは，時間変数 t および全ダミー変数（$\mathbf{D}$）を以下の（11.3）式で与えられる通常型多財トランスログ VP 関数の推計式から除外した。

$$+ \sum_k \mu_{kR} \ln w_k \ln Z_R + \sum_l \mu_{lR} \ln Z_l \ln Z_R$$

$$+ \frac{1}{2} \mu_{RR} (\ln Z_R)^2, \tag{11.3}$$

$$k, n = M, I, O, \quad h, l = L, B,$$

ここで，$\gamma_{kn} = \gamma_{nk},\ \delta_{hl} = \delta_{lh}$.

Hotelling（1932）-Shephard（1953）の補題を通常型多財トランスログ VP 関数（11.3）式に適用すると，われわれは，生産物収益－可変利潤比率関数および可変投入要素費用－可変利潤比率関数を得ることができる。農企業が生産物と可変投入要素の価格を外生的に与えられると仮定すると，以下のような生産物収益－可変利潤比率方程式および可変投入要素費用－可変利潤比率方程式を導出できる。

まず最初に，作物収益－可変利潤比率方程式（R_G）は以下の（11.4）式のように書くことができる。

$$R_G = \frac{\partial VP}{\partial P_G} \frac{P_G}{VP} = \frac{\partial \ln VP}{\partial \ln P_G}$$

$$= \alpha_G + \gamma_{GG} \ln P_G + \sum_k \gamma_{Gk} \ln w_k + \sum_l \phi_{Gl} \ln Z_l$$

$$+ \mu_{GR} \ln Z_R, \tag{11.4}$$

$$k, n = M, I, O, \quad l = L, B.$$

しかしながら，作物および畜産物双方の価格は何らかの形で政府によって支持されてきた。したがって，これらの農産物の価格（P_G および P_A）はそれぞれの競争市場における均衡価格ではない。これらの価格は，むしろ，補助金と市場一掃価格の和である。われわれはこれらの価格を作物と畜産物の「実効価格」と呼ぶことにする。かくして，われわれはここでは，農企業はそれぞれの生産物の限界収益，つまり，「実効価格」を対応する生産物の限界費用と等しくすることによって可変利潤を最大化すると仮定している。

次に，可変投入要素費用－可変利潤比率方程式は以下の（11.5）式のように導出される。

$$-R_k = -\frac{\partial VP}{\partial w_k} \frac{w_k}{VP} = -\frac{\partial \ln VP}{\partial \ln w_k}$$

$$= \alpha_k + \gamma_{Gk} \ln P_G + \sum_n \gamma_{kn} \ln w_n + \sum_l \phi_{kl} \ln Z_l$$

$$+ \mu_{kR} \ln Z_R, \tag{11.5}$$

$$k, n = M, I, O, \quad l = L, B.$$

Fuss and Waverman（1981a, pp. 288–289），Ray（1982），および Capalbo（1988）に従って，われわれの VP 関数モデルにおいても，通常型多財トランスログ VC 関数モデルを用いた際に導入した仮定と類似の仮定，つまり，通常型多財トランスログ VP 関数は，利潤最大化条件に沿って準固定的投入要素，すなわち，労働（Z_L）の最適の選択を示すような追加的方程式，より具体的には以下の（11.6）式を導出することができる，という仮定を導入することにする[11]。このような方法を用いることによって，われわれは，農企業は労働の限界生産性を，臨時雇い労働賃金率によって置換されると仮定した労働の市場価格に等しくすることによって労働投入量の最適配分を達成している，ということを仮定している[12]。

$$R_{Z_L} = \frac{\partial VP}{\partial Z_L} \frac{Z_L}{VP} = \frac{\partial \ln VP}{\partial \ln Z_L}$$

$$= \beta_L + \phi_{GL} \ln P_G + \sum_k \phi_{kL} \ln w_k + \sum_h \delta_{Lh} \ln Z_h$$

---

11) この種の工夫を導入しなくても，理想的には労働費用－可変利潤比率関数を推計方程式体系の中に内生的方程式として導入すべきである，ということは筆者も基本的には賛成である。しかしながら，もしそのような方法を採用すると，われわれは，重大な問題に直面してしまう。つまり，総収益から労働費用も含む総可変費用を差し引いた残額として定義される可変利潤は，多くの相対的に小規模農家において負の値になってしまうという問題である。本章は通常型トランスログ関数の特定化を用いているので，方程式体系の計量経済学的推計においては，負の利潤の対数値を得ることは数学的に不可能なので，特に多数の相対的に小規模階層農家のサンプルを放棄せざるを得なくなってしまう。もちろん，われわれは，このような場合には，例えば，2次形式の利潤関数を応用することができる。筆者としても，この方法を試してみたが，芳しい結果は得られなかった。

12) 付録 A.1 において明確に説明しているように，われわれは幸運にも全4階層農家のすべてのサンプルについて男子労働換算の賃金率のデータを得ることができる。一般的に言って，日本農業においては，家族労働と臨時雇い労働は類似の作業を行なう。このことこそが，われわれが，家族労働のシャドウ価格は臨時雇い労働賃金率で評価できると仮定することができるという根拠になっている。

$$+ \mu_{BR} \ln Z_R, \tag{11.6}$$
$$k = M, I, O, \quad h = L, B.$$

労働費用−可変利潤比率方程式（R_{Z_L}）を推計方程式体系に追加することにより，一般に，この方程式から提供される追加的情報によって，特に労働投入要素に関連を持つ変数の係数がより効率的に推計されるという利点がある。

　さて，いかなる実際的に意味のある利潤関数も生産物および可変投入要素の価格に関して一次同次でなければならない。通常型多財トランスログ VP 関数（11.3）式において，このことは，以下の（11.7）式で与えられる制約条件を必要とする。

$$\sum_i \alpha_i + \sum_k \alpha_k = 1,$$

$$\sum_i \gamma_{Gi} + \sum_k \gamma_{Gk} = 0,$$

$$\sum_i \gamma_{Ai} + \sum_k \gamma_{Ak} = 0,$$

$$\sum_i \gamma_{Mi} + \sum_k \gamma_{Mk} = 0,$$

$$\sum_i \gamma_{Ii} + \sum_k \gamma_{Ik} = 0,$$

$$\sum_i \gamma_{Oi} + \sum_k \gamma_{Ok} = 0,$$

$$\sum_i \phi_{Li} + \sum_k \phi_{Lk} = 0,$$

$$\sum_i \phi_{Bi} + \sum_k \phi_{Bk} = 0,$$

$$\sum_i \mu_{Ri} + \sum_k \mu_{Rk} = 0, \tag{11.7}$$

$$i = G, A, \quad k = M, I, O.$$

通常型多財トランスログ VP 関数（11.3）式は，投入要素−生産物分離性および Z_R に関するヒックス「中立性」の制約は「事前に」課されていないという意味で，一般的な関数形を持っている。

2.2　生産技術構造の帰無仮説の検定

　規模の経済性（RTS）や土地のシャドウ名目価格（$w_B^{S'}$）のような諸々の経済指標を推計する前に，戦後日本農業の生産技術構造を検定しておくことはきわめて重要なことであろう。したがって，本小節は，まず，生産の技術構造を代表する以下の重要な概念を取り扱うことにする。それらは，(i) 投入要素－生産物分離性，(ii) 投入要素－非結合性，(iii) 非技術変化，(iv) 投入要素空間における「中立的」技術変化，(v) 生産物空間におけるヒックス「中立的」技術変化，(vi) C-D 型生産関数，(vii) CRTS，である。

　類似の帰無仮説の検定の詳細な説明は，土地を準固定的投入要素とする多財トランスログ VC 関数を導入した第 II 部の第 8 章においてすでに示されている。もちろん，これらの帰無仮説検定の定式化は VC 関数モデルの場合と VP 関数モデルの場合とでは異なっている。しかしながら，われわれはここでは，紙幅節約のために，上記の 7 本の帰無仮説検定法の詳細な展開法は説明しないことにする。なぜなら，われわれは，本章で用いるデータと同じデータを第 8 章でも用いており，上記の帰無仮説検定に対してほとんど同じ検定結果を得たからである[13]。

2.3　生産物供給および可変投入要素需要の価格弾力性の推計

　Sidhu and Baanante（1981）によって提供された方法を本章の通常型多財トランスログ VP 関数の場合に対応して修正し[14]，われわれは，2 つの名目生産物価格（P_i', $i = G, A$），3 つの名目可変投入要素価格（w_k', $k = M, I, O$），および 2 つの準固定的生産要素量（Z_l, $l = L, B$），に関する生産物供給および可変投入要素需要の価格弾力性を求める公式を展開できる。

---

13)　結合利潤関数の場合に関しては，Lau（1972, 1976）を参照し，結合費用関数の場合に関しては，Hall（1973），Denny and Pinto（1978），および Brown, Caves, and Christensen（1979）を参照していただきたい。なお，帰無仮説検定の定式化に興味をお持ちの読者は，これらの文献に依拠しながら本書第 8 章の第 2.2.2 節における VC 関数の場合の定式化を参照して，ご自身で演習問題として挑戦してみていただきたい。

14)　ただし，Sidhu and Baanante（1981）の展開した公式の中にはいくつかの細かな数式エラーがあるので，これらを適用する場合には細心の注意が必要である。

　ここで，われわれは，価格変化の総効果と代替効果に対応する2種の価格
弾力性があることを銘記しておくことにしよう。つまり，「マーシャリアン」
または「補償されていない」弾力性および「ヒックシアン」または「補償さ
れている」弾力性である。マーシャルの「補償されていない」弾力性は価格
変化の総効果に対応している。つまり，この弾力性は，他の価格を一定にし
ておくが生産要素投入量と生産物数量が新しい相対価格の下で均衡水準に調
整されることは認めるという条件の下における，価格変化の効果を推計する
（Higgins, 1986, p. 480）。このことが，まさに，われわれがこの小節において
実行しようとしていることである。Yotopoulos and Nugent（1976, p. 52）に
よって簡潔に述べられているように，利潤関数の推計に基づいて得られた生
産物供給および可変投入要素需要の価格弾力性は「必要な変更が加えられた
後の」弾力性であり，それらは，マーシャルの「補償されていない」弾力性
と同値である。つまり，その他の生産要素はそれらの最適水準に調整されて
いるという条件の下で，1生産要素価格の変化の生産物（または生産要素）へ
の効果を測っているのである。

2.3.1　生産物供給の価格弾力性の推計

　名目生産物価格（P_i', $i = G, A$）に関する生産物供給弾力性は，以下のよ
うに，生産物収益－可変利潤比率の定義を用いて導出することができる。

　第1に，i番目の生産物収益－可変利潤比率は，以下の（11.8）式のように
書くことができる。

$$\frac{\partial \ln VP'}{\partial \ln P_i'} = \frac{\partial VP'}{\partial P_i'} \frac{P_i'}{VP'} = \frac{P_i' Q_i}{VP'} = R_i, \quad i = G, A. \tag{11.8}$$

最後の方程式の両辺の自然対数をとり整理し直すと，（11.9）式が得られる。

$$\ln Q_i = \ln R_i - \ln P_i' + \ln VP', \quad i = G, A. \tag{11.9}$$

さて，通常型多財トランスログ VP 関数（11.3）式のパラメータを用いると，
i番目の生産物名目価格 P_i' に関する i番目の生産物供給弾力性（ε_{ii}）は，少
し面倒な計算になるが以下の（11.10）式によって推計することができる。

$$\varepsilon_{ii} = \frac{\partial \ln Q_i}{\partial \ln P_i'} = \frac{\gamma_{ii}}{R_i} + R_i - 1, \quad i = G, A. \tag{11.10}$$

関連する変数の近似点では，この式は (11.11) 式のように書き換えることができる。

$$\varepsilon_{ii} = \frac{\gamma_{ii}}{\alpha_i} + \alpha_i - 1, \quad i = G, A. \tag{11.11}$$

同様にして，j 番目の生産物名目価格 P_j' に関する i 番目の生産物供給弾力性 (ε_{ij}) は，以下の (11.12) 式によって推計することができる。ただし，$i \neq j$ である。

$$\varepsilon_{ij} = \frac{\partial \ln Q_i}{\partial \ln P_j'} = \frac{\gamma_{ij}}{R_j} + R_j, \quad i \neq j = G, A. \tag{11.12}$$

近似点においては，この式は以下の (11.13) 式のように書き換えることができる。

$$\varepsilon_{ij} = \frac{\gamma_{ij}}{\alpha_j} + \alpha_j, \quad i \neq j = G, A. \tag{11.13}$$

$\varepsilon_{ij}\,(i, j = G, A)$ を導出する際に，以下の式が生産物および投入要素価格に関する一次同次の制約式から導出され利用された。

$$R_j = 1 - (R_i + \sum_k R_k),$$

$$\gamma_{ij} = -(\gamma_{ii} + \sum_k \gamma_{ik}),$$

$$\gamma_{jj} = -(\gamma_{ij} + \sum_k \gamma_{jk}),$$

$$i, j = G, A, \quad k = M, I, O.$$

第 2 に，可変投入要素価格に関する作物と畜産物の供給弾力性 $\varepsilon_{ik}\,(i = G, A, k = M, I, O)$ は，同様にして，以下の (11.14) 式のように導出される。

$$\varepsilon_{ik} = \frac{\gamma_{ik}}{R_i} - R_k, \quad i = G, A, \quad k = M, I, O, \tag{11.14}$$

近似点では，(11.14) 式は以下の (11.15) 式のように書くことができる。

$$\varepsilon_{ik} = \frac{\gamma_{ik}}{\alpha_i} - \alpha_k, \quad i = G, A, \quad k = M, I, O, \tag{11.15}$$

ここで,

$$\gamma_{jk} = -(\gamma_{ik} + \sum_k \gamma_{nk}), \quad i, j = G, A, \quad k, n = M, I, O.$$

第 3 に, 準固定的要素投入量 Z_l $(l = L, B)$ に関する作物と畜産物の供給弾力性 ε_{il} $(i = G, A, l = L, B)$ は, 同様にして, 以下の (11.16) 式のように導出される。

$$\varepsilon_{il} = \frac{\phi_{il}}{R_l} + R_l, \quad i = G, A, \quad l = L, B. \tag{11.16}$$

近似点においては, (11.16) 式は以下の (11.17) 式のように書くことができる。

$$\varepsilon_{il} = \frac{\phi_{il}}{\alpha_i} + \beta_l, \quad i = G, A, \quad l = L, B, \tag{11.17}$$

ここで

$$\phi_{jl} = -(\phi_{il} + \sum_k \phi_{kl}), \quad i, j = G, A, \quad k = M, I, O, \quad l = L, B.$$

2.3.2　可変投入要素需要の価格弾力性の推計

　生産物供給弾力性の場合のように, きわめて類似の方法で, われわれは可変投入要素需要に対する価格弾力性を簡単に導出することができる。

　まず第 1 に, 作物と畜産物の価格に関する可変投入要素需要に対する価格弾力性 (η_{ki}, $k = M, I, O$, $i = G, A$) は以下の (11.18) 式で導出される。

$$\eta_{ki} = -\frac{\gamma_{ik}}{R_k} + R_k, \quad k = M, I, O, \quad i = G, A. \tag{11.18}$$

近似点においては, (11.18) 式は以下の (11.19) 式のように書くことができる。

$$\eta_{ki} = -\frac{\gamma_{ik}}{\alpha_k} + \alpha_k, \quad k = M, I, O, \quad i = G, A, \tag{11.19}$$

ここで, 価格に関する一次同次制約式から, われわれは以下の方程式を得る。

$$R_j = 1 - (R_i + \sum_k R_k),$$

$$\alpha_j = 1 - \left(\alpha_i + \sum_k \alpha_k\right),$$

$$\gamma_{jk} = -\left(\gamma_{ik} + \sum_k \gamma_{kn}\right),$$

$$i, j = G, A, \quad k, n = M, I, O.$$

第2に，可変投入要素価格に関する可変投入要素の需要弾力性（η_{kn}, $k, n = M, I, O$）は，以下のように導出できる。まず最初に，可変投入要素の自己価格需要弾力性は以下の（11.20）式によって得られる。

$$\eta_{kk} = -\frac{\gamma_{kk}}{R_k} - R_k - 1, \quad k = M, I, O. \tag{11.20}$$

近似点では，この（11.20）式は以下の（11.21）式のように書くことができる。

$$\eta_{kk} = -\frac{\gamma_{kk}}{\alpha_k} - \alpha_k - 1, \quad k = M, I, O. \tag{11.21}$$

第3に，可変投入要素の交叉価格需要弾力性は以下の（11.22）式によって与えられる。

$$\eta_{kn} = -\frac{\gamma_{kn}}{R_k} - R_k, \quad k \neq n = M, I, O. \tag{11.22}$$

近似点では，（11.22）式は以下の（11.23）式のように書くことができる。

$$\eta_{kn} = -\frac{\gamma_{kn}}{\alpha_k} - \alpha_k, \quad k \neq n = M, I, O. \tag{11.23}$$

第4に，準固定的要素投入量 Z_l $(l = L, B)$ に関する可変投入要素の需要弾力性は，同様にして，以下の（11.24）式のように導出される。

$$\eta_{kl} = -\frac{\phi_{kl}}{R_k} + R_l, \quad k = M, I, O, \quad l = L, B, \tag{11.24}$$

これは，近似点においては，以下の（11.25）式のように書き換えることができる。

$$\eta_{kl} = -\frac{\phi_{kl}}{\alpha_k} + \alpha_l, \quad k = M, I, O, \quad l = L, B. \tag{11.25}$$

2.4　規模の経済性（RTS）の推計

生産経済学の分野において初めて利潤関数を導入した先駆的研究である Lau and Yotopoulos（1972）は，κ 同次の生産関数の「デュアル」としての利潤関数における CRTS を検定するためのきわめて有用な公式を展開した。双対理論を用いて，彼等は以下のような「デュアル」としての利潤関数の同次性の程度を検定するためのきわめて便利な方程式を導出した（Lau and Yotopoulos, 1972, equation（1.19），p. 14）。本章で用いられている彼等の利潤関数に対応する変数表記を用いると，それは以下の（11.26）式のように書くことができる。

$$\frac{(\kappa - 1)}{\kappa} \sum_n \frac{\partial VP'}{\partial w_n{}'} w_n{}' + \frac{1}{\kappa} \sum_l \frac{\partial VP'}{\partial Z_l} Z_l = VP', \tag{11.26}$$

$$n = M, I, O, \quad l = L, B.$$

言い換えると，VP' は，可変投入要素価格および固定要素投入量において，それぞれ，「(Almost) ほとんど」$(\kappa - 1)/\kappa$ および $1/\kappa$ 次同次関数である[15]。（11.26）式の両辺を VP' によって除すと，以下の方程式が得られる。

$$\frac{(\kappa - 1)}{\kappa} \sum_n \frac{\partial VP'}{\partial w_n{}'} \frac{w_n{}'}{VP'} + \frac{1}{\kappa} \sum_l \frac{\partial VP'}{\partial Z_l} \frac{Z_l}{VP'} = 1.$$

あるいはその代わりに，RTS は以下の（11.27）式によって捕捉することができる。

$$RTS = \sum_l \frac{\partial \ln VP'}{\partial \ln Z_l} = \kappa - (\kappa - 1) \sum_n \frac{\partial \ln VP'}{\partial \ln w_n{}'}, \tag{11.27}$$

$$n = M, I, O, \quad l = L, B.$$

$\sum_n \partial \ln VP'/\partial \ln w_n{}' < 0$ であることは，利潤関数の単調性条件から得られることを銘記しておこう。したがって，もし $\kappa > 1$ (IRTS) ならば，

$\sum_l \partial \ln VP'/\partial \ln Z_l > 1$ である。もし $\kappa = 1$ (CRTS) ならば，$\sum_l \partial \ln VP'/\partial \ln Z_l = 1$ である。もし $\kappa < 1$ (DRTS) ならば，$\sum_l \partial \ln VP'/\partial \ln Z_l < 1$ である[16]。かくして，利潤関数の場合における CRTS の帰無仮説の検定は，帰無仮説 $\sum_l \partial \ln VP'/\partial \ln Z_l = 1$ が棄却されるか否かを検定することによって実行することができる。われわれは，これとは別の方法，つまり，$\sum_l \partial \ln VP'/\partial \ln Z_l$ を用いて全サンプルについて RTS の大きさを推計することができる。この方程式は，本章における準固定的投入要素である労働 (R_{Z_L}) および土地 (R_{Z_B}) に関する利潤関数の弾力性あるいは準固定的投入要素のシャドウ価格ー可変利潤比率を求める方程式である。これらの方程式は本章の VP 関数（11.3）式から簡単に導出される以下の（11.28）式によって与えられる。

$$
\begin{aligned}
R_{Z_l} &= \frac{\partial \ln VP'}{\partial \ln Z_l} \\
&= \beta_l + \sum_i \phi_{il} \ln P_i' + \sum_k \phi_{kl} \ln w_k' + \sum_l \delta_{lh} \ln Z_h \\
&\quad + \mu_{lR} \ln Z_R, \\
i &= G, A, \quad k = M, I, O, \quad h, l = L, B.
\end{aligned}
\tag{11.28}
$$

2.5　土地のシャドウ名目価格（$w_B^{S'}$）の推計

準固定的投入要素のシャドウ名目価格（$w_i^{S'}$, $i = L, B$）は，準固定的投入要素量に関して利潤関数（11.1）を微分することにより以下の（11.29）式によって得ることができる（Diewert, 1974, p. 140; Nadiri, 1982, p. 452）。

$$
\frac{\partial VP'(\mathbf{P}', \mathbf{w}', \mathbf{Z}, t, \mathbf{D})}{\partial Z_l} = w_l^{S'}(\mathbf{P}', \mathbf{w}', \mathbf{Z}, t, \mathbf{D}), \quad l = L, B,
\tag{11.29}
$$

ここで，$w_l^{S'}$ は l 番目の準固定的投入要素名目価格である。l 番目の準固定的投入要素に関する利潤関数（11.1）式の導関数および「プライマル」の生産関数（本章では示されていない）導関数は，両関数間の「デュアル」的変形関係によって同値である（Lau, 1978, p. 146; Nadiri, 1982, p. 452）。

---

16)　生産関数に対しては，$\kappa > 0$ であることを銘記していただきたい。

この（11.29）式は l 番目の準固定的投入要素の限界単位の評価価値を与えている。これらの方程式において明らかなように，シャドウ価格関数は，生産物名目価格（$P_i{}'$, $i = G, A$），可変投入要素名目価格（$w_k{}'$, $k = M, I, O$），および公的農業技術知識資本ストック（Z_R）の関数である[17]。通常型多財トランスログ VP 関数（11.3）式のパラメータを用いると，$w_l^{S'}$ は以下の（11.30）式によって得ることができる。

$$
\begin{aligned}
\frac{\partial V P'}{\partial Z_l} &= w_l^{S'} \\
&= \frac{V P'}{Z_l} \frac{\partial \ln V P'}{\partial \ln Z_l} \\
&= \frac{V P'}{Z_l} \left(\beta_l + \sum_i \phi_{il} \ln P_i{}' + \sum_k \phi_{ik} \ln w_k{}' + \sum_h \delta_{hl} \ln Z_h \right. \\
&\quad \left. + \mu_{lR} \ln Z_R \right),
\end{aligned}
\tag{11.30}
$$

$$
i = G, A, \quad k = M, I, O, \quad h, l = L, B.
$$

β_l（$l = L, B$），ϕ_{il}（$i = G, A$），ϕ_{ik}（$k = M, I, O$）の推計値が与えられると，シャドウ名目価格は全研究期間 1965–97 年に対して全サンプルについて推計することができる。そこで次に，農企業が土地の生産価値を一体どの水準で評価しているのか検証するために，推計された土地のシャドウ名目価格と『農地法』に基づき何らかの方法で政府によって統制されている実際の地代とを比較してみることにする。

上記のように，労働のシャドウ名目価格は（11.30）式を用いて，土地のシャドウ名目価格とともに推計できる。しかし，本章の 第2.1 節で VP 関数モデルを展開する際に述べたように，労働費用－可変利潤比率方程式は推計

---

17)　先にも述べたように，トランスログ VC 関数モデルの場合と同様に，公的農業技術知識資本ストック変数（Z_R）によって把握できない技術変化の代理変数としての時間変数 t は，多重共線性のために統計的推計から除外することにした。さらに，すべてのダミー変数 **D** の推計値も統計的にまったく有意ではなかったので，これらの変数も推計から除外することにした。

方程式体系に含まれることになっている。このことは，農企業は労働投入に関して他の可変投入要素と同じく名目利潤最大化を達成する水準まで雇用すると仮定していることを意味している。換言すると，われわれは，農企業は労働の現実市場価格に関して「最適の」労働投入量水準まで雇用している，と仮定していることを意味しているのである[18]。

2.6 生産物価格変化の生産物供給量，可変投入要素需要量，名目可変利潤 (VP')，規模の経済性 (RTS)，および土地のシャドウ名目価格 $(w_B^{S'})$ に対する効果

言うまでもなく，われわれは，VP 関数 $H(\mathbf{P}, \mathbf{w}, \mathbf{Z})$ のすべての外生変数の効果を，(i) 作物と畜産物の供給量，(ii) 可変投入要素需要量，(iii) 名目可変利潤 (VP')，(iv) 規模の経済性 (RTS)，および (v) 土地のシャドウ名目価格 $(w_B^{S'})$ に対して推計することができる。しかしながら，本章は，政府による価格支持政策が上記の5個の経済指標に及ぼす効果の評価に焦点を合わせることにする。

ここでは，これらの効果は弾力性で測ることにする。そうすることによって，われわれは作物と畜産物の価格 $(P_i, \ i = G, A)$ 変化の上記5経済指標への効果の重要性の相対的な大きさを捕捉することができる。

ここで，研究の対象にしている期間，1965–97 年における価格支持政策について簡単に述べておくことにしよう。特に，米作に対する価格支持政策は，『農業基本法』が 1961 年に発効した直後の 1960 年代初期以来，実に重要なものであった。米価支持水準は，農業政策の変更のために経時的に低くなっていったが，価格支持体系そのものは引き続きかなり堅固なものであった。さらに，米だけでなく小麦，大麦，大豆，その他の野菜，果実，および畜産物も何らかの形で支持されてきた。

---

18) 実際のところ，われわれは全研究期間 1965–97 年に対して全4階層農家の全サンプルについて労働のシャドウ価格を推計した。その結果，どの階層農家についても，全研究期間 1965–97 年に対し全サンプルについて，労働のシャドウ価格と現行の農業臨時雇い労働賃金率はかなり近い値であった。このことは，本章で導入された労働投入に関する仮定から当然の結果であると言えよう。

したがって，2 つの範疇の生産物，つまり，作物と畜産物の価格（P_G および P_A）の変動が上記の 5 経済指標に及ぼした効果を分析することは，20 世紀後半における価格支持政策がこれら 5 経済指標に及ぼした効果を分析することと同値であると言ってもよかろう。政府の価格支持政策が日本農業に及ぼした効果を定量的に分析し評価することは，研究上のトピックとしても挑戦的でかつ興味深いことであるだけでなく，日本農業の構造変革という意味においても重要な現実的課題である。かくして，以下において，われわれはこの目的を追求するための方法を導出することにしよう。

さて，作物と畜産物の価格（P_G および P_A）の変動が 2 つの範疇の生産物の自己および交叉供給に及ぼす効果は $\partial Q_i / \partial P_j{}'$（$i, j = G, A$）によって与えられる。弾力性の形で表すと，これらは作物と畜産物の名目価格に関する生産物供給弾力性によって与えられる。

第 1 に，自己価格変化の作物と畜産物の供給への効果は以下の（11.31）式によって得られる。

$$\frac{\partial \ln Q_i}{\partial \ln P_i{}'} = \varepsilon_{ii} = \frac{\gamma_{ii}}{R_i} + R_i - 1, \quad i = G, A. \tag{11.31}$$

また交叉価格変化の作物と畜産物の供給への効果は以下の（11.32）式によって得られる。

$$\frac{\partial \ln Q_i}{\partial \ln P_j{}'} = \varepsilon_{ij} = \frac{\gamma_{ij}}{R_i} + R_i, \quad i \neq j = G, A, \tag{11.32}$$

ここで，R_i（$i = G, A$）は，生産物収益－可変利潤比率であり，すでに（11.4）式で与えられている。実際，ε_{ii} および ε_{ij} によって与えられるこれらの弾力性は，すでにそれぞれ（11.10）および（11.12）式によって与えられている作物と畜産物の自己および交叉価格供給弾力性と同値である。

第 2 に，生産物名目価格（$P_i{}'$, $i = G, A$）の変化が可変投入要素需要に及ぼす効果は弾力性の形で以下の（11.33）式によって得られる。

$$\frac{\partial \ln X_k}{\partial \ln P_i{}'} = \eta_{ki} = -\frac{\gamma_{ik}}{R_k} + R_k, \quad i = G, A, \quad k = M, I, O, \tag{11.33}$$

ここで，R_k（$k = M, I, O$）は（11.5）式で与えられている可変投入要素費用－可変利潤比率である。実のところ，これらはすでに（11.18）式によって与

えられているのであるが，η_{ki} は k 番目の可変投入要素の i 番目の生産物名目価格に関する需要弾力性である。

　第 3 に，生産物価格（$P_i{}'$, $i = G, A$）の変化が名目可変利潤（VP'）に及ぼす効果は弾力性の形で以下の（11.34）式によって得られる。

$$\frac{\partial \ln VP'}{\partial \ln P_i{}'} = \alpha_i + \sum_j \gamma_{ij} \ln P_j{}' + \sum_k \gamma_{ik} \ln w_k{}' + \sum_l \phi_{il} \ln Z_l + \mu_{iR} \ln Z_R,$$

$$(11.34)$$

$$i, j = G, A, \quad k = M, I, O, \quad l = L, B.$$

これは，作物と畜産物の生産物収益－可変利潤比率（R_i, $i = G, A$）と同値である。しかしながら，ここでは，われわれは VP 関数モデルの推計パラメータを用いて（11.34）式によって与えられる効果を推計するのであって，それらの効果の値は，一般的には，本章の方程式体系を推計する際に用いられた実際の作物と畜産物の生産物収益－可変利潤比率の値とは異なる。

　第 4 に，生産物名目価格（$P_i{}'$, $i = G, A$）の変化が規模の経済性 RTS に及ぼす効果は弾力性の形で以下の（11.35）式によって得られる。

$$\frac{\partial \ln(RTS)}{\partial \ln P_i{}'} = \frac{\sum_l \phi_{il}}{RTS}, \quad i = G, A, \quad l = L, B, \qquad (11.35)$$

ここで，RTS は（11.27）式によって与えられている。

　最後に，生産物名目価格（$P_i{}'$, $i = G, A$）の土地のシャドウ名目価格変化（$w_B^{S'}$）に及ぼす効果は弾力性の形で以下の（11.36）式によって得られる。

$$\frac{\partial \ln w_B^{S'}}{\partial \ln P_i{}'} = \frac{\partial \ln VP'}{\partial \ln P_i{}'} + \frac{\partial \left(\frac{\partial \ln VP'}{\partial \ln Z_B} \right)}{\partial \ln P_i{}'} \left(\frac{\partial \ln VP'}{\partial \ln Z_B} \right)^{-1}$$

$$= \frac{\partial \ln VP'}{\partial \ln P_i{}'} + \phi_{iB} \left(\frac{\partial \ln VP'}{\partial \ln Z_B} \right)^{-1}, \qquad (11.36)$$

$$i = G, A.$$

　作物と畜産物の名目価格（$P_G{}'$ および $P_A{}'$）の変化が，(i) 作物と畜産物の供給量，(ii) 可変投入要素需要量，(iii) 名目可変利潤（VP'），(iv) RTS,

および (v) $w_B^{S'}$ に及ぼす効果は，全研究期間 1965–97 年に対して，全 4 階層農家の全サンプルについて推計され，それらの結果はグラフを月いて示される。このようにグラフを用いることによって，われわれは，異なる 4 階層農家間における推計された効果の大きさの差異を視覚的に捉えることができるだけでなく，異なる 4 階層農家における推計された効果の経時的変化も同じく視覚的に捉えることができる。

3　データおよび推計方法

VP 関数モデルの推計に必要なデータは以下の変数で構成される。名目可変利潤 (VP')，生産物収益－可変利潤比率 (R_G および R_A)，作物および畜産物の名目価格 (P_G' および P_A')，3 つの可変投入要素の名目価格と数量，すなわち，機械 (w_M' および X_M)，中間投入要素 (w_I' および X_I)，およびその他投入要素 (w_O' および X_O)，3 つの名目可変投入要素費用－名目可変利潤比率 (R_M, R_I, R_O)，準固定的投入要素としての労働および土地の数量 (Z_L および Z_B)，外生変数としての公的農業技術知識資本ストック額 (Z_R) である。さらに，期間ダミー変数 (D_p)，経営規模ダミー変数 ($D_s, s = II, III, IV$)，気象ダミー変数 (D_w) も導入された。データ資料および変数の定義についての詳しい説明は付録 A.1 を参照していただきたい。

統計的推計に関しては以下の通りである。方程式体系は 1 本の通常型トランスログ VP 関数 (11.3) 式，1 本の作物収益－可変利潤比率方程式 (11.4) 式，3 本の可変投入要素費用－可変利潤比率方程式 (11.5) 式，および 1 本のシャドウ労働費用－可変利潤比率方程式 (11.6) 式，計 6 本の方程式で構成されている。ここでは，労働は「準内生」変数として取り扱われていることに注意していただきたい。かくして，推計モデルは，6 本の方程式と 6 個の内生変数から成り立っているという意味で「完全」である。したがって，完全情報最尤 (FIML) 法が採用される[19]。この推計の過程で，対称性および価格に関する一次同次性制約を課した。可変利潤関数の価格に関する一次同次性によって，1 本の生産物収益－可変利潤比率方程式を同次方程式体系から除外することができる。本章では，畜産物収益－可変利潤比率方程式を除

外することにする。この体系から除外された畜産物収益－可変利潤比率方程
式の係数は，体系が推計された後で，課された一次同次性制約を用いて容易
に求めることができる。

4　実証結果

4.1　可変利潤（VP）関数のパラメータ推計結果

　まず最初に，VP 関数体系のパラメータの推計値とそれら推計値の P-値は
表 11-2 に示されている[20]。P-値検定によると，計 45 係数のうち 11 係数が
10% より良好な水準では統計的に有意ではなかったが，全体的に見て，十分
に妥当な結果であると考えてよいだろう。モデルの推計の当てはまりの良さ
を示す統計値は表 11-2 の下段に示されている。これらの統計値から判断し
て，この推計結果はかなり当てはまりは良いと言って差し支えないだろう。

　さらに，表 11-2 に与えられている VP 関数モデルのパラメータの推計値
に基づいて，単調性および可変投入要素価格に関する凸性条件を，それぞれ，
全サンプルについてチェックした。両生産物に関する収益－可変利潤比率は
すべて正であり，可変投入要素費用－可変利潤比率はすべて負であったので，
生産技術は単調性条件を満たしたと言える。さらに，ヘッセ行列の対角要素
の固有値はすべてのサンプルについて正であったので，可変投入要素価格に
関する凸性条件は，全研究期間 1965–97 年に対し全 4 階層農家の全サンプル
について，満たされている。このことは，これら可変投入要素の自己価格に
関する需要弾力性はすべて負であることを示唆している。つまり，それらの

---

19)　実際のところ，この体系の推計に ISUR（Iterated Seemingly Unrelated Regression）
　　推計も試みた。しかし，その推計結果は FIML 法を用いた推計結果とほとんど同じで
　　あった，ということを書き加えておきたい。
20)　付録 A.1 で詳しく説明したように，特に，機械，大動物および大植物，および農用建
　　物および構造物のような資本ストックの減価償却に関して，1991–97 年におけるデータ
　　の不連続性を修正するために，いくらかの変数定義の修正を行なった。多分データセッ
　　トに関するこれらの修正のために，推計されたパラメータは過去になされた本章と同様
　　の研究（Kuroda and Abdullah, 2003）で得られたパラメータといくらかの違いが出た
　　と思われる。特に，本章での推計において，すべてのダミー変数の係数は統計的に有意
　　ではなかったので，それらは体系の最終推計からは除外することにした。

表11-2　通常型多財トランスログVP関数のパラメータ推計値：都府県，
　　　　　1965-97年

パラメータ	係数	P-値	パラメータ	係数	P-値
α_0	0.032	0.171	γ_{IO}	−0.027	0.532
α_G	1.564	0.000	δ_{LL}	0.694	0.000
α_A	0.392	0.000	δ_{BB}	0.136	0.000
α_M	−0.350	0.000	δ_{LB}	−0.196	0.000
α_I	−0.428	0.000	ϕ_{GL}	−0.436	0.000
α_O	−0.179	0.000	ϕ_{GB}	0.047	0.457
β_L	1.314	0.000	ϕ_{AL}	−0.300	0.000
β_B	0.197	0.000	ϕ_{AB}	0.185	0.000
β_R	0.276	0.000	ϕ_{ML}	0.310	0.000
γ_{GG}	0.750	0.019	ϕ_{MB}	−0.079	0.039
γ_{GA}	−1.040	0.000	ϕ_{IL}	0.277	0.000
γ_{AA}	0.555	0.000	ϕ_{IB}	−0.095	0.003
γ_{GM}	−0.153	0.468	ϕ_{OL}	0.150	0.000
γ_{GI}	0.316	0.002	ϕ_{OB}	−0.058	0.000
γ_{GO}	0.126	0.000	μ_{GR}	−0.002	0.985
γ_{AM}	0.286	0.000	μ_{AR}	0.116	0.057
γ_{AI}	0.056	0.492	μ_{MR}	−0.005	0.938
γ_{AO}	0.144	0.000	μ_{IR}	−0.114	0.002
γ_{MM}	−0.062	0.679	μ_{OR}	0.005	0.774
γ_{II}	0.136	0.000	μ_{LR}	0.373	0.002
γ_{OO}	−0.134	0.000	μ_{BR}	0.034	0.153
γ_{MI}	0.038	0.388	μ_{RR}	−0.538	0.008
γ_{MO}	−0.109	0.002			

推計方程式	R-squared	S.E.R.
VP 関数	0.977	0.087
作物収益−可変利潤比率方程式	0.844	0.116
機械費用−可変利潤比率方程式	0.844	0.065
中間投入要素費用−可変利潤比率方程式	0.787	0.044
その他投入要素費用−可変利潤比率方程式	0.869	0.116
労働費用−可変利潤比率方程式	0.627	0.030

注1：統計的に有意ではなかったので，すべてのダミー変数は最終推計式から除
　　　外した。
　2：体系の推計には対称性と価格に関する一次同次性の制約が課された。
　3：$S.E.R.$ は回帰の標準誤差を示す。
　4：P-値は統計的有意性の程度を直接に与える確率の値を示す。

弾性値は経済学的に意味があるということを示唆しているのである。

　準固定的生産要素，労働（Z_L）および土地（Z_B）に関しては，本章においては，$[\delta_{hh} + \beta_h(\beta_h - 1),\ h = L, B]$ によって与えられる固有値が負か0に等しくなければならない。推計された固有値はすべてのサンプルに対して負または0に近かった。この結果は，準固定的生産要素（Z_L および Z_B）に関する凹性条件は基本的にはすべてのサンプルについて満たされたことを意味している[21]。

　これらのファインディングズは，推計されたVP関数（11.3）式は曲率条件を満たしているデータの2次近似を表している，ということを示唆している。したがって，表11-2に与えられている推計されたパラメータは信頼できるものであり，次節以降においてさらなる分析に用いられる。

4.2　帰無仮説の検定結果

　本小節においては，通常型多財トランスログVP関数モデルの特定化が妥当なものであるのかどうかという帰無仮説を検定するために，戦後日本農業の生産技術構造をWald検定法を用いて統計的検定を行なう。

　しかしながら，先にも述べたように，同様の帰無仮説検定を，通常型多財トランスログVC関数の推計結果に基づいて行なった（第4.3節）。したがって，ここでは，われわれは帰無仮説の検定結果の解説はできるかぎり簡潔に済ませることにしたい。それらの帰無仮説は，（i）投入要素－生産物分離性，（ii）投入要素－非結合性，（iii）非技術変化，（iv）投入要素空間におけるヒックス「中立的」技術変化，（v）生産物空間におけるヒックス「中立的」技術変化，（vi）C-D型生産関数，および（vii）CRTS，の計7本の帰無仮説である[22]。

　第1に，投入要素－生産物分離性仮説は強力に棄却された。このことは，名目可変要素費用－名目可変利潤比率が生産物価格（P_i', $i = G, A$）の変化に依存するということを意味する。

---

21)　曲率条件に関する詳細な説明についてはLau（1976）およびHazilla and Kopp（1986）を参照していただきたい。

　第 2 に，投入要素における非結合性仮説も強力に棄却された。この結果は，投入要素に非結合性がないということを意味しており，それぞれの生産物に対してそれぞれ別個の生産関数は存在しないことを意味している。上記の 2 本の帰無仮説の検定結果は，戦後日本農業の技術構造を特定化するためには多財利潤関数の方が単一財利潤関数よりも適切であるということを示唆している。

　第 3 に，非技術変化帰無仮説もまた強力に棄却された。このことは，戦後日本農業には何らかの形で技術変化が存在したことを意味している。

　第 4 に，投入要素空間におけるヒックス「中立的」技術変化仮説も強力に棄却された。このことは，戦後日本農業における技術変化は可変投入要素，すなわち，機械投入要素，中間投入要素，およびその他投入要素に関して，「使用的」かあるいは「節約的」かいずれかに偏向していたことを意味する。

　第 5 に，生産物空間におけるヒックス「中立的」技術変化仮説も強力に棄却された。バイアスの方向は，予想通り，畜産物－「増大的」であった。この結果は，戦後日本農業の技術変化は投入要素空間においても生産物空間においてもバイアスを持っていたということを示唆している。

　かくして，ヒックスの「中立的」技術変化帰無仮説は投入要素間においても生産物空間においても強力に棄却されるということは，上記 3，4，および 5 番目の帰無仮説の検定結果から当然のことであると言えよう。

　第 6 に，C-D 型生産関数の帰無仮説は完全に棄却された。このことは，戦後日本農業の生産構造の特定化を行なう際にいかなるペアの投入要素の代替の弾力性もすべて 1 であるという厳しい仮定は非現実的であるということを意味している。さらに，C-D 型生産関数は事前に技術変化におけるヒックス「中立性」を仮定しているので，C-D 型生産関数仮説の棄却という結果は，上記の第 4 および 第 5 の投入要素および生産物空間において技術変化は

22)　これらの帰無仮説の検定法の詳細に関しては，利潤関数の場合には Lau（1972，1978）を，費用関数の場合には Hall（1973），Denny and Pinto（1978），および Brown, Caves, and Christensen（1979）を参照していただきたい。さらに，Antle and Capalbo（1988）は，「プライマル」と「デュアル」および単一財と多財の生産関数，費用関数，利潤関数，および収益関数に基づく生産技術の重要な帰無仮説検定法に関するきわめて明確で有用な解説を提供している。

ヒックス「中立性」であるという帰無仮説の棄却という結果と矛盾しないことを銘記しておこう。

　第7に，作物と畜産物の結合生産における CRTS という帰無仮説も強力に棄却された。VP 関数モデルの近似点において，規模の経済性（RTS）の推計値は統計的に有意に 1.0 を上回る値であった。この結果は，戦後日本農業に対する VP 関数モデルの推計から，平均して，IRTS（収穫逓増）が存在したことを示唆している。われわれは，後ほど，第 4.3.3 節において，全研究期間 1965–97 年に対して全 4 階層農家の全サンプルについて規模の経済性（RTS）の程度を推計しその結果を図示する。

　要約すると，本小節における最も重要なファインディングは，戦後日本農業の技術構造を定量的に分析かつ精査するためには，多財 VP 関数的接近の方が単一財 VP 関数的接近よりもはるかに適切である，ということである。この結果は，本書第 I 部および第 II 部において得られた結果，すなわち，多財 TC および VC 関数的接近の方が単一財 TC および VC 関数的接近よりもはるかに適切である，という結果と整合的である。さらにもう 1 点加えると，仮説検定の結果は，われわれに対して，投入要素－生産物分離性，技術変化のヒックス「中立的」技術変化，生産物供給弾力性および投入要素需要弾力性，および RTS に関してできる限り弾力的であるモデルを導入すべきである，という実証分析において重要なポイントを示唆している。

4.3　生産物供給弾力性および可変投入要素需要弾力性の推計

4.3.1　生産物供給弾力性の推計

　（11.10）式から（11.25）式のうちの適切な公式を用いて，生産物供給弾力性および可変投入要素需要弾力性を，VP 関数（11.3）式の推計に用いられた変数の近似点において，推計した。その結果は，表 11–3 に示されている。ここで，推計された弾力性は「ヒックス」弾力性ではなくて「マーシャル」弾力性であることを思い出していただきたい。

　まず最初に，表 11–3 によると，作物と畜産物の自己価格供給弾力性はそれぞれ 1.044 および 0.806 である。これらの弾力性は農産物としてはかなり高いものである。つまり，作物および畜産物の価格の 1 ％の上昇は，作物と

表11-3　作物および畜産物の供給弾力性および機械，中間投入要素，およびその他投入要素の需要弾力性：都府県，1965-97年

	作物価格 (P_G')	畜産物価格 (P_A')	機械投入要素価格 (w_M')	中間投入要素価格 (w_I')	その他投入要素価格 (w_O')	労働投入量 (Z_L)	土地投入量 (Z_B)
作物の	1.044	−0.272	−0.447	−0.226	−0.098	1.035	0.227
供給 (Q_G)	(0.000)	(0.013)	(0.001)	(0.000)	(0.019)	(0.000)	(0.000)
畜産物の	−2.257	0.806	0.378	−0.286	0.187	0.549	0.668
供給 (Q_A)	(0.000)	(0.008)	(0.000)	(0.000)	(0.000)	(0.000)	(0.000)
機械の需要	2.002	0.575	−1.173	−0.537	0.133	0.428	0.423
(X_M)	(0.001)	(0.000)	(0.006)	(0.000)	(0.202)	(0.021)	(0.000)
中間投入要素の	0.825	1.262	−0.439	−0.532	−0.117	0.666	0.418
需要 (X_I)	(0.001)	(0.000)	(0.000)	(0.016)	(0.239)	(0.000)	(0.000)
その他投入要素	0.858	0.590	0.259	−0.279	−0.429	0.479	0.520
の需要 (X_O)	(0.019)	(0.000)	(0.200)	(0.239)	(0.035)	(0.000)	(0.000)

注1：弾力性は，（11.10）から（11.25）式を用いて変数の近似点で推計した。
　2：（　）内の数値は，推計された経済指標の統計的有意性の程度を直接提供する P-値である。

畜産物の供給量を，それぞれ，1.044および0.806％増大させるということである。このことは，ひるがえって，全研究期間1965-97年におけるこれらの農産物の価格支持政策は，作物と畜産物，特に，米の供給量を増大させることにおいてかなり強い効果を持ったことを意味している。交叉弾力性を見てみると，畜産物価格に関する作物の供給弾力性は −0.272 であるが，作物価格に関する畜産物の供給弾力性は −2.257 である。このことは，作物価格の上昇は畜産物の供給量を急激に減少させたが，逆に，畜産物価格の上昇は作物の供給量減少に対してはそれほど強い効果は及ぼさなかった，ということを示唆している。これらの結果から，われわれは，特に米に対する価格支持政策は，米の生産・供給量を増大させるだけでなく同時に畜産物の供給量を減少させる強い効果をもたらしたと推論できる。

　ここで，本章における推計結果を過去の研究における生産物供給弾力性と比較してみよう。日本農業に対して生産物の供給弾力性を推計した研究はきわめて少ない。Kuroda（1979, Table 3-2, p.115）は，集計単一生産物 C-D

型利潤関数を用い，『農経調』から得たデータを基に1965，1966，および1967年に対して自己価格供給弾力性を推計し，それぞれ，0.982，0.895，および0.853を得た。これらの弾性値は本章で得られた作物と畜産物の自己価格供給弾力性の値（1.044および0.806）とかなりよく似た水準である。茅野（1984）はLaitinen and Theil（1978）によって提唱された線型生産物供給体系を適用し，農水省から毎年刊行されている『生産農業所得統計』から作成した1955–81年のデータセットを用いて推計した結果，以下のような長期の自己価格供給弾力性を得た。すなわち，0.245（米），0.794（小麦），0.198（野菜），0.128（果実），0.576（牛肉），0.923（牛乳），0.601（豚肉），および0.175（卵）であった。一瞥して，作物の供給弾力性は畜産物の供給弾力性よりも小さいことがわかる。作物と畜産物の供給弾力性の単純平均値はそれぞれ0.341および0.569（茅野，1984，表2–5，p.13）であった。これらの弾性値はいずれも本章の推計値よりも小さい。

　第2に，表11–3によると，作物の可変投入要素，すなわち，機械，中間投入要素，およびその他投入要素，の価格変化に関する供給弾力性は，それぞれ，−0.447，−0.226，および−0.098である。この結果は，それほど弾力的であるとは言えないが，可変投入要素価格の上昇は作物生産の供給を減少させる，ということを示唆している。一方，畜産物の機械，中間投入要素，およびその他投入要素の価格変化に関する供給弾力性は，それぞれ，0.378，−0.286，および0.187である。作物供給の場合とは違って，われわれは，機械およびその他投入要素の価格上昇に関して正の畜産物供給弾力性を得た。ここで，その他投入要素は農用建物および構築物，大植物，および大動物で構成されていることを思い出していただきたい。したがって，われわれはこれら正の供給弾力性を以下のように説明することができるであろう。つまり，これらの投入要素の価格の上昇は必然的に畜産物生産から生じる農業収益したがって利潤を減少させるであろう。この収益したがって利潤の減少を相殺しようとして，農企業は畜産物の供給を増大させるだろう，という具合にである。

　第3に，作物と畜産物の準固定的投入要素，すなわち，労働および土地に関する供給弾力性は正である。特に，作物と畜産物の土地投入量に関する供

給弾力性は，それぞれ，0.227 および 0.668 であり，土地投入量の増大（換言すれば，作付け面積の拡大）は作物と畜産物ともにその供給量を増大させるということを示唆している。さらに現実の農業政策に鑑みると，このことは，減反政策は作物と畜産物双方の供給量を減少させるであろう，ということを意味している。しかも，その供給量の減少の度合いは作物よりも畜産物の方が大きい，ということなのである。

4.3.2　可変投入要素需要弾力性の推計

　第1に，表11-3より，平均的に言って，作物価格の上昇は，中間投入要素の場合を例外として，畜産物価格の上昇の場合に比べて，機械，中間投入要素，およびその他投入要素の需要量をより弾力的に増大させる。このことは，中間投入要素の需要量を例外として，作物に対する価格支持政策の方が畜産物価格支持政策よりも可変投入要素需要量においてより強い効果を持った，ということを示唆している。この例外に対して，われわれは，畜産物価格の上昇は畜産物供給量の増大を狙って飼料に対する需要量を増大させるという強い誘因を畜産農家に与えたのであろうと推論する。

　第2に，表11-3によると，機械，中間投入要素，およびその他投入要素に対する「マーシャル」の自己価格弾力性は，−1.173，−0.532，および−0.429である。これら弾力性の絶対値は，一般的に言って，VC 関数モデルから求めた可変投入要素の自己価格弾力性よりも大きく，機械，中間投入要素，およびその他投入要素に対する弾力性は，それぞれ，−0.445，−0.205，および−0.741 であった（第8章の表8-4を参照）。これらの弾性値は生産物水準を固定して推計された弾性値であるので「ヒックス」弾力性とみなすことができる。少なくとも，機械および中間投入要素に対して，われわれは，絶対値で比較すると，「マーシャル」弾力性の方が「ヒックス」弾力性よりも大きいと言えそうである。例えば，機械投入要素需要弾力性に関しては，機械価格の1％の低下が機械投入要素の需要量を 1.17％増大させるということを意味する。このことは，別の言い方をすると，もし機械購入に対する補助金が増大されれば，農企業は機械に対する需要量をかなり弾力的に増やすであろう，ということを示唆している。中間投入要素およびその他投入要素に対する補

助金支給も，その程度は機械の場合より小さいが，農企業によるこれらの需要量を増大させ，ひいては，作物および畜産物の生産量したがって供給量を増大させるだろうということは容易に推測できる。

　最後に，準固定的投入要素（労働および土地）に関する可変投入要素需要弾力性はすべて正である。このことは，労働および土地の増大は機械，中間投入要素，およびその他投入要素に対する需要量を増大させるであろう，ということを意味している。ここで，われわれは，減反政策の可変投入要素需要への効果の推論により強い興味を抱いているので，労働に関する投入要素需要弾力性よりも，土地に関する投入要素需要弾力性により強い興味を持っている。土地投入量（つまり，作付け面積）の増大に関する機械，中間投入要素，およびその他投入要素の需要弾力性は，それぞれ，0.423，0.418，および0.520である。この結果は，例えば，減反政策による作付け面積の10％の減少は，可変投入要素に対する需要量を，それぞれ，4.23，4.18，および5.20％減少させる，ということを意味している。このことは，作物にしろ畜産物にしろ，農業生産の大幅な減少をもたらすことになるだろう。

4.3.3　規模の経済性（RTS）の推計値

　（11.27）式を用いて，全研究期間1965–97年に対して全4階層農家の全サンプルについて，規模の経済性（RTS）を推計し，その結果は図11–3に示した。少なくとも，いくつかの重要な点に着目してみることにしよう。

　第1に，全4階層農家は全研究期間1965–97年に対してかなり大きい規模の経済性（RTS）を享受した。1965–97年に対しては，規模の経済性（RTS）の程度はすべての階層農家において減少傾向を持った。このことは，手動式耕耘機によって代表される比較的小型の農業機械化が，全国的規模で相対的に小規模農家にも普及が急速に進み，その結果，「不分割性」の程度が次第に小さくなっていったからであろう。しかしながら，乗用型トラクター，耕耘機，および自動田植機に代表されるような中・大型機械化が1960年代後期から1990–2010年代にかけて普及してくるに伴って，「不分割性」も高まり，規模の経済性（RTS）の程度も1970年代から1990年代にかけて，すべての階層農家において高まってきた。規模の経済性（RTS）の程度は，1969

図11-3　規模の経済性の推計値：全階層農家（都府県），1935-97年

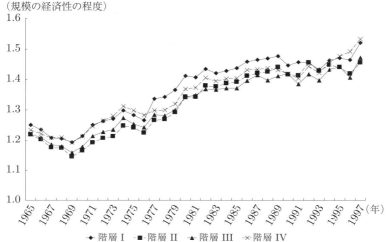

（規模の経済性の程度）

　→・階層Ⅰ　－■－階層Ⅱ　－▲－階層Ⅲ　-×-階層Ⅳ

年にはおよそ1.15–1.19程度だったものが1997年にはおよそ1.45–1.53の水準にまで高まった。

　第2に，1972–76年および1995–97年の両期間を除くと，全研究期間1965–97年に対して，最小階層農家Ⅰの規模の経済性（RTS）の程度が最大であった。これと非常によく似た結果は，土地のみを準固定的投入要素として扱っている通常型多財トランスログVC関数を1957–97年に対して推計した結果に基づく規模の経済性（RTS）の推計結果に与えられている（第8章の表8–3を参照）。このことは，多数の小規模農家が中・大型機械に投資した結果「不分割性」の程度は，作付け面積が制約されているために，全4階層農家で最も大きかった，ということを反映していると言えそうである[23]。

―――――――――――――――

23)　加古（1983，表5，p.10; 1969および1979年に対して）および茅野（1984，表3–9，p.26; 1977–79年に対して）は，それぞれ，米作の横断面データおよび横断面と時系列のプールデータを用いてトランスログTC関数を推計し，それらのパラメータ推計値に基づいて規模の経済性を推計した。彼等の推計結果は，本章の結果とよく似ている。しかしながら，両研究者とも，なぜ，小規模農家の方が大規模農家よりも大きい規模の経済性を享受したのかについてはまったく説明していない。

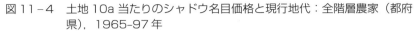

図11-4　土地10a当たりのシャドウ名目価格と現行地代：全階層農家（都府県），1965-97年

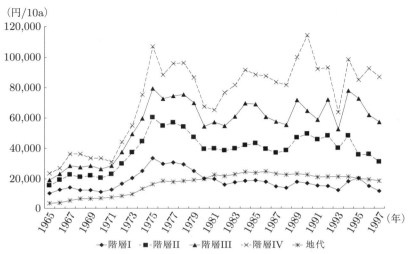

4.3.4　土地のシャドウ名目価格（$w_B^{S'}$）の推計

　土地のシャドウ名目価格（$w_B^{S'}$）を，（11.30）式を用いて，全研究期間1965-97年に対して全4階層農家の全サンプルについて推計し，その結果を図11-4に示した。われわれは，比較する目的で，全研究期間に対して何らかの形で政府によって統制されている都府県の平均農家の現行地代をこの図11-4に加えた[24]。図11-4において，少なくとも2つの重要なファインディングズについて解説しておく必要があるだろう。

　第1に，全研究期間1965-97年にわたって，階層農家が大きいほど，土地のシャドウ名目価格（$w_B^{S'}$）は大きい。

---

24)　実際には，『農経調』から，われわれは，全研究期間1965-97年に対して，全4階層農家について現行地代を得ることができる。そして，得られた現行地代は，異なる4階層農家間で多少の差は見られるものの，きわめて小さなものであり，各階層農家ごとに推計された現行地代の動向と水準は都府県の平均農家の現行地代の動向と水準にきわめて近い。かくして，われわれは都府県平均農家の現行地代を代表的なものとして選び，図11-4に描き加えたのである。

　第2に，最小階層農家 I（0.5–1.0 ha）の場合，土地のシャドウ名目価格
（$w_B^{S'}$）は，1980–97 年の期間において，観測された現行地代よりも低かっ
た。このファインディングから，われわれは，最小階層農家 I よりも小さい
0.5 ha 以下の農企業の土地のシャドウ名目価格（$w_B^{S'}$）は平均農家の現行地
代よりもさらに低かった期間がより長かったに違いないと推察できる。この
ことは，すべての階層農家は名目可変利潤最大化を達成する水準で土地を使
用していなかったということを意味している。さらに，われわれはすでに，
1957–97 年に対して，土地のみを準固定的投入要素として扱った VC 関数の
パラメータ推計値に基づいて計算した土地のシャドウ名目価格（$w_B^{S'}$）に関
して，本節における結果ときわめて類似の結果を得たことを思い出していた
だきたい。それは，第9章の 表9–1 を参照していただくと一目瞭然である。

4.3.5　小規模農家から大規模農家への土地移動の可能性の検証

　さて，ここで，小規模農家から大規模農家への土地移動の可能性を検証し
てみよう。この検証のために，われわれは小規模農家がその土地を大規模農
家に移転させる場合には，小規模農家の以下のような行動を考慮に入れてお
く必要があるだろう。

　まず最初に，売買による土地移転は，政府による継続的な土地移動促進努
力にもかかわらず，全研究期間 1965–97 年の間制約されていた。この売買に
よる土地移動の制約に対する最も重要な理由は，農企業が利潤を生む資産と
して土地を保有する強い選好を持っていたということである。農企業は，彼
等の土地を，純粋に農業目的でなく，ビルディング，工場，高速道路，鉄道，
ショッピングセンター，住宅のような非農業目的のためにはるかに高く売る
ことができるという強い期待を持っていると考えられてきた。

　それでは，小規模農家から大規模農家への賃貸による土地移動の可能性に
ついてはどうであろうか。小規模農家から大規模農家への賃貸による土地移
動が発生するためには，いかなる経済条件が満たされるべきなのであろうか。
以下の議論を単純化するために，われわれは階層農家 I（0.5–1.0 ha）を小規
模農家と呼び，階層農家 IV（2.0 ha 以上）を大規模農家と呼ぶことにしよう。
日本農業においては，70％以上の農家が 1.0 ha 未満の農家として分類される

ので，ここでの定量的調査分析は，より効率的でかつより生産的な大規模農業を達成するための可能性を探るという意味でも重要である。

新谷 (1983)，加古 (1984)，速水 (1986)，および茅野 (1990) を参照しながら，本章では，小規模農家が大規模農家へ土地を売るかあるいは貸し出すかの意思決定をする際に，意識的にしろ無意識的にしろ，用いると思われる以下の2つの経済的基準を提唱することにしたい。

$$\text{基準}\ I : \frac{(w_B^{S'})^{IV}}{(w_B^{S'})^{I}} > 1,$$

および

$$\text{基準}\ II : \frac{(w_B^{S'})^{IV}}{(FI)^{I}} > 1,$$

ここで，FI は以下の (11.37) 式で定義される「農業所得」である。

$$
\begin{aligned}
FI &= \sum_i P_i{}'Q_i - (w_M{}'X_M + w_I{}'X_I + w_O{}'X_O) \\
&\quad -(w_L{}'X_L^H + w_B{}'Z_B^R) \\
&= VP' - (w_L{}'X_L^H + w_B{}'Z_B^R). \tag{11.37}
\end{aligned}
$$

ここで，最後の関係式の（ ）内の2項は，それぞれ，年雇と臨時雇い労働に支払われた賃金額（w'_Z）および小作地に支払われた小作料（$w_B{}'Z_B^R$）である。すなわち，FI は多少修正された「農業所得」であり，自己所有の投入要素，すなわち，経営者と家族の労働および自己所有農地に帰属する所得である[25]。ここで，$w_B{}'$ および FI はともに 10 a 当たり 1,000 円単位で測られていることに注意していただきたい。

---

25) これまで日本の農業経済学者の間では，いわゆる「農業所得」を次の式で定義することが多かった。

$$FI = \sum_i P_i{}'Q_i - (w_M{}'X_M + w_I{}'X_I + w_O{}'X_O).$$

しかしながら前記 (11.37) 式の（ ）内最後の式の第2項，つまり，$(w_L{}'X_L^H + w_B{}'Z_B^R)$ を，雇用労働が増大しかつ小作地面積が大きくなるにつれて，無視できなくなってくることはきわめて明白である。

　理論的に言うと，農業所得，あるいは，より正確には，「農企業」の「利潤」は，一般的に，総収入から自己雇用労働および土地の費用も含む総費用を差し引いたものとして定義される。現実には，しかしながら，大多数の企業－家計複合体としての「農家」は必ずしも自己雇用投入要素の「費用」を，教科書的な企業の理論で定義するような費用とはみなしていない。彼等の大多数はそのような「費用」を，「農家家計所得」の一部としての「農業所得」に含まれる「費用」とみなしていると考えられる。つまり，自己雇用投入要素の「費用」は「農家家計所得」の一部なのである。

　ここで，「基準 I」は，大規模農家の土地のシャドウ名目価格（あるいは，「地代負担力」)[26] が小規模農家によって要求されるシャドウ名目価格よりも大きければ，小規模農家はその土地を大規模農家に貸し出すだろうということを意味している。この基準は，小規模農家が農業を諦めたとしても，より多額の非農業所得を支払ってくれる仕事を見つけることができたときに初めて有効とみなされる基準であると言えよう。

　さて，上記の 2 つの基準に基づいて，小規模農家から大規模農家への土地移動の可能性を探ってみることにしよう。「基準 I」は，もし階層農家 IV の土地のシャドウ名目価格（つまり，「名目地代負担力」）が階層農家 I のシャドウ名目価格より大きいならば，小規模農家（階層農家 I）の土地は大規模農家（階層農家 IV）に対して賃貸に出されるだろう，という基準である。図 11-5 によると，階層農家 IV の土地のシャドウ名目価格は，全研究期間 1965-97 年にわたって，階層農家 I の土地のシャドウ名目価格を明らかにはるかに上回っていた。このことは，「基準 I」は，何らの問題なく，満たされていた，ということを示唆している。

　次に，「基準 II」は，大規模農家（階層農家 IV）の土地のシャドウ名目価格（つまり，「地代負担力」）が小規模農家（階層農家 I）の自己の労働と土地に帰属する「農業所得」額よりも大きいならば，小規模農家から大規模農家への賃貸による土地移転の可能性がある，という基準である。図 11-6 をよく観

---

26)　「地代負担力」という用語は，梶井 (1981)，新谷 (1983)，加古 (1984)，茅野 (1990)，近藤 (1998) およびその他多くの研究者によって用いられてきた。ここでは，そのうちの代表的な研究のみに絞った。

図11-5　階層農家IとIVの土地10a当たりのシャドウ名目価格の比較：都府県，1965-97年

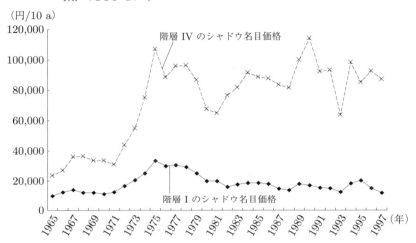

図11-6　階層農家Iの農業所得と階層農家IVの土地10a当たりシャドウ名目価格の比較（円/10a）：都府県，1965-97年

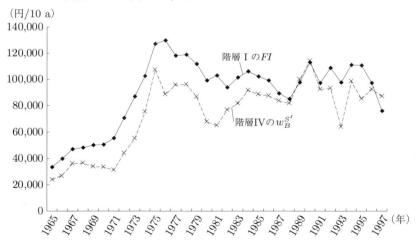

ると，この基準は 1989，1990，および 1997 年の 3 年についてのみやっと満たされたという結果であった。

　要約すると，農業者が何らかの理由で農業から完全に退職する限り，小規模農家からの賃貸という形で土地移動を考えるときには，「基準 II」を適用することの方がより現実的であると思われる。もしそうであるならば，われわれは，ほとんど全研究期間 1965–97 年において，小規模農家は大規模農家に彼等の土地を賃貸に出す準備は整っていなかった，と結論しても過言ではないであろう。

　ここで，現実の土地移動を現実のデータで調べてみることにしよう。第 9 章の表 9–1 には，都府県について，(i) 土地所有権の移動および (ii) 賃貸による土地移動の面積が，1960 年から 2006 年の期間中の切りのよい年を抽出して示されている。この表によると，賃貸面積は『農業経営基盤強化促進法』が制定された 1980 年から増加したことが観てとれる。一方，土地所有権移転による土地移動は 2000 年から拡大し始めた。この後者による土地移動によって，総耕地面積に占める移転面積の割合は 2000 年以降急激に上昇し，2006 年時点で 9.0％に達した。

　この数値をどう評価すべきだろうか。大きいと言えるだろうか，それともまだまだ小さすぎると言うべきであろうか。筆者自身は，この程度ではまだまだ小さすぎると考えている。しかしながら，筆者は，なぜ土地移転が多くの農業経済学者や政策担当者の期待に反して十分にスムーズに進行しなかったのかという問いかけに対して，合理的な経済学的理由があったに違いないと主張したい。ここでは，われわれは，生産物価格政策，投入要素補助金政策，減反および生産調整政策，および公的農業 R&E 推進政策などが，20 世紀後半における日本農業において，遅々としたかつ不活発な農地移動に対して重大な影響を及ぼしたという仮説を提起したい。このきわめて重要な仮説を検定するために，われわれは，ここでは生産物価格支持政策が (i) 作物と畜産物の供給量，(ii) 可変投入要素に対する需要量，(iii) 名目可変利潤 (VP')，(iv) 規模の経済性 (RTS)，(v) 土地のシャドウ名目価格 ($w_B^{S'}$)，という 5 個の経済指標にいかなる効果を与えてきたのかという点に集中的に光を当ててみたい。

4.4　生産物価格支持政策の効果の定量的評価

4.4.1　生産物価格支持政策の生産物供給量に及ぼす効果

　まず最初に，われわれは，本小節の利潤関数モデルの中に生産物価格支持政策の効果を「直接」的に把握することのできるいかなる変数も導入していないので，われわれの方法は，生産物価格支持政策が及ぼす上記の（i）－（v）で述べた戦後日本農業における種々の経済指標への効果を評価するための「間接的」手法であるとみなさなければならない。しかしながら，われわれは，上記の（i）－（v）の経済指標への作物と畜産物の価格変化の効果を定量的に評価することによって，農水省によって導入された生産物価格支持政策の戦後日本農業における種々の経済指標への効果を，少なくとも，「間接的」に評価できるものと信じている。

　さて，われわれはまず，作物生産に対する価格支持政策が及ぼす効果を，作物と畜産物の名目価格の変化がこれらの生産物の供給に及ぼす効果を定量的に分析し精査することによって評価したい。言うまでもなく，戦後日本農業において最も重要な価格支持政策は，第10章の表10−1においてはっきりと観察されるように，米価支持政策であった。しかしながら，米の他にも多くの作物が何らかの形で政府による価格支持を受けてきたことはすでに述べた。かくして，作物と畜産物の名目価格の変化のこれら2つの範疇の生産物の供給に及ぼした効果を定量的に分析することは，日本農業の20世紀後半の40年間における価格支持政策が作物と畜産物の供給にいかなる効果を与えたのかという点に関して重要な情報をわれわれに提供してくれるであろう。

　図11−7から図11−10は，作物と畜産物の名目価格の変化が作物と畜産物の供給量に及ぼした効果を示している。前にも述べたように，実のところ，これらの図は，作物と畜産物の名目価格に関するこれらの自己価格および交叉価格弾力性を示している。以下の図から得られるいくつかの興味深いファインディングズについて解説をしてみたい。

　第1に，図11−7において作物名目価格の変化に対応する作物の自己価格供給弾力性を評価することにしよう。図11−7によると，階層が小さいほど，自己価格供給弾力性は大きくなる傾向がはっきりと観てとれる。特に，全研

図11-7　作物名目価格の変化が作物供給量に及ぼす効果：全階層農家（都府県），
1965-97年

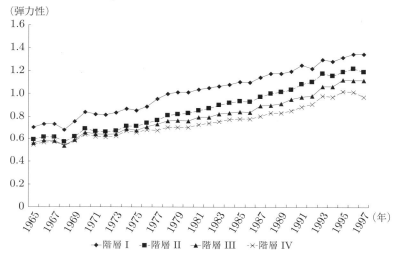

究期間1965-97年にわたって，最大の作物の自己価格供給弾力性を持ってい
た。さらに，全研究期間1965-97年にわたって，全4階層農家の自己価格供
給弾性値は一貫して増加傾向を持っていた。しかし，例外的に，最大階層農
家IVは，1995-97年において，その自己価格供給弾性値の減少傾向を示し
た。図11-7において見られるように，自己価格供給弾性値はかなり高かっ
た。特に，最小階層農家Iにおいては，この弾力性はおよそ0.7（1965年）か
ら およそ1.35（1997年）にまで増大した。これらのファインディングズは，
価格支持政策，それも特に，米価支持政策は，全研究期間19€5-97年にわ
たって，相対的に小規模農家に対して相対的に大規模農家に対してよりも，
作物，なかんずく，米作を維持していこうとするより強い誘因を提供すると
いうきわめて重要な役割を果たした，ということを示唆している。

　第2に，畜産物の自己価格供給弾力性についてはどうだろうか。推計さ
れた自己価格供給弾力性は図11-8に示されている。この図によると，全4
階層農家の自己価格供給弾力性はほぼ類似の値と動きを示していた（およ
そ0.6-0.7）。1970年を例外年として除くと，1965-89年の期間にもほぼ同じ

図 11-8　畜産物名目価格の変化が畜産物供給量に及ぼす効果：全階層農家（都府県），1965-97 年

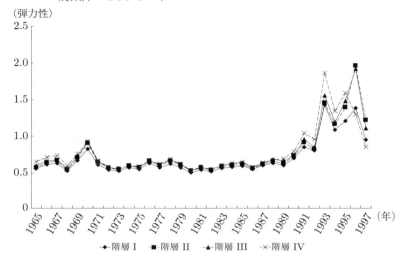

値（およそ 0.8-0.9）を示している。1990 年以降には，自己価格供給弾力性は急激に伸び，1994 年に一度急激に落ち込みはするが，1.8-1.9 にまで伸びた。しかしながら，作物の自己価格供給弾力性の場合とは異なり，異なる階層農家間で自己価格供給弾力性の一貫性を持った差異を見つけることができなかった。

　第 3 に，図 11-9 を観ると，作物名目価格の変化の畜産物供給への効果は，絶対値で見ると弾力性の大きさはそれほど大きくないけれども，すべての階層農家で負であった。しかし，階層農家が大きくなるほど，絶対値で見ての効果は大きいという結果が得られた。このことは，畜産物供給営農活動において，作物価格支持政策は，相対的に大規模な農家に対し相対的に小規模な農家に対してよりも強い負の効果を与えたことを示唆している。これは，相対的に小規模な農家はより作物生産に特化する度合いを強め，相対的に大規模な農家は，全研究期間 1965-97 年において，きわめて急激に畜産物供給量を減少させていったという現実の動向を反映していると言うことができる。作物価格，特に，米価支持政策は，米の供給量増大には大きく貢献した

図11-9　作物名目価格の変化が畜産物供給量に及ぼす効果：全階層農家（都府県），1965-97年

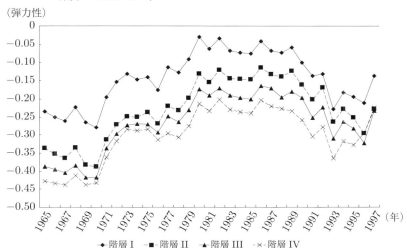

（弾力性）

-◆- 階層 I 　-■- 階層 II 　-▲- 階層 III 　-×- 階層 IV

　が，一方で大規模な階層農家の畜産物供給量を比較的大幅に減少させるという強い効果を持ったと言える。換言すれば，米価支持政策は，大規模畜産農家の育成を妨げる効果を持っていた，ということである。

　第4に，作物名目価格変化の場合とは逆に，図11-10で観られるように，畜産物名目価格の変化は作物の供給量にきわめて強い負の効果を及ぼした。その供給弾性値を絶対値で見ると，1970年（およそ2.5-2.8）を除けば，1965-89年においてはおよそ1.5-2.0の値であった。1990年以降においては，図11-10から明らかなように，畜産物名目価格変化の効果ははるかに強力なものになった。その供給弾性値は，1996年には，絶対値で5.0にまで上昇した。しかしながら，われわれは，全研究期間1965-97年において，畜産物名目価格変化の効果の大きさに関しても経時的な動向に関しても，異なる階層農家間でこれといって明確な傾向を観察することができなかった。

　要約すると，1965-97年に採用された作物（特に，米）価格支持政策は相対的に大規模階層農家に対してよりも相対的に小規模階層農家に対して，穀物，特に，米の供給量を増大させようとする誘因としてもあるいは米の生産

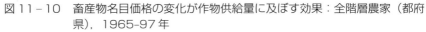

図 11-10　畜産物名目価格の変化が作物供給量に及ぼす効果：全階層農家（都府県），1965-97 年

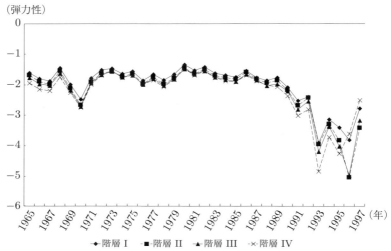

に執着しようとする誘因としても，より強力な有利性および動機を与えてきた，と言っても過言ではない。われわれは，このファインディングから，作物，特に，米価支持政策は，小規模農家の農地を大規模農家に移転させようという誘因を抑える方向に働き続けてきた，と推測することができる。

4.4.2　生産物価格支持政策の可変投入要素需要量に及ぼす効果
4.4.2.1　作物価格支持政策の可変投入要素需要量に及ぼす効果　まず最初に，作物価格変化が可変投入要素，つまり，機械投入要素，中間投入要素，およびその他投入要素に対する需要量，に及ぼす効果を評価することにしよう。実のところ，弾力性の形で示されているこれらの効果は，作物価格に関するこれら可変投入要素の需要弾力性とまさに同値のものである。われわれは，全研究期間 1965–97 年に対して，全 4 階層農家の全サンプルについて，その効果を推計した。作物価格変化の機械投入要素，中間投入要素，およびその他投入要素需要量への効果は，それぞれ図 11–11，11–12，および 11–13 に示されている。これらの図からいくつかの興味深いファインディング

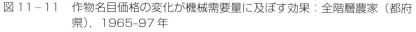

図11-11　作物名目価格の変化が機械需要量に及ぼす効果：全階層農家（都府県），1965-97年

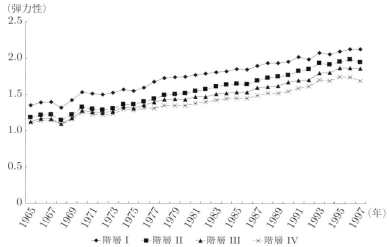

ズについて評価してみたい。

　第1に，図11-11によると，作物価格変化の機械需要量に及ぼす効果は正であり，全研究期間1965-97年に対して全4階層農家について増大傾向を持ったことが観てとれる。推計された弾力性は全4階層農家において1より大きく，1965年のおよそ1.1（階層農家III）から1997年のおよそ2.2（階層農家I）に上昇した。このことは，全4階層農家は機械需要量において作物価格の変化にかなり敏感に反応したということを示している。このことは，さらに言うと，作物（特に，米）価格支持政策は，全研究期間1965-97年に対して全4階層農家において，機械化の加速化に貢献したことを示唆している。

　第2に，図11-12によると，作物価格変化の中間投入要素需要量に及ぼす効果は，全研究期間1965-97年に対して階層農家IとIIについては正であった。一方，階層農家IIIとIVについては，数年について弾性値が負の期間が存在した。階層農家IIIに関しては1968-69年であり，階層農家IVに関しては1965-71年であった。これらの期間以外は，その弾性値はすべて正であり

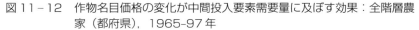

図 11 - 12　作物名目価格の変化が中間投入要素需要量に及ぼす効果：全階層農家（都府県），1965-97 年

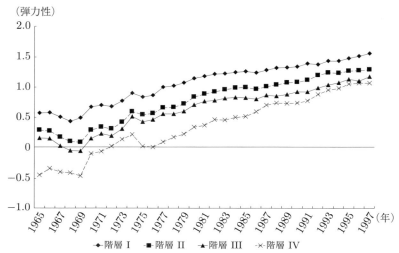

経時的に一貫して上昇した。ところで，階層農家 I，II，および III の弾力性の値はかなり高いものであった。その値は，1965 年における 0.2（階層農家 III）から 1997 年におけるおよそ 1.5（階層農家 I）にわたった。他方，階層農家 IV は，1980 年代末からその他の 3 階層農家の弾力性の値に追いつき始めた。ここでのファインディングは，全 4 階層農家における農家は作物（特に，米）価格支持政策は，農家に対して，より進歩した BC-技術革新の導入を強く推し進めることに寄与し，農家による肥料，農薬，飼料などの中間投入要素の導入を促進したことを示唆している。

　第 3 に，図 11 - 13 によると，前 2 図の場合と同様に，作物名目価格の変化はその他投入要素需要量に対して，1970-97 年は，全 4 階層農家について正であった。特に，階層農家 I に対しては，その効果は全研究期間 1965-97 年において正であり，1965 年におけるおよそ 0.3 から 1997 年におけるおよそ 1.6（階層農家 I）にわたった。ここで，再び，その他投入要素が，農用建物および構築物，大植物，および大動物への支出によって構成されていることを思い出そう。このことは，作物価格の上昇によるその他投入要素需要量の

図 11-13　作物名目価格の変化がその他投入要素需要量に及ぼす効果：全階層
　　　　　農家（都府県），1965-97 年

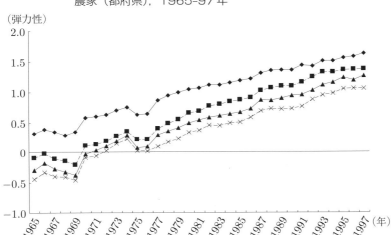

増加は，1961 年に制定された『農業基本法』に基づくいわゆる「農産物の選
択的拡大」，つまり，畜産物，果実，および野菜生産の増大，の促進に貢献し
たことを意味している。
　最後に，本章での最も重要なポイントであるが，われわれは，図 11-11，
11-12，および 11-13 において，3 個の可変投入要素，つまり，機械投入要
素，中間投入要素，およびその他投入要素，に対して，階層農家が小さいほ
ど，作物価格の上昇の効果は大きくなるという推計結果を観察した。実のと
ころ，最小階層農家 I は生産物（特に，米）価格支持政策による作物価格の上
昇から最も有利な恩恵を受けていた。このことを敷衍して言うと，特に，米
を中核とする価格支持政策は，小規模農家がより多くの農産物（特に，米）
を生産するためにより多くの可変投入要素の導入を強く推進したことを意味
している。これは，さらに言えば，小規模農家から大規模農家への土地移動
を抑制するという効果において重要な役割を果たした，ということである。

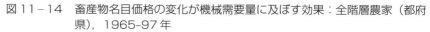

図 11-14　畜産物名目価格の変化が機械需要量に及ぼす効果：全階層農家（都府県），1965-97 年

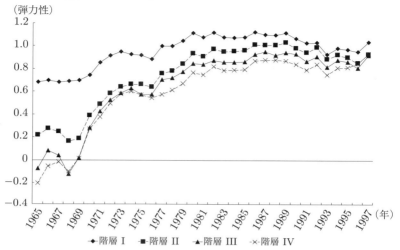

4.4.2.2　畜産物価格支持政策の可変投入要素需要量に及ぼす効果　畜産物価格変化の可変投入要素需要量に及ぼす効果は，それぞれ図 11-14, 11-15，および 11-16 に示されている。

　なお，これらの効果については詳細な説明を行なわないが，作物価格変化の場合と畜産物価格変化の場合とに共通する重要なファインディングは，全研究期間 1965-97 年を通して，階層農家が小さくなるほど，畜産物価格変化の機械投入要素，中間投入要素，およびその他投入要素需要量への効果は大きくなる，ということである。ここで，付け加えると，畜産物価格変化の効果の程度は，作物価格変化による効果の程度より平均して少し小さい。

　ここでもまた，このファインディングは，畜産物価格支持政策は大規模農家よりも小規模農家に対して，作物であれあるいは畜産物であれ，より多くの生産物を生産するためにより多くの可変投入要素の使用を促進したことを意味しており，そのことは，言い方を変えれば，小規模農家から大規模農家への土地移動を制限したことを意味している。

図11-15　畜産物名目価格の変化が中間投入要素需要量に及ぼす効果：全階層
農家（都府県），1965-97年

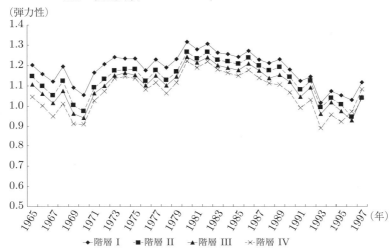

図11-16　畜産物名目価格の変化がその他投入要素需要量に及ぼす効果：全階
層農家（都府県），1965-97年

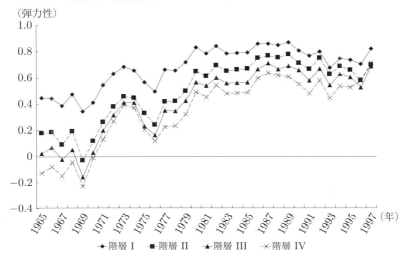

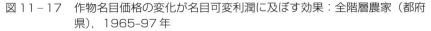

図 11-17　作物名目価格の変化が名目可変利潤に及ぼす効果：全階層農家（都府県），1965-97 年

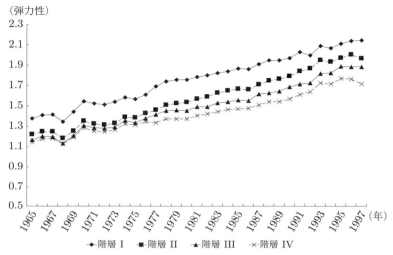

4.4.3　生産物価格支持政策の名目可変利潤（VP'）に及ぼす効果

　作物と畜産物名目価格変化の名目可変利潤（VP'）への効果は，全研究期間 1965–97 年に対して全 4 階層農家の全サンプルについて，（11.34）式を用いて弾力性の形で推計した。それらの推計結果は，それぞれ，図 11-17 および 11-18 に示されている。実際のところ，これらの効果は作物と畜産物の名目可変利潤最大化生産物収益—最大化名目可変利潤（VP'）比率と同値である。これら 2 つの図から得られるいくつかの興味あるファインディングズに注目してみたい。

　第 1 に，図 11-17 によると，弾力性で測られた作物名目価格変化の名目可変利潤最大化効果は全 4 階層農家においてかなり高く，1965 年のおよそ 1.2（階層 III および IV）から 1997 年のおよそ 2.15（階層農家 I）にわたっている。さらに，この効果は，全研究期間 1965–97 年に対して全 4 階層農家において上昇傾向を持っており，作物生産に対する価格支持政策は全 4 階層農家の名目可変利潤最大化行動に対し重大な役割を果たしたことを示唆している。

　第 2 に，全研究期間 1965–97 年において，階層農家が小さいほど，作物（特

図 11−18　畜産物名目価格の変化が名目可変利潤に及ぼす効果：全階層農家（都府県），1965-97 年

に，米）名目価格上昇の名目可変利潤（VP'）への効果は大きく，特に，最小階層農家 I は，作物名目価格上昇による名目可変利潤最大化行動において最も有利な地位を享受した。このことは，言い換えれば，小規模農家から大規模農家への土地移動を制約する方向に働いたことを意味している。

　第 3 に，畜産物名目価格変化の名目可変利潤最大化効果はいかなるものであったのだろうか。その効果は，弾力性の形で図 11−18 に示されている。この図から，畜産物名目価格変化の名目可変利潤最大化効果は，図 11−17 に示されている作物名目価格変化の名目可変利潤最大化効果に比べて大幅に小さいことが観てとれる。さらに，図 11−18 において観察される畜産物名目価格変化の効果は，全研究期間 1965–97 年の間にきわめて激しく上下に変動していたことも観察できる。しかしながら，この効果は，少なくとも 1980–96 年については，全 4 階層農家において減少傾向を示していると言えそうである。そしてこの期間は，表 11−1 で観察されたように，畜産物価格支持政策予算の減少が起こった期間とほぼ対応していることを確認しておきたい。ただし，1997 年におけるこの効果の上昇後は一体どのような傾向を

たどったのかという疑問については，われわれは，この時点では，データ不足のため答えることができない。

　第4に，図 11-18 から得られるより重要なファインディングは，その名目可変利潤最大化効果は小さいけれども，階層農家 I は，1965-95 年における畜産物名目価格の上昇に関して，全4階層農家の中で最も強力な名目可変利潤最大化効果を享受したということである。例外としては，この研究期間 1965-97 年の最後の2年，1996 年と 1997 年に対してのみ，最大階層農家 IV における効果が最小階層農家 I における効果を上回ったにすぎない。ここでもまた，われわれは，1980 年以降畜産物価格支持政策の名目可変利潤最大化効果は弱くはなったが，最小階層農家 I は，本章の研究期間 1965-97 年の最後の2年，1996 年と 1997 年を除けば，畜産物価格支持政策の名目可変利潤最大化効果に関しては最も有利な便益を享受した，と言うことができる。このファインディングは，畜産物価格支持政策もまた小規模農家から大規模農家への土地移動を制限する役割を果たしたということを示唆している。

4.4.4　生産物価格支持政策の規模の経済性（RTS）に及ぼす効果

　（11.35）式を用いて，作物と畜産物名目価格変化の RTS への効果を推計した。それらの結果は，それぞれ，図 11-19 および図 11-20 に示されている。これらの図において，少なくとも，いくつかのファインディングズが注目に値する。

　まず第1に，作物および畜産物名目価格の変化の場合ともに，弾力性で測られた効果は負であった。このことは以下のように解釈できるだろう。例えば，作物名目価格の上昇は農家に対してより多くの作物を作ろうという刺激を与えるだろう。しかしながら，このことは作物生産における RTS の程度の低下を招くことになるだろう。その効果の程度は，作物名目価格変化における効果の場合に比べて大幅に小さかったが，畜産物名目価格の変化の場合にも，ほとんど類似の現象が図 11-20 において観られる。

　さらに，作物価格および畜産物名目価格変化の RTS への効果は，機械化が小型機械から中・大型機械に切り替わっていく 1965-69 年を例外期間とすれば，全研究期間 1965-97 年の全4階層農家において，絶対値で言えば，一

図 11-19　作物名目価格の変化が規模の経済性に及ぼす効果：全階層農家（都府県），1965-97 年

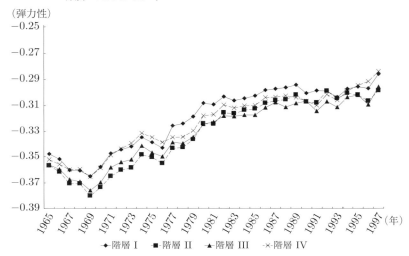

図 11-20　畜産物名目価格の変化が規模の経済性に及ぼす効果：全階層農家（都府県），1965-97 年

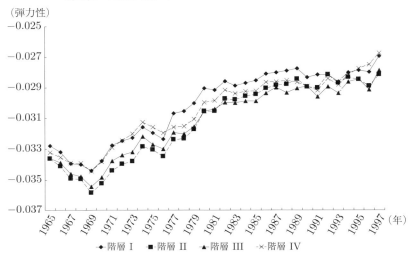

貫して低下していった。これに加えて，われわれは，図11-19および11-
20において，階層農家が小さいほど，作物名目価格および畜産物名目価格
変化の RTS への効果は，絶対値で見て大きくなった，ということを観察で
きる。換言すれば，最小階層農家Iは，全研究期間1965-97年を通じて，作
物にしろ畜産物にしろいずれかの名目価格が上昇すれば，RTS を減退させ
る効果は，絶対値で見て，最も大きかった，ということである。このことを
敷衍して言うと，最小階層農家Iが図11-13において観察された最も大き
い規模の経済性を享受した状態から，全研究期間1965-97年の間に，収穫逓
増という果実の享受の程度が低下し続けたということを意味している。つま
り，相対的に小規模農家の享受できる収穫逓増の程度と相対的に大規模農家
が享受できる収穫逓増の程度との差が縮小したのである。ここから，生産物
価格支持政策は小規模農家から大規模農家への土地移転を妨げる効果を弱め
た，と言うことができるだろう。このことは，図11-19においても図11-
20においても，最小規模階層農家Iにおける作物名目価格および畜産物名目
価格変化の RTS への効果とこれらに対応する最大規模階層農家IVの作物名
目価格および畜産物名目価格変化の RTS への効果の，特に，1992年以降の
経時的動向を観察すれば明白であろう。つまり，生産物価格支持政策は，小
規模農家から大規模農家への農地移転を促進する効果を持った，ということ
なのである。

　しかしながら，ここで読者に銘記しておいていただきたいことは，この場
合の小規模農家から大規模農家への土地移動促進効果は，生産物価格支持政
策が，（i）生産物供給量増大，（ii）可変投入要素需要量増大，（iii）名目可変
利潤（VP'）の増大，そしてこのあとすぐに見ることになる，（iv）土地の
シャドウ名目価格の上昇を通じてもたらされる土地移動抑制効果に比べて，
微々たるものでしかなかった，ということである。

4.4.5　生産物価格支持政策の土地のシャドウ名目価格（$w_B^{S'}$）に及ぼす効果

　（11.36）式を用いて，作物と畜産物名目価格変化の $w_B^{S'}$ への効果を推計
した。それらの結果は，それぞれ，図11-21および11-22に示されている。

図11-21　作物名目価格の変化が土地のシャドウ名目価格に及ぼす効果：全階
　　　　　層農家（都府県），1965-97年

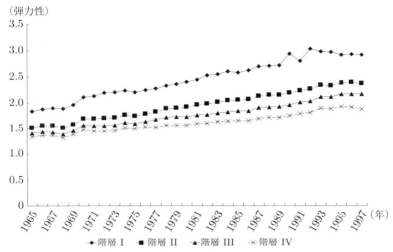

（弾力性）

凡例：—◆— 階層 I　—■— 階層 II　—▲— 階層 III　—×— 階層 IV

これらの図において，いくつかの興味深いファインディングズに注目することにしよう。

　第1に，図11-21によると，作物名目価格変動は，全研究期間1965-97年に対して全4階層農家の $w_B^{S'}$ を増大させるかなり強い効果を持った，ということが観てとれる。さらに，この効果は全研究期間に対して全4階層農家において，明らかに上昇傾向を持った，ということも観てとれる。弾力性の大きさは1963年におけるおよそ1.3（階層農家IV）から1992年のおよそ3.0（階層農家I）にわたっていた。このことは，例えば，作物名目価格の1％の上昇は，1992年において階層農家Iの $w_B^{S'}$ 水準をほとんど3.0％増大させた，ということを意味する。このファインディングに加えて，われわれは，図11-21において，階層農家が小さいほど，作物名目価格変化の $w_B^{S'}$ への効果は大きくなる，という傾向をきわめてはっきりと観察できる。このファインディングは，再び，作物価格支持政策は，小規模農家の $w_B^{S'}$ を大規模農家の $w_B^{S'}$ よりも相対的に高めることによって，小規模農家から大規模農家への土地移動を制限するという効果をもたらした，ということを示唆している。

　第2に，畜産物名目価格変化の $w_B^{S'}$ への効果はどのようなものだったので

図 11 - 22　畜産物名目価格の変化が土地のシャドウ名目価格に及ぼす効果：全
　　　　　階層農家（都府県），1965-97 年

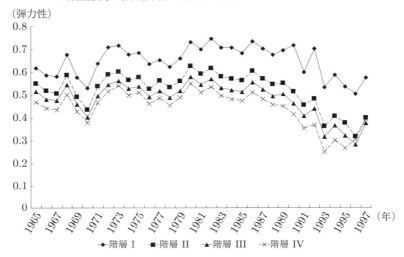

あろうか。その結果は，図 11 - 22 に示されている通りである。この図から明
らかなように，畜産物名目価格変化の $w_B^{S'}$ への効果は，全研究期間 1965-97
年に対して全 4 階層農家について，作物名目価格変化に関する $w_B^{S'}$ への効果
より，全体的に言ってかなり弱く，その効果は，0.33-0.72 の範囲内であった。
これは，作物名目価格変化に関する $w_B^{S'}$ への効果が，およそ 1.3-3.0 の範囲
にわたったことに比べて相当に小さい。さらに，畜産物価格変化の $w_B^{S'}$ へ
の効果は，1965-86 年においては，多少の上下変動は見られたものの，全 4
階層農家ともかなり安定した水準にあったが，その後の 1986-97 年には，こ
の効果は全 4 階層農家において減少傾向をたどった。ここで，より重要なポ
イントであるが，われわれは，図 11 - 22 において，農家の階層規模が小さ
いほど，畜産物価格変化の $w_B^{S'}$ への効果は大きい，ということを観察でき
る。これは，畜産物価格支持政策は小規模農家の「地代負担力」を大規模農
家の「地代負担力」よりも大きく高めるということを意味している。言うま
でもなく，これは，小規模農家から大規模農家への土地移動を制約する効果
を持ったということを示唆している。

5 要約と結論

　本章では，1965–97 年に対して，労働と土地を準固定的投入要素とする通常型多財トランスログ VP 関数を推計した。次に，推計されたパラメータを用いて，それぞれ，「マーシャル」型の生産物供給および可変投入要素需要弾力性，RTS，および $w_B^{S'}$ を推計した。ここでは，紙幅節約のために，それらの結果を要約することはしない。要約的な記述は，それぞれを扱った節でなされているのでそれらを参照していただきたい。

　その代わりに，われわれは $w_B^{S'}$ の推計値に関わる 1 つの重要なファインディングについて触れておきたい。われわれは，全研究期間 1965–97 年に対して，小規模農家は彼等の土地を大規模農家へ移転させる準備は整っていなかった，ということを発見した。このファインディングの裏では，われわれは「農家」（正確に言うと，「企業－家計複合体」（丸山，1984））を「農企業」（Jorgenson and Lau, 2000）ではなくて「農家家計」として取り扱うべきであることを強調した。労働と土地の「費用」は基本的（ないし，ミクロ経済学理論的）には「農企業」の費用の一部として計上されてきた。しかしながら，これらの農家自己所有の労働と土地に帰属する「費用」は，「農家家計」という視点から見ると家計所得の一部として計上されるべきものである，という側面を持っている。かくして，小規模農家から大規模農家への土地移転の可能性を検討するためには，小規模農家のこの狭義の意味で定義された「農業所得」が大規模農家の $w_B^{S'}$（または，「名目地代負担力」）と比較されるべきではないか，と筆者は主張したい。この基準が本章の場合に適用されたとき，小規模農家の「農業所得」は，2, 3 年の例外的な年はあったが，ほとんど全研究期間 1965–97 年において，大規模農家の $w_B^{S'}$ を凌駕した。このことは，全研究期間 1965–97 年においては，きわめて少数の小規模農家しか彼等の土地を大規模農家に移転する用意が整っていなかったことを示唆している。

　われわれは，米によって代表される作物の価格支持政策だけでなく畜産物の価格支持政策双方の，(i) 作物と畜産物の供給量，(ii) 肥料，農薬，飼料，およびその他諸材料等の中間投入要素の需要量，(iii) 名目可変利潤（VP'），(iv) RTS，および (v) $w_B^{S'}$，への効果を定量的に精査し評価した。そこでわ

れわれは，これらすべての定量的分析において，生産物価格支持政策は小規模農家に対して最も有利な結果をもたらした，ということを見いだした。さらに言うと，これらの政策は，日本農業の 20 世紀最後の 30 ないし 40 年間において，小規模農家から大規模農家への土地移転に対して重要な制約要因として働いた。この主張は，すぐ上の段落で議論したファインディングとまったく合致している。

　われわれは，これらのファインディングズから，現行の小規模−非効率−低生産性農業から大規模−高効率−高生産性農業を目指して大幅な構造的変革を成し遂げるためには，政府は，大規模農家あるいは大規模農業法人に対してより強力な生産意欲をかき立てるような形に農産物価格支持政策の大幅修正を図るべきであろう。あるいは，政策担当者は現存の価格支持政策の全面的な見直しを行ない，生産物によっては価格支持の廃止も辞さないというような厳しい態度で臨み，大規模−効率的農業を志す近代的経営知識および経営的手法を身につけ企業的農業を目指す農業経営者をより多く育成するような，新しい形の価格政策を模索し緊急に実践に移すことが肝要であろう。

　ここで，以下の 2 つの但し書きをしておきたい。

　まず第 1 に，以下の章においては，投入要素補助金政策，減反政策，および R&E 政策のような価格支持政策以外の農業政策の効果について詳細な定量的分析が遂行される。

　第 2 に，このような研究の過程においては，正直なところ，米作のみに焦点を合わせた方がよいのかもしれない。なぜなら，価格支持政策や減反政策は基本的には一貫して米作に焦点を合わせた政策であったからである。そこで，筆者は，別途，米作に焦点を合わせた本書と類似の著書を書き上げるべく準備中であり，近い将来に，いずれかの出版社から刊行されるべく鋭意努力したい[27]。

---

27)　筆者はすでに 2015 年に，慶應義塾大学出版会から『米作農業の政策効果分析』を刊行した。さらに，翌 2016 年に Palgrave-Macmillan から *Rice Production Structure and Policy Effects in Japan: Quantitative Investigations* というタイトルで英語翻訳版が刊行された。

付録 A.11　変数の定義

　ここでは，可変利潤，可変投入要素費用－可変利潤比率，および生産物収益－可変利潤比率がいかにして定義されたのかということを説明することで十分であろう。その他の変数のデータ資料や定義はすでに第 1 章の付録 A.1 において十分な説明がなされている。

　名目可変利潤（VP'）は，名目総収益（$R' = \sum_i P_i' Q_i, \ i = G, A$）から 3 範疇の可変投入要素への名目支出合計（$VC' = \sum_k w_k' X_k, \ k = M, I, O$）を差し引いた差額として定義される。つまり，$VP' = R' - VC'$ である。作物と畜産物の生産物収益－可変利潤比率（R_G および R_A）は，それぞれの範疇の生産物名目収益（$P_G' Q_G$ および $P_A' Q_A$）を名目可変利潤（VP'）で除して得た。可変投入要素費用－可変利潤比率（$R_k, \ k = M, I, O$）は，それぞれの範疇の名目可変投入要素支出（$w_k' X_k, \ k = M, I, O$）を名目可変利潤（VP'）で除すことによって求めた。準可変投入要素としての労働費用－可変利潤比率は $R_{Z_L} = w_L' Z_L / VP'$ として求めた。ここで，w_L' は臨時雇い名目労働賃金率であり，Z_L は男子労働換算総労働投入量である。

　公的農業技術知識資本ストック（Z_R）の定義に関しては，われわれは伊藤（1994）の展開した手法に大いに依存している。

　公的農業技術知識資本ストック（Z_R）は永続的在庫法によって推計した。この計算に用いられたデータは公的農業研究および普及への支出である。データ資料は，『農林水産関係試験研究要覧』（略して，『試験研究要覧』と呼ぶ）から得た。推計方法は，筆者によるいくらかの修正はあるものの，基本的には伊藤（1992）の方法と同じである。

　公的農業技術知識資本ストック（Z_R）は，年々の研究活動への投資と適切なウェイトによって決定されると仮定する。このウェイトはラグ構造と技術知識の陳腐化の測度（少し言い換えて，陳腐化率）によって決定される。

　農林水産省によって毎年刊行される『農林水産試験研究年報』は，種々の国立研究機関による，日本における農業，林業，および水産業に関する研究についての報告である。それは，各研究課題の研究開始年，研究終了年，およびその研究にかかった年数（つまり，研究期間）についての報告である。

伊藤 (1992) はこの研究期間を個々の研究課題の開発期間とみなし, 1967, 1977, および 1987 年に対して, それぞれ個々の研究開発ラグを持った研究課題数を集めた。次に, 彼は, 上記の 3 年に対して, それぞれの研究課題数をウェイトとして, 加重平均研究年を求めた。それによると, これらの 3 年に対してはおよそ 6 年を得た。公的農業技術知識資本ストックの陳腐化率に関しては, 後藤・本城・鈴木・滝野沢 (1986) に従って, 年率 10% と仮定した。

さて, 公的農業技術知識資本ストック (Z_R) は以下のように推計した。R_t は t 年末の公的農業技術知識資本ストックであるとしよう。すると, 以下の (A.1) 式を得ることができる。

$$R_t = G_{t-6} + (1 - \delta_R)R_{t-1}, \qquad (A.1)$$

ここで, δ_R は公的農業技術知識資本ストックの陳腐化率であり, G_t は, 6 年のラグを持って公的農業技術知識資本ストックに加算される t 年における研究支出 (投資) である。ここで, この公的農業技術知識資本ストックの変化率は g であると仮定しよう。そうすると, (A.1) 式は以下のように書き換えることができる。

$$R_t = G_{t-6} + (1 - \delta_R)R_{t-1} = (1 + g)R_{t-1}.$$

かくして, 基準年 (本章では 1957 年) では公的農業技術知識資本ストックは以下の (A.2) 式で与えられる。

$$R_s = G_{s-5}/(\delta_R + g). \qquad (A.2)$$

しかしながら, g の値は公的農業技術知識資本ストックを求める前には得ることができないことに注意しなければならない。そこで, われわれは, まだ公的農業技術知識資本ストックが小さい期間である 1955–59 年における研究投資が年率 10% で成長すると近似した。(A.1) および (A.2) 式を用いて, われわれは 1957–97 年の公的農業技術知識資本ストックを推計した。

次に, 伊藤 (1992) は, 普及活動投資にはラグ構造をまったく用いなかった。つまり, 彼は普及活動支出の年々の支出フローを年々の公的農業技術知識資本ストックに加算するという方法をとったのである。

しかしながら, 農業生産において新しい技術が採用され定着するにはしばしば数年はかかることを考えると, 普及活動投資の場合にも一定のラグ構造

を仮定する方がより現実的であるように思われる。本章においては，筆者は，多くの普及員にインタビューをした経験に基づいて，ある特定の革新技術の普及活動には最大5年はかかると仮定することにした。公的農業技術知識資本ストックを得るために用いられた方法と類似の方法，つまり，基準年法を用いて，普及活動資本ストックに対して5年のラグを仮定して推計した。この場合，1955–59年の普及活動支出（投資）の成長率が10％にかなり近い値だったという事実に基づいて，普及活動資本ストックの成長率を10％であったと仮定した。加えて，普及活動資本ストックの陳腐化率に関するデータ情報はまったく得られないので，公的農業技術知識資本ストックの陳腐化率と等しかったと仮定して単純に10％であったと仮定した。

　本章では，R&E活動と普及活動に基づく2種の異なる技術知識が協働して公的農業技術知識資本ストックを生み，それが農業者によって初めて現実の農業生産に具現化されると仮定している。かくして，2種の資本ストックは全研究期間1965–97年の各年に対して，足し合わされた。

　感度分析（Sensitivity analysis）に対しては，本章では，陳腐化率は公的農業技術知識資本ストックに対しても普及活動資本ストックに対しても，5，10，および15％を仮定した。ラグに関しては以下のような仮定，つまり，研究開発に対しては，5，6，7，8，9，10，および11年を仮定し，一方，普及活動に対しては，3，4，および5年を仮定した。かくして，合計すると，$(3 \times 7) \times (3 \times 3) = 189$通りの組み合わせがある。これら189通りのR&E資本ストックの組み合わせが，第2.1節で与えられている方程式体系（11.3），（11.4），（11.5），および（11.6）式の推計に用いられた。

　その結果，陳腐化率は公的農業技術知識資本ストックおよび普及活動資本ストック双方ともに15％，7年の研究開発のラグ，および3年の普及活動のラグの組み合わせが，各推計式の決定係数R^2，推計された係数のP-値，および単調性と曲率条件に関して最もよい結果を提供した。かくして，この組み合わせが本章のZ_Rとして採用された。

第12章

減反政策と土地移動
——可変利潤（VP）関数モデルによるアプローチ

1　序

　本章の主要な目的は，減反政策が，(i) 作物と畜産物の供給量，(ii) 可変投入要素需要量，(iii) 名目可変利潤（VP'），(iv) 規模の経済性（RTS），および (v) 土地のシャドウ名目価格（$w_B^{S'}$）に及ぼす効果を定量的に推計し，その結果を評価することである。これらの経済指標の推計と減反政策のそれら経済指標への効果の推計は，全研究期間 1965–97 年に対して全4階層農家のすべてのサンプルについて遂行されるので，これらの効果が農家の土地面積規模に関して「中立的」であったのか否かを検証することができる。もう少し具体的に言えば，われわれは，全研究期間 1965–97 年において，減反政策からの効果をより強く受けたのは小規模農家だったのかそれとも大規模農家だったのか，一体どちらが不（有）利な効果を受けたのか，というきわめて重要な疑問を投げかけているのである[1]。

　減反政策は，1965 年以来連続して明らかになった余剰米削減を狙って，日本農業史上初めて，1969 年に導入された。それ以来，減反面積は，図 12–1 に示されているように，いくらかの上下変動はあったけれども，一貫して増大傾向をたどってきた。減反政策導入のために米作を放棄した面積は 1970 年代初期には，年間およそ 50 万 ha であったが，それ以降 1980 年代後期か

---

[1]　本章においても，土地の「シャドウ名目価格」，「シャドウ名目価値」，および「名目限界生産性」という用語は同値のものとして使用されることをあらかじめお断りしておきたい。

図12−1　総水田面積，減反面積，および転作面積：全国，1970−2003年

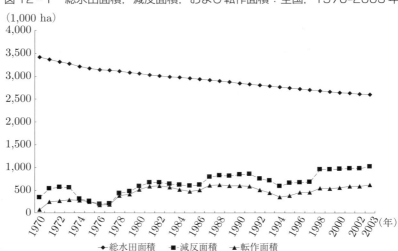

ら1990年代初期にかけては，減反面積はおよそ80万haまで拡大し，1990年代後期から2000年代初期にかけては，減反面積はほとんど100万haにまで達した。このことは，減反政策を強行したことによって減少した水田面積は33年間でほとんど2倍に達したということを意味している。主にこの減反政策の実施によって，水田の総耕地面積は1970年におけるおよそ350万haから2003年におけるおよそ250万haまで減少した。つまり，33年間で100万haの減少である。

　次に，減反水田面積の総水田面積に対する割合（減反率）の変動を図12−2で観てみよう。その割合は1970年代の10年間では20%以下であり，1980−86年には20−21%を維持したが，1987−91年には28−30%まで跳ね上がり，その後1992−97年にはその割合はいくらか低下したが，その後は再び急激に上昇し，1998−2003年には，その割合は37−40%に達するまで上昇したのである。

　図12−1に戻ると，われわれは，減反された水田が，小麦，大豆，野菜，その他の作物の生産に転換されていった面積の変化を観察できる。1974−78年を例外として，減反水田面積と転作面積とのギャップは経時的に拡がる一

図12-2　減反面積/総水田面積（減反率）および転作面積/減反面積（転作率）：
全国，1970-2003年

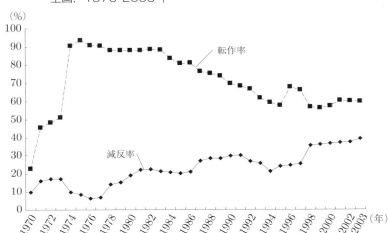

方であった。このファインディングは，図12-2に示されている減反面積に
対する転作面積の割合（転作率）を観ることによってはっきりと確認できる。
この転作率は，1974-83年においてはおよそ90％の高さにあったが，それ以
降，1996-97年の2年間には多少の上昇が観られたものの，1984年から2003
年にかけて一貫して低下した。その割合は，2000年代初期においておよそ
60％の低さにまで至ってしまった。ここから，日本全国において耕作放棄地
の大幅な拡大を引き起こしたことは間違いないと思われる。ここでは，一旦
放棄された水田を放棄時の状態に戻すためには膨大な金額の再投資を必要と
するということを銘記しておくべきであろう。

　したがって，日本農業における最も重要な生産物，すなわち，米に対する
価格支持政策は米作のみでなくその他すべての農産物の生産に対して重要な
影響を及ぼしたに違いない。第11章と同様に，本章においてもわれわれは，
戦後日本農業において減反政策が，(i) 作物と畜産物の供給量，(ii) 可変投
入要素需要量，(iii) 名目可変利潤（VP'）（あるいは，「名目農業所得」），(iv)
規模の経済性（RTS），および (v) 土地のシャドウ名目価格（$w_B^{S'}$）（同値で
はあるが，土地の名目限界生産性または「名目地代負担力」）に及ぼす効果を定

量的に推計し，その結果を評価することに特に焦点を絞ることにしたい。この目的を追求するために，われわれは，第 11 章で用いられたものとまったく同様の通常型多財トランスログ VP 関数モデルの推計パラメータを用いることにする。

　これまでにかなり多くの研究者が日本農業における減反政策の効果を分析してきた。長谷部（1984）は減反政策の土地移動への効果を分析した。草苅（1989）は，減反による「逸失所得」は，小規模農家よりも大規模農家において大きかったことを定量的に把握した。伊藤（1993）は，減反政策の米作所得および賃貸（小作）農地需要への効果を定量的に分析した。近藤（1991, 1992, 1998）は，減反政策の米作所得および地代への効果を実証的に分析した。さらに，Kuroda（2009d）は，通常型多財トランスログ VP 関数モデルを 1957–97 年に対して推計し，その推計パラメータに基づいて，減反政策の規模の経済性（RTS）の程度や技術変化に対する定量的な効果を分析した。Kuroda（2009d）はこのような分析を，経時的でかつ経営規模階層別に行なったという意味で，国内的にも国際的にも数少ない研究の 1 つである。

　本章の残りの部分は以下のように構成されている。第 2 節は，減反政策の上記の 5 個の経済指標への効果を定量的に推計しその結果を評価する。第 3 節は，実証結果を示す。最後に，第 4 節では簡潔な要約と結論を述べる。

2　分析の枠組み

　まず最初に，われわれは，前述した通り，価格支持政策の 5 個の経済指標への効果を定量的に分析した第 11 章で用いられた分析枠組みとまったく同じ通常型多財トランスログ VP 関数モデルの推計パラメータを，本章においても採用することを強調しておきたい。

　そこで本章においてわれわれは，第 11 章の（11.1）式から（11.7）式で構成される通常型多財トランスログ VP 関数モデルの推計パラメータを用いることによって，減反政策が上記の 5 個の経済指標に及ぼした効果を定量的に分析するための公式を直接に導出する。

2.1　土地投入要素（Z_B）の変化が 5 個の経済指標に及ぼす効果

まず最初に，われわれは，本書で用いる VP 関数には「直接的」に減反政策の効果を把握できるいかなる変数も導入することができないので，以下の方法は減反政策が 5 個の経済指標に及ぼす効果を評価するための「間接的」方法であるとみなされることを認めなくてはならない。われわれは，本章においては，土地投入要素（より明確に言うと，第 1 章の付録 A.1 において定義したように，作付け面積）を減反の代理変数として用いることにする。その効果は弾力性の形で推計されるので，土地投入要素（Z_B）の変化が上記の 5 個の経済指標に及ぼした効果の重要性を相対的に捉えることができるため，それらの効果の評価が容易に理解できるという利点を持っている。

さて，第 1 に，Z_B の変化の作物と畜産物供給量に及ぼす効果は，弾力性の形で以下の（12.1）式によって推計される。

$$\frac{\partial \ln Q_i}{\partial \ln Z_B} = \varepsilon_{iB} = \frac{\phi_{iB}}{R_i} + \frac{\partial \ln VP'}{\partial \ln Z_B}, \quad i = G, A. \tag{12.1}$$

これは，Z_B に関する生産物供給弾力性と同値である。

第 2 に，Z_B における変化の可変投入要素需要量への効果は以下の（12.2）式によって弾力性の形で推計される。

$$\eta_{kB} = -\frac{\phi_{kB}}{R_k} + \frac{\partial \ln VP'}{\partial \ln Z_B}, \quad k = M, I, O. \tag{12.2}$$

これは，Z_B に関する可変投入要素の需要弾力性と同値である。

第 3 に，Z_B における変化の名目可変利潤（VP'）への効果は以下の（12.3）式によって弾力性の形で推計される。

$$\frac{\partial \ln VP'}{\partial \ln Z_B} = \beta_B + \sum_i \phi_{iB} \ln P_i' + \sum_k \phi_{kB} \ln w_k' + \sum_h \delta_{hB} \ln Z_h$$
$$+ \mu_{BR} \ln Z_R, \tag{12.3}$$
$$k, n = M, I, O, \quad h = L, B.$$

ここで，$\partial \ln VP'/\partial \ln Z_B$ 項は，Z_B の「シャドウ名目土地費用－名目可変利潤比率」と呼ばれ，それは VP 関数体系の推計パラメータを用いて計算することができる。

第4に，Z_B における変化の $RTS = \sum_l \frac{\partial \ln VP'}{\partial \ln Z_l}$ への効果は以下の（12.4）式によって弾力性の形で推計される。

$$\frac{\partial \ln(RTS)}{\partial \ln Z_B} = \frac{\sum_l \phi_{kl}}{RTS},$$ (12.4)

$$k = M, I, O, \quad l = L, B.$$

最後に，Z_B における変化の土地のシャドウ名目価格（$w_B^{S'}$）への効果は以下の（12.5）式によって弾力性の形で推計される。

$$\frac{\partial \ln w_B^{S'}}{\partial \ln Z_B} = \frac{\partial \ln VP'}{\partial \ln Z_B} - 1 + \frac{\partial \left(\frac{\partial \ln VP'}{\partial \ln Z_B}\right)}{\partial \ln Z_B}\left(\frac{\partial \ln VP'}{\partial \ln Z_B}\right)^{-1}$$

$$= \frac{\partial \ln VP'}{\partial \ln Z_B} - 1 + \delta_{BB}\left(\frac{\partial \ln VP'}{\partial \ln Z_B}\right)^{-1},$$ (12.5)

$$i = G, A.$$

土地投入要素（Z_B）の変化によってもたらされる，(i) 名目可変利潤生産物供給量（Q_i, $i = G, A$），(ii) 名目可変利潤可変投入要素需要量（X_k, $k = M, I, O$），(iii) 名目可変利潤（VP'），(iv) 規模の経済性（RTS），および (v) 土地のシャドウ名目価格（$w_B^{S'}$）への効果は，全研究期間1965–97年に対して全4階層農家の全サンプルについて推計され，それらはグラフの形で示される。こうすることによって，われわれはこれらの効果の異なった階層農家間における差異および経時的動向を視覚によって把握することができる。

3 実証結果

われわれは，第11章の表11–2に示されている通常型多財トランスログ VP 関数の推計パラメータを用いて，土地投入要素の変化の上述の5個の経済指標への効果を推計した。これらの推計結果を以下の小節で評価することにしよう。

図 12 - 3　作付け面積変化が作物供給量に及ぼす効果：全階層農家（都府県），
　　　　　 1965-97 年

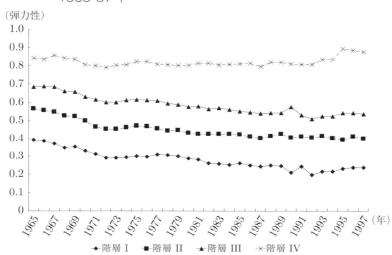

3.1　減反政策の効果

3.1.1　減反政策の生産物供給量に及ぼす効果

　われわれはまず，減反政策が作物生産に及ぼした効果を定量的に検証するため，作付け面積（Z_B）の変化がこれらの生産物供給量に与えた効果を（12.1）式の推計パラメータを用いて推計し，その結果を評価した。図 12 - 3 および 12 - 4 は，それぞれ，作付け面積の変化が作物と畜産物の供給量に及ぼした効果をグラフの形で示したものである。これらの図から観察されるいくつかの興味深いファインディングズについて述べてみたい。

　第 1 に，われわれは土地投入要素（Z_B）変化が作物供給量（Q_G）に及ぼした効果を図 12 - 3 を観察しながら評価することにしよう。この図 12 - 3 によれば，作付け面積が大きいほど，土地投入量変化の作物供給量に及ぼす効果は大きくなるということが，明瞭である。特に，最大階層農家 IV において，土地投入量変化の作物供給量への効果は，全研究期間 1965–97 年に対して最も大きく，その弾性値は一貫して 0.8 より大きかった。このことは，10％の作付け面積の増大は作物の供給量を 8 ％以上増大させることを意味している。

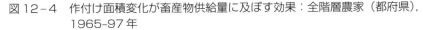

図 12-4　作付け面積変化が畜産物供給量に及ぼす効果：全階層農家（都府県），
　　　　　1965-97 年

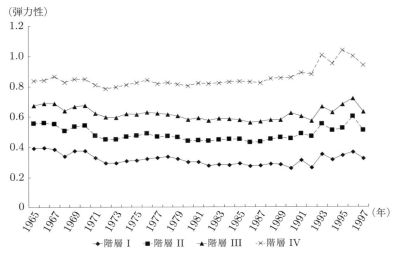

さらに，相対的に小規模な階層農家 I，II，および III においては，この効果
は全研究期間 1965–97 年において，緩やかではあるが，一貫して減少傾向を
示した。これらのファインディングズは，減反政策は全研究期間 1965–97 年
に対して，作物，特に，米の生産量したがって供給量に重大な負の効果をも
たらしたことを示唆している。

　第 2 に，土地投入要素（Z_B）変化が畜産物供給量（Q_A）に及ぼした効果
はいかなるものであったのだろうか。その効果は，弾力性の形で図 12-4 に
示されている。この図によると，1965–97 年において，全 4 階層農家におけ
るこの効果はお互いにきわめてよく似た動きを示している。1965–92 年にお
いては，それらの効果はかなり一貫した動きであるが，1993–95 年にはいく
らかの上昇傾向を示している。

　ここでもまた，階層農家が大きくなるにつれて，土地投入量変化の畜産物
供給量に及ぼす効果は大きくなるということが，きわめて明瞭である。特
に，最大階層農家 IV においては，土地投入量変化の畜産物供給量への効果は，
0.85（1965 年）から 1.05（1995 年）にわたっている。このことは，土地投入

量の 10％の増大は，畜産物供給量を 8.5–10.5％増大させることを示唆している。これはかなり弾力的な反応であると言えよう。言い方を変えれば，減反政策は全 4 階層農家において，畜産物供給量を減少させたのではあるが，中でも大規模農家にとって，その負の効果は最大のものであったと考えられる。

以上をまとめると，弾力性の形で推計された土地投入量増大が作物と畜産物の供給量に及ぼす効果は，全研究期間 1965–97 年に対して全 4 階層農家においてすべて正であった。なかんずく，階層農家が大きければ大きいほど，この効果も大きいということが観察された。このことは，農企業に強制的に作付け面積の減少を強いてきた減反政策は，当然のことながら，作物についても畜産物についても負の効果を及ぼしたことを意味している。特に，減反政策は大規模農家において，作物と畜産物の供給量に対して最も強い負の効果を及ぼした。このことはさらに，減反政策は，大規模－高効率－高生産性農業構造への転換に対して強い負の効果を，換言すれば，強い制約を課すという効果を及ぼした，と言っても過言ではないだろう。

3.1.2　減反政策の可変投入要素需要量への効果

本小節においては，われわれは作付け面積（Z_B）の変化が可変投入要素需要量（X_k, $k = M, I, O$）に及ぼした効果を（12.2）式を用いて推計し，その結果を評価しておきたい。実際のところ，弾力性の形で示されるこの効果は土地に関する可変投入要素の需要弾力性とまったく同値である。われわれは，この弾力性を，全研究期間 1965–97 年に対して全 4 階層農家のすべてのサンプルについて推計した。土地投入量の変化が可変投入要素需要量に及ぼす効果は，それぞれ，図 12–5，12–6，および 12–7 に示されている。これらの図から，いくつかの興味深いファインディングズが浮かび上がってくる。

図 12–5 によると，土地投入量変化の機械需要量への効果は正であり，全研究期間 1965–97 年に対して全 4 階層農家について，一貫して減少傾向を持っていた。実際のところ，（12.2）式において明らかなように，この効果は機械投入量の土地投入量に関する需要弾力性と同値である。

さらに，われわれはこの図において，農家の規模が大きいほど，土地投入量変化の機械需要量への効果は大きい，という現象も観察できる。特に，

図 12-5　作付け面積変化が機械需要量に及ぼす効果：全階層農家（都府県），
　　　　　1965–97 年

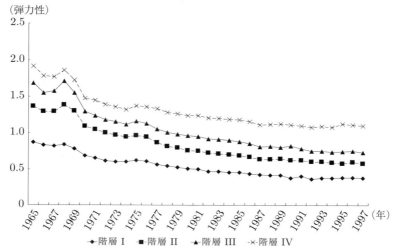

（弾力性）

凡例：◆階層 I　■階層 II　▲階層 III　-×-階層 IV

最大階層農家 IV は全研究期間においてかなり高い弾性値を示していた。その弾性値は 1965 年における 1.9 から 1997 年における 1.1 の範囲にわたった。同様にして，その他の 3 階層農家もかなり高い弾性値を示した。階層農家 III の場合にはおよそ 1.7（1965 年）からおよそ 0.7（1997 年），階層農家 II の場合にはおよそ 1.4（1965 年）からおよそ 0.6（1997 年），そして，階層農家 I の場合にはおよそ 0.9（1965 年）からおよそ 0.4（1997 年）という範囲にわたる弾性値であった。このことは，全 4 階層農家は機械投入要素需要量に関して，土地投入量変化にかなり敏感に反応したということを示唆している。このことをもう少し敷衍して解釈すると，減反政策は M-技術革新（速水，1986）の導入の速度を制約したに違いないと言っても過言ではないであろう。

　第 2 に，図 12-6 は，弾力性で測られた土地投入量変化の中間投入要素需要量への効果は，全研究期間 1965–97 年に対して全 4 階層農家について，すべて正であった。この効果は，中間投入要素需要量の土地投入量に関する需要弾力性と同値である。さらに，相対的に小規模 3 階層農家における弾力性は緩やかな減少傾向を示している。階層農家 I においては，およそ 0.31

図12-6　作付け面積変化が中間投入要素需要量に及ぼす効果：全階層農家（都府県），1965-97年

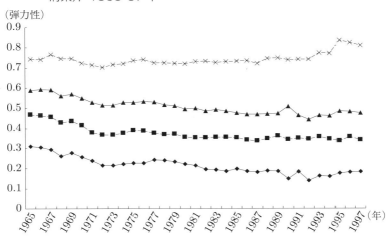

（1965年）からおよそ0.19（1997年）へ，階層農家IIにおいては，およそ0.48（1965年）からおよそ0.35（1997年）へ，そして，階層農家IIIにおいては，およそ0.59（1965年）からおよそ0.48（1997年）へ，と減少した。一方，最大階層農家IVは，これら3階層農家の場合とは反対に，それほど強くはないが，弾力性は0.75（1965年）から0.81（1997年）へと増大傾向を示した。ここでのファインディングは，全4階層農家は，作物か畜産物かあるいはその両方の生産物を増大させるために，肥料，農薬，飼料，およびその他諸材料からなる中間投入要素をより多く使用する際に，土地投入量の増大，つまり，作付け面積の拡大に対して正の反応を示した，ということを意味している。言い換えれば，減反政策は，全4階層農家，特に，大規模農家におけるBC-技術革新（速水，1986）の発展を制約するという役割を果たしたに違いない，と言っても過言ではないであろう。

　第3に，土地投入量変化のその他投入要素需要量への効果を示している図12-7は，中間投入要素需要量の動向を示している図12-6に非常によく似ている。つまり，（1）弾力性で推計されているこの効果は，全研究期間

図12-7　作付け面積変化がその他投入要素需要量に及ぼす効果：全階層農家（都府県），1965-97年

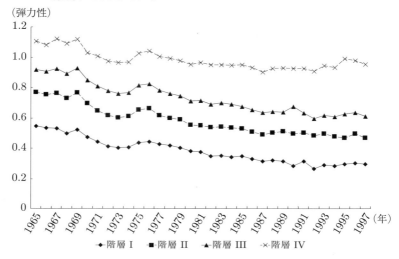

1965-97年に対して全4階層農家においてすべて正である。（2）この土地投入量変化のその他投入要素需要量への効果は，弾力性で測られた土地投入量変化の中間投入要素需要量への効果の場合とは違って，最大階層農家IVも含めた全4階層農家において減少傾向を示している。（3）しかしながら，土地投入量変化のその他投入要素需要量への効果は，土地投入量変化の中間投入要素需要量への効果と比べて，全体として，多少大きい。そして，（4）全研究期間1965-97年を通して，農家の規模が大きくなるほど，この効果も大きい。

　これらのファインディングズは，全4階層農家は，作物か畜産物かあるいはその両生産物を増大させるために，農用建物および構築物，大植物，および大動物からなるその他投入要素をより多く使用する際に，土地投入量の増大に対して正の反応を示した，ということを意味している。これら投入要素需要量の増大は，1961年に制定された『農業基本法』に基づく重要な政策としての，特に，畜産，果実，および野菜といった農産物のいわゆる「生産物の選択的拡大」政策と密接な関係を持っていた。この意味で，これらのファ

インディングズは，言い換えれば，減反政策は，全 4 階層農家，なかんずく，最大階層農家 IV に対して，「生産物の選択的拡大」政策の展開を制限したに違いない，と言えるだろう。

　要約すると，全研究期間 1965–97 年に対して全 4 階層農家において，機械投入要素，中間投入要素，およびその他投入要素からなる可変投入要素需要量に関する土地投入量の増大の効果は，すべて正であった。なかんずく，階層農家が大きいほど，可変投入要素の全 3 投入要素に対する土地投入量の増大の効果は大きかった。このことは，逆の言い方をすると，土地投入量の一律の強制的縮小を意味する減反政策は，農業生産において，M-技術革新，BC-技術革新，および生産物の選択的拡大のより急速な発展を阻害してきたことを意味する。特に，減反政策は大規模農家に対して最も厳しい負の効果を及ぼしたことははっきりと銘記すべきである。なぜなら，このことは，より大規模─高効率─高生産性農業を期待し得る大規模農家に対して最も強烈な負の効果をもたらしたからである。

3.1.3　減反政策の名目可変利潤（VP'）に及ぼす効果

　(12.3) 式を用いて，全研究期間 1965–97 年に対して全 4 階層農家のすべてのサンプルについて，弾力性で測られた土地投入量（Z_B）変化の名目可変利潤（VP'）への効果を推計し，その結果を図 12–8 に示した。(12.3) 式から明らかなように，$\partial \ln VP'/\partial \ln Z_B = (\partial VP'/\partial Z_B) \times (Z_B/VP')$ である。これは，上述したごとく，「シャドウ名目土地費用─名目可変利潤比率」と呼ぶことにする。図 12–8 よりいくつかの興味深いファインディングズが得られる。

　第 1 に，弾力性で測られた土地投入量変化の名目可変利潤（VP'）への効果は，全研究期間 1965–97 年に対して全 4 階層農家のすべてのサンプルについて正であった。しかしながら，もう少し具体的に言うと，この効果は，相対的に小規模階層農家については減少傾向を示した。階層農家 III においては，およそ 0.58（1965 年）からおよそ 0.48（1997 年）へ，階層農家 II においては，およそ 0.45（1965 年）からおよそ 0.33（1997 年）へ，階層農家 I においては，およそ 0.29（1965 年）からおよそ 0.18（1997 年）へ。逆に，最大

図12-8　作付け面積変化が名目可変利潤に及ぼす効果：全階層農家（都府県），
　　　　　1965-97年

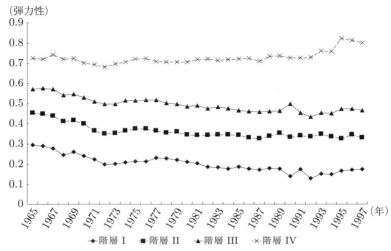

階層農家IVにおいては，この効果は，ほんの多少ではあるが，およそ0.72
（1965年）からおよそ0.80（1997年）へ，と増加傾向を示した。

　第2に，図12-8から，農家の規模が大きいほど，弾力性で測られた土地
投入量変化の名目可変利潤（VP'）への効果は大きくなることが明らかに観
てとれる。逆に言えば，農家の規模が大きいほど，土地投入量が減少すれば
名目可変利潤（VP'）の減少傾向が強くなる。すなわち，減反政策は小規模
農家よりも大規模農家に対して，名目可変利潤（VP'）の減少を大きくした
と言える。したがって，長期にわたって適用されてきた減反政策は，20世紀
の最後のおよそ30年間において，より大規模－高効率－高生産性農業に向
けての小規模農家から大規模農家への農地移動を制約するという負の効果を
もたらしたに違いないと言っても過言ではないであろう。

図12-9　作付け面積変化が規模の経済性に及ぼす効果：全階層農家（都府県），
　　　　1965-97年

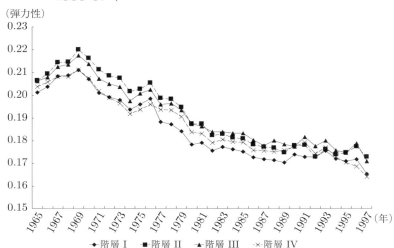

3.1.4　減反政策の規模の経済性（RTS）に及ぼす効果

　本小節では，全研究期間1965-97年における全4階層農家の全サンプルについて，土地投入量つまり作付け面積（Z_B）の変化が規模の経済性（RTS）に及ぼした効果を（12.4）式を用いて弾力性の形で推計し，その結果を評価することがその主な目的である。その推計値は 図12-9にグラフの形で示されている通りである。一瞥して，1965-69年にかけての全4階層農家について，この効果は増大したことがわかる。しかしながら，1969年以降1990年代後半まで，この効果は全4階層農家について一貫して減少したことも明らかに観てとれる。ここで，日本農業史上初の減反政策が導入されたのは1969年であったことを思い出してみよう。このことは，1969年以降において，減反政策は，その効果は次第に小さくなってきたものの，規模の経済性（RTS）の程度を低下させる効果を持ったことを明らかに示している。

　図12-9より，この作付け面積の変化が規模の経済性（RTS）に及ぼした効果は，階層農家Iにおけるおよそ0.202（1965年）から，階層農家IIにおけるそのピークの値0.220（1969年）に達した後，階層農家IVの0.164（1997

年）にまで低下した，という動向を観察することができる。これらの効果の値は一見小さく見えるが，現実の農業生産においては重大な意味を持っている。例えば1969年値で見た場合，作付け面積を2倍に増大させると（つまり，作付け面積を100％拡大すると），規模の経済性の程度が22％増大することになる。逆に，1990年代には，平均して，すべての農家に対して一律に約30％の作付け面積の縮小を強制した減反政策は，1997年において，例えば階層農家 IV では，規模の経済性の程度をおよそ4.92％（$30 \times 0.164 = 4.92$％）引き下げる効果を持ったいうことを意味するのである。

　図 12−9 からは，異なる階層農家間で作付け面積の変化が RTS に及ぼした効果について一貫した差異を観察することは困難ではあるが，1つ明らかなのは，減反政策は，全研究期間 1965–97 年における全4階層農家について規模の経済性（RTS）の程度を縮小したということである。

　ここで，われわれは，通常型多財トランスログ VP 関数モデルに基づいて得られたこの結果を，まったく同じデータベースを用いた通常型多財トランスログ VC 関数モデルに基づいて得られた結果と比較してみたい。しかし，後者の研究（Kuroda, 2009c, 2009d, 2009e）に用いられたデータセットは，本章で用いられたデータセット 1965–97 年よりも8年長い 1957–97 年である。後者の研究では，全研究期間 1957–97 年における全4階層農家について，土地投入量の増大は規模の経済性（RTS）に対して正の効果をもたらした，という結果を得た。そして，その弾力性で測られた効果はおよそ0.14–0.23の範囲の値をとっており，本章で得られた推計値とほぼ似たり寄ったりである。しかしながら，Kuroda（2009d）は，農家の規模が小さくなるほど，この効果は大きかったという推計結果を得た。このことは，減反政策は大規模農家においてよりも小規模農家において，規模の経済性（RTS）の程度をより強く減退させた，ということを意味する。つまり，減反政策は，小規模農家は大規模農家に比べて，規模の経済性（RTS）をより多く享受することができるという有利性を失わせたことを意味しており，小規模農家から大規模農家への土地移転を促進する効果を持ったということを示唆しているわけである。残念ながら，本章では，このようなはっきりした結果は得られなかった。とはいえ，同じ課題に対する異なったモデルによる分析によっても，減反政策

図 12-10　作付け面積変化が土地のシャドウ名目価格に及ぼす効果：全階層農家（都府県），1965-97 年

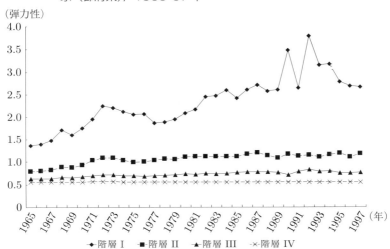

は，20世紀後半の日本農業における規模の経済性（RTS）の程度を減退させる効果を持っていた，ということは結論として主張できそうである。

3.1.5　減反政策の土地のシャドウ名目価格（$w_B^{S'}$）に及ぼす効果

　土地投入量（Z_B）の変化が土地のシャドウ名目価格（$w_B^{S'}$）に及ぼす効果は，全研究期間 1965–97 年における全 4 階層農家の全サンプルについて，(12.5) 式を用いて弾力性の形で推計され，その結果は図 12-10 に示されている。この図における効果の評価に入る前に，われわれはここで第11章の図 11-4 に示されている土地のシャドウ名目価格（$w_B^{S'}$）の推計値を復習しておくことにしよう。図 11-4 において，(i) 農家の規模が大きくなるほど，土地のシャドウ名目価格は高かった。(ii) 相対的に大きな階層農家 II, III, および IV の土地のシャドウ名目価格（$w_B^{S'}$）は（政府統制の）「市場」地代よりはるかに高い水準にあった。そして (iii) 最小階層農家 I の土地のシャドウ名目価格は 1965–80 年には「市場」名目地代より高かったが，1980 年以降にはそれは「市場」名目地代より低い水準にあった。これらのファインディ

ングズに基づいて，われわれは全階層における農家は彼等の土地を可変利潤を最大化する「最適」水準で使用していなかった，という結論に至った。この結論を踏まえて，図 12-10 に戻り，いくつかの興味深いファインディングズに着目してみることにしたい。

　まず第 1 に，弾力性で測った土地投入量変化の土地のシャドウ名目価格 ($w_B^{S\prime}$) への効果は，全研究期間 1965–97 年に対して全 4 階層農家の全サンプルについて正であった。さらに，農家の規模が小さいほど，土地投入量変化の土地のシャドウ名目価格 ($w_B^{S\prime}$) への効果は大きかった。もう少し具体的に言うと，階層農家 III および IV における弾力性で測った土地投入量変化の土地のシャドウ名目価格 ($w_B^{S\prime}$) への効果は，全研究期間 1965–97 年を通じて，一貫して，それぞれ，およそ 0.6–0.7 および 0.6 だった。階層農家 II については，この効果は，同期間において，およそ 0.7 から 1.2 にわたるものであった。常識から判断して，われわれは，これら弾性値はかなり高いと主張したい。一方，階層農家 I におけるこの効果は驚異的に高い。それは，1965 年のおよそ 1.4 から 1992 年にはおよそ 3.8 に達し，その後は 1997 年に 2.6 に低下したが，それでもまだ群を抜いて高かった。とにかく，土地投入量変化の土地のシャドウ名目価格 ($w_B^{S\prime}$)（または，名目限界生産性）への効果が正であるということは，土地投入量の増大は土地のシャドウ名目価格 ($w_B^{S\prime}$) を上昇させるということを理論的には意味している。このことは，全 4 階層農家は彼等の可変利潤の最大化を達成するという経営目的に鑑みて，はるかに小規模の農地しか使用していなかった，ということを示唆している。

　それでは，政府によって強制的に作付け面積を縮小させてきた減反政策の効果に関するこれらのファインディングズから，われわれは一体何が言えるのだろうか。上で観察されたファインディングズは，全研究期間 1965–97 年の全 4 階層農家における土地のシャドウ名目価格 ($w_B^{S\prime}$) に対して負の効果を与えてきた，ということを示唆している。特に，そのような負の効果は最小規模階層農家 I においてきわめて強力なものであったので，この階層農家の土地のシャドウ名目価格 ($w_B^{S\prime}$) は 1980 年以来「市場」名目地代を下回る水準に下落した。このことから，小規模農家から大規模農家への土地移動を容易にする効果をもたらしたに違いない，と推察できる。しかしながら，同

じ減反政策は小規模農家に比べて大規模農家の名目可変利潤（または，「名目農業所得」）をはるかに強い勢いで減少させる効果をもたらしたのである。減反政策がこれらのお互いに相反する効果をもたらしたというファインディングズから，われわれは，後者の名目可変利潤への効果の方が前者のシャドウ名目価格（$w_B^{S'}$）への効果を凌いだのであろうと推測できる。このことが，第11章の図11-6で見たように，全研究期間1965–97年において，小規模農家から大規模農家への土地移動を制約する結果をもたらした，とわれわれは推論することができる。

4　要約と結論

本章では，（i）作物と畜産物の供給量，（ii）可変投入要素需要量，（iii）名目可変利潤（VP'），（iv）規模の経済性（RTS），および（v）土地のシャドウ名目価格（$w_B^{S'}$），への効果を定量的に精査し評価した。そこでわれわれは，これらすべての定量的分析において，生産物価格支持政策は小規模農家に対して最も有利な結果をもたらした，ということを見いだした。さらに言うと，これらの諸政策は，日本農業の20世紀最後の30ないし40年間において，小規模農業から大規模農業への土地移転に対して重要な制約要因として働いた。実のところ，この主張は，すぐ上の段落で議論したファインディングズと完全に斉合している。

本章は，1969年に導入されて以来，減反政策がいかなる効果をもたらしてきたのかを定量的に分析するために，準固定的投入要素としての土地投入量（作付け面積）変化の種々の効果を推計した。この目的を遂行するために，われわれは，労働と土地を準固定的投入要素とみなした通常型多財トランスログVP関数体系を1965–97年に対して推計した。そのパラメータ推計値に基づいて，全研究期間1965–97年に対して全4階層農家の全サンプルについて，土地投入量変化の（i）作物と畜産物の供給量，（ii）可変投入要素需要量，（iii）名目可変利潤（VP'），（iv）規模の経済性（RTS），および（v）土地のシャドウ名目価格（$w_B^{S'}$），への効果を定量的に推計し評価した。これらの効果は弾力性の形で推計されグラフとして提示されたので，読者は異なる階層

農家間でのこれら効果の大きさの比較と同時にこれら効果の経時的な動向を視覚的に把握できたはずである。いくつかのファインディングズを以下のように要約することができる。

　第1に，減反政策は，全研究期間 1965–97 年に対して全4階層農家の全サンプルについて，作物のみならず畜産物の供給量を減退させる効果を持った。これと同時に，減反政策は，全研究期間 1965–97 年における全4階層農家の全サンプルについて，可変投入要素としての機械投入要素，中間投入要素，およびその他投入要素への需要量も減退させた。このことは，当然ながら，全4階層農家の作物のみならず畜産物の生産量したがって供給量を減退させたことを示唆している。さらに，減反政策が全4階層農家の名目可変利潤を低下させたことも明らかに検証することができた。

　しかしながら，これらのファインディングズにおいて強調しておきたいことは，1969 年に導入されて以来，減反政策適用の引き続く強化は，(i) から (v) の経済指標すべてについて，その負の効果は，階層農家が大きいほど強かった，ということである。

　次に，減反政策は全4階層農家における収穫逓増（IRTS）の程度を減退させた。しかし，われわれは，この減退効果に関して，異なる階層農家間で規則的な負の動向を見いだすことができなかった。

　最後に，減反政策は全4階層農家の土地のシャドウ名目価格 $(w_B^{S'})$ を低下させた。この負の効果は，最小階層農家 I で最も大きく，そのことは小規模農家から大規模農家へ土地を移動させる要因となったかもしれない。しかしながら，この負の効果は，減反政策の小規模農家に対する最も弱い名目可変利潤への負の効果によって相殺されてしまった。その結果，作付け面積の単位当たり小規模農家の名目可変利潤（または，「名目農業所得」）は大規模農家の土地のシャドウ名目価格（または，「名目地代負担力」）より大きくなった。このことは，小規模農家から大規模農家への土地移転の意欲を萎えさせる方向に働いた。換言すれば，この結果は，第9章の表9–1および第10章の表10–1で見られたように，なぜ小規模農家から大規模農家に向かって土地移動の促進をねらった農業政策が成功しなかったのかという厳しい現実の動向に対する重要な理由の1つだったと言えよう。

　かくして，今や，結論は明瞭である。日本農業を，小規模農家から大規模農家へ土地を移転させ，より大規模－高効率－高生産性の農業経営に構造転換するためには，減反政策は計画の練り直しを真剣に行うか，でなければ，放棄されるべきであろう。

第13章

公的農業 R&E 政策と構造変化

1　序

　先の第11章および第12章では，それぞれ，価格支持政策および減反政策が，より大規模な農場においてより効率的でより高生産性を持った農業を達成するための必要条件である売買または賃貸による土地移動に対して及ぼした効果を定量的に分析した。簡潔に要約すれば，両政策とも小規模農家から大規模農家への土地移動の可能性を制限してきた。換言すれば，基本的な構造である小規模農業から大規模農業への転換は，われわれの期待に反して，スムーズには進行しなかった。

　本章の目的は，公的農業研究開発（R&D）および普及（E）（略して R&E）投資が小規模農家から大規模農家への土地移動に対していかなる効果を及ぼしたのか定量的に分析することにある。この目的を遂行するために，われわれは，先行の第11章および第12章の2つの章で分析かつ評価したのと同様に，公的農業 R&E 活動が以下の5個の経済指標に対していかなる効果を及ぼしたのかについて定量的な分析を行なうことにする。すなわち，(i) 作物と畜産物の供給量，(ii) 可変投入要素需要量，(iii) 名目可変利潤（VP'），(iv) 規模の経済性（RTS），および (v) 土地のシャドウ名目価格（$w_B^{S'}$），からなる5個の経済指標である。第11章および第12章の場合と同様に，労働および土地を準固定的投入要素として取り扱う同じ通常型多財トランスログ VP 関数の推計パラメータを用いて，これら5個の経済指標に対する効果を定量的に推計しその結果を評価する。

図 13−1　1985 年価格で評価した公共の農業研究開発（R&D）および普及（E）
　　　　　事業活動支出：全国，1950-96 年

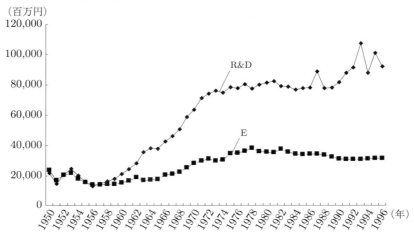

先の第 11 章および第 12 章と同様にして，これらの定量的分析は，農水省
の『農経調』から得られる異なる階層農家について実行する。したがって，
この方法によって，われわれは全研究期間 1965–97 年に対して全 4 階層農家
について公的農業 R&E 活動が上記の 5 個の経済指標に及ぼす効果を評価す
ることができる。この定量的分析に対しても，先の第 11 章および第 12 章と
同様に，われわれは，小規模農家から大規模農家への土地移転の可能性を評
価することに関して重要な定量的情報を提供してくれるものと期待している。

　ここで，R&E 投資の年々の，それぞれ，支出および累積された R&E 投資
を示す図 13−1 および 13−2 を観てみよう[1]。これらは 1985 年価格で表され
た研究支出デフレータでデフレートした。図 13−2 によると，R&E ストッ
クは 1970 年代初期から 1980 年代後期にかけてかなり急激に増大したが，そ
れ以降は緩やかな増加にとどまり，その増加率は減少しつつある。図 13−1
に示されているように，これらの変動は 1960 年代の R&D 支出の急激な増

---

1)　公的農業技術知識資本ストック（R&E）を得るためのデータ資料および推計方法の詳
　細に関しては，第 11 章の付録 A.11 を参照していただきたい。

図13-2　1985年価格で評価した公的農業技術知識資本（R&E）ストック：全国，1950-96年

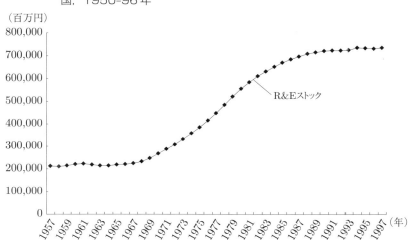

加と1970年代初期から1980年代後期にかけてのR&Dのみならず普及（E）支出も含めた両支出の停滞傾向を反映したものと考えられる。われわれは，このR&Eストックを外生変数Z_RとしてVP関数に導入した。これらに関する詳細な説明は第11章第2節「分析の枠組み」と付録A.11で十分に説明されている。

　この章の残りの部分は以下のごとくである。第2節は，VP関数をベースにした分析枠組みを提示する。第3節は，実証結果を評価する。最後に，第4節は，要約と結論に充てる。

2　分析の枠組み

　前章の冒頭でも述べたように，本章においても，われわれは，第11章で導入されたものとまったく同じ多財VP関数モデルを適用し，公的農業R&E政策が前述の5個の経済指標に，大規模－高効率－高生産性農業を実現するという視点から見て，いかなる効果を及ぼしたかを定量的に推計し評価することをその主要な目的としている。

そこで，本章においては直ちに，公的農業 R&E ストックが 5 個の経済指標にいかなる効果を及ぼしたのか定量的に評価するために，（11.3）－（11.7）式から得られる VP 関数の推計パラメータを用いて，それらの公式を導出することにしたい。

2.1　公的農業技術知識資本ストック（Z_R）の
5 個の経済指標に及ぼす効果

第 1 に，公的農業技術知識資本ストック（Z_R）変化の作物と畜産物の供給量（Q_G および Q_A）に及ぼす効果は弾力性の形で以下の（13.1）式によって推計することができる。

$$\frac{\partial \ln Q_i}{\partial \ln Z_R} = \varepsilon_{iR} = \frac{\mu_{iR}}{R_i} + \frac{\partial \ln VP'}{\partial \ln Z_R}, \ \ i = G, A. \tag{13.1}$$

これは，Z_R に関する生産物供給弾力性と同値である。

第 2 に，Z_R 変化が可変投入要素需要量（$X_k, k = M, I, O$）に及ぼす効果は弾力性の形で以下の（13.2）式によって推計される。

$$\frac{\partial \ln X_k}{\partial \ln Z_R} = \eta_{kR} = -\frac{\mu_{kR}}{R_k} + \frac{\partial \ln VP'}{\partial \ln Z_R}, \ \ k = M, I, O. \tag{13.2}$$

これは，Z_R に関する可変投入要素の需要弾力性と同値である。

第 3 に，Z_R 変化が名目可変利潤（VP'）に及ぼす効果は弾力性の形で以下の（13.3）式によって推計される。

$$\frac{\partial \ln VP'}{\partial \ln Z_R} = \beta_R + \sum_i \mu_{iR} \ln P_i' + \sum_k \mu_{kR} \ln w_k' + \sum_l \mu_{lR} \ln Z_l + \mu_{RR} \ln Z_R,$$
$$\tag{13.3}$$
$$i = G, A, \quad k = M, I, O, \quad l = L, B.$$

$\partial \ln VP'/\partial \ln Z_R$ の項は公的農業 R&E「名目可変利潤—増大効果」と呼ぶことができるだろう。これはもちろん VP 関数体系の推計パラメータを用いて推計することができる。

第 4 に，Z_R 変化が RTS の程度に対する効果は弾力性の形で以下の（13.4）

式によって推計される。

$$\frac{\partial \ln(RTS)}{\partial \ln Z_R} = \frac{\sum_l \mu_{lR}}{RTS}, \tag{13.4}$$

$$k = l = L, B.$$

最後に，Z_R 変化が土地のシャドウ名目価格（$w_B^{S'}$）に及ぼす効果は弾力性の形で以下の（13.5）式によって推計される。

$$\frac{\partial \ln w_B^{S'}}{\partial \ln Z_R} = \frac{\partial \ln VP'}{\partial \ln Z_R} + \frac{\partial \left(\frac{\partial \ln VP'}{\partial \ln Z_B}\right)}{\partial \ln Z_R} \left(\frac{\partial \ln VP'}{\partial \ln Z_B}\right)^{-1}$$

$$= \frac{\partial \ln VP'}{\partial \ln Z_R} + \mu_{RR}\left(\frac{\partial \ln VP'}{\partial \ln Z_B}\right)^{-1}, \tag{13.5}$$

$$i = G, A.$$

以上，公的農業技術知識資本ストック（Z_R）の変化によってもたらされる，(i) 生産物供給量（$Q_i, i = G, A$），(ii) 可変投入要素需要量（$X_k, k = M, I, O$），(iii) 名目可変利潤（VP'），(iv) 規模の経済性（RTS），および (v) 土地のシャドウ名目価格（$w_B^{S'}$）への効果は，全研究期間 1965–97 年に対して全 4 階層農家の全サンプルについて推計され，それらはグラフの形で示される。こうすることによって，われわれはこれらの効果の異なった階層農家間における差異および経時的動向を視覚に訴えて把握することができる。

3　実証結果

3.1　可変利潤（VP）関数のパラメータ推計結果

通常型多財トランスログ VP 関数体系のパラメータ推計結果と関係する P-値や決定係数などはすでに第 11 章の表 11–2 に示されており，生産構造に関する各種帰無仮説の検定に関しては表にこそまとめられてはいないが，その結果は箇条書きの文章でまとめられており，そして生産物供給弾力性および可変投入要素需要弾力性は表 11–3 に示され，かつそれらの評価は第 11

章の第4.2節および第4.3節において詳細になされている。そこで本章では,同様の解説は繰り返さないことにしたい。

したがって,われわれは直ちに,公的農業技術知識資本ストック（Z_R）変化の上記5個の経済指標への効果の評価に進むことにしよう。

なお,再三の繰り返しになるが,ここでの主要な目的は,Z_R変化の効果を,より大規模－高効率－高生産性農業の達成のための小規模農家から大規模農家への農地移転という視点から評価することにある,ということを銘記しておいていただきたい。

3.2　公的農業技術知識資本ストック（Z_R）変化の5個の経済指標に及ぼす効果

3.2.1　公的農業技術知識資本ストック（Z_R）変化の作物と畜産物の供給量に及ぼす効果

まず,（13.1）式によって弾力性の形で推計された公的農業技術知識資本ストック（Z_R）変化の作物と畜産物の供給量（Q_GおよびQ_A）への効果を評価することにしよう。実際には,これらの効果は,作物と畜産物の供給量のZ_R変化に関する供給弾力性と同値である。図13-3および13-4は,それぞれ,全研究期間1965-97年における全4階層農家のすべてのサンプルについて,弾力性で測られたZ_R変化の作物と畜産物の供給量への効果を示している。これらの図からいくつかの興味深いファインディングズについて評価を試みることにしよう。

第1に,図13-3において,われわれは弾力性で測られた公的農業技術知識資本ストック（Z_R）変化の作物の供給量（Q_G）への効果を評価することにしよう。図13-3によると,農家の規模が小さくなるほど,Z_R変化の作物の供給量への効果は大きくなる,ということが明らかである。特に,最小階層農家Iは,全研究期間1965-97年に対して,Z_R変化の作物の供給量への効果が最も大きく,弾力性で測られたその効果は1960年代後期におけるおよそ0.95から1997年におけるおよそ1.38へと上昇した。このことは,小規模農家は作物,例えば,米,野菜,果実,およびその他の作物の生産において,公的な農業試験場や普及機関で開発され普及された革新技術をかなり

図 13-3　公的農業技術知識資本ストック変化が作物供給量に及ぼす効果：全階
　　　　層農家（都府県），1965-97 年

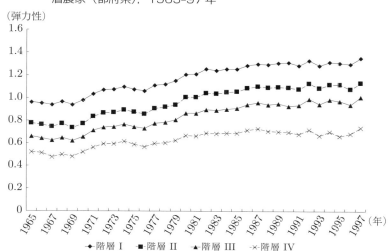

積極的に取り入れた，ということを示唆している。最小階層農家Ⅰにおける
効果と比べると劣りはするが，相対的に大規模階層農家Ⅱ，Ⅲ，およびⅣ
においても Z_R 変化の作物の供給量への効果はかなり高いものであり，それ
らの効果も階層農家Ⅰと同様に経時的に上昇傾向を持ったことが観察される。

　しかしながら，これらのファインディングズに基づいて，われわれは，Z_R
の変化は，作物生産（Q_G）の場合においては小規模農家から大規模農家へ
の土地移転が制約されただろうと，推察できる。ここで，読者は第12章で，
全研究期間 1965-97 年において，大規模農業による作物，特に　米の生産し
たがって供給量に対して厳しい負の効果が観察されたことを思い出していた
だきたい。残念ながら，公的農業 R&E 活動は減反政策がもたらした効果と
同様の効果を持っていたように思われる。つまり，大規模—高効率—高生産
性の作物生産の可能性を制約したということである。

　第2に，それでは，公的農業技術知識資本ストック（Z_R）の変化は，畜産
物の生産したがって供給量（Q_A）にいかなる効果を及ぼしたのであろうか。
その効果の程度は弾力性の形で図13-4に示されている。それらの効果は，

図 13-4　公的農業技術知識資本ストック変化が畜産物供給量に及ぼす効果：全
　　　　　階層農家（都府県），1965-97 年

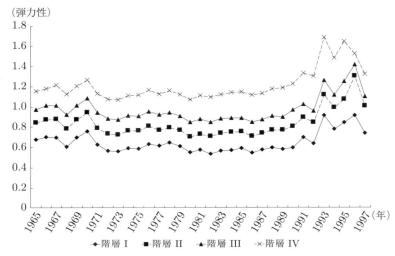

全研究期間 1965-97 年における全 4 階層農家の全サンプルについて，明らか
にすべて正であった。この図によると，全 4 階層農家における効果は，全研
究期間 1965-97 年に対して，きわめてよく似た動きを示している。しかしな
がら，もう少し注意深く観察すると，1965-89 年に対してはかなり一貫して
安定した動きをしていたが，それ以降の 1989-97 年にはいくらかの上下変動
が観られた。

　作物生産の場合とは逆に，図 13-4 からは，農家の規模が大きくなるほど，
Z_R の畜産物供給量への効果も大きくなることが観察される。特に，最大階
層農家 IV の弾力性で測った効果はおよそ 1.18（1965 年）から 1.68（1993 年）
にわたっている。このことは，Z_R における 10 % の増大は，畜産物の供給量
を 11.8 から 16.8 % 増大させるということを意味している。大規模農家にお
ける畜産物供給量に関するこのような公的農業技術知識資本ストック（Z_R）
変化に対する反応は，全研究期間 1965-97 年における相対的に大規模畜産農
家数の急激な増加に重要な役割を果たしたに違いないと思われる。

　要約すると，弾力性で測られた Z_R の作物および畜産物供給量への効果は，

全研究期間1965–97年に対して全4階層農家についてすべて正であった。なかんずく，われわれは，作物生産の場合には，農家の規模が小さくなるほどその効果は大きくなった，ということを発見した。他方，畜産物生産の場合には，農家の規模が大きくなるほどその効果は大きくなった。すなわち，作物のみでなく畜産物の生産技術を向上させようと試みた公的農業R&E政策は，当然のことながら，全4階層農家において作物および畜産物双方の供給量の増大に寄与した。特に，公的農業R&E政策は，一方で，小規模農家の作物供給量増大に対して最も強い正の効果を持ち，他方で大規模農家の畜産物供給量に関して最も強い正の効果を持っていた。ただし後者の場合では，相対的に小規模階層農家も，公的農業R&E政策によるかなり強い正の効果を享受した。これらのファインディングズは，R&E政策は，作物生産においても畜産物生産においても，より大規模−高効率−高生産性農業を達成するための必須条件である土地移転のスピードを鈍らせる方向に動いた，ということを示唆している。

3.2.2 公的農業技術知識資本ストック（Z_R）変化の可変投入要素需要量に及ぼす効果

本小節において，われわれは公的農業技術知識資本ストック（Z_R）変化の可変投入要素需要量（$X_k, k = M, I, O$）への効果を評価する。繰り返すまでもなく，本章における可変投入要素は，機械，中間投入要素，およびその他投入要素である。実は，弾力性で測られたこれらの効果は，Z_Rに関する可変投入要素の需要弾力性と同値である。われわれは，これらの効果を，全研究期間1965–97年における全4階層農家の全サンプルについて推計した。Z_R変化の可変投入要素需要量への効果は，機械，中間投入要素，およびその他投入要素に対して，それぞれ，図13–5，13–6，および13–7に示されている。

第1に，図13–5によると，全研究期間1965–97年に対して全4階層農家における公的農業技術知識資本ストック（Z_R）変化の機械需要量（X_M）への弾力性で測った効果は一貫して正であった。階層農家Iにおける効果はおよそ0.25（1965年）から0.16（1997年）へ，階層農家IIにおいては，その効

図 13−5　公的農業技術知識資本ストック変化が機械需要量に及ぼす効果：全階
層農家（都府県），1965−97 年

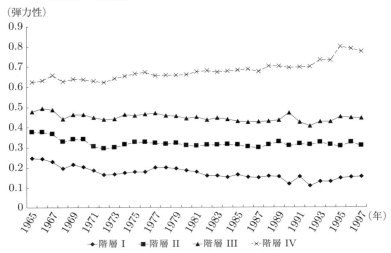

果は およそ 0.38（1965 年）からおよそ 0.31（1997 年）へ，そして，階層農家
III における効果はおよそ 0.48（1965 年）からおよそ 0.44（1997 年）へ，と
いずれも正ではあるが比較的なだらかな減少傾向を示したことが観察される。
一方，最大階層農家 IV に関しては，その効果はおよそ 0.62（1965 年）から
およそ 0.78−0.80（1995−97 年）へと比較的緩やかな上昇を示したことが観て
とれる。図 13−5 において明らかなように，階層農家が大きいほど，Z_R 変
化の機械投入要素需要量への効果も大きいことが観察できる。特に，最大階
層農家 IV は全研究期間 1965−97 年に対して，弾性値にしておよそ 0.62 から
0.80 にわたる，かなり高い効果を示した。これらのファインディングズは，
公的農業 R&E 政策が，全 4 階層農家に対して M-技術革新を促進したこと
を意味する。最大階層農家 IV の機械化のスピードは全研究期間を通じて最
も速いものであったし，そのスピードが加速もしたということがはっきりと
観てとれる。
　　第 2 に，図 13−6 は，Z_R 変化の中間投入要素需要量（X_I）への弾力性で
測った効果は，全 4 階層農家間で，その大きさも経時的変動もかなり違っ

図13-6　公的農業技術知識資本ストック変化が中間投入要素需要量に及ぼす効果：全階層農家（都府県），1965-97年

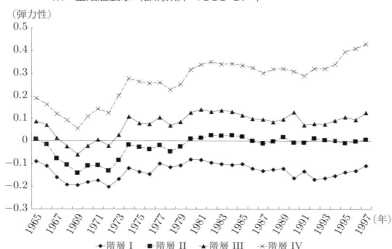

ていたことを示している。Z_R 変化の機械投入要素需要量への効果のように，Z_R 変化の X_I への弾力性で測った効果は，Z_R に関する中間投入要素の需要弾力性と同値である。図13-6から得られるいくつかの興味深いファインディングズについて評価してみたい。

　農家の規模が大きくなるほど，Z_R 変化の中間投入要素需要量への効果は大きくなる，ということはこの図よりきわめて明らかである。例えば，最大階層農家IVの弾力性は，1965-69年におよそ0.19から およそ0.06にまで低下した。しかしそれ以降は，この効果は，1969-97年に対して上昇傾向を示した。1997年における弾力性はおよそ0.43であり，この期間におけるこの効果のかなり急速な上昇を示している。これに反して，相対的に小規模な農家I，II，およびIIIにおける効果はきわめて小さいものであった。階層農家Iにおける弾力性は全研究期間1965-97年を通して負でさえあった。階層農家IIにおける弾力性も全期間を通して負か，正であっても限りなくゼロに近い値であった。そして，階層農家IIIは1967-72年には負の弾力性を示したものの，それ以外の年については正の弾力性を示したが，その値は0.1程

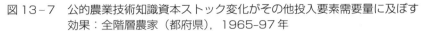

図 13-7　公的農業技術知識資本ストック変化がその他投入要素需要量に及ぼす
　　　　効果：全階層農家（都府県），1965-97 年

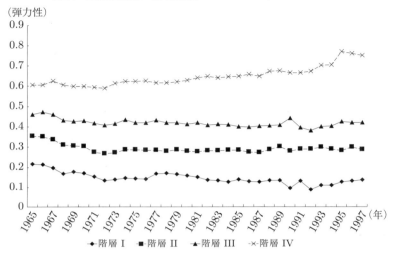

度のものであった。

　このファインディングは，大規模農家のみが（作物生産を増大させるためだ
としても，畜産物を増大させるためだとしても，あるいは両方を増大させるため
だとしても），肥料，農薬，飼料などのような中間投入要素をより多く使用す
る際に，Z_R の変化にかなり強い反応を示した，ということを示唆している。
別の言い方をすると，全研究期間 1965-97 年において，相対的に小規模な農
家は公的農業 R&E 活動によって生み出された BC-技術革新の有益な技術を
享受していなかったことになる。

　第 3 に，図 13-7 は，Z_R 変化のその他投入要素需要量（X_O）への弾力
性で測った効果を示している。この図は，Z_R 変化の機械投入要素需要量
（X_M）の場合ときわめてよく似ている。すなわち，(i) Z_R 変化のその他投
入要素需要量への効果は，全研究期間 1965-97 年に対して全 4 階層農家につ
いて，すべて正であった。(ii) 最大階層農家 IV に関してのみ，この効果は，
少しではあるが，上昇傾向を持った。(iii) その他の相対的に小規模な階層
農家 I，II，および III に関しては，この効果は，多少の上昇と下降はあるが，

全研究期間1965–97年においてすべて一貫して安定した水準を保った。(iv)
階層農家が大きくなるほど，全研究期間1965–97年を通して，この効果は大
きかった。再説することになるが，Z_R変化のその他投入要素需要量への効
果は，Z_Rに関するその他投入要素需要量弾力性と同値である。この図13–
7より，いくつかの興味深いファインディングズについて解説しておきたい。

これらのファインディングズは，全4階層農家において，作物であろうと
畜産物であろうとそれらの生産を増大させるために，農用建物や構築物，大
植物，および大動物で構成されるその他投入要素の利用においてZ_Rの増大
に対する正の反応を示した，ということを示唆している。これらの投入要素
に対する需要量の増加は，1961年に制定された『農業基本法』の重要な政策
としての畜産物，果実，および野菜のような農産物の生産を促進することを
狙ったいわゆる「生産物の選択的拡大」政策と密接な関係を持っている。こ
の意味で，公的農業R&E政策は全4階層農家，特に，最大規模階層農家IV
に対して，生産物の「選択的拡大」政策の発展に重要な役割を果たしたとい
うことが推察される。

要約すると，Z_Rの増大の，機械投入要素，中間投入要素，およびその他
投入要素需要量への弾力性で測られた効果は，階層農家IおよびIIが中間投
入要素に対する需要量において負の弾力性を示したこと以外に，全研究期間
1965–97年に対して全4階層農家についてすべて正の値を示した。なかんず
く，われわれは，農家の規模が大きくなればなるほど，それぞれの効果も大
きくなる，というファインディングズを得た。このことは，公的農業R&E
政策はより急速なM-技術革新，BC-技術革新，および生産物の「選択的拡
大」に対して正の効果を持ったことを意味している。特に，公的農業R&E
政策は大規模農家に対して最も強い正の効果を及ぼした。このことから，公
的農業R&E政策のさらなる活性化は大規模農家における，より高効率で高
生産性農業の可能性を高めることが期待される。

3.2.3　公的農業技術知識資本ストック（Z_R）変化の名目可変利潤（VP'）に及ぼす効果

（13.3）式を用いて，全研究期間1965–97年に対して全4階層農家の全サン

図 13-8　公的農業技術知識資本ストック変化が名目可変利潤に及ぼす効果：全
　　　　　階層農家（都府県），1965-97 年

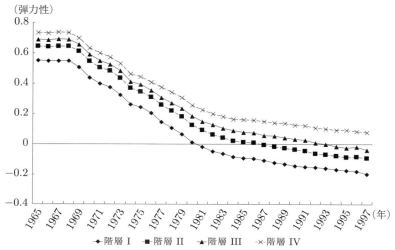

プルについて，弾力性で測られた公的農業技術知識資本ストック（Z_R）変
化の名目可変利潤（VP'）への効果を推計した。その結果は，図 13-8 に示
されている通りである。この図から，いくつかの興味あるファインディング
ズについて評価することにしよう。

　第 1 に，農家の規模が大きくなるほど，Z_R 変化の VP' への効果は大きい
ということが明らかに読み取れる。第 2 に，全 4 階層農家におけるこの効果
の経時的動向はきわめてよく似ている。初めの 1965-68 年においては，この
効果はかなり高く，およそ 0.55（階層農家 I，1965 年）から 0.75（階層農家 IV，
1965 年）にわたっていた。しかし，1968-97 年を見ると，この効果は全 4 階
層農家において急激に低下傾向をたどった。階層農家 I においては 1981 年
以降，階層農家 II では 1987 年以降，そして階層農家 III では 1993 年以降に，
この効果は負になった。階層農家 IV のみが全研究期間 1965-97 年において
この効果は正であり続けた。

　このファインディングは以下のように解釈できる。1950 年代半ばから
1970 年代初期にかけて，図 13-1 および 13-2 で観たように，公的農業 R&E

投資はきわめて活発であった。新規に開発された農業技術は農家に多額の利潤をもたらした可能性は高い。しかしながら，M-技術革新および BC-技術革新が全4階層農家に浸透していくにつれて，生産費用は急激に増大し，農家が受け取る利潤は次第に少額になっていった。このことは，最終的には相対的に小規模階層農家 I，II，および III においては「負の利潤」農家を生み出すことになってしまった。したがって，「他の条件は一定にして」，最大階層農家 IV も，伝統的技術に頼っている限り，「負の利潤」農家になってしまうことは時間の問題である，と言っても過言ではないであろう。

3.2.4　公的農業技術知識資本ストック(Z_R)変化の規模の経済性(RTS)に及ぼす効果

　全研究期間 1965–97 年に対して全4階層農家の全サンプルについて，公的農業技術知識資本ストック (Z_R) 変化の規模の経済性 (RTS) への効果を弾力性の形で推計した。その結果は，図 13–9 に示されている通りである。一瞥しただけで，全研究期間 1965–97 年に対して全4階層農家におけるこの効果がすべて正であることは明白である。より具体的に言うと，全4階層農家におけるこの効果は 1965–69 年に対してはかなり急速に増大したが，1969 年以降においては，1997 年までいくつかの上下変動は観られるけれども一貫して減少傾向をたどった。このファインディングは，本章で用いたデータセットと同じデータセットを用いて土地を準固定的要素とする通常型多財トランスログ VC 関数を推計しそのパラメータを用いて推計された Kuroda（2010a）の結果を支持している。

　ここで，最初の減反政策は 1969 年に導入されたことを思い出してみよう。上記のファインディングは，減反政策が規模の経済性 (RTS) の程度を上昇させるという効果（図 12–9 参照）において公的農業技術知識資本ストック (Z_R) 変化の規模の経済性 (RTS) の程度の上昇効果と密接な関係を持っていた，つまり，相乗効果を持ったのであるが，それらの効果は次第に小さくなっていった，ということを示唆している。

　この効果は，およそ 0.096（階層農家 I，1965 年）からスタートし，ピークの約 0.105（階層農家 II，1969 年）に達し，それ以降は減少傾向をたどってお

図13-9　公的農業技術知識資本ストック変化が規模の経済性に及ぼす効果：全
階層農家（都府県），1965-97年

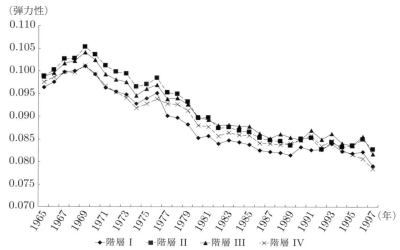

よそ0.078（階層農家IV，1997年）にまで低下した。これらの推計値は小さ
く見えるが，現実の農業生産では重要な意味を持っている。1969年の数値
を例に引くと，作付け面積を2倍（つまり，100％拡大）すれば，規模の経済
性（RTS）の程度が10.5％伸びることを意味しているのである。

　図13-9からは異なる規模階層農家間におけるこの効果の一貫した差異を
観察することはできない。しかし，1つ明らかなことは，全研究期間1965-97
年における全4階層農家について，公的農業技術知識資本ストックの増加は，
その正の効果を減少させ続けたけれども，一方でRTSの程度を上昇させた
ということである[2]。

---

[2]　これとは逆に，Kuroda（2010a）はVC関数の推計パラメータに基づいて，相対的に
小規模階層農家I，II，およびIIIに関して全研究期間1965-97年においてきわめて安定
的な動きを得た。しかしながら，最大階層農家IVのみに関しては，1980年代初期から
1990年代後期にかけてこの効果の上昇トレンドを得た。われわれは，このファインディ
ングから，大規模農家による中・大型機械の急速な導入によって，彼等がより次元の高
い「不分割性」から生じるより高い規模の経済性（RTS）を享受したであろうことを推
測することができる。

図13-10　公的農業技術知識資本ストック変化が土地のシャドウ名目価格に及
　　　　ぼす効果：全階層農家（都府県），1965-97年

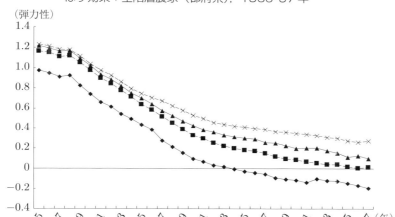

3.2.5　公的農業技術知識資本ストック（Z_R）変化の土地のシャドウ名目価格（$w_B^{S'}$）に及ぼす効果

　公的農業技術知識資本ストック（Z_R）変化の土地のシャドウ名目価格（$w_B^{S'}$）への効果は，（13.5）式を用いて，全研究期間1965–97年における全4階層農家のすべてのサンプルについて弾力性の形で推計し，その結果は図13-10に示されている。この図で報告されている効果を評価する前に，われわれは第11章の図11-4に示されている$w_B^{S'}$の推計結果を復習しておくことにしよう。われわれは図11-4において，(i) 農家の規模が大きいほど，$w_B^{S'}$は大きくなる，(ii) 相対的に大きい階層農家II, III，およびIVの$w_B^{S'}$は（政府によって統制された）名目「市場」地代よりはるかに高かった，(iii) 最小階層農家Iの$w_B^{S'}$は，1965–80年には「市場」地代より高かったが，1981年以降については，それは名目「市場」地代より低くなった。これらのファインディングズより，われわれは，すべての階層農家は彼等の土地について名目可変利潤最大化を達成すべき「最適」の農地利用を行なっていなかった，と推論することができる。この重要なファインディングを銘記しながら，わ

れわれは今一度図 13 - 10 における結果を見直してみよう。

　　まず，Z_R 変化の $w_B^{S'}$ への効果は，全研究期間 1965–97 年において，相対的に大きな階層農家 II，III，および IV についてはすべて正であった。しかしながら，最小階層農家 I におけるこの効果は，1965–83 年においては正であったが，1984–97 年では負になった。さらに，全 4 階層農家におけるこの効果は，全研究期間 1965–97 年を通じて急激に減退した。例えば，階層農家 II におけるこの効果は，1965 年には 1.18 であったが，1990 年代後期にはほとんどゼロにまで減退した。

　　このファインディングは，Z_R 変化の名目可変利潤（VP'）への類似の効果を評価したときと同様の形で評価することができる。1950 年代半ばから 1970 年代初期にかけて，図 13 - 1 および 13 - 2 で観察したように，公的農業 R&E 投資はきわめて活発であった。新たに開発された M-技術革新および BC-技術革新は，1960 年代から 1970 年代にかけて，全 4 階層農家における土地のシャドウ名目価格をかなり急激に高めた。しかしながら，公的農業 R&E 投資が 1970 年代半ばごろから停滞気味になるにつれて，M-技術革新および BC-技術革新は以前ほど活発でなくなった。その結果，全 4 階層農家における公的農業技術知識ストック Z_R の土地のシャドウ名目価格の増大効果は停滞気味になった。したがって，「他の条件を一定にして」，Z_R の最大階層農家 IV の土地のシャドウ名目価格への効果でさえも負になることは，時間の問題であると言えそうである。そのような望ましくない結果を避けるためには，政府は農業の R&E 活動への投資を大幅に増大させることを強く勧めたい。

　　さらに，図 13 - 10 から，農家の規模が大きいほど，公的農業技術知識資本ストック変化の土地のシャドウ名目価格（$w_B^{S'}$）への効果も大きいということは，きわめて明瞭である。もう少し具体的に言うと，最大階層農家 IV の弾力性で測られたこの効果は 1955 年においておよそ 1.22 であったが，1997 年にはおよそ 0.28 まで大幅に減退した。一方，最小階層農家 I の弾力性で測られたこの効果は 1965 年には 0.98 であったが，これもまた最大階層農家 IV の場合を上回る勢いで急激に低下して，1997 年には −0.2 まで落ち込んだ。これらのファインディングズは，大規模農家の方が小規模農家よりも新たに

開発された農業技術の導入においてより積極的であったということを示唆している。さらに言うと，もしそのような経済行動のギャップが大規模農家と小規模農家の間で引き続いて起きるのであれば，小規模農家と大規模農家の土地のシャドウ名目価格（$w_B^{S'}$）の差は拡大するであろう，と推察される。これは，小規模農家において自己労働および自己所有地に帰属する「農業所得」を低下させ，その結果，大規模農家の土地のシャドウ名目価格（$w_B^{S'}$）と小規模農家の「農業所得」の差を増大させる結果になり得ると言えるだろう[3]。したがって，小規模農家から大規模農家への土地の賃貸は増える可能性がある。

4　要約と結論

第 11 章で詳しく説明した通常型多財トランスログ VP 関数のパラメータの推計値に基づいて，本章では日本農業における公的農業技術知識資本ストック（Z_R）変化が 5 個の経済指標に及ぼした効果を 20 世紀の最後のおよそ 40 年間に対して定量的に分析した。これらの効果は弾力性の形で推計されグラフを用いて示されたので，読者は弾力性の形で推計されたこれらの効果の異なる階層農家間における差異および経時的な動向を視覚的に把握できたはずである。実証的ファインディングズは以下のように要約することができる。

第 1 に，公的農業 R&E 政策は，全研究期間 1965–97 年に対し全 4 階層農家において，作物についても畜産物についても，その供給量を増大させることに貢献した。より具体的に言うと，相対的に小規模階層農家の方が大規模階層農家よりも，公的農業 R&E 活動を通じて特に果実や野菜などの作物に関してはより有利な便益を享受した。このファインディングからわれわれは，少なくとも上記のような作物に関しては，公的農業 R&E 政策はより大規模農家におけるより高効率で高生産性の農業実現のための小規模農家から大規

---

3)　このことは，第 11 章の第 4.3.5 節において，小規模農家から大規模農家への土地移動の基準 II として定義されている。

模農家への土地移動に対しては負の効果を持っていた，と推測することができる。一方，この公的農業 R&E 政策は大規模農家に対してより有利となる便益をもたらした。このことは，全研究期間 1965–97 年における大規模畜産農家数の急激な増加という現象に反映されている。

　第 2 に，全研究期間 1965–97 年において，階層農家が大きくなるほど，公的農業 R&E 活動の機械，中間投入要素，およびその他投入要素に対する需要量への効果は大きくなるというファインディングが得られた。このことは，全研究期間としての 1965–97 年という 20 世紀後期のおよそ 30 年間において，相対的に大規模農家の方が相対的に小規模農家よりも，M-技術革新，BC-技術革新，および畜産物，果実，および野菜などの生産物の「選択的拡大」政策からのより大きな便益を享受できたということを示唆している。

　第 3 に，1960 年代後期においては，全 4 階層農家について，公的農業 R&E 活動は名目可変利潤（VP'）を増大させるかなり強い効果を持ったが，その効果は 1970 年代初期から 1990 年代後期にかけてかなり急激な負の傾向を持つに至った。これらの公的農業 R&E 活動の効果の急激な低下は，一部は政府による R&E 活動への投資の停滞，および，一部はすべての農業者が利用できるという公的農業技術知識資本ストックの「公共財」的性質によるものであったに違いない。しかしながら，ここで銘記しておきたいことは，農家の規模が大きくなるほど，R&E 活動の効果も大きくなる，したがって，全研究期間 1965–97 年に対して，小規模農家から大規模農家への土地移動に貢献したと言えそうであるということである。

　第 4 に，公的農業 R&E 政策は規模の経済性（RTS）の程度を増大させる効果を持ったが，その効果自体は全研究期間 1965–97 年に対して全 4 階層農家について減少傾向を示した。さらに，公的農業 R&E 政策の規模の経済性（RTS）への効果については，異なる階層農家間において一定の規則性を持った差異を見いだすことはできなかった。

　最後に，階層農家 I の 1984–97 年における負の効果を例外として，公的農業 R&E 政策は全 4 階層農家における土地のシャドウ名目価格（$w_B^{S'}$）を高める効果を持っていた。しかしながら，全研究期間 1965–97 年において，全 4 階層農家に対するこの効果はかなり急激な減少傾向を持っていた。繰り返し

になるが，この効果におけるこのような急激な減少は，一部は 1970 年代初期以降からの R&E 活動に対する投資の減退によるものであり，一部は公的農業技術知識資本ストック（Z_R）の公共財としての特質によるものであったと推測される。しかしながら，われわれはここで，農家の規模が大きくなるほど，公的農業 R&E 投資が土地のシャドウ名目価格（$w_B^{S'}$）を高める効果が大きくなり，このことは，全研究期間 1965–97 年において，小規模農家から大規模農家への土地移動を促進する役割を果たしたに違いないと推測できる。

　ここで，われわれは，日本農業を将来に向けて大規模－高効率－高生産性を達成できるような農業に転換するため，大規模農家がより有利な果実を享受できるような方向に向けて，公的農業 R&E 政策のあり方を再構築し強化すべきであると提唱したい。

第14章

投入要素補助金政策が農業構造変化に及ぼす効果

1　序

　本章の主要な目的は，投入要素補助金政策が，小規模－非効率－低生産性農業から大規模－高効率－高生産性農業への転換を達成するという喫緊の政策課題に対していかなる効果を及ぼしたのかについて定量的に分析し精査することにある。この目的を遂行するために，われわれは投入要素補助金政策が先の第11章から第13章で対象にしたものとまったく同じ5個の経済指標への効果を定量的に分析し評価するという方法を用いることにする。すなわち，その5個の経済指標とは，(i) 作物と畜産物の供給量，(ii) 可変投入要素需要量，(iii) 名目可変利潤 (VP')，(iv) 規模の経済性 (RTS)，および (v) 土地のシャドウ名目価格 ($w_B^{S'}$) である。

　さらに，投入要素補助金政策の上記5経済指標への効果を評価するために用いる方法は，基本的には先の第11，12，および13章で用いられたのと同様の方法である。つまり，労働および土地を準固定的投入要素として取り扱う通常型多財トランスログVP関数の推計パラメータを用いて，これら5経済指標に対する効果を定量的に推計する，というやり方である。ただし，これらの定量分析に用いられる公式は，前3章とは当然に異なり，この後直ちに導出される。

　また前3章と同じく，これらの定量的分析は，農林水産省の『農経調』から得られる異なる階層農家について実行する。したがって，この方法によって，われわれは全研究期間 1965–97 年に対して全4階層農家について投入要

素補助金政策が上記の5経済指標に及ぼす効果を評価することができる。このことは，前3章と同様に，小規模農家から大規模農家への土地移転の可能性を評価することに対して重要な情報を提供してくれるだろう。

　ここで，われわれは農林業に対する多種多様の補助金があったことを確認しておかなければならない。全部でおよそ70種の補助金が耕作農家と林業農家に支払われてきたのである。かくして，多種多様な補助金のうちのどの項目が，例えば，機械投入要素，肥料，農薬，飼料，種苗などからなる中間投入要素，あるいは農用建物・構築物，大動物，および大植物への支出で構成されるその他投入要素に適用されたのかを明確に把握することはきわめて困難である。しかしながら，幸運なことに，「農林水産業基金」が機械購入のために提供された。中間投入要素およびその他投入要素に関しては，肥料，農薬などの購入および建造物の修理，などには以下のような補助金の一部が使用されたものと推測される。つまり，「農業生産促進」，「水田農業の構造改革」，「農業経営対策」，「農業社会資本建造および改良政策」，「農村地域家畜医療政策」などである[1]。

　理論的に言うと，このような農企業による投入要素の購入に関わる補助金は，機械，肥料，農薬，農業設備のような投入要素の実質価格を低下させることに等しいと考えることができる。かくして，本章の主要な目的は，日本農業におけるより高効率—高生産性—大規模農業への構造変化の可能性という視点から，投入要素価格の低下が前述の5経済指標にいかなる効果を及ぼしたのか，定量的に推計し評価することにある。

　筆者は広範なサーベイを行なってみたが，投入要素補助金政策が日本農業の構造変化にいかなる効果を及ぼしたのかという視点からの実証的な研究はきわめて少ない，というよりゼロ，と言っても過言ではない[2]。本章はこの意味で，投入要素補助金政策が農業の構造変化にいかなる効果を及ぼしたのかという課題に対して定量的な分析を行なった初めての研究であると思われ

---

1)　データ資料は毎年日本電算企画から刊行されている『補助金総覧』および農水省から刊行されている『農林水産省統計表』の中で報告されている「農林水産業に対する融資」である。さらに，石原（1997）は農業予算に関する大量のデータおよび図表について詳細な解説を行なっている。

る。同時に，戦後の日本農業部門において，いかにすれば土地移動を促進することができるのかという有益な情報を政策担当者に提供することができるものと期待される。

　ここで，本章の結論を簡潔に述べておくことにしよう。投入要素補助金政策は，全体的に言って，より高効率―高生産性―大規模農業への構造変化を達成するための必須条件である小規模農家から大規模農家への土地移動を制約してきたという意味で，戦後日本農業において最も重大な不利益ないし障害をもたらしたということである。

　本章の残りの部分は以下のように構成されている。第 2 節は，第 11–13 章で用いられたものと同じ VP 関数モデルの推計パラメータに基づいて，投入要素補助金政策の前述の 5 経済指標への効果を推計する方法を提供する。第 3 節は実証結果を分析し評価する。最後に，第 4 節は簡単な要約と結論に充てる[3]。

2　分析の枠組み

　繰り返しになるが，本章は，第 11，12，および 13 章でなされたと同じく VP 関数モデルを用いて，以下の 5 経済指標，つまり，(i) 作物と畜産物の供給量，(ii) 可変投入要素需要量，(iii) 名目可変利潤 (VP')，(iv) 規模の経済性 (RTS)，および (v) 土地のシャドウ名目価格 ($w_B^{S'}$) への投入要素補助金政策の効果を定量的に分析し精査することをその主要な目的としている。

　そこで，本章においては直ちに，第 11 章の (11.1)－(11.7) 式によって構成される通常型多財トランスログ VP 関数モデルの推計パラメータを用いて，上記の 5 経済指標への効果を定量的に評価する公式を導出することにしたい。

2.1　可変投入要素価格変化が 5 個の経済指標に及ぼす効果

　本小節においても，基本的には第 12 章および第 13 章と同じ方法を用いる

---

2)　実際のところ，サーベイを国際的な範囲まで広げてみても，同様のことが言える。
3)　用いられるデータと推計方法および VP 関数に用いられる変数の定義は，第 11–13 章において用いられたものとまったく同じなので，本章ではそれらを省略した。

ことにする。かくして，5 個の経済指標に及ぼす効果を推計する方法の説明
はできるかぎり簡潔に行なうこととし，それぞれの効果を推計するための公
式の最終的な形のみを提示するにとどめる。

　さて，残念ながら，われわれは，投入要素補助金政策による可変投入要素
価格低下の 5 経済指標への「直接的」効果を推計することはできない。なぜ
なら，第 11 章で定義された VP 関数（11.1）式における可変投入要素に対応
するすべての価格指数データを集計することが必ずしも可能ではないからで
ある[4]。しかしながら，実証分析においては投入要素補助金の増大は実質の
可変投入要素価格低下による効果と類似の効果を持つはずである。したがっ
て，われわれは，まず，可変投入要素価格変化の上記 5 経済指標への効果を
推計し，その推計結果に基づいて，主として補助金政策によって引き下げら
れた実質の可変投入要素価格低下の 5 経済指標への効果を推論する，という
「間接的」な方法をとる。

　以下に，可変投入要素価格変化が 5 個の経済指標に及ぼす効果の推計式を
フォーマルな形で示しておくことにしよう。第 1 に，可変投入要素の名目価
格（w_M', w_I', および w_O'）変化の生産物供給量（Q_i, $i = G, A$）への効果
は以下の（14.1）式によって推計される。

$$\varepsilon_{Q_{ik}} = \frac{\gamma_{Q_{ik}}}{R_{Qi} - R_k}, \quad i = G, A, \quad k = M, I, O. \tag{14.1}$$

ここで，R_k は，すでに第 11 章の（11.2）式で定義されているように，k 番
目の可変投入要素費用−可変利潤比率である。ここで，弾力性の形で表され
ている効果は可変投入要素の名目価格（w_k', $k = M, I, O$）に関する生産物
供給（Q_i, $i = G, A$）弾力性と同値であることを特に言及しておくことにし
よう。

　第 2 に，ここでもまた，可変投入要素の名目価格（w_M', w_I', および w_O'）
変化の可変投入要素需要量（X_M, X_I, および X_O）への効果は，可変投入要

---

[4]　実際のところ，本書の第 11 章から第 14 章までを通して定義されている 3 つの可変投
　入要素価格（w_k', $k = M, I, O$）導出のために必要な構成要素の価格データを収集す
　ることは，生産物価格支持政策の効果分析のための生産物価格の収集の場合に比べると，
　はるかに複雑で時間のかかる作業なのである。

素の名目価格に関する可変投入要素需要（X_M, X_I, および X_O）弾力性と同値である。しかしながら，われわれはここでは，自己価格需要弾力性のみに焦点を合わせることにする。もしわれわれが交叉価格弾力性ないし効果をも推計し評価しようとすれば，それらの評価はかなり複雑なものになってしまうだろうからである。

　さて，k 番目の可変投入要素価格変化の k 番目の可変投入要素需要量に対する効果，つまり，k 番目の可変投入要素需要の自己価格弾力性は以下の（14.2）式によって推計することができる。

$$\eta_{kk} = -\frac{\gamma_{kk}}{R_k} - R_k - 1, \quad k = M, I, O. \tag{14.2}$$

ここで，R_k は k 番目の名目可変投入要素費用－名目可変利潤七率である。

　第3に，k 番目の可変投入要素価格変化の名目可変利潤（VP'）への効果は，以下の（14.3）式によって推計できる。

$$\frac{\partial \ln VP'}{\partial \ln w_k{'}} = \alpha_k + \sum_n \gamma_{kn} \ln w_n{'} + \sum_l \phi_{kl} \ln Z_l + \mu_{kR} \ln Z_R, \tag{14.3}$$
$$k, n = M, I, O, \ l = L, B.$$

これは，k 番目の名目可変投入要素費用－名目可変利潤比率と同値である。しかしながら，ここで，われわれは，第11章の表11-2に示されている VP 関数（11.1）の推計されたパラメータに基づき（14.3）式を用いてその効果を推計しようとするものであり，一般的には，その値は VP 関数体系を推計するために用いられた実際の k 番目の名目可変投入要素費用－名目可変利潤比率の値とは必ずしも一致しない，ということは銘記しておくべきである。

　第4に，k 番目の可変投入要素名目価格変化の規模の経済性（RTS）の程度に対する効果は，弾力性の形で以下の（14.4）式によって推計される。

$$\frac{\partial \ln RTS}{\partial \ln w_k{'}} = \frac{\sum_l \phi_{kl}}{RTS}, \ k = M, I, O, \quad l = L, B. \tag{14.4}$$

ここで，RTS は以下の（14.5）式（第11章の（11.27）式を転記）によって得られる。

$$RTS = \sum_l \frac{\partial \ln VP'}{\partial \ln Z_l}, \ l = L, B. \tag{14.5}$$

　最後に，k 番目の可変投入要素名目価格変化の土地のシャドウ名目価格（$w_B^{S'}$）への効果は，以下の（14.6）式によって弾力性の形で求められる。

$$
\begin{aligned}
\frac{\partial \ln w_B^{S'}}{\partial \ln w_{k'}} &= \frac{\partial \ln VP'}{\partial \ln w_{k'}} + \frac{\partial \left(\frac{\partial \ln VP'}{\partial \ln Z_B} \right)}{\partial \ln P'} \left(\frac{\partial \ln VP'}{\partial \ln Z_B} \right)^{-1} \\
&= \frac{\partial \ln VP'}{\partial \ln w_{k'}} + \phi_{kB} \left(\frac{\partial \ln VP'}{\partial \ln Z_B} \right)^{-1},
\end{aligned}
\tag{14.6}
$$

$$
k = M, I, O.
$$

　以下では，前3章において，それぞれ，生産物価格支持政策，減反政策，および公的農業 R&E 政策が下記の5経済指標に及ぼした効果を定量的に評価したように，可変投入要素名目価格変化が，（i）作物と畜産物の供給量，（ii）可変投入要素需要量，（iii）名目可変利潤（VP'），（iv）規模の経済性（RTS），および（v）土地のシャドウ名目価格（$w_B^{S'}$）に対していかなる効果を及ぼしたのかを定量的に評価するために，これらの効果を全研究期間 1965–97 年に対して全4階層農家の全サンプルについて推計し，その結果をグラフの形で提示する。この方法を用いると，読者はこれらの効果の異なる階層農家間での差異と同時にこれらの効果の経時的動向をも視覚的に捕捉することができる。

3　実証結果

3.1　可変利潤（VP）関数のパラメータ推計結果

　通常型多財トランスログ VP 関数体系のパラメータ推計結果と関係する P-値や決定係数などはすでに第11章の表 11–2 に示されており，そして生産物供給弾力性および可変投入要素需要弾力性は表 11–3 に示され，かつそれらの評価は第11章の第 4.2 節および第 4.3 節において明確になされている。そこで，本章では，同様の解説の繰り返しは割愛することにしたい。さらに，生産構造に関する各種帰無仮説の検定に関しては表にこそまとめられてはいないが，その結果は箇条書きの形で簡潔にまとめられている。したがって，

われわれは直ちに，可変投入要素補助金政策による可変投入要素が実質価格変化が上記5経済指標に及ぼした効果の評価へと進もう。

　繰り返しになるが，ここでの主要な目的は，可変投入要素の補助金政策による可変投入要素の実質価格変化の効果を，より大規模－高効率－高生産性農業の達成のための小規模農家から大規模農家への農地移転による農業の構造改革という視点から定量的に分析し評価することにある。ただし，ここで，可変投入要素の補助金政策による可変投入要素の実質価格低下の効果は，VP関数体系から導出され推計される機械投入要素，中間投入要素，およびその他投入要素からなる可変投入要素名目価格（w_M', w_I', および w_O'）低下とほぼ同じ効果を持つと仮定していることを銘記していただきたい。

3.2　可変投入要素名目価格（w_k'）変化が5個の経済指標に及ぼす効果

3.2.1　可変投入要素名目価格（w_k'）変化が作物供給量〔Q_G〕に及ぼす効果

　まず，（14.1）式によって弾力性の形で推計された可変投入要素名目価格（w_k', $k = M, I, O$）変化の作物の供給量（Q_G）への効果を評価することにしよう。実際には，これらの効果は，可変投入要素名目価格（w_k'）変化に関する作物の供給弾力性と同値である。図14－1および14－2は，それぞれ，全研究期間1965–97年における全4階層農家のすべてのサンプルについて，弾力性で測られた可変投入要素名目価格変化の作物の供給量への効果を示している。これらの図から，いくつかの興味深いファインディングズについて評価を試みることにしよう。

　第1に，図14－1から明らかなように，機械名目価格（w_M'）変化の Q_G への効果は，全研究期間1965–97年における全4階層農家のすべてのサンプルについて負であった。さらに，弾力性で測られたこれらの効果は，絶対値で見て，およそ0.12（階層農家IV, 1965年）からおよそ0.68（階層農家I, 1997年）へと経時的に増大した。換言すると，作物の供給量は，全4階層農家において，機械名目価格（w_M'）変化に対して経時的に一貫してより弾力的になったということである。この結果は，補助金政策による機械名目価格（w_M'）の低下は全4階層農家における機械の需要量を増大させたというこ

図14-1　機械名目価格の変化が作物供給量に及ぼす効果：全階層農家（都府県），
　　　　　1965-97年

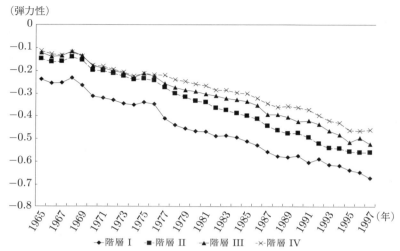

とを示唆している。このことは，全研究期間1965-97年における全4階層農家において，作物の供給量の増大ひいては作物収益の増大をもたらしたに違いない。

　さらに，図14-1から明らかなように，全研究期間1965-97年において，階層農家が小さいほど，絶対値で見た w_M' 変化の Q_G への効果は大きい。このファインディングは，機械実質価格を引き下げる効果を持っていた補助金政策は，相対的に大規模な農家よりも相対的に小規模な農家に対して，機械需要量を増大させ作物供給量したがって作物総収益を増大させる効果を持っていたということを示唆している。われわれはこのファインディングから，機械への政府による補助金政策は，相対的に大規模農家よりも相対的に小規模農家に対して作物生産（特に，米）を生産し続けようとする強い動機を与え続けてきたということをかなり明確に推測できる。このことから，投入要素補助金政策は，大雑把に言って，20世紀最後の40年間において，大規模農場におけるより高効率—高生産性農業の展開には必須条件である小規模農家から大規模農家への土地移動を制約したであろうと容易に想像できる。

図14-2　中間投入要素名目価格の変化が作物供給量に及ぼす効果：全階層農家
　　　　（都府県），1965-97年

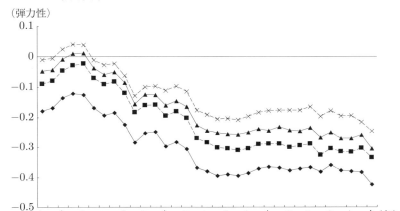

次に，（14.2）式によって弾力性の形で推計された中間投入要素名目価格
（w_I'）変化のQ_Gへの効果を評価することにしよう。実際には，これらの効
果は，可変投入要素名目価格（w_I'）変化に関する作物の供給弾力性と同値
であり，全研究期間1965-97年に対して全4階層農家の全サンプルについて
推計され，その結果は図14-2に示されている。この図から，いくつかの興
味深いファインディングズについて解説を行なってみよう。

第1に，弾力性で測られたこれらの効果はかなり小さいが（0.1以下），1967-
69年には階層農家IVおよび1968-69年には階層農家IIIに対して，w_I'変
化のQ_Gへの弾力性で測った効果は正であった。このファインディングに対
する直感的な解釈は，肥料，農薬，種苗，およびその他諸材料で構成される
中間投入要素（X_I）への支出の増大をカバーするために，これらの階層農家
はこれらの期間にQ_Gを増大させた可能性が高いというものである。

第2に，これらのある意味で特殊ケースを除けば，全研究期間1965-97年
に対する全4階層農家における効果は負であった。このことは，理論的には
妥当な結果である。図14-2から明らかなように，全4階層農家におけるこ

の効果は，1965–82 年頃には，絶対値で見て増加傾向を持っていたが，1982年以降においては，1982–84 年頃には全 4 階層農家は増加傾向を，それ以降1991 年までわずかながらも減少傾向を，1991–97 年にはわずかに増加傾向を持った。

　これに加えて，$w_M{}'$ 変化の Q_G への効果の場合と同様に，全研究期間1965–97 年において，農家の規模が小さいほど，絶対値で測られた中間投入要素名目価格（$w_I{}'$）変化の効果は大きいということが，図 14–2 から明らかである。このことは，中間投入要素補助金政策による中間投入要素実質価格の低下は大規模農家よりも小規模農家における作物供給量を増大させる効果を持ったことを示唆している。このメカニズムは，小規模農家から大規模農家への土地の移動を制約する方向へと働いたに違いない。このことはさらに，20 世紀最後の 40 年間の日本農業において，大規模－高効率－高生産性農業の展開を制約したに違いないと言えよう。なお，図 14–1 および 14–2 から，2 つの効果の経時的動向にはかなり大きな違いが認められるが，$w_M{}'$ および $w_I{}'$ の変化に対する Q_G への効果は，絶対値で見て，互いに比肩し得るものであった，ということは銘記しておくべきであろう。

　最後に，その他投入要素名目価格（$w_O{}'$）の Q_G への効果は全研究期間1965–97 年における全 4 階層農家の全サンプルについて弾力性の形で測られ，それらの効果は図 14–3 に示されている。ここで再び，その他投入要素は農用建物および構築物，大動物，および大植物への支出によって構成されていることを銘記しておこう。

　中間投入要素に関する効果の場合と同様に，階層農家 II，III，および IV におけるその他投入要素価格（$w_O{}'$）変化の効果は，1965–72 年において，小さい値ではあったが，正であった。それぞれ，階層農家 II においては 1965–70年，階層農家 III では 1965–69 年，そして階層農家 IV では 1965–72 年において，この効果が正であったことが図 14–3 から読み取れる。再びインフォーマルな解釈をすると，このような現象は図 14–2 で観た中間投入要素価格（$w_I{}'$）変化に関する効果の場合とかなり類似している。つまり，このことは次のように解釈できるであろう。その他投入要素価格（$w_O{}'$）の上昇によってその支出が増大し，それをカバーするためにこれらの 3 階層農家はそれぞ

図 14-3　その他投入要素名目価格の変化が作物供給量に及ぼす効果：全階層農家（都府県），1965-97 年

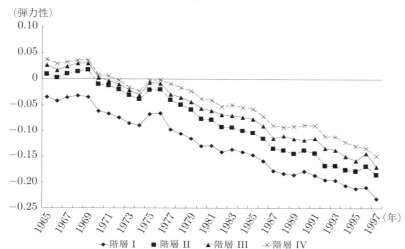

（弾力性）

-◆-階層 I　-■-階層 II　-▲-階層 III　-×-階層 IV

れの期間において作物の供給量を増大させ，したがって作物収益を増大させるという経営行動をとった，と。

　それらの期間以降においては，これらの効果は，いくつかの上下変動はあったものの，全 4 階層農家においてすべて負であり，絶対値で見て上昇傾向を示したことが図 14-3 から観察される。これに加えて，1969-97 年においては，農家の規模が小さいほど，絶対値で見たこの効果は大きくなったということも観察できる。このことは，投入要素補助金政策によるその他投入要素の実質価格低下は，大規模農家よりも小規模農家における作物供給量を増大させたであろうということを示唆している。このメカニズムは，小規模農家から大規模農家への土地の移動を制限する方向に働かせる役割を果たしたであろうし，したがって，大規模－高効率－高生産性の作物生産の可能性を制約したと推測される。しかしながら，図 14-1，14-2，および 14-3 における絶対値での中間投入要素価格低下に関する効果の大雑把な観察に基づいて，われわれは，機械名目価格変化の作物供給量への効果の程度が最も大きく，中間投入要素名目価格（w_I'）変化の効果がこれに続き，そしてその

他投入要素名目価格（$w_O{}'$）変化の効果が最も小さい，ということを主張できそうである。

　ここで，農家の規模が小さいほど，全研究期間 1965–97 年において作物価格上昇によって作物供給量は増大するという現象を発見したことを思い起こしてみよう（第 11 章の図 11–7 を参照）。このことは，作物価格支持政策が小規模農家から大規模農家への土地移動を制約するという効果を持っていたということを示唆している。

　可変投入要素名目価格変化による効果と作物生産価格変化による効果に関するファインディングズに基づいて，われわれは，作物価格支持政策と生産投入要素補助金政策の双方とも小規模農家から大規模農家への土地移動を制限することにおいて重要な役割を果たしてきたと言えるであろう。さらに，このことから，大雑把に言って，20 世紀の最後の 40 年間において，これらの農業政策手段は，大規模－高効率－高生産性作物農業への転換の可能性を制約したに違いないと言っても過言ではないであろう。

3.2.2　可変投入要素名目価格（$w_k{}'$）変化が畜産物供給量（Q_A）に及ぼす効果

　まず最初に，(14.1) 式を用いて，可変投入要素名目価格（$w_k{}', k = M, I, O$）変化が畜産物供給量（Q_A）に及ぼした効果を，全研究期間 1965–97 年に対して全 4 階層農家の全サンプルについて推計し，その結果をそれぞれ，図 14–4，14–5，および 14–6 に示した。これらの図からいくつかの興味深いファインディングズが得られた。

　第 1 に，機械名目価格（$w_M{}'$）変化の畜産物供給量（Q_A）への効果は，全研究期間 1965–97 年における全 4 階層農家の全サンプルについて正であった。しかしながら，階層農家 I および II については，それぞれ，1977–92 年および 1986–89 年において，この効果は負であった。このことは，経済理論の視点からすれば自然である。とすれば，図 14–4 における特異なファインディングについて，いかなる解釈をすればよいのであろうか。

　以下のような 1 つの解釈は可能であると思われる。機械名目価格（$w_M{}'$）の上昇は，ミクロ経済学的には，機械に対する需要量を減少させるだろう。

図 14-4　機械名目価格の変化が畜産物供給量に及ぼす効果：全階層農家（都府県），1965-97 年

（弾力性）

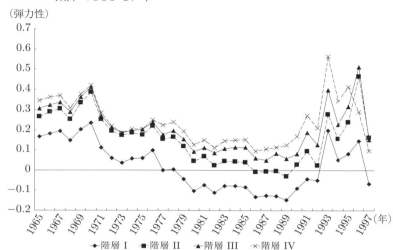

◆-階層 I　■-階層 II　▲-階層 III　-×-階層 IV

しかしながら，畜産農家は，特に，1990 年代において，畜産物生産を増大させるために，手持ちの機械ストックをより効率的に使用したのかもしれない，という解釈である。

　これとは逆に，政府による補助金政策は機械の実質価格を下げる効果を持ったために機械に対する需要量を増大させ，したがって，そのことが Q_A 水準を増大させるという効果を持ったと推察される。しかしながら，この話は逆であった。機械の実質価格低下は機械需要量を増大させたが，Q_A は減少させたのである。これに加えて，階層農家が大きくなるほど，Q_A の減少効果の程度は大きくなった。このことは，小規模農家と大規模農家の間の畜産物供給量の差を縮小させ，小規模農家から大規模農家への土地移動の可能性を制約する方向に働いた，ということを示唆している。

　次に，中間要素投入要素名目価格（w_I'）変化の Q_A への効果は，全研究期間 1965-97 年に対して全 4 階層農家の全サンプルについて推計し，これらの効果は図 14-5 に示されている。ここでもまた，われわれは特異な結果に直面した。つまり，1965-70 年および 1993-97 年について，相対的に大規模農

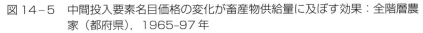

図 14−5　中間投入要素名目価格の変化が畜産物供給量に及ぼす効果：全階層農家（都府県），1965−97 年

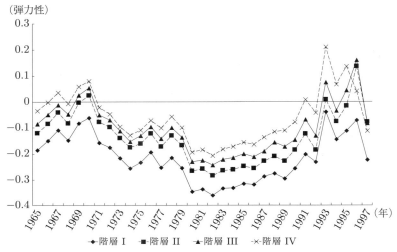

家において Q_A の増大を観たのである。階層農家 IV については 1966−70 年と 1993−96 年において，階層農家 III および II については 1969−70 年および 1993，1995，および 1996 年において，そうであった。機械名目価格（w_M'）上昇の効果の評価で行なった方法と同様に，われわれは中間投入要素名目価格（w_I'）上昇が Q_A に対して増大効果を持ったというファインディングを解釈することにしたい。つまり，農企業は畜産農業において飼料のような中間投入要素の使用の仕方をより集約的にかつ効率的な方法で行なった，という具合にである。

　一方，階層農家 II，III，および IV においては 1972−92 年および 1997 年に対して，階層農家 I においては全研究期間 1965−97 年に対して，w_I' 上昇の Q_A への効果はすべて負であった。このファインディングの解釈は容易であり，また経済理論的にも自然のことである。つまり，w_I' 上昇は畜産物生産における中間投入要素（例えば，飼料）の需要量（使用量）を減退させ，全 4 階層農家における Q_A の減退をもたらした，ということである。

　さらに，全研究期間 1965−97 年を通して，絶対値で見て，農家の規模が大

図14-6　その他投入要素名目価格の変化が畜産物供給量に及ぼす効果：全階層
　　　　　農家（都府県），1965-97年

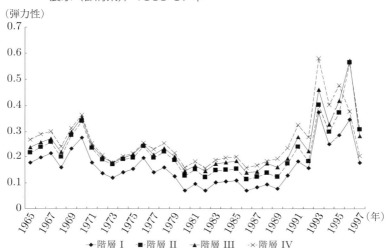

きくなるほど，w_I' 上昇の Q_A への効果は小さくなる，ということは図14-
5より明らかである。

　さて，中間投入要素への補助金政策が Q_A に及ぼした効果を評価すること
にしよう。補助金政策による中間投入要素実質価格の低下は全4階層農家の
中間投入要素需要量を増加させ，畜産物供給量を増大させた。われわれは，
図14-5の上記の観察を総合すると，全研究期間1965-97年に対して，農家
の規模が小さいほど，畜産物供給量の増加の程度は大きかった，と推測でき
る。このことは，小規模農家と大規模農家間の畜産物供給量の差の縮小をも
たらしたに違いない。その結果，投入要素補助金政策は小規模農家から大規
模農家への土地移転を制限する方向に働いた，と結論できる。

　最後に，その他投入要素名目価格（w_O'）上昇の畜産物供給量（Q_A）への
効果は図14-6に弾力性の形で示されている。ここで再び，その他投入要素
は農用建物および構築物，大動物，および大植物への支出によって構成され
ていることを思い出そう。

　図14-6によると，w_O' 上昇の Q_A への効果は全4階層農家においてすべ

て正であり，1994年と1997年に鋭い落ち込みはあるが，1980年代末から1990年代にかけて急激に増大したことが観察される。このような特異な結果は，いかにすれば論理的に解釈できるのだろうか。

図14-4に示されている w_M' 上昇の Q_A への効果の場合のように，以下のような1つの解釈が可能である。w_O' 上昇は X_O 需要量を減少させる。このことは，Q_A 供給量の減少をもたらすだろう。しかしながら，全4階層農家における畜産業者は農用建物と構築物および大動物のようなその他投入要素の限りある資本ストックを，特に，1990年代においては，より効率よく利用した違いない，とする解釈の仕方である。

逆に，政府による補助金政策はその他投入要素の実質価格を引き下げ，その他投入要素需要量を増大させ，その結果，畜産物生産水準（Q_A）を上昇させる効果を持ったに違いない。しかし，現実には，その結果は逆であった。w_O の低下は X_O を増大させたが，Q_A を減少させるという効果を持ったのである。これに加えて，1996–97年以外においては，農家の規模が大きくなるほど，Q_A 減退効果の程度は大きかった，という現象は図14-6より容易に確認することができる。このことは，小規模農家から大規模農家への土地移動の可能性を制限するという結果をもたらしたと思われる。

3.2.3　可変投入要素名目価格（w_k'）変化が可変投入要素需要量（X_k）に及ぼす効果

（14.1）式を用いて，可変投入要素名目価格（w_k', $k = M, I, O$）変化が可変投入要素需要量（X_k, $k = M, I, O$）に及ぼした効果を，全研究期間1965–97年に対して全4階層農家の全サンプルについて推計し，その結果を，それぞれ，図14-7，14-8，および14-9に示した。ここでは，第2.2.1節で述べたように，われわれは自己価格需要弾力性のみに焦点を合わせることにする。もしわれわれが交叉価格需要弾力性ないし効果をも推計し評価しようとすれば，それらの評価はかなり複雑なものになってしまうだろうからである。これらの図から，いくつかの興味深いファインディングズについて解説しておくことにしよう。

まず最初に，機械名目価格（w_M'）上昇の機械需要量（X_M）への効果は，

図14-7　機械名目価格の変化が機械需要量に及ぼす効果：全階層農家（都府県），
　　　　1965-97年

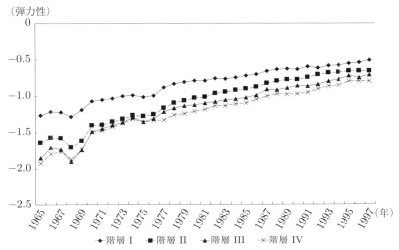

全研究期間1965-97年に対して全4階層農家の全サンプルについて負であった。この結果は，ミクロ経済学理論と矛盾しない[5]。さらに，われわれは，全4階層農家における機械の自己価格需要弾力性は，全研究期間 1965-97年において，絶対値で見て，減少傾向を持っていた，という現象を発見した。このことは，物的設備の形であれ機械労働用役雇用，つまり，「注文機械労働雇用」の形であれ，あるいはそれら両方の形であれ，機械の自己価格需要弾力性は，絶対値で見て，経時的に一貫して減少したことを意味している。もう少し具体的に言うと，図14-7において明らかなように，これらの効果，あるいは，同値ではあるが，機械の自己価格需要弾力性は，絶対値で見ると，1965-75年に対しては，階層農家II，III，およびIVにおいてかなり高かった。それらは，絶対値で見て，およそ1.9（1965年，階層農家IV）からおよそ1.3（1975年，階層農家II）にわたるものであった。しかし，それ以降1990年

---

5)　可変投入要素（$X_k, k = M, I, O$）に関する凸性条件帰無仮説の検定結果は満足できるものであった（第11章の第4.1節を参照）。

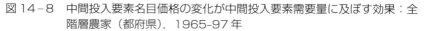

図14-8　中間投入要素名目価格の変化が中間投入要素需要量に及ぼす効果：全
　　　　階層農家（都府県），1965-97年

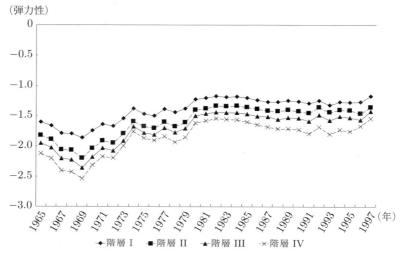

代末までは，全4階層農家における弾力性はほぼ同じような率で一貫して減
少した。

　さらに，全研究期間1965-97年においては，農家の規模が大きいほど，絶
対値で見て，機械に対する自己価格需要弾力性は大きかったことを図14-7
においてはっきりと観察できる。

　このことは，補助金政策による機械の実質価格の低下は，小規模農家より
も大規模農家においてより大きく機械に対する需要量を伸ばし，そのことが，
小規模農家よりも大規模農家において作物または畜産物あるいはその双方の
より大量の生産増加に導いたに違いない。つまり，機械に対する補助金政策
は，より大規模－高効率－高生産性農業を推進するための必須の条件である
小規模農家から大規模農家への土地移転を促進する重要な役割を果たしたこ
とを示唆している。

　次に，（14.2）式を用いて，中間投入要素名目価格（w_I'）変化が中間投入
要素需要量（X_I）に及ぼした効果を，全研究期間1965-97年に対して全4
階層農家の全サンプルについて推計し，その結果を図14-8に示した。この

図によると，全 4 階層農家における中間投入要素需要の価格弾力性はすべて負であり，凸性条件を満たしている。加えて，絶対値で見て，全研究期間 1965–97 年におけるこの効果の持つ経時的傾向は以下の 3 つのパターンに分割することができる。(i) 1965–69 年に対しては，X_I はかなり急速に増大した。(ii) しかしながら，減反政策が初めて導入された 1969 年以降およそ 1980 年まで，X_I はかなり急速に減退した。(iii) 1980–97 年にかけては，中間投入要素需要の価格弾力性は停滞気味になった。われわれは，これらの X_I に対する需要パターンの変化は，X_I 需要量に負の効果を持ったと思われる減反政策および生産調整政策の導入と，密接な関係を持っていたに違いないと推量する。

　さらに，図 14–8 から，われわれは，全研究期間 1965–97 年において，絶対値で見て，階層農家が大きいほど，X_I に対する需要量が一貫して多くなる，ということを観てとることができる。このことは，中間投入要素補助金政策による中間投入要素の実質価格の低下は，小規模階層農家よりも大規模階層農家において，より多くの中間投入要素需要量の増大があったに違いないということを示唆している。さらに言うと，作物生産であれ畜産物生産であれあるいはその双方であれ，小規模農家よりも大規模農家においてより多くの生産量の増加をもたらしたに違いないと推測できる。このことより，X_I に対する補助金政策は，作物であれ畜産物であれ，小規模農家から大規模農家への土地移動の可能性を高める役割を果たしたと言えるだろう。

　最後に，(14.2) 式を用いて，その他投入要素名目価格 ($w_O{}'$) 変化がその他投入要素需要量 (X_O) に及ぼした効果を，全研究期間 1965–97 年に対して全 4 階層農家の全サンプルについて推計し，その結果を図 14–9 に示した。ここでもまた，機械および中間投入要素の場合と同様に，この効果は，その他投入要素の自己価格需要弾力性と同値であるということは言うまでもない。

　まず，図 14–9 によると，全研究期間 1965–97 年において多少の上昇と下降はあるけれども，絶対値で見て，その他投入要素の名目価格 ($w_O{}'$) 変化のその他投入要素 (X_O) に対する需要量への効果は，全 4 階層農家において互いにきわめてよく似た安定的な減少傾向を持っていた。その弾力性（その効果と同値であるが）は，絶対値で見て，およそ 2.4（階層農家 IV，1965 年）

図 14-9　その他投入要素名目価格の変化がその他投入要素需要量に及ぼす効果：
　　　　　全階層農家（都府県），1965-97 年

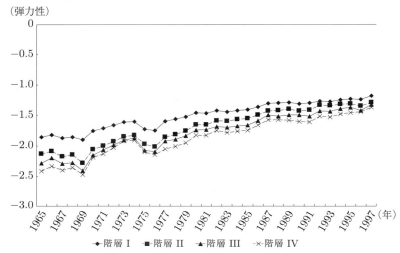

からおよそ 1.2（階層農家 I，1997 年）の範囲にわたっていた。これらの弾性
値は，機械および中間投入要素の自己価格需要弾性値と比肩し得るほどの大
きさを持ったものであった。

　さらに，全研究期間 1965-97 年において，絶対値で見て，階層農家が大き
いほど，その他投入要素名目価格（w_O'）変化のその他投入要素需要量（X_O）
は大きくなる，ということが図 14-9 においてかなりはっきりと観てとれる。
このファインディングが示唆するのは，その他投入要素の実質価格を低下さ
せる効果を持つ補助金は，小規模農家よりも大規模農家において，その他投
入要素の需要量をより多量に増大させ，したがって，作物であれ畜産物であ
れあるいはその双方であれ，その生産量（供給量）を増大させることにおい
て，より強力な効果をもたらしたということである。かくして，その他投入
要素に対する補助金は，小規模農家よりも大規模農家に対して，より多く生
産しようというより強い"やる気"を与えた，と言えるだろう。このことは，
したがって，小規模農家から大規模農家への土地移動を促進する要因となっ
た，と推量することができる。

図 14-10　機械名目価格の変化が名目可変利潤に及ぼす効果：全階層農家（都府県），1965-97 年

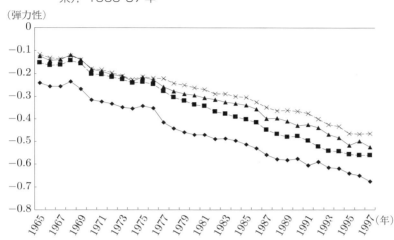

3.2.4　可変投入要素名目価格（w_k'）変化が名目可変利潤（VP'）に及ぼす効果

　（14.1）式を用いて，可変投入要素名目価格（w_k', $k = M, I, O$）変化が名目可変利潤（VP'）に及ぼした効果を，全研究期間 1965-97 年に対して全 4 階層農家の全サンプルについて推計し，その結果を，それぞれ，図 14-10, 14-11，および 14-12 に示した。前述したように，これらの効果は k 番目の投入要素名目費用－名目可変利潤比率（R_k, $k = M, I, O$）と同値である。これらの図から，いくつかの興味深いファインディングズについて銘記しておくことにしよう。

　まず最初に，図 14-10 によると，機械名目価格（w_M'）上昇の名目可変利潤（VP'）への効果は，全研究期間 1965-97 年における全 4 階層農家の全サンプルについてすべて負であった。

　これらの効果を絶対値で見ると，w_M' 上昇の VP' への効果は，全研究期間 1965-97 年に対して全 4 階層農家について，すべて上昇傾向を持っていたことが明らかである。この効果は 0.12（階層農家 IV，1965 年）から 0.68（階

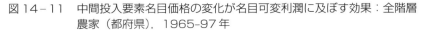

図 14-11　中間投入要素名目価格の変化が名目可変利潤に及ぼす効果：全階層農家（都府県），1965–97 年

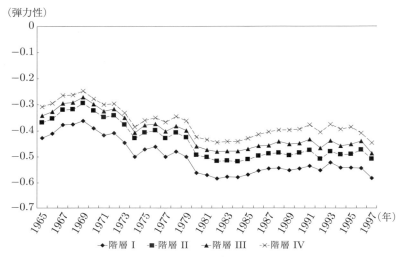

（弾力性）

$\blacklozenge$-階層 I　$\blacksquare$-階層 II　$\blacktriangle$-階層 III　-×-階層 IV

層農家 I，1997 年）の範囲にわたっていた。これを逆に表現すると，補助金による機械の実質価格の低下は，全研究期間 1965–97 年における全 4 階層農家の可変利潤を増加させたに違いない。

　さらに，われわれは，全研究期間 1965–97 年において，絶対値で見て，階層農家が小さいほど，$w_M{}'$ 上昇の VP' への効果が大きいことを，図 14-10 において観察することができる。

　ここから，補助金による機械の実質価格の低下は，小規模農家の方が大規模農家よりも，名目可変利潤の増加率が高くなるという解釈が導かれ得る。さらに，小規模農家の方が大規模農家よりも，機械需要量を増大させ，したがって名目可変利潤を増大させようとする意欲が高かったことが推測されよう。このことに基づいて，われわれは，全研究期間 1965–97 年において，補助金による機械投入要素の実質価格の低下は，小規模農家から大規模農家への土地移転を制限する重要な一要因となったに違いない，と推論することができる。

　次に，図 14-11 において，中間投入要素名目価格（$w_I{}'$）上昇の名目可変

利潤（VP'）への効果は，全研究期間 1965–97 年における全 4 階層農家の全サンプルについてすべて負であった。

　さらに，絶対値で見た w_I' 上昇の VP' への効果は，1965–69 年においては，低下傾向を示したが，それ以降は，1974 年の（多分「石油」危機による）減少を除けば，1969–97 年において，全 4 階層農家で上昇ないし安定した傾向を示した。この効果はおよそ 0.25（階層農家 IV，1965 年）からおよそ 0.58（階層農家 I，1997 年）へとかなり大幅な範囲にわたった。逆に言うと，補助金政策による肥料や農薬などの中間投入要素の実質価格の低下は，全研究期間 1965–97 年における全 4 階層農家について，可変利潤を増大させたに違いない。そしてこの傾向は，特に，中・大型機械化が急速なスピードで促進された期間 1968–97 年において強かった。

　これに加えて，われわれは，図 14 – 11 において，全研究期間 1965–97 年に対して，階層農家が小さいほど，絶対値で見た w_I' 上昇の VP' への効果が大きいことをはっきりと観察することができる。このことは，補助金政策による中間投入要素の実質価格の低下は，大規模農家よりも小規模農家において，名目可変利潤のより大きな増大をもたらしたことを意味している。したがって，大規模農家よりも小規模農家の方が，X_I 需要量を増大させることによって，作物にしろ畜産物にしろあるいはそれら双方にしろ，その生産を増大させ，VP' の増大に対するより強い動機を持ったに違いない。さらに敷衍して述べると，全研究期間 1965–97 年において，小規模農家から大規模農家への土地の移転は制約されたと推察される。つまり，このことは，戦後日本農業の生産構造の変革を抑える方向に働いたと言えそうである。

　最後に，図 14 – 12 によると，その他投入要素名目価格（w_O'）上昇の名目可変利潤（VP'）への効果は，全研究期間 1965–97 年における全 4 階層農家の全サンプルについてすべて負であった。このファインディングから，補助金によるその他投入要素の実質価格の低下は全 4 階層農家の名目可変利潤を増大させたことが示唆される。図 14 – 12 において，少なくとも，2 つのファインディングズが興味深い。

　第 1 に，大雑把に言って，w_O' 上昇の VP' への効果は，全研究期間 1965–97 年における全 4 階層農家について，絶対値で見て，増加傾向を持っていた。

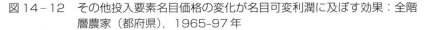

図14-12　その他投入要素名目価格の変化が名目可変利潤に及ぼす効果：全階
　　　　　層農家（都府県），1965-97年

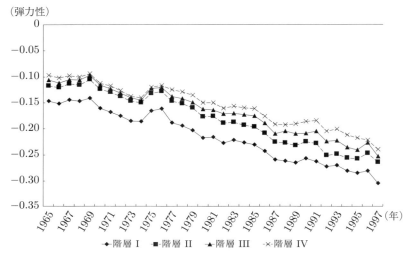

この効果は0.1（階層農家IV，1965年）から0.31（階層農家I，1997年）にわ
たるものであった。逆に言うと，補助金政策によるその他投入要素の実質価
格の低下は，全研究期間1965-97年における全4階層農家について，VP' を
増大させたに違いないと推論できそうである。

　さらに，図14-12から，われわれは，全研究期間1965-97年において，絶
対値で見て，階層農家が小さいほど，w_O' 上昇の VP' への効果は大きいと
いうことを観察できる。逆に，このことは，補助金政策によるその他投入要
素の実質価格の低下は，大規模農家よりも小規模農家に対してより大きな可
変利潤をもたらしたことを示唆している。そして，大規模農家よりも小規模
農家の方が，その他投入要素の需要量を増大し，作物であれ畜産物であれあ
るいはその双方であれ，その生産量したがって供給量を増加させ名目可変利
潤を増大させようとするより強い動機を持っていたことがうかがわれる。こ
こからわれわれは，上記の機械および中間投入要素の場合と同じく，全研究
期間1965-97年において，補助金によるその他投入要素の実質価格の低下は，
小規模農家から大規模農家への土地移転を制約したことを推測することがで

きる。

　ここで，われわれは，全研究期間 1965–97 年において，農家の規模が小さ
いほど，作物名目価格の変化の名目可変利潤への効果は大きいという実証結
果を発見したことを思い出してみよう（第 11 章の図 11 – 17 を参照）。このこ
とは，作物（特に，米）に対する価格支持政策は小規模農家から大規模農家
への土地移転に対して負の効果をもたらしたことを示唆している。

　可変投入要素名目価格（w_k'）変化および作物名目価格（P_G'）変化に関
する効果についてのファインディングズに基づいて，われわれは，政府によ
る作物価格支持政策および投入要素に対する補助金政策はともに小規模農家
から大規模農家への土地移転を制約してきた重要な要因であったに違いな
い，と結論することができる。もう一言付け加えると，このことは，大雑把
に言って 20 世紀の最後の 40 年間において，少なくとも，大規模－高効率－
高生産性作物生産農業への構造転換の可能性を制限した，ということである。

3.2.5　可変投入要素名目価格（w_k'）変化が
　　　規模の経済性（RTS）に及ぼす効果

　（14.4）式を用いて，可変投入要素名目価格（$w_k', k = M, I, O$）変化が規模
の経済性（RTS）に及ぼした効果を，全研究期間 1965–97 年に対して全 4 階
層農家の全サンプルについて推計し，その結果を，それぞれ図 14 – 13，14 –
14，および 14 – 15 に示した。これらの図から，いくつかの興味深いファイ
ンディングズについて銘記しておくことにしよう。

　第 1 に，図 14 – 13，14 – 14，および 14 – 15 によると，機械名目価格（w_M'），
中間投入要素名目価格（w_I'），およびその他投入要素名目価格（w_O'）の上
昇は，全研究期間 1965–97 年における全 4 階層農家について，規模の経済性
（RTS）の程度を増大させる効果を持った。第 2 に，全研究期間 1965–97 年
における全 4 階層農家について，w_M' 変化の RTS の程度を増大させる効
果は，w_I' および w_O' 変化の RTS の程度を増大させる効果よりも大きかっ
た。第 3 に，われわれは，図 14 – 13，14 – 14，および 14 – 15 から，全 4 階層
農家について，これらの効果は，1965–69 年においては増加傾向を示したが，
1969–97 年には減少傾向を示したことをはっきりと観察できる。これら 3 投

図14-13　機械名目価格の変化が規模の経済性に及ぼす効果：全階層農家（都府県），1965-97年

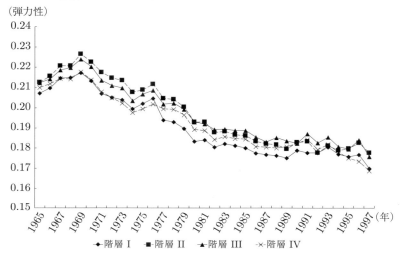

入要素の価格変化の RTS の程度に及ぼす効果の動向は，互いにきわめて類似していた。第4に，全研究期間1965-97年に対して，異なる4階層農家間におけるこれら効果の一貫した差異を見いだすことは困難である。

　これらのファインディングズは以下のように解釈することができる。例えば，$w_M{}'$ の上昇を例にとってみよう。$w_M{}'$ の上昇は，農企業に対して機械に対する需要量を減少させようとする誘因を与えるであろう。このことは，作物であれ畜産物であれあるいはその双方であれ，その生産量したがって供給量に負の（つまり，減少）効果を及ぼすだろう。ここで，読者に平均費用曲線および限界費用曲線が描かれている費用曲線図を想像していただくことにしよう。すると，供給量に対する負の効果とは，例えば，作物供給量を，平均費用がそこで最低に達する「最低効率規模」（MESC）から，縦軸に向かって左方に移動させるということを意味する。このことはさらに，作物生産において規模の経済性 RTS の上昇を引き起こすことになる。なぜなら，規模の経済性とは平均費用/限界費用比率（$RTS = AC/MC$）として定義されるので，作物供給量の減少は，この比率（つまり，RTS）がMESCから離れて

図14-14　中間投入要素名目価格の変化が規模の経済性に及ぼす効果：全階層
　　　　　農家（都府県），1965-97年

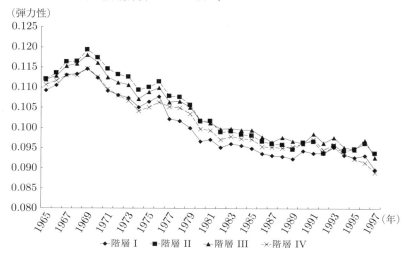

図14-15　その他投入要素名目価格の変化が規模の経済性に及ぼす効果：全階
　　　　　層農家（都府県），1965-97年

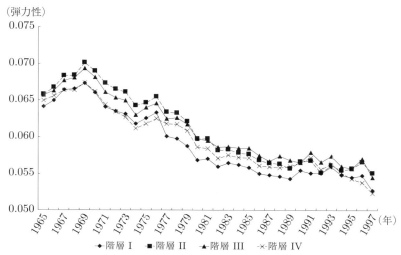

縦軸の方向にシフトすること，つまり，AC/MC が拡大することを意味するからである（第 6 章の図 6–4 を参照）。図 14–13，14–14，および 14–15 によると，この動きの程度は異なる階層農家間において，それほど大きく異なっているようには見えない。言い換えれば，小規模農家と大規模農家との間の規模の経済性の程度には縮小も拡大もほとんどない，あるいは，あったとしてもきわめて小さなものであった，ということである。このことは，小規模農家から大規模農家への土地移動の可能性にはほとんど影響をもたらさないということを示唆している。言うまでもなく，中間およびその他投入要素名目価格（w_I' および w_O'）の上昇についても同様の解釈が適用できる。

　また，投入要素補助金は一般に投入要素の名目価格（w_k', $k = M, I, O$）を実質的に引き下げることと同値である。このことは，もし補助金政策によって投入要素名目価格が低下させられれば，上記の解釈と逆の論理が適用可能であるということを示唆している。換言すれば，投入要素補助金政策は小規模農家と大規模農家の規模の経済性（RTS）の程度を必ずしもそれほど大きくは拡大しなかった，ということである。すなわち，投入要素補助金政策は，規模の経済性（RTS）の程度への効果という視点からは，土地移動に対してはむしろ「中立的」な効果を与えてきた，と言えそうである。

3.2.6　可変投入要素名目価格（w_k'）変化が土地のシャドウ名目価格（$w_B^{S'}$）に及ぼす効果

　（14.6）式を用いて，可変投入要素名目価格（w_k', $k = M, I, O$）変化が土地のシャドウ名目価格（$w_B^{S'}$）に及ぼした効果を，全研究期間 1965–97 年に対して全 4 階層農家の全サンプルについて弾力性の形で推計し，その結果を，それぞれ，図 14–16，14–17，および 14–18 に示した。これらの図から，いくつかの興味深いファインディングズについて特に言及しておくことにしよう。

　第 1 に，図 14–16 によると，階層農家 I における機械名目価格（w_M'）変化が土地のシャドウ名目価格（$w_B^{S'}$）に及ぼした弾力性で測られた効果は，全研究期間 1965–97 年に対してすべて負であった。しかしながら，他の 3 階層農家 II，III，および IV におけるこの効果は階層農家 I におけるものとは違っ

図 14-16　機械名目価格の変化が土地のシャドウ名目価格に及ぼす効果：全階層農家（都府県），1965-97 年

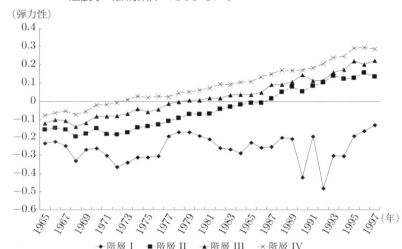

た結果を示している。つまり，これら 3 階層農家におけるこの効果は，初期には負であったが，その後の期間には正に転じている。階層農家 II では初期の 1965–85 年には負であり，階層農家 III では 1965–78 年には負，そして，階層農家 IV では 1965–1972 年には負であった。しかしながら，これらのそれぞれの期間の後 1997 年まで，この効果はこれら 3 階層農家において正の値をとるようになった。このようなファインディングズに対しては，以下のような解釈が許されるだろう。

　すなわち，階層農家 I に対しては，w_M' の上昇は機械（X_M）に対する需要量および使用量（または時間）を減少させ，その結果，$w_B^{S'}$ を引き下げた可能性は高い。当然，残りの 3 階層農家に対しても類似の現象が，上記のそれぞれの期間に対して生じたことは容易に想像がつく。しかしながら，正の効果がこれらの 3 階層農家において観察されたことをいかに解釈すればよいのだろうか。われわれは，この実証結果に対しては以下のような解釈をしてみたい。w_M' の上昇はミクロ経済学的には X_M に対する需要量を減退させたに違いない。しかしながら，われわれは，その一方で，農家は手持ちの X_M

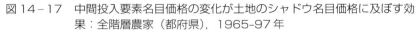

図 14 - 17　中間投入要素名目価格の変化が土地のシャドウ名目価格に及ぼす効果：全階層農家（都府県），1965-97 年

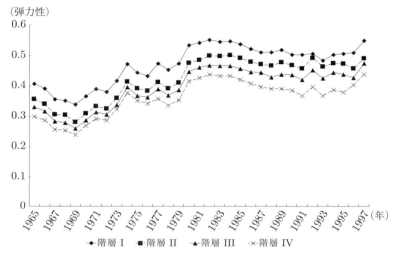

ストックをより集約的かつ効率的に使用し，その結果として $w_B^{S'}$ を高めたに違いないと推論する。

　さらに，図 14 - 16 より，われわれは，階層農家が小さいほど，絶対値で測られた w_M' が $w_B^{S'}$ に及ぼした効果は大きくなるという現象をはっきりと確認できる。われわれはこの観察から，補助金政策による X_M の実質価格の低下は，最小階層農家 I の $w_B^{S'}$ を最大階層農家 IV の $w_B^{S'}$ よりもはるかに大きな程度で上昇させたであろうと推論することができる。ここから，小規模農家から大規模農家への土地移動を促進する効果をもたらしたことが示唆される。

　第 2 に，図 14 - 17 によると，中間投入要素名目価格（w_I'）変化が土地のシャドウ名目価格（$w_B^{S'}$）に及ぼした効果は，全研究期間 1965-97 年に対して全 4 階層農家について，すべて正であった。しかしながら，この場合，この効果は，全体的に観ると，全研究期間 1965-97 年において，全 4 階層農家は，幾度かの上昇および下降局面は観られるが，わずかながら上昇傾向を持っていた。このファインディングの裏に潜む論理は，以下のように展開で

きるであろう。中間投入要素の価格上昇は，当然ながら中間投入要素に対する需要量を減じるであろう。このことは，作物であれ畜産物であれあるいは双方ともにであれ，その生産量を減少させる効果を持つであろうし，ひいては土地の名目限界生産性（＝シャドウ名目価格）を低下させるでろう。しかしながら，図14-17はわれわれの推論とはまったく逆の結果を示している。そこで，われわれはw_I'上昇によるX_Iに対する需要量の減少および使用量の低下は，農家が手持ちのX_MおよびX_Iのより集中的かつ効率的な使用を促進しようとする強い誘因を与え，その結果，全4階層農家の土地の$w_B^{S'}$を高めたのであろうと解釈したい。加えて，全研究期間1965–97年に対して，農家の規模が小さいほど，w_M'変化が$w_B^{S'}$に及ぼした効果は大きい，ということは図14-17から明らかである。

さて，このような条件の下で，中間投入要素に対する補助金は，大規模農家に対してよりも小規模農家に対して，$w_B^{S'}$を引き下げる効果を持ったために，大規模農家および小規模農家間の$w_B^{S'}$により大きなギャップをもたらしたであろう。このことは，小規模農家から大規模農家への土地移動の促進に貢献した一要因であったに違いない。

第3に，上記の機械および中間投入要素名目価格変化に関する効果と同様に，その他投入要素名目価格（w_O'）変化が土地のシャドウ名目価格（$w_B^{S'}$）に及ぼす効果は，全研究期間1965–97年に対して全4階層農家の全サンプルについて弾力性の形で推計し，その結果を図14-18に示した。この図によると，階層農家Iの場合では期間中で負の効果が見られる年が数回ほどあるが，それらの数年を除けば，この効果はすべての階層農家において正であった。われわれは，このかなり特異なファインディングをいかに解釈すればよいのだろうか。

理論的には，その他投入要素名目価格の上昇は，農用建物および構築物，大植物，および大動物への支出からなっているその他投入要素需要量（X_O）を減退させるだろう。このことは，作物であろうと畜産物であろうとあるいはその双方であろうと，その生産量を減少させ，その生産物の土地のシャドウ名目価格を低下させるであろう。

しかしながら，図14-18におけるファインディングは，この理論的解釈

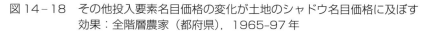

図14-18　その他投入要素名目価格の変化が土地のシャドウ名目価格に及ぼす
　　　　　効果：全階層農家（都府県），1965-97年

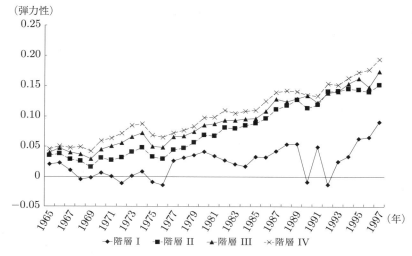

とは真逆の現象を示している。そこで，われわれはかなり強引にこのファイ
ンディングを解釈してみたい。つまり，その他投入要素名目価格の上昇は農
家に手持ちのその他投入要素（X_O）ストックをより集約的かつ効率的に使
用するべく強要したに違いない。その結果，全4階層農家における $w_B^{S'}$ は増
大したと推量する。

　さらに，図14-18より，全研究期間1965-97年において，階層農家が大
きいほど，$w_O{}'$ 変化が $w_B^{S'}$ に及ぼす効果が大きいことを観察できる。

　このことは，補助金によるその他投入要素の実質価格の低下は全4階層農
家においてその他投入要素に対する需要量を増大させ，全4階層農家の $w_B^{S'}$
を増大させたに違いない。しかしながら，この場合，その $w_B^{S'}$ の上昇は，小
規模農家より大規模農家に対して大きかったであろう。したがって，このこ
とは小規模農家から大規模農家への土地移転を促進する効果を持ったと推
測できる。この結論は，さらに，上記の中間投入要素名目価格変化が土地の
シャドウ名目価格（$w_B^{S'}$）に及ぼす効果に関する分析から得た結論と類似し
ている。

4　要約と結論

本章は，第 11 章で展開された労働と土地を準固定的投入要素とみなした多財トランスログ VP 関数を 1965–97 年に対して推計し，その結果に基づいてさらなる興味ある結果を提供した。特に，本章は投入要素補助金政策が (i) 生産物（作物と畜産物）の供給量，(ii) 機械，中間投入要素，およびその他投入要素からなる可変投入要素に対する需要量，(iii) 名目可変利潤（VP'），(iv) 規模の経済性（RTS），および (v) 土地のシャドウ名目価格（$w_B^{S'}$）に対してもたらした効果を定量的に分析し評価することに焦点を合わせた。

われわれは，投入要素補助金政策のこれら 5 経済指標への効果を定量的に分析し精査してきた。中間投入要素名目価格に関する中間投入要素需要量，機械，中間投入要素，およびその他投入要素からなる可変投入要素（X_k）に対する需要量，中間投入要素名目価格（w_I'）に関する規模の経済性（RTS）の程度，および中間投入要素名目価格変化に関する土地のシャドウ名目価格（$w_B^{S'}$）への効果を例外として，われわれは，ほとんどすべての分析において，政府補助金政策が大規模農家よりも小規模農家に対して有利な効果をもたらしたということを定量的に検証した。これらの実証分析から得られたファインディングズに基づいて，われわれは，投入要素補助金政策は，小規模農家が自己所有農地を用いて農業生産を維持し続けようとするより強い動機を与えてきたと推量する。このことから，20 世紀の最後の 30 − 40 年間，より具体的には，1965–97 年の日本農業において，投入要素補助金政策は，小規模農家から大規模農家への土地移動を制約するという重要な役割を果たしたに違いないと言えそうである。

これらのファインディングズに基づいて，われわれは以下のように結論したい。すなわち，現行の作物および畜産物生産における小規模−非効率−低生産性の構造から大規模−高効率−高生産性への構造転換を強力に推進するためには，政府は，大規模−高効率−高生産性の作物および畜産物生産を達成できるような形に農業の生産構造の転換を図るために補助金政策の内容および適用の再熟考およびその実践が強く要請される。

第15章

要約と結論

　本研究の目的，方法論の詳細，推計結果の評価，要約，および結論はそれぞれの章において十分に明確な説明をしているので，筆者は敢えてそれらをここで再び繰り返そうとは思わない。その代わりに，本章においては，本書の全体像，長所と短所，および限界ないし但し書きについて述べておきたい。

　まず第1に，本書の主要な目的は，戦後，特に，20世紀の最後のおよそ40年の日本農業の生産構造および生産性に関して，できる限り「広範で」，「首尾一貫した」，かつ「統合された」定量的な分析を遂行することにあった。さらに，もう1つの重要な目的は，日本農業の将来の成長および発展に対してきわめて重要な数個の経済指標を推計しそれらの指標に対して，（1）生産物価格支持政策，（2）減反政策，（3）公的農業 R&E 政策，および（4）投入要素価格支持政策のような政府による農業政策が，現行の小規模—非効率—低生産性農業構造から大規模—高効率—高生産性農業に転換するための必須条件である小規模農家から大規模農家への土地移転の可能性という視点から見て，いかなる経済効果をもたらしたのかについて定量的に精査し評価することにある。

　この目的を遂行するために，1950年代初期に開発され1960年代以降21世紀の現在に至るまで急速に発展してきた双対理論，フレキシブル関数形，および指数理論を導入した。

　特に，第 I 部においては，第7章以外は，作物と畜産物が2つの生産物として分類され，労働，機械，中間投入要素，土地およびその他投入要素を5個の可変投入要素とする2財トランスログ TC 関数モデルを導入した。さら

に，われわれは，推計された係数が経時的に変化し得るという仮定を導入して関数としての柔軟性を高めたStevenson-Greene型モデルの方が，推計された係数は時間的に一定であると仮定している通常型モデルよりも適切であるということを統計的に厳密に検定したうえで，本書を通してこの方法を一貫して用いた。

一方，われわれは，第7章において，いわゆる「残差」としての技術変化の推計法と呼ばれるソローの伝統的な成長会計モデルには別れを告げ，企業の理論と結合され，より洗練された新しい成長会計モデルを開発し導入した。しかしながら，この章においては，労働生産性の定義に対応させて単一財Stevenson-Greene型トランスログTC関数を用いることにした。

現実の農業においては，土地価格（地代）は，本書における研究期間（1957–97年）において，『農地法』の数度の改革にもかかわらず，政府によって統制されてきた。このことは，土地市場は完全競争的ではなく，農家は土地を最適レベルまで使用していないということを意味している。したがって，第II部においては，われわれはトランスログ費用関数の特定化を修正した。

「長期」均衡モデルとみなされるTC関数の代わりに，われわれは第II部においては，土地を準固定的投入要素として取り扱う通常型トランスログVC関数を導入した。このモデルは，「短期」モデルとみなされるので，われわれは，「長期」モデルとして適用するには有益ではあるが，Stevenson-Greene型トランスログ費用関数モデルはここでは用いなかった。言うまでもなく，われわれは，第II部の第8，9，および10章においては，通常型2財トランスログVC関数モデルを導入した。

上記の2財トランスログVC関数を適用すると，われわれは土地のシャドウ名目価格を推計することができ，それを土地の市場価格（地代）とともにグラフの形で全研究期間1957–97年に対して描くことができるので，両者の差異を視覚を通して把握することができる。こうすることによって，われわれはこのようなインフォーマルな形ではあるが，土地利用の最適性を検証することができる。このようなインフォーマルな検定を遂行することによって，われわれは全研究期間1957–97年において，全4階層農家について土地の最適利用が達成されているか否かを視覚を通して検証した。このことは，トラ

ンスログVC関数の推計パラメータを用いて推計した，投入要素の需要およ
び代替の弾力性，技術変化の率とバイアス，規模の経済性の程度，などなど
の経済指標は，トランスログTC関数に基づいて推計したものよりも信頼性
および頑健性が高いということを意味している。しかし，残念ながら，「準
固定的」投入要素としての土地に関連する上記のような重要な経済指標に関
連する情報は得られない。とは言っても，TCモデルによる接近では得られ
ない土地のシャドウ価格を推計できるという重要な定量的情報を提供してく
れるという意味では，分析手法としてきわめて魅力的である。

　第Ⅰ部および第Ⅱ部の主要な目的は，2財トランスログTCおよびVC関
数（第7章は例外であるが）の推計結果に基づいて，戦後日本農業の生産構造
および生産性について，より包括的で，理論的に一貫性を持ち，さらに全体
的に統合性を持った形で理解を深めることにある。しかしながら，この第Ⅰ
部および第Ⅱ部では，われわれは，政府による農業政策の効果については，
多くは述べていない。

　そこで，第Ⅲ部において，われわれは，現在における農業とは異なり，は
るかに大規模農場における作物および畜産物のより高効率かつ高生産性農業
という究極の目標に向かうためには欠くことのできない，以下の段落で述べ
るような種々の経済指標にもたらす政府の農業政策の効果の評価に集中的に
焦点を合わせた。

　第Ⅲ部において，われわれは，労働と土地を準固定的投入要素として定
義する通常型2財トランスログ可変利潤VP関数を導入し，第Ⅰ部および第
Ⅱ部における研究期間1957–97年より短い研究期間1965–97年を対象にし
て種々の推計を遂行し分析を行なった。『農業基本法』が1961年に制定さ
れ，その後この『農業基本法』に関連する種々の法律したがって政策も導入
された。例えば，減反政策は1969年に日本農業史上初めて導入された。し
たがって，『農業基本法』およびそれ以降の農業政策による効果をより鮮明
にあぶり出すことを期待して，研究期間をいかに設定するか種々の感度分析
を行なった結果，1965–97年期間が統計学的に最も安定性および頑健性が高
かったので，この期間を分析対象にすることにした。一言加えると，われわ
れが，第Ⅲ部においてVP関数モデルを導入した最も重要な理由は，VP関

数には生産物価格が明示的に入っているために，生産物価格支持政策の各種経済指標への効果を定量的に分析し評価することができるという利点にある。さらに，減反政策の各種経済指標への効果を定量的に分析し評価することにおいても，記念すべき年である1969年に近い年度からのデータセットを用いた方が，減反政策の効果の評価についてもより信頼できる結果を得られると期待できる。

われわれは4つの農業政策を定量的に評価した。それらの政策は，（1）生産物価格支持政策，（2）減反政策，（3）公的農業R&E政策，および（4）投入要素価格支持政策である。これらの政策の効果を評価した対象となる経済指標は，（i）作物と畜産物の供給量，（ii）可変投入要素需要量，（iii）名目可変利潤（VP'），（iv）規模の経済性（RTS），および（v）土地のシャドウ名目価格（$w_B^{S'}$）である。言うまでもなく，これらの評価は，小規模－非効率－低生産性農業から大規模－高効率－高生産性農業への構造変革の可能性を探るという観点からなされた。

本書の最も重要な結論は，上記のすべての農業政策は，実際のところ，多少の例外はあったが，小規模農家から大規模農家への土地移転の可能性を制限してきたというファインディングである。このことを敷衍してみると，これらの農業政策は作物生産のみでなく畜産物生産においても，小規模－低効率－低生産性農業から大規模－高効率－高生産性農業への構造変換の可能性を制限してきたということである。この結論の詳細については，読者諸氏は，是非，第11章から第14章の分析結果をいま一度精読していただきたい。

本書で遂行されたこの種の実証分析から得られた最も重要な教訓は，農林水産省はいかにして日本により競争的な農業を構築するかという課題に向けてより真剣に取り組むべきである，ということであろう。このためには，筆者は以下のように強く主張したい。つまり，農林水産省のみならず農業協同組合もともに，彼等自身の日本の農業生産に対する哲学を「低生産性かつ低効率性の農家をもおしなべて保護する」から「競争的でより高生産性かつ高効率性農家ないし農企業を育成する」という方向に早急に切り替えねばならない，あるいは，その方向にすでに舵切りを行ないつつあるという主張をなさりたいのであれば，その方向に向かっての加速度をより高めていただきた

い，ということである。

　最後に，ここで，本書がカバーしている内容について，いくつかの但し書きを列挙しておきたい。

　まず最初に，本書の全3部で用いられた方法は，すべての総費用関数，可変費用関数，および可変利潤関数のトランスログ型に定式化された分析枠組みを土台にしている。実際には，われわれは，2次関数型，一般化コブ＝ダグラス型，一般化CES型，一般化レオンティエフ型，あるいはその他の分析枠組みを導入することも可能であった。しかしながら，これらのモデルは一般にトランスログ型に比べるとその取り扱いがより複雑化するという短所を持っている。その体系の推計は少々複雑ではあったが，われわれは2次関数体系を推計し，その推計パラメータに基づいて種々の経済指標を推計した。その多くは本書におけるトランスログモデルに基づく推計結果を基本的には支持する結果を得たが，その実際の推計値にはかなりの差異があるものもあった。例えば，技術変化の率とバイアスについては，その符号はほぼ一致していても，その絶対値は極端に違うといったようにである。この意味で，その他の関数型に基づく体系を推計して本書と同様の分析を行なってみることは，本書で得られたファインディングズそしてそれらに基づく上記の結論を支持してくれる可能性は高いという意味でも興味深い試みであると思われる。

　第2に，全研究期間1957–97年は，TC，VC，およびVP関数体系の推計における自由度を増加させるために，何らかの信頼できる統計的方法によって拡張されるべきである。そうでなければ，別の方法として，本書における分析と同じ分析を，例えば，1991–2013（ないし，1991–2016）年に対して遂行してみることを推奨したい。なぜなら，1991年以降においては，資本ストックの減価償却費の計算方法がほぼ根本的に変えられてしまったので，データの連続性が破壊されているからである。一農業経済学徒としては，農林水産省統計局は1990年まで用いられていた方法と1991年以降に用いられている方法で推計したデータを何らかの形で併記するか，その新旧手法そのものを付録として付け加えていただけないものかと訴えたい。

　第3に，投入要素の質の調整は，情報不足のために，労働以外は，基本的

にはいかなる方法も導入されていない。しかしながら，労働に関しては，臨時雇い労働の1日当たり男女別賃金率が入手可能なのでそれらを基にして，女子労働時間を男子労働時間に換算しそれらを合計することによって全4階層農家の全サンプルについて合計男子換算労働時間を推計することができた。ただし，年齢または経験によってもたらされる熟練度の相違まで推計に織り込むことは不可能であった。

　第4に，「都府県農業地域」は必ずしも「全日本農業地域」ではない。なぜなら，前者は，階層分類の大幅な違いのために北海道農業地域を含めることができないからである。また，沖縄地域に関しては，本書で用いられている研究期間をカバーするデータが得られないからである。筆者としては，これらの地域を独立的に扱った類似の研究がなされることを期待している。特に，北海道地域は各農家の経営規模が都府県の農家の経営規模に比べてかなり大きいので，この地域を対象にした類似の研究は興味あるファインディングズを提供してくれるであろうと期待している。

　実際には，東北，北陸，関東，東海，近畿，および北九州に関しては，本書で対象とした研究期間1957–97年に対してデータベースを作成することができるので，まったく同様の統計的推計および分析を，それぞれの地域について行なうことができた。これらの地域の推計結果は，細かく分析したい場合には重要な差異として解説することはそれなりに興味あることであると思われるが，全体的に見て，各ファインディングは，都府県全体を対象とした本書の研究結果の頑健性を支持しているという事実のみを報告することにとどめておきたい。

　最後に，途上国における農業成長および発展との関連で一言述べておきたい。特に，21世紀に入ってからの東アジア，東南アジア，アフリカ諸国の経済成長はかなり高いレベルを示す段階に入ったと思われる。これら諸国の農業部門の成長は当然のことながら必須条件である。筆者としては，これら諸国の農業政策はできる限り全農家保護的色彩の強いものは抑える一方，近代的かつ競争的農業の育成を目指したものであって欲しいと願っている。

参考文献

阿部順一 (1979). 「生産要素代替の偏弾力性」工藤元先生定年退官記念出版企画委員会編『近代農業経営学の理論と応用』明文書房, pp. 248–263.

Abramovitz, M. (1956). "Resource and Output Trends in the United States since 1870," *American Economic Review*, Vol. 46, pp. 5–23.

Ahmad, S. (1966). "On the Theory of Induced Invention," *Economic Journal*, Vol. 76, pp. 344–357.

Allen, R.G.D. (1938). *Mathematical Analysis for Economists* (London: Macmillan).

Alston, J.M. (1986). "An Analysis of Growth of U.S. Farmland Prices, 1963–82," *American Journal of Agricultural Economics*, Vol. 68, pp. 1–9.

Antle, J.M. (1984). "The Structure of U.S. Agricultural Technology, 1910–78," *American Journal of Agricultural Economics*, Vol. 66, pp. 414–421.

Antle, J.H. and S.M. Capalbo (1988). "An Introduction to Recent Developments in Production Theory and Productivity Measurement," in S.M. Capalbo and J.M. Antle (eds.) *Agricultural Productivity: Measurement and Explanation* (Washington, D.C.: Resources for the Future, Inc.), pp. 17–95.

Antle, J.M. and C.C. Crissman (1988). "The Market for Innovations and Short-run Technological Change: Evidence from Egypt," *Economic Development and Cultural Change*, Vol. 36, pp. 669–690.

Archibald, S.O. and L. Brandt (1991). "A Flexible Model of Factor Biased Technological Change: An Application to Japanese Agriculture," *Journal of Development Economics*, Vol. 35, pp. 127–145.

Ball, V.E. and R.G. Chambers (1982). "An Economic Analysis of Technology in the Meat Product Industry," *American Journal of Agricultural Economics*, Vol. 64, pp. 699–709.

Banerjee, A. (1999). "Panel Data Unit Roots and Cointegration: An Overview," *Oxford Bulletin of Economics and Statistics, Special Issue*, Vol. 61, pp. 607–629.

Baumol, W.J., J.C. Panzar, and R.D. Willig (1982). *Contestable Markets and the Theory of Industry Structure* (New York: Harcourt Brace Jovnovich).

Berndt, E.R. and L.R. Christensen (1973). "The Translog Function and the Substitution of Equipment, Structures, and Labor in U.S. Manufacturing, 1929–68," *Journal of Econometrics*, Vol. 1, pp. 81–114.

Berndt, E.R. and M. Khaled (1979). "Parametric Productivity Measurement and Choice among Flexible Functional forms," *Journal of Political Economy*, Vol. 87, pp. 1220–1245.

Berndt, E.R. and D.O. Wood (1991). "The Specification and Measurement of Technical Change in U.S. Manufacturing," *Advances in the Economics of Energy and Resources*, Vol. 4, pp. 199–221.

Bhattacharyya, A., T.R. Harris, R. Narayanan, and K. Raffiee (1995). "Specification and Estimation of the Effect of Ownership on the Economic Efficiency of the Water Utilities," *Regional Science and Urban Economics*, Vol. 25, pp. 759–784.

Binswanger, H.P. (1974). "The Measurement of Technical Change Biases with Many Factors of Production," *American Economic Review*, Vol. 64, pp. 964–976.

Blackorby, C. and R.R. Russell (1975). "The Partial Elasticity of Substitution," Discussion paper No. 75–1, Economics, University of California, San Diego.

———(1981). "The Morishima Elasticities of Substitution: Symmetry, Constancy, Separability, and Its Relationship to the Hicks and Allen Elasticities," *Review of Economic Studies*, Vol. 48, pp. 147–158.

———(1989). "Will the Real Elasticity of Substitution Please Stand Up? (A Comparison of the Allen/Uzawa and Morishima Elasticities)," *American Economic Review*, Vol. 79, pp. 882–888.

Brown, R.S., D.W. Caves, and L.R. Christensen (1979). "Modelling the Structure of Cost and Production for Multiproduct Firms," *Southern Economic Journal*, Vol. 46, pp. 256–273.

Burgess, D.F. (1974). "A Cost Minimization Approach to Import Demand Equation," *Review of Economics and Statistics*, Vol. 56, pp. 225–234.

Burt, O.R. (1986). "Econometric Modeling of the Capitalization Formula for Farmland Prices," *American Journal of Agricultural Economics*, Vol. 68, pp. 10–26.

Capalbo, S.M. (1988). "A Comparison of Econometric Models of U.S. Agricultural Productivity and Aggregate Technology," in S.M. Capalbo and J.M. Antle (eds.) *Agricultural Productivity: Measurement and Explanation* (Washington, D.C.: Resources for the Future, Inc.), pp. 159–188.

Caves, D.W., L.R. Christensen, and W.E. Diewert (1982). "Multilateral Comparison of Output, Input, and Productivity Using Superlative Index Numbers," *Economic Journal*, Vol. 92, pp. 73–86.

Caves, D.W., L.R. Christensen, and J.A. Swanson (1981). "Productivity Growth,

Scale Economies, and Capacity Utilization in U.S. Railroads, 1955–74," *American Economic Review*, Vol. 71, pp. 994–1002.

Chambers, R.G. (1988). *Applied Production Analysis: A Dual Approach* (Cambridge, New York: Cambridge University Press).

茅野甚治郎 (1984).『稲作生産構造の計量経済分析』宇都宮大学農学部学術報告特集，第42号.

―――(1985).「稲作に置ける規模の経済と技術進歩」崎浦誠治編『経済発展と農業問題』農林統計協会，pp. 152–173.

―――(1990).「大規模借地農の形成条件」森嶋賢監修『水田農業の現状と予測』富民協会，pp. 190–212.

Christensen, L.R. and W.H. Greene (1976). "Economies of Scale in U.S. Electric Power Generation," *Journal of Political Economy*, Vol. 84, pp. 655–676.

Christensen, L.R., D.W. Jorgenson, and L. J. Lau (1973). "Transcendental Logarithmic Production Frontiers," *Review of Economics and Statistics*, Vol. 55, pp. 28–45.

Chryst, W.E. (1965). "Land Values and Agricultural Income: A Paradox," *Journal of Farm Economics*, Vol. 74, pp. 1265–1273.

Clark, J.S. and C.E. Youngblood (1992). "Estimating Duality Models with Biased Technical Change: A Time Series Approach," *American Journal of Agricultural Economics*, Vol. 74, pp. 353–360.

Cobb, C.W. and P.H. Douglas (1928). "A Theory of Production," *American Economic Review*, Vol. 18, No. 2, pp. 139–165.

Denny, M. and C. Pinto (1978). " An Aggregate Model with Multi-Product Technologies," in M. Fuss and D. McFadden (eds.) *Production Economics: A Dual Approach to Theory and Applications*, Vol. 2 (Amsterdam, New York, Oxford: North-Holland), pp. 249–267.

Denny, M., M. Fuss, and L. Waverman (1981). "The Measurement and Interpretation of Total Factor Productivity in Regulated Industries, with an Application to Canadian Telecommunications," in T.G. Cowing and R.E. Stevenson (eds.) *Productivity Measurement in Regulated Industries* (New York: Academic Press), pp. 179–218.

Dicky, D.A. and W.A. Fuller (1981). "Likelihood Ratio Statistics for Autoregressive Time Series with a Unit Roots," *Econometrica*, Vol 49, pp. 1057–1072.

Diewert, W.E. (1971). "An Application of Shephard Duality Theorem: A Generalized Leontief Production Function," *Journal of Political Economy*, Vol. 79, pp. 481–507.

―――(1974). "Applications of Duality Theory," in M.D. Intriligator and D.A.

Kendrick (eds.) *Frontiers of Quantitative Economics, II* (Amsterdam: North Holland), pp. 171–206.

——— (1976). " Exact and Superlative Index Numbers," *Journal of Econometrics*, Vol. 4, pp. 115–146.

——— (1978). "Superlative Index Numbers and Consistency in Aggregation," *Econometrica*, Vol. 46, pp. 883–900.

土井時久 (1985).「稲作労働生産性の上昇とその要因分析」崎浦誠治編『経済発展と農業問題』富民協会, pp. 174–192.

荏開津典生・茂野隆一 (1983).「稲作生産関数の計測と均衡要素価格」『農業経済研究』Vol. 54, pp. 167–174.

Featherstone, A.M. and T.G. Baker (1987). "An Examination of Farm Sector Real Asset Dynamics: 1910–85," *American Journal of Agricultural Economics*, Vol. 69, pp. 532–546.

Feldstein, M. (1980). "Inflation, Portfolio Choice, and the Prices of Land and Corporate Stock," *American Journal of Agricultural Economics*, Vol. 62, pp. 910–916.

Floyd, J.E. (1965). "The Effects of Farm Price Supports on the Returns to Land and Labor in Agriculture," *Journal of Political Economy*, Vol. 73, pp. 148–158.

Fuss, M. and L. Waverman (1981a). "Regulation and the Multiproduct Firm: The Case of Telecommunications in Canada," in G. Fromm (ed.) *Studies in Public Regulation* (Cambridge MA: MIT Press), pp. 277–320. With Comments by B.M. Mitchell, pp. 321–327.

——— (1981b). "Multi-Product Multi-Input Cost Functions for a Regulated Utility: The Case of Telecommunications in Canada," in G. Fromm (ed.) *Studies in Public Regulation* (Cambridge, Mass.: MIT Press), pp. 277–313.

Gardner, B.D. and R.D. Pope (1978). "How is Scale and Structure Determined in Agriculture?" *American Journal of Agricultural Economics*, Vol. 60, pp. 295–302.

神門善久 (1988).「稲作経営における農機具ストックの過剰性に関する経済分析」『農業経済分析』Vol. 59, pp. 229–236.

——— (1991).「稲作経営における見積もり労賃の規模間格差が農地の流動化に与える影響」『農業経済研究』Vol. 63, pp. 110–117.

——— (1993).「自立経営農家は政策目標として適切か？ ——借地型専業稲作経営の場合」『農業経済研究』Vol. 64, pp. 205–212.

後藤晃・本城昇・鈴木和幸・滝野沢守 (1986).「研究開発と技術進歩の経済分析」『経済分析』第 103 号, 経済企画庁経済研究所.

Greene, W.H. (1983). "Simultaneous Estimation of Factor Substitution, Economies of Scale, Productivity, and Non-Neutral Technical Change," in A. Dogramati (ed.) *Development in Economic Analysis of Productivity: Measurement and Modeling Issues* (London: Kluwer-Nijhoff), pp. 121–144.

Hall, R.E. (1973). "The Specification of Technology with Several Kinds of Output," *Journal of Political Economy*, Vol. 81, pp. 878–892.

長谷部直 (1984).「減反政策と地代」崎浦誠治編『米の経済分析』農林統計協会, pp. 193–209.

速水佑次郎 (1986).『農業経済論』岩波書店.

Hayami, Y. and T. Kawagoe (1989). "Farm Mechanization, Scale Economies and Polarization: The Japanese Experience," *Journal of Development Economics*, Vol. 31, pp. 221–239.

Hayami, Y. and V.W. Ruttan (1971). *Agricultural Development: An International Perspective* (Baltimore: The Johns Hopkins University Press).

Hazilla, M. and R. Kopp (1986). "Restricted Cost Function Models: Theoretical and Econometric Considerations," Discussion paper QE 86–05 (Washington, D.C.: Resources for the Future).

Herdt, R.W. and W.W. Cochrane (1966). "Farm Land Prices and Farm Technological Advance," *Journal of Farm Economics*, Vol. 48, pp. 243–263.

Hicks, J.R. (1932). *The Theory of Wages* (London: Macmillan).

Higgins, J. (1986). "Input Demand and Output Supply on Irish Farms: A Micro-Economic Approach," *European Review of Agricultural Economics*, Vol. 13, pp. 477–493.

樋口貞三・本間哲史 (1990).「食品製造業における範囲の経済性と規模の経済性」『筑波大学農林社会経済研究』No. 8, pp. 55–84.

本間哲史 (1988).「水田型大規模複合経営の計量分析——その規模の経済と範囲の経済」修士論文, 岩手大学農業経済学研究科.

本間哲史・樋口貞三・川村保 (1989).「水田型大規模複合経営における規模の経済と範囲の経済」『農業経済研究』Vol. 27, pp. 1–10.

Hotelling, H. (1932). "Edgeworth's Taxation Paradox and the Nature of Demand and Supply Functions," *The Journal of Political Economy*, Vol. 40, pp. 577–616.

胡柏 (Hu Bai)(1995).「日本農業の全要素生産性変動の性格と要因」『農林業問題研究』No. 120, pp. 11–19.

石原健二 (1981).「土地価格と地代の最近の動向」『農業問題研究』No. 127, pp. 61–69.

————(1997).『農業予算の変容——転換期農政と政府間財政関係』農林統計協会.

伊藤順一 (1992).「農業研究投資の経済分析」『経済研究』Vol. 43, pp. 237–247.

————(1993).「米の生産調整と稲作所得，借地需要」『農業経済研究』Vol. 65, pp. 137–147.

————(1994).『農業投資の収益性と投資決定』農林統計協会.

————(1996).「稲作の構造変化とその地域性」『農業総合研究』Vol. 50, pp. 1–45.

Jorgenson, D.W. and L.J. Lau (2000). "An Economic Theory of Agricultural Household Behavior," in D.W. Jorgenson, *Econometrics, Volume 1: Econometric Modeling of Producer Behavior* (Cambridge: MIT Press).

Jorgenson, D.W. and B.M. Fraumeni (1981). "Relative Prices and Technical Change," in E.R. Berndt and B.C. Field (eds.) *Modeling and Measuring Natural Resource Substitution* (Cambridge, MA: MIT Press), pp. 17–47.

梶井功 (1981).「食糧管理制度と米需給」梶井功編著『農産物過剰』pp. 23–96.

Kako, T. (1978). "Decomposition Analysis of Derived Demand for Factor Inputs," *American Journal of Agricultural Economics*, Vol. 60, pp. 628–635.

加古敏之 (1979a).「稲作における規模の経済の計測」『季刊理論経済学』Vol. 30, pp. 160–171.

————(1979b).「稲作の技術進歩の性格の計測」『農林業問題研究』Vol. 15, pp. 18–25.

————(1983).「稲作における規模の経済性と作付規模構造の変化」『愛媛大学総合農業研究彙報』pp. 1–13.

————(1984).「稲作の生産効率と規模の経済性」『農業経済研究』Vol. 56, pp. 151–162.

Kawagoe, T., K. Otsuka, and Y. Hayami (1986). "Induced Bias of Technical Change in Agriculture: The United States and Japan, 1880–1980," *Journal of Political Economy*, Vol. 94, pp. 523–544.

川村保 (1991).「総合農協の規模の経済と範囲の経済——多財費用関数によるアプローチ」『農業経済研究』Vol. 63, pp. 22–31.

川村保・樋口貞三・本間哲史 (1987).「大規模水田複業経営の費用関数分析——東北地域における水稲生産の発展条件 (II)」『岩手大学農学部報告』Vol. 18, pp. 275–286.

Kennedy, C. (1964). "Induced Bias in Innovation and the Theory of Distribution," *Economic Journal*, Vol. 74, pp. 541–547.

Kislev, Y. and W. Peterson (1982). "Prices, Technology, and Farm Size," *Journal of Political Economy*, Vol. 90, pp. 578–595.

Koizumi, T. (1976). "A Further Note on Definition of Elasticity of Substitution in the Many Input Case," *Metroeconomica*, Vol. 28, pp. 152–155.

近藤巧 (1991).「稲作機械化技術と大規模借地農の成立可能性に関する計量分析」『農業経済研究』Vol. 63, pp. 79–90.

————(1992).「価格支持政策，作付制限政策，技術進歩が稲作農業所得に及ぼす

影響」『農業経済研究』Vol. 64, pp. 1–9.

————(1998).「価格支持政策，作付け制限政策，機械化技術が農地流動化に及ぼす影響」近藤巧著『基本法農政下の日本稲作』北海道大学図書刊行会, pp. 73–96.

Krugman, P. (1994). "The Myth of Asia's Miracle," *Foreign Affairs*, Vol. 73, pp. 62–78.

Kulatilaka, N. (1985). "Tests on the Validity of Static Equilibrium Models," *Journal of Econometrics*, Vol. 28, pp. 253–268.

Kuroda, Y. (1979). "A Study of the Farm-Firm's Production Behavior in the Mid-1960's in Japan: A Profit Function Approach," *The Economic Studies Quarterly*, Vol. 30, pp. 107–122.

————(1987). "The Production Structure and Demand for Labor in Postwar Japanese Agriculture, 1952–82," *American Journal of Agricultural Economics*, Vol. 69, pp. 328–337.

黒田誼 (1988a).「戦後日本農業における労働生産性の成長要因分析：1958–85」『農業経済研究』Vol. 60, pp. 14–25.

Kuroda, Y. (1988b). "Biased Technological Change and Factor Demand in Postwar Japanese Agriculture, 1954–84," *Agricultural Economics*, Vol. 2, pp. 101–122.

————(1988c). "The Output Bias of Technological Change in Postwar Japanese Agriculture," *American Journal of Agricultural Economics*, Vol. 70, pp. 663–673.

————(1988d). "Estimating the Shadow Price of Family Labor in Japanese Agriculture, 1958–85," Discussion Paper, No. 386, Institute of Socio-economic Planning, University of Tsukuba.

————(1988e). "Estimating the Shadow Value of Farmland in Japanese Agriculture, 1958–85," Discussion Paper, No. 388, Institute of Socio-economic Planning, University of Tsukuba.

————(1989). "Impacts of Economies of Scale and Technological Change on Agricultural Productivity in Japan," *Journal of the Japanese and International Economies*, Vol. 3, pp. 145–173.

————(1992). "Price-Support Programs and Land Movement in Japanese Rice Production," in J.O. Haley and K. Yamamura (eds.) *Land Issues in Japan: A Policy Failure?* (Seattle: Society for Japanese Studies, University of Washington), pp. 223–241.

————(1995). "Labor Productivity Measurement in Japanese Agriculture, 1956–90," *Agricultural Economics*, Vol. 12, pp. 55–68.

————(1997a). "Research and Extension Expenditures and Productivity in

Japanese Agriculture," *Agricultural Economics*, Vol. 16, pp. 111–124.

———(1997b). "Effects of R&E Activities on Rice Production in Taiwan: 1976–93," *Taiwanese Agricultural Economics Review*, Vol. 3, No. 1 (December), pp. 97–146.

———(1998). "Empirical Investigation of the Rice Production Structure in Taiwan, 1976–93," *The Developing Economies*, Vol. 36, No. 1 (March), pp. 80–100.

———(2003a). "Research and Extension Expenditures and Productivity in Japanese Agriculture, 1960–90," *Agricultural Economics*, Vol. 16, pp. 111–124.

———(2003b). "Impacts of Set-Aside and R&E Policies on Agricultural Productivity in Japan, 1965–97," *Japanese Journal of Rural Economics*, Vol. 5, pp. 12–34.

黒田誼 (2005). 「日本農業における技術変化の研究：展望」泉田洋一編『近代経済学的農業・農村分析の 50 年』農林統計協会，pp. 121–158.

Kuroda, Y. (2006). "Impacts of R&E Activities on the Production Structure of the Japanese Rice Sector,"『経営学論集』九州産業大学経営学部，Vol. 17, No. 3, pp. 47–76.

———(2007). "Impacts of Public R&D and Extension Activities on Productivity in the Postwar Japanese Agriculture, 1965–97,"『経営学論集』九州産業大学経営学部，Vol. 18, No. 2, pp. 41–74.

———(2008a). "An Empirical Investigation of the Production Structure of Japanese Agriculture during the Latter Half of the 20th Century: A Single- or Multiple-Product Cost Function Approach?,"『経営学論集』九州産業大学経営学部，Vol. 19, No. 1, pp. 37–72.

———(2008b). "An Econometric Analysis of the Production Structure of Regional Agriculture in Japan during the Latter Half of the 20th Century: Tohoku and Kinki,"『経営学論集』九州産業大学経営学部，Vol. 19, No. 2, pp. 31–63.

———(2008c). "Technological Change Biases Both in Outputs and in Inputs Caused by Public Agricultural Research and Extension Activities in Japan, 1957–97,"『経営学論集』九州産業大学経営学部，Vol. 19, No. 1, pp. 31–63.

———(2009a). "An Econometric Analysis of the Production Structure of Kita-Kyushu Agriculture during the Latter Half of the 20th Century: Compared with Tofuken Agriculture,"『産業経営研究所報』九州産業大学商学部・経営学部・経済学部，No.41, pp. 31–63.

———(2009b). "The Output Bias of Technological Change in Postwar Japanese

Agriculture, 1957–97," 『経営学論集』九州産業大学経営学部, Vol. 19, No. 3, pp. 31–63.

———(2009c). "A Comparison of Total and Variable Cost Function Approaches to Investigating the Production Structure of Postwar Japanese Agriculture: 1957–97," 『経営学論集』九州産業大学経営学部, Vol. 20, No. 2, pp. 1–56.

———(2009d). "Impacts of Set-Asides and Technological Innovations on Scale Economies and Productivity in Postwar Japanese Agriculture: 1957–97," 『経営学論集』九州産業大学経営学部, Vol. 20, No. 3, pp. 75–104.

———(2009e). "Estimating The Shadow Value of Land and Possibilities of Land Transfers in Japanese Agriculture: 1957–97," 『経営学論集』九州産業大学経営学部, Vol. 20, No. 2, pp. 57–102.

———(2010a). "Impacts of Public R&D and Extension Programs on the Productivity and Scale Economies in Postwar Japanese Agriculture: 1965–97," 『経営学論集』九州産業大学経営学部, Vol. 20, No. 4, pp. 1–39.

———(2010b). "Price-Support Programs and Land Movements in Postwar Japanese Agriculture: 1965–97," 『経営学論集』九州産業大学経営学部, Vol. 21, No. 1, pp. 57–112.

———(2011a). "The *Dual* and *Primal* Rates of Technological Progress and the Impacts of Changes in the Factor Prices and Output Mix on Them in Postwar Japanese Agriculture," 『経営学論集』九州産業大学経営学部, Vol. 22, No. 1, pp. 89–119.

———(2011b). "The Factor Bias and the Hicks Induced Innovation Hypothesis: A Test for Postwar Japanese Agriculture, 1957–97," 『経営学論集』九州産業大学経営学部, Vol. 22, No. 3, pp. 69–104.

———(2013). *Production Structure and Productivity of Japanese Agriculture, Volume 1: Quantitative Investigations on Production Structure; Volume 2: Impacts of Policy Measures* (Palgrave Macmillan, London).

黒田誼 (2015). 『米作農業の政策効果分析』慶應義塾大学出版会.

Kuroda, Y. (2016). *Rice Production Structure and Policy Effects in Japan: Quantitative Investigations* (Palgrave Macmillan).

Kuroda, Y. and N. Abdullah (2003). "Impacts of Set-Aside and R&E Policies on Agricultural Productivity in Japan, 1965–97," *Japanese Journal of Rural Economics*, Vol. 5, pp. 12–34.

Kuroda, Y. and Y.S. Lee (2003). "The Output and Input Biases Caused by Public Agricultural Research and Extension in Japan, 1957–97," *Asian Economic Journal*, Vol. 17, pp. 107–130.

Kuroda, Y. and H. Kusakari (2009). "Estimating the Allen, Morishima, and Mc-

Fadden (Shadow) Elasticities of Substitution for Postwar Japanese Agriculture,"『経営学論集』九州産業大学経営学部，Vol. 19, No. 3, pp. 65–96.

草苅仁 (1989).「稲作農家の規模階層農家からみた減反政策の経済性」『農業経済研究』Vol. 61, pp. 10–18.

——— (1990a).「稲作農家の規模の経済と生産調整の経済性」森嶋賢監修，全国農協中央会編『水田農業の現状と予測』pp. 261–288.

——— (1990b).「経営複合化による範囲の経済と規模の経済」森嶋賢監修，全国農協中央会編『水田農業の現状と予測』pp. 213–234.

——— (1994).「生産要素市場と規模の経済」森嶋賢編『農業構造の計量分析』富民協会，pp. 77–104.

Laitinen, K. and H. Theil (1978). "Supply and Demand of the Multiproduct Firm," *European Economic Review*, Vol. 11, pp. 107–154.

Lambert, D.K. and J.S. Shonkwiler (1995). "Factor Bias Under Stochastic Technical Change," *American Journal of Agricultural Economics*, Vol. 77, pp. 578–590.

Lau, L.J. (1972). "Profit Functions of Technologies with Multiple Inputs and Outputs," *Review of Economics and Statistics*, Vol. 54, pp. 281–289.

——— (1976). "A Characterization of the Normalized Restricted Profit Function," *Journal of Economic Theory*, Vol. 12, pp. 131–163.

——— (1978). "Applications of Profit Functions," in M. Fuss and D. McFadden (eds.) *Production Economics: A Dual Approach to Theory and Applications, Vol. 1* (Amsterdam, New York, Oxford: North-Holland), pp. 133–216.

Lau, L.J. and P.A. Yotopoulos (1971). "A Test for Relative Efficiency and Application to Indian Agriculture," *American Economic Review*, Vol. 61, pp. 94–109.

——— (1972). "Profit, Supply, and Factor Demand Functions," *American Journal of Agricultural Economics*, Vol. 54, pp. 11–18.

Lee, J.H. (1980). "Factor Relationship in Postwar Japanese Agriculture: Application of Ridge Regression to the Translog Production Function," *Kikan Riron Keizaigaku* [*The Economic Studies Quarterly*], Vol. 31, pp. 33–44.

——— (1983). "The Measurement and Sources of Technological Change Biases, with an Application to Postwar Japanese Agriculture," *Economica*, Vol. 50, pp. 159–173.

Leibenstein, H. (1976). *Beyond Economic Man: A New Foundation for Macroeconomics* (Cambridge, Mass.: Harvard University Press).

Leontief, W.W. (1964). "An International Comparison of Factor Costs and Factor Use," *American Economic Review*, Vol. 54, pp. 335–345.

Locken, G.S., N.L. Bills, and R.N. Boisvert (1978). "Estimating Agricultural Use Values in New York State," *Land Economics*, Vol. 54, pp. 50–63.

Lopez, R.E. (1984). "Estimating Substitution and Expansion Effects Using a Profit Function Framework," *American Journal of Agricultural Economics*, Vol. 66, pp. 358–367.

丸山義皓 (1984). 『企業家計複合体』昭文社.

McFadden, D. (1963). "Constant Elasticity of Substitution Production Functions," *Review of Economic Studies*, Vol. 31, pp. 73–83.

南亮進・石渡茂 (1969).「農業の生産関数と技術進歩, 1953–1965」『経済研究』Vol. 20, pp. 226–236.

宮崎猛 (1985). 『小作料の経済学』富民協会.

森嶋通夫 (1967).「弾力性理論に関する幾つかの提案」『経済評論』Vol. 16, pp. 144–150.

Mundlak, Y. (1968). "Elasticities of Substitution and the Theory of Derived Demand," *Review of Economic Studies*, Vol. 35, pp. 225–236.

Nadiri, M.I. (1982). "Producers Theory," in K.J. Arrow and M.D. Intriligator (eds.) *Handbook of Mathematical Economics, Vol. II* (Amsterdam, New York, Oxford: North-Holland).

Nadiri, M.I. and M.A. Schankerman (1981). "The Structure of Production, Technological Change, and the Rate of Growth of Total Factor Productivity in the U.S. Bell System," in T.C. Cowing and R.E. Stevenson (eds.) *Productivity Measurement in Regulated Industries* (New York: Academic Press), pp. 219–247.

Nghiep, L.T. (1977).「戦前日本農業の技術構造とその変化」『農業経済研究』Vol. 49, pp. 119–127.

――――(1979). "The Structure and Changes of Technology in Prewar Japanese Agriculture," *American Journal of Agricultural Economics*, Vol. 61, pp. 687–693.

日本電算企画 (2008). 『補助金総覧』日本電算企画.

農林水産省 (各年).『農林水産省統計表』 農林水産省統計局.

――――(各年).『農林水産試験研究年報』 農林水産技術会議.

――――(各年).『農林水産関係試験研究要覧』 農林統計協会.

――――(各年).『生産農業所得統計』 農林水産省統計局.

――――(2007).『農業食料関連産業の経済計算』 農林水産省統計局.

――――(1999).『農業白書付属統計表』政府印刷局.

――――(各年).『農家経済調査報告』 農林水産省統計局.

――――(各年).『作物統計』 農林水産省統計局.

――――(各年).『ポケット農林水産統計』 農林統計協会.

───── (各年).『農村物価賃金調査報告』 農林水産省統計局.

小俣幸子 (2003).「日本農業の成長と R&D, 1960–1999」修士論文,筑波大学経営政策科学研究科.

Oniki, S. (2000). "Testing the Induced Innovation Hypothesis in a Cointegrating Regression Model," *The Japanese Economic Review*, Vol. 51, pp. 544–554.

───── (2001). "Induced Innovation with Endogenous Growth in Agriculture: A Case of Japanese Rice Production," *Japanese Journal of Rural Economics*, Vol. 3, pp. 12–25.

Panzar, J.C. and R.D. Willig (1977). "Economies of Scale in Multi-Output Production," *Quarterly Journal of Economics*, Vol. 91, pp. 481–493.

───── (1981). "Economies of Scope," *American Economic Review*, Vol. 71, pp. 268–272.

Ray, S.C. (1982). "A Translog Cost Function Analysis of U.S. Agriculture, 1933–1977," *American Journal of Agricultural Economics*, Vol. 64, pp. 490–498.

Ricardo, D. (1821). *On the Principles of Political Economy and Taxation* (London: John Murray).

Sato, K. (1967). "A Two-Level Constant Elasticity of Substitution Production Function," *Review of Economic Studies*, Vol. 34, pp. 201–218.

Sawada, S. (1969). "Technological Change in Japanese Agriculture: A Long-Term Analysis," in K. Ohkawa, B.F. Johnston, and H. Kaneda (eds.) *Agriculture and Economic Growth: Japan's Experience* (Tokyo: University of Tokyo Press), pp. 136–154.

Shephard, R.W. (1953). *Cost and Production Functions* (Princeton, NJ: Princeton University Press).

茂野隆一・荏開津典生 (1984).「酪農の生産関数と均衡賃金」『農業経済研究』Vol. 55, pp. 196–203.

新谷正彦 (1972).「戦前日本農業における技術変化と生産の停滞」『農業経済研究』Vol. 44, pp. 11–19.

───── (1980).「戦後日本農業の要素分配率の変化に関する数量的研究」『紀要』西南大学学術研究所,No. 16.

───── (1983).『日本農業の生産関数分析』大明堂.

新谷正彦・速水佑次郎 (1975).「農業における要素結合と偏向的技術進歩」大川一司・南亮進編著『近代日本の経済発展──「長期経済統計」による分析』東洋経済新報社,pp. 228–248.

Shumway, C.R. (1983). "Supply, Demand, and Technology in a Multiproduct Industry: Texas Field Crops," *American Journal of Agricultural Eco-*

nomics, Vol. 65, pp. 748–760.

Sidhu, S.S. and C.A. Baanante (1981). "Estimating Farm-Level Input Demand and Wheat Supply in the Indian Punjab Using a Translog Profit Function," *American Journal of Agricultural Economics*, Vol. 63, pp. 237–246.

Solow, R.M. (1957). "Technical Change and the Aggregate Production Function," *Review of Economics and Statistics*, Vol. 39, pp. 312–320.

Stevenson, R. (1980). "Measuring Technological Bias," *American Economic Review*, Vol. 70, pp. 162–173.

田畑保 (1984).「農地移動，地価，地代，および賃金率」石黒重明・川口諦編『日本農業の構造と展開方向』農林統計協会.

武部隆 (1984).「農地賃貸の経済分析」武部隆著『農地の経済分析』ミネルヴァ書房.

Törnqvist, L. (1936). "The Bank of Finland's Consumption Price Index," *Bank of Finland Monthly Bulletin*, No.10, pp. 1–8.

Traill, B. (1982). "The Effect of Price Support Policies on Agricultural Investment, Farm Incomes and Land Values in the U.K.," *Journal of Agricultural Economics*, Vol. 33, pp. 369–385.

土屋圭造 (1962).「農業における資源配分とシャドー価格」土屋圭造著『農業経済の計量分析』勁草書房.

————(1966).「日本農業の技術進歩率 (1922–1963)」『農業経済研究』Vol. 38, pp. 50–61

Van Dijk, G., L. Smit, and C.P. Veerman (1986). "Land Prices and Technological Development," *European Review of Agricultural Economics*, Vol. 13, pp. 495–515.

Van Der Meer, C.L.J. and S. Yamada (1990). *Japanese Agriculture: A Comparative Economic Analysis* (London and New York: Routledge).

Weaver, R.D. (1983). "Multiple Input, Multiple Output Production Choices and Technology in the U.S. Wheat Region," *American Journal of Agricultural Economics*, Vol. 65, pp. 45–56.

Yamada, S. (1967). "Changes in Output and in Conventional and Nonconventional Inputs in Japanese Agriculture since 1880," *Food Research Institute Studies*, Vol. 7, No 3.

————(1982). "The Secular Trends in Input-Output Relations of Agricultural Production in Japan, 1878–1978," in C.M. Hou and T.S. Yu (eds.) *Agricultural Development in China, Japan, and Korea* (Taipei: Academia Sinica), pp. 47–120.

————(1984). "Country Study on Agricultural Productivity Measurement and Analysis, 1945–1980: Japan," SYP/VII/84 東京大学東洋文化研究所, mimeographed.

———(1991). "Quantitative Aspects of Agricultural Development," in Y. Hayami and S. Yamada with M. Akino, L.T. Nghiep, T. Kawagoe, and M. Honma (eds.) *The Agricultural Development of Japan: A Century's Perspective* (Tokyo: University of Tokyo Press), pp. 13–60.

Yamada, S. and Y. Hayami (1975). "Agricultural Growth in Japan, 1880–1970," in Y. Hayami, V.W. Ruttan, and H.M. Southworth (eds.) *Agricultural Growth in Japan, Taiwan, Korea, and the Philippines* (Tokyo and Honolulu: Asian Productivity Organization and University of Hawaii Press), pp. 33–58.

Yamada, S. and V. W. Ruttan (1980). "International Comparison of Productivity in Agriculture," in J.W. Kendrick and B.N. Vaccara (eds.) *New Developments in Productivity Measurement and Analysis* (Chicago: The University of Chicago Press), pp. 509–585.

山本康貴・黒柳俊雄 (1986).「鶏卵の生産性向上に関する計量分析, 1964–83―規模の経済, 要素代替, 技術進歩の計測を通じて」『農経論叢』第42集, pp. 1–28.

唯是康彦 (1964).「農業における巨視的生産関数の計測」『農業総合研究』Vol. 18, pp. 1–53.

頼平 (1972).「土地価格の決定要因の実証的研究」『土地と農業』No. 1, pp. 30–43.

Yotopoulos, P.A. and J.B. Nugent (1976). *Economics of Development: Empirical Investigations* (New York, Hagerstown, San Francisco and London: Harper & Row).

黒田 誼（くろだ よしみ）
筑波大学名誉教授

1966年愛媛大学文理学部卒業，68年九州大学大学院農学研究科修士課程修了，70年同博士課程中途退学，75年スタンフォード大学大学院博士課程（食糧経済学専攻）修了，Ph.D. in Applied Economics（応用経済学博士，スタンフォード大学）。1975〜76年国連糧農機関（FAO）計量経済分析研究員，76〜77年全米経済研究所（NBER）リサーチフェロー，78年1〜2月スタンフォード大学フーバー研究所リサーチフェロー，78年3月筑波大学社会工学系講師，87年同助教授，95年同教授，2006年定年退職（この間，1989〜90年フルブライト奨学金によるスタンフォード大学客員研究員，1999〜2001年筑波大学社会工学類長，2001〜2003年筑波大学留学生センター長），2006年九州産業大学経営学部教授，2010年国際東アジア研究センター（2014年よりアジア成長研究所）客員研究員を兼務（ともに2013年退任）。また，日本農業経済学会理事，同学会機関紙編集長などを歴任。

主要業績に，『米作農業の政策効果分析』慶應義塾大学出版会，2015年（同書英訳 Rice Production Structure and Policy Effects in Japan: Quantitative Investigations, Palgrave Macmillan, 2016），"Impacts of Set-Aside and R&E Policies on Agricultural Productivity in Japan, 1965–97," Japanese Journal of Rural Economics, Vol. 5, with Abdullah, N., 2003 ほか多数。

日本農業の生産構造と生産性
──戦後農政の帰結と国際化への針路

2017年11月10日　初版第1刷発行

著訳者 ─────── 黒田　誼
発行者 ─────── 古屋正博
発行所 ─────── 慶應義塾大学出版会株式会社
　　　　　　　　〒108-8346　東京都港区三田2-19-30
　　　　　　　　TEL　〔編集部〕03-3451-0931
　　　　　　　　　　　〔営業部〕03-3451-3584〈ご注文〉
　　　　　　　　　　　〔　〃　〕03-3451-6926
　　　　　　　　FAX　〔営業部〕03-3451-3122
　　　　　　　　振替　00190-8-155497
　　　　　　　　http://www.keio-up.co.jp/
装　丁 ─────── 後藤トシノブ
印刷・製本 ──── 株式会社啓文堂
カバー印刷 ──── 株式会社太平印刷社

慶應義塾大学出版会

総合研究 現代日本経済分析 第Ⅱ期

米作農業の政策効果分析

黒田 誼 著

グローバル化のさらなる進展を受け、改革と再生が叫ばれる日本農業。なかでも、米作部門の効率改善は喫緊の課題である。本書は、精緻で頑健な計量分析により、戦後の保護的農業政策の影響を明らかにし、今後の米作農業の近代化・合理化へ確かな根拠と筋道を示す。

A5判／上製／264頁
ISBN 978-4-7664-2241-2
◎4,500円　2015年6月刊行

◆主要目次◆

表示価格は刊行時の本体価格(税別)です。